WESTEND

Mathias Forster und
Christopher Schümann (Hrsg.)

DAS GIFT und WIR

Wie der Tod über die Äcker kam und wie wir das Leben zurückbringen können

Mehr über unsere Autoren und Bücher:
www.westendverlag.de

Die Deutsche Nationalbibliothek verzeichnet diese Publikation in der Deutschen Nationalbibliografie; detaillierte bibliografische Daten sind im Internet über http://dnb.d-nb.de abrufbar.

FSC www.fsc.org
MIX
Papier aus verantwortungsvollen Quellen
FSC® C083411

1. Auflage 2020
ISBN: 978-3-86489-294-3

Umschlaggestaltung: Anna Krygier
Illustrationen: Annika Huskamp
Redaktion: Florian Schwinn
Satz: Anna Krygier
Druck und Bindung: CPI – Clausen & Bosse, Leck
Printed in Germany

Dieses Buch widmen wir den Bäuerinnen und Bauern, Gärtnerinnen und Gärtnern, Winzerinnen und Winzern, die gelernt haben, wie man ohne synthetische Pestizide qualitativ hochwertige Lebensmittel erzeugen kann, und jenen, die gerade erst anfangen, das Bisherige in Frage zu stellen und nach neuen Wegen zu suchen.

INHALT

Ein Vorwort

ALLES, WAS RECHT WIRD

von Corinne Lepage

Der Klimawandel hat das Aufkommen einer weltweiten Debatte auch auf dem Feld des Rechtes in Gang gebracht. Es geht dabei um Klimagerechtigkeit. Im gleichen Sinne hat das Thema synthetische Pestizide und ihre Toxizität für Menschen, Tiere, Böden und generell für das Leben den Weg in die öffentliche, wissenschaftliche und politische Diskussion gefunden. Eine der Fragen, die sich in diesem Zusammenhang stellt, ist die nach der gesundheitlichen Gerechtigkeit. Wie gehen wir mit Menschen um, die nachweislich durch synthetische Pestizide gesundheitliche Schäden erlitten haben? Und wie schützen wir die Menschen wirksam vor den möglichen Gefahren dieser Stoffe?

Diese Fragen haben mehrere Facetten und sie werfen ein Licht auf verschiedene Störungen unserer Gesellschaft. Die vielen durch synthetische Pestizide getöteten oder gesundheitlich schwer geschädigten Menschen sind Ausdruck des Versagens staatlicher Kontrollinstanzen. Was die Gesundheitsgerechtigkeit betrifft, sind Fragen nach der Toxizität der verschiedenen Pestizide und ihre kausale Beziehung zu menschlichen Krankheiten wie Krebs, neurodegenerative Erkrankungen, Non-Hodgkin-Lymphome entscheidend.

Es liegt auf der Hand, dass die Wissenschaft unabhängig von wirtschaftlichen oder politischen Interessen die Gefährlichkeit von Pestiziden untersuchen und bewerten muss. In diesem Sinne müssen die aktuellen Bewertungsverfahren für Pestizide, und die Arbeitsweise öffentlicher Fachgremien, sowie das Gebaren der großen Agrarchemielobbys hinterfragt werden. Denn durch die Erfahrungen der letzten Jahre ist deutlich geworden, dass sich allzu oft Industrieinteressen in der Forschung, aber auch in der Politik, gegen das Gemeinwohl durchgesetzt haben. Damit ist klar, dass in Zukunft verstärkt Druck auf öffentliche Entscheidungsträger ausgeübt werden muss, um das Leben und die Gesundheit von Menschen ausreichend zu schützen. Dies betrifft sowohl die generelle Regulierung von Pestiziden als auch die Zulassungen für spezifische Wirkstoffe und Produkte. Die Manipulation von wissenschaftlichen Erkenntnissen, um Risiken zu verharmlosen oder diese sogar gänzlich zu verheimlichen, ist häufiger beobachtet worden. Wir müssen als Gesellschaft Wege finden, diesen Zustand zu beenden.

In letzter Zeit wird das Thema Pestizide zunehmend hochpolitisch, im besten Sinne des Wortes. Längst haben Städte und Regionen damit begonnen, beim Umgang mit synthetischen Pestiziden eigene Wege zu gehen. Und das ist gut so. Ebenso haben Nichtregierungsorganisationen oder sogar Bauernverbände Aufklärungs- und Kontrollfunktionen übernommen, die eigentlich in der Verantwortung der nationalen oder der europäischen Politik liegen, um die öffentliche Gesundheit und die Umwelt zu schützen.

Das gemeinsame Verständnis und die Sorge im Hinblick auf diese Themenbereiche haben längst globale Bedeutung erlangt, was sich auch auf laufende Rechtsstreitigkeiten auswirkt.

So konnten die Monsanto-Papiere, die im Rahmen kalifornischer Rechtsstreite zwischen an Non-Hodgkin-Lymphomen[I] erkrankten Landwirten und der heutigen Bayer-Tochter veröffentlicht wurden, auch in französischen Verfahren verwendet werden. Diese hatten zum Ziel, die Marktzulassung von Roundup zu annullieren, das als Wirkstoff Glyphosat enthält. Die Interpretation der EU-Richtlinie über die Marktzulassung und den Einsatz von Pestiziden, die der EU-Gerichtshof im Vorabentscheidungsverfahren zur Klärung einer Vorlagefrage des Strafgerichts im okzitanischen Foix vorgenommen hat, wird sehr wahrscheinlich als Grundlage für zahlreiche Verfahren dienen. Das bedeutet, dass die Markzulassung von Pestizidprodukten zunehmend in Frage gestellt wird, deren Wirkstoffe bisher auf europäischer Ebene zugunsten der Industrie bewertet wurden.

Die Beispiele sind vielfältig, und auf der ganzen Welt nehmen die Gerichtsverfahren zu, die es den verschiedenen Opfern gestatten, die Erfolge von Präzedenzfällen zu nutzen und sich auf die von Richtern festgestellten Tatsachen zu berufen.

Die französische Organisation Justice Pesticides hat ein Rechtsmodell zur Bewertung von Pestizidvergiftungen erarbeitet, vergleichbar dem US-System für Klimaklagen. Es soll den Opfern auf der ganzen Welt ermöglichen, welchen Status sie auch immer haben und aus welchem Land auch immer sie stammen, die existierenden Präzedenzfälle einzusehen und die besten akademischen Studien heranzuziehen. Damit sollen sie über die größten Chancen verfügen, Recht zugesprochen zu bekommen, wo es gerecht ist; seien es Prozesse um Schadensersatz für erlittene körperliche, ökologische oder wirtschaftliche Schäden, oder eingelegte Rechtsmittel gegen staatliche Entscheidungen zur Zulassung gefährlicher Pestizide.

Seit fünfzig Jahren wohnen wir der Gefährdung des Lebens durch Pestizide bei, unter dem Vorwand, sie würden die Welternährung gewährleisten. Heute wissen wir, dass dieses Versprechen, die Menschen zu ernähren,

I Als Non-Hodgkin-Lymphom werden alle bösartigen Erkrankungen des Lymphatischen Systems bezeichnet, die kein Morbus-Hodgkin sind.

mit Pestiziden nicht eingelöst werden kann. Es zeigt sich im Gegenteil immer deutlicher, dass diese Stoffe die Erde töten, die wir für unsere Ernährung brauchen und ihre Toxizität in vielen Fällen und vielen Bereichen nicht mehr zu leugnen ist. Die Verbindungen zwischen den Agrarchemielobbys und den großen Entscheidungsträgern dieses Planeten verhindern bisher eine eindeutige und sinnvolle Reaktion seitens der Staatsgewalt. Darum soll die Zivilgesellschaft durch das Recht das Ruder übernehmen.

Das vorliegende Buch beleuchtet das Thema synthetische Pestizide von vielen verschiedenen Seiten. Der Leser erhält dadurch die Möglichkeit, sich ein vielfältiges Bild zu machen über die Komplexität wissenschaftlicher, rechtlicher und auch wirtschaftlicher Fragen, die mit diesem Thema zusammenhängen. Das wird den einzelnen Bürger urteilsfähiger machen. Und das ist gut so. Ich wünsche diesem Buch eine weite Verbreitung und viel Erfolg.

Die ehemalige französische Umweltministerin und heutige Europaabgeordnete Corinne Lepage ist Umweltjuristin und hat das »Monsanto-Tribunal« mit organisiert, das 2016 in Den Haag stattfand.

Zur Einführung

SYSTEMWECHSEL!

von Mathias Forster und Christopher Schümann

In diesem Buch geht es um unser Verhältnis zu synthetischen Pestiziden. Das Thema ist in den letzten Jahren in der öffentlichen Diskussion immer präsenter geworden.

Die schädlichen Wirkungen der synthetischen Pestizide auf lebendige Organismen, angefangen beim Menschen, über die Tiere, Pflanzen und Böden, bis hin zu den Gewässern und dem ganzen Ökosystem Erde, zeigen sich immer deutlicher. Es ist daher an der Zeit, dass wir uns als Individuen und als Gesellschaft ernsthaft fragen, ob die industrielle Landwirtschaft, die auf diese synthetischen Stoffe angewiesen ist, zukunftsfähig ist, und ob wir ein auf Giftstoffe aufgebautes Ernährungssystem weiterhin wollen. Dies umso mehr, als Bäuerinnen und Bauern seit hundert Jahren erfolgreich zeigen, dass auch ohne synthetische Pestizide gute Ernteerträge erzielt und qualitativ hochwertige Lebensmittel produziert werden können und hier auch noch ein großes Forschungspotenzial im Hinblick auf höhere Ernteerträge liegt. Längst kommen zahlreiche Studien zu dem Ergebnis, dass nur eine Landwirtschaft, die mit der Natur arbeitet und nicht gegen sie, die Menschheit nachhaltig und langfristig wird ernähren können.

Dank des Instruments der direkten Demokratie in der Schweiz, kamen zwei Initiativen zustande, die synthetische Pestizide verbieten oder staatliche Subventionen nur noch denjenigen Bauern zugestehen wollen, die auf synthetische Pestizide verzichten. Wenn diese Initiativen durch einen Volksentscheid angenommen werden, dann wird zum ersten Mal in der Geschichte durch einen basisdemokratischen Prozess ein fundamentaler Wechsel im Ernährungssystem eines ganzen Landes ermöglicht. Dies könnte motivierendes Vorbild für andere Staaten und die weltweite Antipestizidbewegung werden. Das waren die Überlegungen und unsere Motivation zu diesem Buch. Hinzu kam aber auch eine gefühlte Verantwortung, dieses kostbare Instrument der Direkten Demokratie zu unterstützen, bei dem die Bürger als Souverän über ihre eigenen Belange und die gesellschaftliche Entwicklung selbst entscheiden.

Die Initiativen waren also Auslöser für den Entschluss der Bio-Stiftung Schweiz zur Herausgabe dieses Buches, aber die Intention geht darüber hinaus. Es soll möglichst auch in anderen Ländern zur Bewusstseinsbildung beitragen. Denn die Probleme, die durch die Verwendung von synthetischen Pestiziden entstehen, machen vor Ländergrenzen nicht halt. In über dreißig Beiträgen von unterschiedlichen Expertinnen und Experten wird das Thema von verschiedenen Seiten beleuchtet. Das Buch soll dabei helfen, sich ein möglichst umfassendes Bild zu machen und im Hinblick auf dieses Thema urteilsfähig zu werden.

Wir sind davon überzeugt, dass wir angesichts der umfassenden Problematik der synthetischen Pestizide, also giftigen bis hochgiftigen Stoffen, keine weiteren Experimente, keine weiteren Freilandversuche mit unbestimmtem Ausgang und unkalkulierbarem Risiko mehr brauchen. Wir plädieren stattdessen für einen fundamentalen Systemwechsel, der dem Leben in seiner Vielfalt wieder gerecht wird.

Ein solcher Systemwechsel kann nur im Bewusstsein der Menschen beginnen. Ein erster Schritt kann darin liegen, sich die bereits entstandenen Schäden, sowie die bekannten und unbekannteren Risiken genauer anzusehen. Die Beiträge im ersten Kapitel dieses Buches geben dazu reichlich Gelegenheit. Im zweiten Kapitel werden politische, rechtliche, wirtschaftliche und gesellschaftliche Aspekte des Einsatzes von synthetischen Pestiziden beleuchtet, und im dritten schließlich kommen Praktiker zu Wort, bei denen Landwirtschaft ohne synthetische Pestizide bereits seit Jahren Alltag ist. Ihre Erfahrungen zeigen, dass auf Ackergift gut verzichtet werden kann, wenn die Bereitschaft vorhanden ist, von der Natur, von Fachkollegen und Forscherinnen zu lernen, die sich mit alternativen Methoden der Schädlingsregulierung auskennen und Hilfestellung bei der Umstellung bieten können.

Im dritten Kapitel des Buches werden außerdem Vorschläge vorgestellt, wie eine Transformation von der industriellen Landwirtschaft zu einer nachhaltigen Agrarkultur praktisch vollzogen werden kann, oder auch, wie sie bereits in einigen Regionen vollzogen wurde.

Wir brauchen mehr Entwicklung und weniger Fortschritt in den Ernährungssystemen. Denn ewiges Wachstum und Fortschritt innerhalb veralteter Denkformen wären in etwa so, wie wenn eine Raupe immer größer und dicker werden will, ohne sich dabei weiterzuentwickeln. Entwicklung wäre demgegenüber die Verpuppung und das Schlüpfen des Schmetterlings …

Die Herausforderung, vor der wir als Menschheit stehen, ist aus unserer Sicht diese: Wie können wir im Interesse unserer Kinder und Enkelkinder, aber auch der Erde und ihrer Ökosysteme eine neue Agrarkultur entwickeln und praktisch so umsetzen, dass für die Verbraucherinnen und Verbraucher, die Bäuerinnen und Bauern und den Lebensmittelhandel Win-win-Situationen entstehen.

Bereits vor ziemlich genau einhundert Jahren erkannten die Pioniere des Ökolandbaus, wohin die Entwicklung der industriellen Landwirtschaft führen wird, und gingen in vielerlei Hinsicht andere Wege. Aufgrund ihrer Weitsicht und ihres Durchhaltevermögens ist in der Zwischenzeit ein reicher Erfahrungsschatz entstanden, der für die dringend erforderliche Transformation unserer Ernährungssysteme zur Verfügung steht. Was für ein Glück!

Heute gehen viele Bäuerinnen und Bauern neugierig und interessiert auf ihre Kolleginnen und Kollegen aus dem Biolandbau zu und wollen wissen, wie das funktioniert. Manchmal, weil sie bemerkt haben, dass der Biolandbau gerade für kleinere Betriebe ökonomisch interessanter ist, oft aber auch, weil sie selbst sehen, dass es nicht so weitergehen kann wie bisher. Die Welt der Bauern ist bunt und vielfältig, bio-divers, ebenso wie die Agrarkultur der Zukunft es sein kann und wird, wenn Bäuerinnen und Bauern neue Wege erfinden, sich miteinander zu verbünden und am gleichen Strick zu ziehen. Sie stehen in Wirklichkeit nicht allein da. Die Nachfrage nach Lebensmitteln, die keine Rückstände von synthetischen Pestiziden enthalten, die unter Berücksichtigung von Tierwohlaspekten und in Bioqualität hergestellt werden, steigt ständig. Die Verbraucher gehen auf die Produzenten zu, es gibt wachsende gemeinsame Interessen. Und es gibt Verbände, NGO, Forschungsinstitute und auch immer mehr Mitstreiterinnen im Handwerk, in der verarbeitenden Industrie, im Handel und in der Politik. Uns alle verbindet ein starkes Bestreben mitzuwirken, dass der Wandel der industriellen Landwirtschaft in eine neue und zukunftsfähige Agrarkultur baldmöglich gelingen wird. Es gibt viel zu tun, Kreativität ist gefragt, sowie Offenheit, Mut und Begeisterung für das Betreten neuer Wege. Das erfordert auch die Bereitschaft, die komplexen Zusammenhänge innerhalb der Natur sorgfältig kennenzulernen und zu durchdenken und daraus Lösungsansätze zu entwickeln, die wirklich nachhaltig sind. Dann werden auch junge Bäuerinnen und Bauern in ihrer Ausbildung ganz selbstverständlich lernen, mit der Natur zu arbeiten und nicht gegen sie. Und in wachsender Zahl werden Bäuerinnen und Bauern dann aus eigener Erfahrung wissen, dass sie auf die Vergiftung des Lebens durch synthetische Pestizide durchaus verzichten können.

Wir haben uns als gesamte Gesellschaft über einen langen Zeitraum in eine schwierige Situation gebracht und können die Transformation hin zu einer nachhaltigen Agrarkultur auch nur gemeinsam schaffen. Wenn sich der Wille dazu weltweit noch stärker zeigt und auswirkt, werden die Bäuerinnen und Bauern, die Bauernverbände, wird auch die Politik die nötige Kraft aufbringen, die Segel an diesem neuen Wind auszurichten und den Kurs zu ändern.

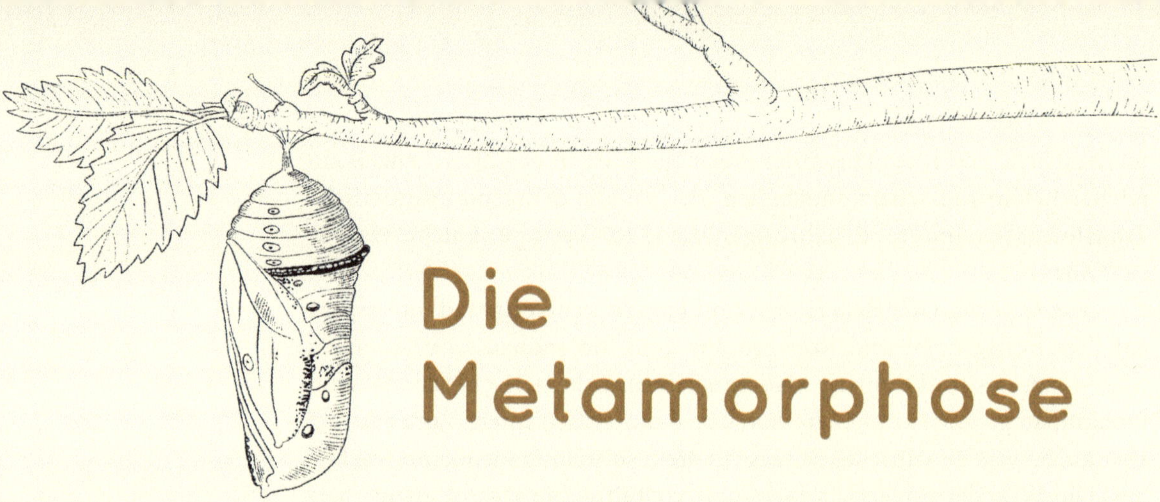

Die Metamorphose

In der Natur gibt es eine sehr interessante und stimmige Analogie, die zeigt, wie alte Formen, die nicht mehr an der Zeit sind, in einem lebendigen Prozess in neue Formen verwandelt werden: Die Transformation von der Raupe zur Puppe und zum Schmetterling.
Die amerikanische Autorin Norie Huddle beschreibt dies in ihrem Buch »Butterfly«[1] in wissenschaftlich fundierter Form.

Die äußeren Aktivitäten der Raupe werden zu einem bestimmten Zeitpunkt zurückgenommen. Sie frisst nicht mehr, bewegt sich weniger und schließlich verpuppt sie sich. Nach einer Weile zeigen sich in der Puppe neue Zellen. Das sind die ersten »Imago-Zellen«, also die ersten Schmetterlingszellen[I], die ganz andere Merkmale aufweisen und in eine neue Richtung weisen.

Das Immunsystem der Raupe ist aber noch auf die alte Form ausgerichtet und sieht in den neuen Zellen eine Gefahr; es greift sie an und vernichtet sie. Dies geschieht, obwohl die neuen Zellen Teil desselben Wesens sind, aber eben bereits das Neue im Alten repräsentieren. Es entstehen aber immer mehr von diesen Imago-Zellen und der innere, sich im Unsichtbaren abspielende Kampf, geht weiter und weiter. Nun geschieht etwas Erstaunliches. Die Imago-Zellen, die neuen Schmetterlingszellen, die im alten Raupenkörper leben, aber bereits die Zukunft, die Anlagen für das Neue in sich tragen und bruchstückhaft repräsentieren, sie fangen an, sich mit gleichartigen Zellen zu Clustern zu verbinden – sie bilden Zellgemeinschaften.

I Die Imago, das »Bild der Art«, ist das aus den Jugendstadien hervorgehende erwachsene und geschlechtsreife Insekt.

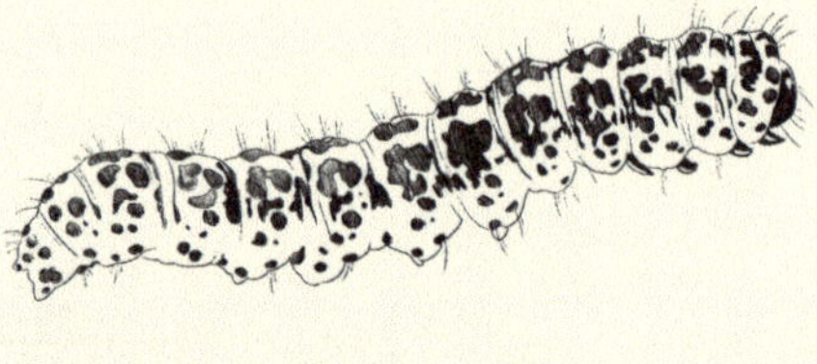

Dadurch verschieben sich nach und nach die Kräfteverhältnisse. Die einzelnen Schmetterlingszellen-Cluster senden nun feine Fäden aus und fangen an, mit den anderen Clustern zu kommunizieren und sich auch mit ihnen zu verbinden. So entsteht in einem lebendigen Prozess ein immer komplexer werdendes Zellgefüge. Schließlich kollabiert das Immunsystem der Raupe. Dann geht es sehr schnell, und nach kurzer Zeit gibt es innerhalb der Puppe keine einzige Raupenzelle mehr. Das ist der Tod der alten Form zugunsten einer neuen, die sich nun immer mehr herausbildet.

Solange der Schmetterling noch nicht voll ausgereift ist, hält die Haut des alten, der Puppe, dieses »Neue« in sich zusammen und bietet ihm Schutz und Hülle. Erstaunlich ist: Die sich herausbildende Körperlichkeit des Schmetterlings passt haargenau in die Form der Puppenhülle, obwohl diese noch einen Teil des Alten darstellt. Wenn die körperlichen Formen ausgereift sind, drückt der Schmetterling die Hülle der Puppe auf und arbeitet sich unter großen Mühen aus der alten Form hinaus in die Freiheit. Während die Raupe nur kriechen konnte, erdgebunden war, kann der Schmetterling fliegen, sich frei im Raum bewegen und zeigt auch noch durch andere Merkmale, dass eine andere Lebensform in ihm in Erscheinung tritt.

Interessant an dem Prozess ist auch, dass der Schmetterling die Kraft aus sich selbst heraus aufbringen muss, die alten Formen zu durchbrechen. Wenn man ihm diese Mühe abnimmt und die Puppenhülle manuell erweitert, so kann er anschließend nicht fliegen. Er braucht den Widerstand der alten Form, um sich gesund und kräftig entwickeln zu können, da er an diesem und durch diesen Widerstand erst die Kraft bildet, die er anschließend zum Fliegen braucht.

Wir stellen Aufbau und Rhythmus dieses Buches, sowie einen Teil der Bildgestaltung ins Zeichen dieser Metamorphose und hoffen natürlich, dass uns als Gesellschaft die Transformation von industriellen, gegen die Natur arbeitenden, hin zu natürlichen, mit der Natur arbeitenden, Leben respektierenden und Leben fördernden Ernährungssystemen gelingen wird.

Die Verwirklichung des Schmetterlings geschieht durch Metamorphose, bei der das in der Raupe liegende Potenzial voll entfaltet wird. Die Metamorphose unserer Ernährungssysteme kann durch Kooperation und Assoziation, durch Austausch, gegenseitige Inspiration und Bewusstseinsbildung gelingen. Wir müssen uns nicht weiter entwickeln, aber wir können es.

Darin liegt unsere Würde als Menschen, unsere Freiheit, aber auch unsere Mit-Verantwortung für die Weiterentwicklung unserer Kultur. Alles kann in diesem Geschehen seinen Sinn haben, selbst der Tod. Die Konfrontation mit dem Tod kann zu einem Wachmacher werden. In diesem Sinne wünschen wir dem vorliegenden Buch viel Erfolg und hoffen, dass es auf dem Weg zu neuen, nachhaltigeren Formen unserer Ernährungssysteme einen bescheidenden, aber wesentlichen Beitrag leisten kann.

Verlustanzeigen

WEN WIR VERLIEREN – UND WARUM

von Eva Inderwildi

Die Tiere, die wir durch die industrialisierte Landwirtschaft aus dem Leben drängen und die uns deshalb nicht mehr begleiten werden

In diesem Buch werden verschiedene Tierarten vorgestellt, die von dem Einsatz synthetischer Pestizide besonders betroffen sind, sei es direkt oder indirekt.

Die Auswirkungen von Pestiziden auf die Tierwelt sind vielfältig; sei dies dadurch, dass die Tiere zu den Zielorganismen des entsprechenden Mittels gehören, so wie Insekten durch Insektizide bekämpft werden, oder dadurch, dass sie mit Pestiziden behandelte Pflanzen essen, so wie Vögel beim Verzehr von gebeiztem Saatgut. Oder es wird ihnen die Nahrungsgrundlage entzogen, so wie den Bienen durch fehlende Ackerbegleitflora. Oder die Tiere werden in ihrer Vitalität und Reproduktionsfähigkeit eingeschränkt, so wie Fische durch den Pestizideintrag in Gewässer.

Der Einsatz von synthetischen Pestiziden ist allerdings nicht die einzige Ursache für den Rückgang der Populationen der in diesem Buch vorgestellten Tierarten. Der wichtigste Grund für den Rückgang von Tier- und Pflanzenbeständen ist nach wie vor die Umwandlung der traditionellen zur industriellen Landwirtschaft. Aber genau diese Transformation ist natürlich auch wieder vom Pestizideinsatz getrieben.

IMMER INTENSIVERE BEWIRTSCHAFTUNG

Moderne landwirtschaftliche Maschinen ermöglichen es, die Flächen viel schneller zu bearbeiten. Dies bringt zum einen die Tiere, die darin leben, direkt in Gefahr. Zum anderen können zum Beispiel bei Mähwiesen nun innerhalb kurzer Zeit große Flächen geschnitten werden - der Lebensraum verschwindet weiträumig auf einen Schlag. Ein Großteil der Insekten, Amphibien, Kleinsäuger, Reptilien und bodenbrütenden Vögel werden beim Einsatz von Kreiselmähern und Mähaufbereitern sowie bei der Produktion von Silage direkt vernichtet. Wer überlebt, steht oft ohne Deckung oder ohne Nahrung da.

Durch Mineraldünger, stickstofffixierende Pflanzen und enorme Futterimporte wurden immer mehr Nährstoffe in die Böden gebracht. Dadurch können Grünlandflächen, die früher zwei Mal im Jahr gemäht wurden, heute fünf Mal oder noch öfter gemäht werden. Die todbringenden Mähmaschinen kommen in immer rascherer Abfolge. Dazwischen wird gedüngt, damit die Gräser schneller aufwachsen. Das führt zur Verringerung der Artenvielfalt der Flora. Wildkräuter sterben, und mit ihnen die Nahrung der Insekten; nur wenige schnell wachsende Gräser überleben.

Im Ackerbau war einst die Brache ein integraler Teil der Fruchtfolge, die der Regeneration der Böden diente. Heute machen Brachen und andere Biodiversitätsförderflächen kaum noch ein Prozent des Ackerlandes aus. Sogar die Stoppeläcker sind aus dem Landschaftsbild verschwunden. Die Bewirtschaftung der Äcker stützt sich heute so stark auf Maschinen und Chemie, dass eine ganze Flora - die Ackerbegleitflora - fast komplett aus unseren Landschaften verschwunden ist. Ohne die Blüten und Samen der Ackerwildkräuter fehlt Insekten und Vögeln die Nahrung.

VERLUST DER STRUKTUREN

Um effizient mit den großen Maschinen arbeiten zu können, werden kleine Parzellen zusammengelegt und störende Elemente dazwischen, wie Hecken, Wegraine, Trockenmauern oder Lesesteinhaufen, entfernt. Auch der wertvolle Lebensraum der Hochstammobstgärten, der früher jede Siedlung umrandet hat, fiel der Wirtschaftlichkeit zum Opfer. Die daran gebundenen Arten, wie der Gartenrotschwanz oder der Steinkauz, gingen stark zurück. Der Boden wird mit Steinfräsen eingeebnet, alle Feuchtstellen werden drainiert, die Steinblöcke entfernt. Die Fläche wird völlig homogen und eintönig und bietet keine Mikrolebensräume mehr mit unterschiedlichen Bedingungen für angepasste Pflanzen und Tiere. So erstaunt nicht, dass die Vögel der Kulturlandschaft im neuen Brutvogelatlas der Schweizerischen Vogelwarte als die großen Verlierer dastehen. Das ist in Deutschland und Österreich nicht anders. Vögel sind eine besonders gut untersuchte Artengruppe, ihr Rückgang steht stellvertretend für die gesamte Lebensgemeinschaft dieser Habitate.

MANGEL AN INFORMATION UND BIODIVERSITÄTSSCHÄDIGENDE ANREIZE

Langfristig spielt der Erhalt der Biodiversität auch für die Landwirtschaft selber eine wichtige Rolle. Die biologische Vielfalt garantiert die Fruchtbarkeit der Böden, die Befruchtung der Kulturen und die natürliche Schädlingsabwehr. Dafür müssen die Arten sich aber in der Kulturlandschaft fortpflanzen können und ganzjährig ausreichend Nahrung und Deckung finden. Der alleinige Verzicht auf synthetische Pestizide in einer auch ansonsten ausgeräumten Landschaft wird die Arten nicht zurückbringen. Dazu muss auch die maschinengerechte Landschaft zurückgebaut werden, was aber – wenn man auf Pestizide verzichtet – auch im Interesse der Landwirte ist, da sie so die Nützlinge, ihre natürlichen Helfer wieder ansiedeln können.

Angesichts der Bedeutung der Biodiversität für die Zukunft der Landwirtschaft ist erschreckend, wie wenig das Thema noch immer in der Ausbildung der Landwirte behandelt wird. Hier wäre ein wichtiger Ansatzpunkt, um die Landwirtschaft wieder in naturfreundlichere Bahnen zu lenken. Ein weiterer läge in der Umwandlung der oftmals einseitig auf die Produktivität ausgerichteten und somit biodiversitätsschädigenden Subventionen hin zu einer Förderung biodiversitätsfördernder Leistungen der Landwirtschaft.

Diese Einführung gilt für alle Tierartenporträts unter dem Titel »Verlustanzeige« im Buch.

DAS VERGIFTETE LEBEN

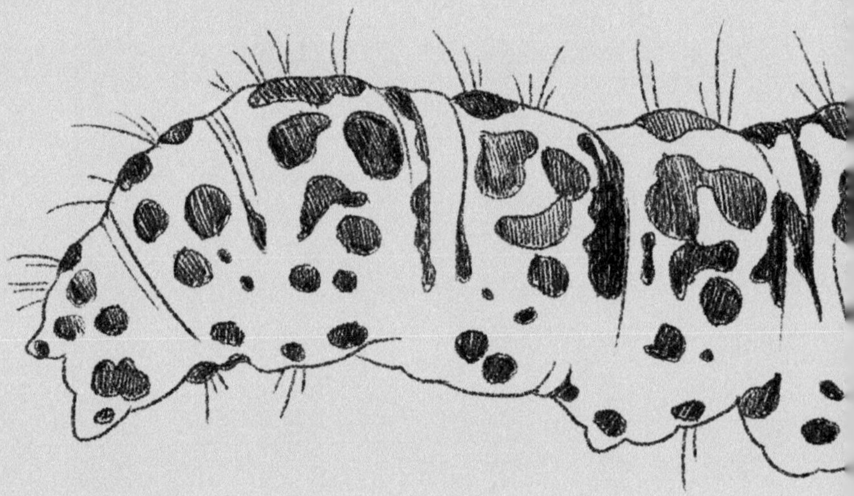

Die Geschichte eines Siegeszuges mit dramatischen Folgen: Wie die synthetischen Pestizide in die Plantagen und auf die Äcker kamen und was sie dort und anderswo bewirken

UNSER TÄGLICH GIFT

Die vielfältigen nicht beabsichtigten Auswirkungen der Pestizide

von Johann G. Zaller

In diesem Buch wird sehr anschaulich dargelegt, wie vielfältig die Einflüsse der Pestizide sind. Ausgehend von der Pestizidanwendung in der Landwirtschaft zeigen sich Wirkungen auf Wasserlebewesen, kontaminieren Pestizide das Trink- und Grundwasser, die Luft und Lebensmitteln mit Folgen für die menschliche Entwicklung und mit Nebenwirkungen auf Pflanzen, Tiere und die gesamte Biodiversität. Unser modernes Wissenschaftssystem mit der starken Aufsplitterung in unterschiedliche, sehr komplexe Teildisziplinen mit viel Detailwissen verbessert zweifellos unser Verständnis für spezifische Prozesse. Oft wird dabei aber auch der Blick auf größere Zusammenhänge verstellt. In diesem Beitrag wird versucht, einen derartigen Überblick zu schaffen.

Mit Beginn des Anthropozäns, des Zeitalters also, in dem der Mensch zu einem der wichtigsten Einflussfaktoren auf biologische, geologische und atmosphärische Prozesse auf der Erde geworden ist[1], wurden viele menschliche Aktivitäten identifiziert, die das Zusammenspiel zwischen Organismen und unbelebter Umwelt gefährden. Die Ausbringung von synthetischen Pestiziden in unsere Umwelt zählt dabei zu den gravierendsten Einflussfaktoren. Dennoch werden Pestizide und deren globale Bedeutung sowohl in der öffentlichen als auch in der wissenschaftlichen Wahrnehmung noch immer stark unterschätzt.[2] Im Grunde werden nämlich nicht nur die gesamte Biosphäre, sondern auch sozioökonomische Komponenten davon betroffen.[I]

Folgt man der wissenschaftlichen Beurteilung der planetaren Grenzen, deren Einhaltung unabdingbar für den Fortbestand der menschlichen Spezies ist, so ist der Einfluss der Pestizide für die Integrität des Ökosystems Erde derzeit noch nicht abschätzbar.[3] Ein Hauptgrund dafür ist, dass es weder auf regionaler, und schon gar nicht auf nationaler oder globaler Ebene, einheitliche systematische Erhebungen zu den Pestizidmengen und zur Verbreitung von Pestiziden gibt.

Neben den Pestiziden sind wir in unserem Alltag mit einer Vielzahl von menschgemachten, synthetischen Chemikalien konfrontiert. Pestizide nehmen dabei aber eine Sonderrolle ein, da sie anders als viele andere Chemikalien, die in industriellen Kreisläufen kursieren, offen in die Umwelt ausgebracht werden. Pestizide wirken dabei meistens nicht so spezifisch

I Siehe dazu die Abbildung: Pestizide und ihre Auswirkungen auf ökologische und sozioökonomische Komponenten, S.38.

wie vorgegeben, und beeinflussen damit unbeabsichtigt auch sogenannte Nicht-Zielorganismen: Mikroorganismen, Pflanzen, sowie Wildtiere und eben auch uns Menschen. Durch die Beeinflussung von Organismen werden auch wichtige Ökosystemfunktionen wie Nährstoffkreisläufe in Mitleidenschaft gezogen.

Während immer mehr Studien Effekte von Pestiziden auf Organismen und Ökosystemprozesse aufzeigen, werden selten Beziehungen zu sozioökonomischen oder gesellschaftlichen Aspekten hergestellt. Im Folgenden werden einige dieser Aspekte kurz skizziert. Es ist wichtig zu betonen, dass alle in der Abbildung (auf Seite 38) gezeigten Teilbereiche miteinander interagieren und sie nur der Übersichtlichkeit halber getrennt dargestellt werden.

WANDERNDE PESTIZIDE

Je nach Anwendungstechnik – mit Feldspritze, Flugzeug oder Helikopter – und chemischer Charakteristik, also dem Aggregatzustand fest oder flüssig und der Verdampfungstemperatur, werden Pestizide mehr oder weniger weit in benachbarte Gebiete verdriftet oder ins Grundwasser, in Flüsse oder Seen ausgeschwemmt. Damit bleibt die Wirkung der Pestizide nicht nur auf die behandelte Fläche begrenzt, sondern betrifft letztendlich die gesamte Biosphäre. Tatsächlich wurden Pestizidrückstände mittlerweile in den entlegensten Gebieten der Erde nachgewiesen: etwa in der Arktis, der Antarktis, in Hochgebirgen oder der innersten Mongolei, Tausende Kilometer entfernt vom nächstgelegenen Anwendungsort der Pestizide. Besonders brisant ist dies auch, wenn dadurch biologisch bewirtschaftete Flächen mit Pestiziden kontaminiert werden.

Neben diesen räumlichen Aspekten sind aber auch zeitliche zu berücksichtigen. Auch viele moderne Pestizide, zum Beispiel Insektizide aus der Gruppe der Neonikotinoide, werden nicht sofort abgebaut, sondern weisen Halbwertszeiten von mehreren Jahren auf. Damit verbleiben die Wirkstoffe oder deren Metaboliten, also Abbaustoffe, längerfristig in der Umwelt und reichern sich dort durch mehrmalige Verwendung im Jahr an. Rückstände von älteren, bereits seit Jahrzehnten verbotenen Pestiziden, etwa der Insektizide DDT[II] oder Atrazin[III], finden sich noch immer regelmäßig in unseren Böden oder Gewässern.

VIELFACHE TODE

Allein aufgrund ihrer Wirkungsweise – der Vernichtung von Organismen – stellen Pestizide eine Bedrohung für die biologische Vielfalt, die Biodiversität, dar.[4] Wenn dadurch Nicht-Zielorganismen betroffen sind, die wichtig sind für Nährstoffkreisläufe, für die Bodenfruchtbarkeit und Bodenstruktur, oder wenn es sich um Gegenspieler von Schaderregern handelt, dann beeinflussen Pestizide auch die Funktionen und Leistungen der Ökosysteme.[5] Generell weisen ja Ökosysteme eine gewisse Resilienz, also Widerstandsfähigkeit gegenüber Störungen auf, seien es klimatische Einflüsse oder das Auftreten von Schädlingen. In intakten Ökosystemen werden bestimmte Ökosystemfunktionen in der Regel von mehreren Organismen durchgeführt, womit der Wegfall einzelner Arten abgepuffert werden kann. Durch den allgemeinen Rückgang an Biodiversität, an dem auch die Pestizide beteiligt sind, wird die Resilienz von Ökosystemen aber zusätzlich geschwächt. Der Rückgang an Insekten, pflanzlicher Biodiversität, Feldvögeln oder Fledermäusen gefährdet letztendlich auch die natürlicherweise stattfindende biologische Kontrolle von Schaderregern und verstärkt damit die vermeintliche Abhängigkeit der Landwirtschaft von Pestiziden.

Ein Thema, das in der öffentlichen Debatte wenig angesprochen wird, sind Pestizidresistenzen. Es gibt mittlerweile eine Vielzahl an Organismen, die sich an die ständigen Pestizidgaben angepasst und Resistenzen aufgebaut haben. Beispielsweise sind weltweit Dutzende sogenannter »Superunkräuter« bekannt, gegen die der Unkrautvernichter Glyphosat unwirksam ist. Die Agrochemieindustrie reagiert darauf mit der ihr eigenen Philosophie: sie entwickelt Herbizide, die nicht nur Glyphosat, sondern zusätzlich noch

---

II DDT ist zuerst 1970 in Schweden verboten worden. Es folgten die USA, die Schweiz und die BRD 1972; fünf Jahre später wurden in der Bundesrepublik auch Produktion und Vertrieb verboten. Auf dem Gebiet der ehemaligen DDR durften DDT-haltige Holzschutzmittel noch bis 1991 verwendet werden. Das Verbot in Österreich erfolgte erst 1992.

III Die Anwendung von Atrazin ist in Deutschland verboten seit 1991, in der EU seit 2003, in der Schweiz seit 2012.

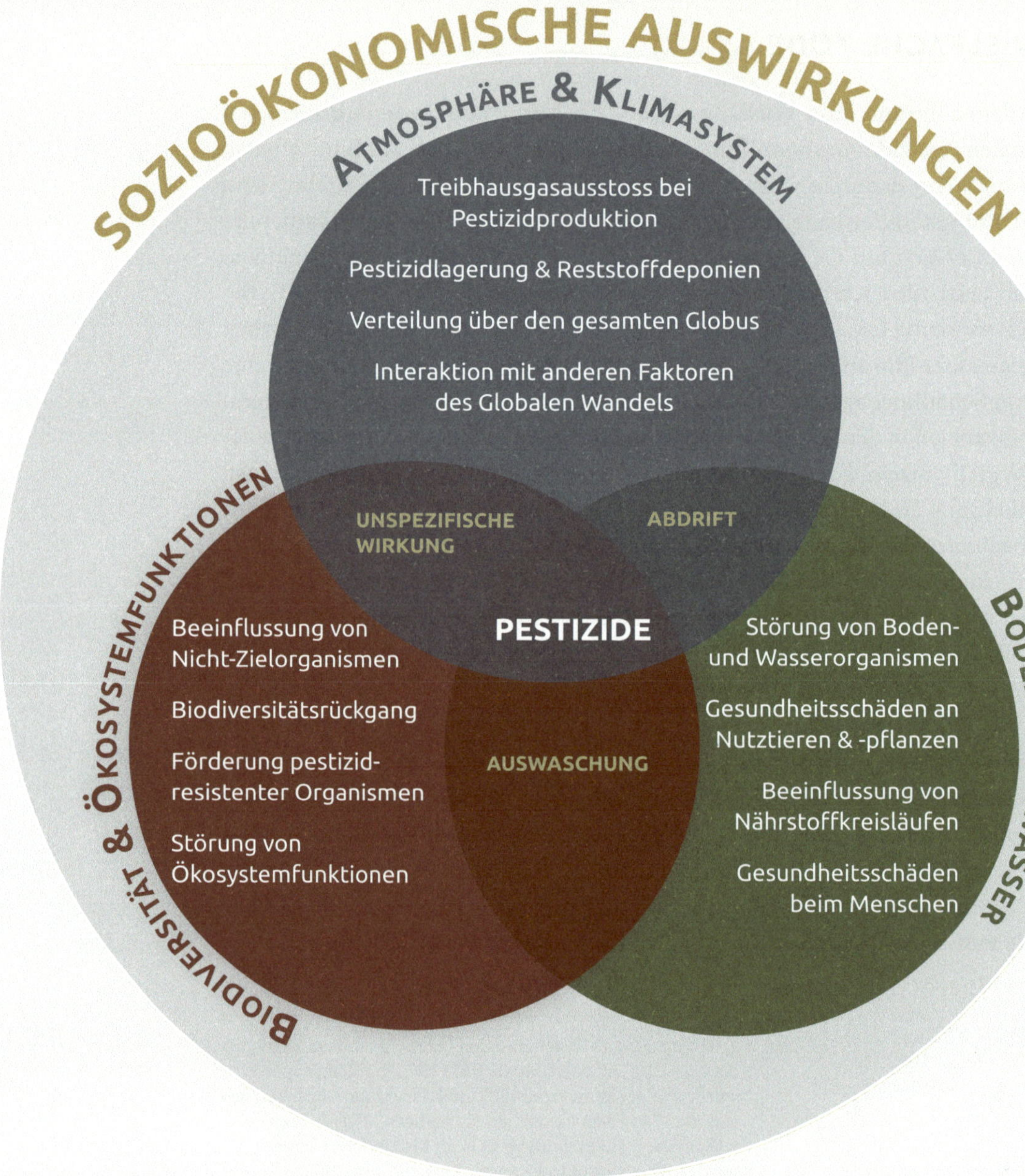

SOZIOÖKONOMISCHE AUSWIRKUNGEN
ATMOSPHÄRE & KLIMASYSTEM
Treibhausgasausstoss bei Pestizidproduktion
Pestizidlagerung & Reststoffdeponien
Verteilung über den gesamten Globus
Interaktion mit anderen Faktoren des Globalen Wandels
UNSPEZIFISCHE WIRKUNG
ABDRIFT
PESTIZIDE
AUSWASCHUNG
BIODIVERSITÄT & ÖKOSYSTEMFUNKTIONEN
Beeinflussung von Nicht-Zielorganismen
Biodiversitätsrückgang
Förderung pestizid-resistenter Organismen
Störung von Ökosystemfunktionen
BODEN & GEWÄSSER
Störung von Boden- und Wasserorganismen
Gesundheitsschäden an Nutztieren & -pflanzen
Beeinflussung von Nährstoffkreisläufen
Gesundheitsschäden beim Menschen

andere herbizide Wirkstoffe enthalten, zum Beispiel 2,4-D, oder Dicamba.[IV] 2,4-D war übrigens auch Bestandteil des von den USA im Vietnamkrieg eingesetzten Entlaubungsmittels Agent Orange.

Herbizide mit dem Wirkstoff Glyphosat zählen zu den am häufigsten eingesetzten Pestiziden überhaupt. Die ausgebrachten Mengen sind allein zwischen 1996 und 2014 weltweit um das Fünfzehnfache angestiegen und belaufen sich auf etwa 826 Millionen Kilogramm pro Jahr, wovon zehn Prozent im nicht-landwirtschaftlichen Bereich eingesetzt werden.[6] Glaubte man lange, dass der Wirkstoff spezifisch nur Pflanzen beeinträchtigt, mehren sich mittlerweile Befunde über vielfältige Auswirkungen auf Nicht-Zielorganismen, von aquatischen Algen und Bodenorganismen über Mikroorganismen im Darm von Honigbienen oder im Pansen von Rindern, bis hin zu chronischen Krankheiten beim Menschen.

Neben der direkten Beeinflussung von Bodenorganismen konnte auch gezeigt werden, dass es durch Herbizidanwendung zu einer Überdüngung der Flächen und großer Auswaschungsgefahr für Nitrat oder Phosphat kommt.[7] Die Wirkung von Pestiziden auf die Gesundheit von Nutztieren wie Rindern ist besorgniserregend, da dadurch über einen erhöhten Medikamenteneinsatz noch mehr Chemikalien in die Umwelt gelangen, abgesehen von der tragischen ethischen Komponente.[8]

Bisher wenig Beachtung findet die Pestizidwirkung auf die Atmosphäre und das Klimasystem. Die Wirkungen reichen dabei von der Herstellung der Pestizide, die mit viel fossiler Energie und damit großem Treibhausgasausstoß erfolgt, bis zur Pestizidlagerung und Deponie von Reststoffen der agrochemischen Industrie. Zahlreiche Unglücksfälle in der Vergangenheit – Bhopal, Seveso, Schweizerhalle – führten zu großen Umweltzerstörungen und Gefahren für Menschen. Völlig unklar ist die Interaktion zwischen Pestiziden und anderen Schadstoffen, wie etwa Mikroplastik oder Nanopartikeln. Inwiefern Pestizide in der Atemluft Organismen oder die menschliche Gesundheit beeinträchtigen, ist wenig untersucht.

Die sozioökonomischen Auswirkungen der Pestizidabhängigkeit werden am drastischsten in der Region Punjab in Indien deutlich. Tausende Landwirtsfamilien befinden sich dort durch Lizenzverträge für Saatgut und Pestizide in Abhängigkeit von der Agrochemieindustrie. Viele werden in den Suizid getrieben, der makabererweise oft durch Pestizideinnahmen durchgeführt wird.[9]

IV 2,4-D ist 2,4-Dichlorphenoxyessigsäure, Dicamba ist 3,6-Dichlor-2-methoxybenzoesäure.

Ein weiterer sozioökonomischer Aspekt mit stark ethischer Komponente ist der Export gefährlicher Pestizide aus Europa in Drittstaaten.[10] Es handelt sich dabei oft um hochgefährliche Pestizide, die in Europa wegen gesundheitlicher Bedenken nicht mehr angewendet werden dürfen. Allein vom Agrochemiekonzern Bayer werden beispielsweise neun in der Europäischen Union verbotene Pestizidwirkstoffe exportiert, darunter drei als krebserregend und reproduktionstoxisch eingestufte Herbizide: Cyanamid, Acetochlor und Tepraloxydim. Der Export erfolgt oft in Länder des globalen Südens, in denen ökologische und arbeitsrechtliche Schutzsysteme nur schwach ausgebildet sind. Die Brisanz dieser Exporte zeigt sich auch darin, dass in den sogenannten Entwicklungsländern zwar nur rund ein Viertel der globalen Pestizidmenge eingesetzt wird, dort aber neunundneunzig Prozent aller tödlichen Vergiftungsfälle mit Pestiziden auftreten.

Mittlerweile werden die negativen Auswirkungen des Pestizideinsatzes auch von der Politik erkannt. In zahlreichen Ländern, so auch der Schweiz, wurden Aktionspläne zur Verringerung von Pestizidrisiken verabschiedet. Ein beliebtes Motto von industrieller Landwirtschaft und Agrochemieindustrie ist dabei immer, dass ohnehin nur »so wenig wie möglich, so viel wie nötig« an Pestiziden eingesetzt werde. Ganz ernst gemeint scheint das aber nicht zu sein, da Herbizide in der konventionellen Landwirtschaft noch immer eingesetzt werden, obwohl die biologische Landwirtschaft zeigt, dass es sehr wohl ohne sie geht.

Fest steht, dass insgesamt noch zu wenig zum Schutz der Umwelt und der Gesundheit von Menschen vor Pestiziden getan wird. Letztendlich braucht es den politischen Willen, die Interessen, Anreize und Machtbeziehungen kritisch zu hinterfragen, die die industrielle, pestizidintensive Landwirtschaft fördern.

Wichtig ist in diesem Zusammenhang auch eine gesamtheitliche Betrachtung der Thematik. Auch die UN-Menschenrechtskommission hält die heutige industrielle Landwirtschaft für hoch problematisch, nicht nur aufgrund der Schäden, die durch Pestizide verursacht werden, sondern auch aufgrund ihrer Wirkung auf den Klimawandel, wegen des Verlusts an Biodiversität und der Gefährdung der weltweiten Versorgung mit Nahrungsmitteln.[11] Diese Bereiche stehen in unmittelbarer Beziehung zueinander und müssen gemeinsam mit dem Menschenrecht auf Nahrung gesehen werden. Aktivitäten zur Eindämmung von Pestiziden können nur erfolgreich sein, wenn ökologische, ökonomische und soziale Faktoren im Rahmen der Erfüllung der globalen Nachhaltigkeitsziele umgesetzt werden.[12]

DER WEG IN DIE ABHÄNGIGKEIT

von Lars Neumeister

Eine kurze Geschichte
der synthetischen Pestizide

Der Siegeszug der Agrochemie begann vor 180 Jahren mit einem Buch: 1840 veröffentlichte der Chemiker Justus Liebig sein Werk über die *Chemie in ihrer Anwendung auf Agricultur und Physiologie*[1] und begründete damit die heute vorherrschende Form der »modernen« Landwirtschaft, die auf der Anwendung synthetischer Pestizide basiert. Mit ihnen wurden Produktionsweisen geschaffen, die ohne den Einsatz von Agrarchemie nicht überlebensfähig sind. Fruchtfolge, Standort-, Sortenwahl spielen fast keine Rolle mehr. Die Züchtung schaut nur noch auf die Vermarktungsfähigkeit der Produkte und verlässt sich darauf, dass die Betriebe mit Pestiziden alle Schaderregerprobleme lösen. In manchen Anbausystemen ist die Abhängigkeit vom Chemieeinsatz so stark, dass ein plötzlicher Verzicht auf Pestizide die Bauern vor große Herausforderungen stellen würde, die ohne öffentliche Unterstützung kaum zu bewältigen wären.

Vor 1850 gab es in Europa und den USA, bis auf den Schwefel, kaum wirksame Pestizide für die landwirtschaftliche Produktion. Auch die Verfügbarkeit von künstlichen Düngern war eingeschränkt. Pflanzenschutz wurde vorbeugend und manuell betrieben. Viele später problematische Schaderreger gab es zu dieser Zeit auch noch nicht. Seifen und pflanzliche Extrakte aus Tabak, Quassia[I] und Pyrethrum[II] wurden erst später eingesetzt.[2]

Parallel zur rasanten Industrialisierung, entwickelte sich dann in schnellen Schritten auch der chemische Pflanzenschutz. Der Hauptantrieb war die starke Nutzung fossiler Rohstoffe nach der Erfindung der Dampfmaschine. Neue chemische Produkte für die entstehende Industrie und deren Abfallprodukte wurden in der zweiten Hälfte des 19. Jahrhunderts auch in der Landwirtschaft übernommen. Dampfschiffe und Eisenbahnen machten den internationalen Handel schneller und sicherer. Düngemittel und sogar frische landwirtschaftliche Erzeugnisse wurden nun international gehandelt. Schnell wurden damit aber auch neue Schaderreger verschleppt, die verheerende Schäden anrichteten und chemische Lösungen populär machten: Die Kartoffelfäule und der Kartoffelkäfer, der Mehltau und die Reblaus sind nur

I Quassia ist der Extrakt aus dem giftigen »Bitterholz« und anderen Teilen des brasilianischen Quassiabaumes *Quassia amara*.

II Pyrethrum ist ein natürliches Insektizid aus den Blüten von Chrysanthemen, heute als Tanacetum-Arten klassifiziert. Es wird in der Literatur häufig als Insektenpulver, Dalmatinisches Pulver oder Persisches Pulver bezeichnet.

einige frühe Beispiele. Der Schwammspinner in den USA startete die »arsenische Periode«, der Falsche Mehltau den Boom der kupferhaltigen Fungizide. Die Urbanisierung und gravierende technische Errungenschaften, zum Beispiel der Verbrennungsmotor, die Ammoniaksynthese zur Herstellung von Düngemitteln, die Elektronenmikroskopie, die Chromatographie, und die großen Kriege befeuerten die Industrialisierung der Landwirtschaft weltweit und damit auch den Einsatz von Pestiziden.

Zwischen 1850 und 1945 änderte sich die Welt dramatisch und mit ihr die Landwirtschaft. In den Plantagen und auf den Äckern geschah vieles gleichzeitig und bedingte sich gegenseitig. Aus Gründen der Übersichtlichkeit wird die frühe Geschichte der Agrochemie hier für die einzelnen Pestizidtypen separat erzählt.

INSEKTIZIDE – VON ARSEN BIS DDT

Insekten oder Arthropoden[III] wurden schon immer bekämpft. Ruß, Asche, Pech, Kalk und alles, was stank, zum Beispiel Heringslake und tote Krebse, wurden benutzt, um tierische Feinde von den Kulturpflanzen abzuhalten. Die mechanische Kontrolle, also das Abklopfen und Absammeln, war aber oft die einzig wirksame Bekämpfungsmethode. Auch Kalkanstriche und Leimringe aus Pech und Teer waren im Obstbau wirksam.

Insektizide auf chemischer Basis hielten zuerst Einzug in der Lagerhaltung sowie im Obst-, Wein- und Gemüseanbau. Der Forstwissenschaftler Hermann Nördlinger beschreibt 1869 in seinem Buch über »Die kleinen Feinde der Landwirthschaft« die mögliche Verwendung von Chlorgas, Chlorkalk, Arsen und Quecksilber und Quecksilberchlorid gegen Lagerschädlinge, sowie die Wirkung von Teer und Chlorkalkwasser auf bestimmte Schädlinge. Mittel werden mit Pinsel, Schwamm, Gießkanne und Blasebalg aufgebracht. Die später üblichen Tornister-Rückenspritzen mit Druckbehältern sind zu dieser Zeit noch nicht in Gebrauch. Man kann daher davon ausgehen, dass es bis etwa 1870 in Europa kaum flächige Anwendungen von Insektiziden gab.

III Die Gruppe der Arthropoden (Gliederfüßer) schließt Insekten und Spinnentieren, wie Spinnmilben ein, die bis heute zu den bedeutendsten Schädlingen gehören.

Die ersten organischen[IV] Insektizide auf Grundlage fossiler Rohstoffe waren die Mineralöle.[3] Petroleum wird schnell ins Mittelarsenal aufgenommen, direkt anwendbare Petroleum-Emulsionen waren schon ab 1868 verfügbar.[4] Der hochgiftige Schwefelkohlenstoff,[V] zuerst ein industrielles Produkt wurde etwa im gleichen Zeitraum schon gegen Lagerschädlinge und im Weinbau gegen die eingeschleppte Reblaus eingesetzt.[5] Schmierseifen allein oder mit Zusätzen von Tabak, Quassia und später auch Pyrethrum[VI] und Mineralöle bleiben bis zur »arsenischen Periode« in Europa bis etwa 1900 die gebräuchlichsten Insektizide in den Dauerkulturen und im Gemüsebau. Im Ackerbau dominieren noch lange die nicht-chemischen, vorbeugenden Verfahren. Auch die Förderung und der Schutz von Nützlingen hat hohe Bedeutung.[6]

DIE ARSENISCHE PERIODE

»Die umfangreichste und mannigfaltigste Gruppe von Schädlingsbekämpfungsmitteln ist die der Arsenmittel. Arsenverbindungen haben als insektizide Spritz- und Stäubemittel, als Giftköder gegen Insekten, Nager und niedere Tiere, als Getreidebeizmittel, als Holzschutzmittel, als Unkrautbekämpfungsmittel (…) Verwendung gefunden.«[7]

So beschreibt Walther Trappmann den Einsatz von Arsen 1948. Die Giftigkeit von Arsen ist schon sehr lange bekannt – berühmte Morde fanden damit statt. Giftköder mit Arsen wurden frühzeitig gegen Nagetiere eingesetzt. Arsenhaltige Insektizide kommen aber erst ab 1867 in den USA in Gebrauch. Den Einzug arsenhaltiger Insektizide in Deutschland schildert Lorenz Hiltner:

»In Deutschland ist die Methode, die Nahrung schädlicher Insekten mit arsenhaltigen Mitteln zu vergiften, gelegentlich schon vor mehr als 10 Jahren, namentlich gegen Rübenschädlinge, mit bestem Erfolge benützt

---

IV Organisch im Sinne der »organischen (kohlenstoffbasierten) Chemie«

V Kohlenstoffdisulfid (CS2)

VI Erst die flüssige Dufourische Lösung (Schmierseife mit Pyrethrumpulver) erlaubt den preiswerten und wirksamen Einsatz auf größeren Flächen.

worden, und neuerdings erblicken zahlreiche Praktiker in der Verwendung von Arsenpräparaten, hauptsächlich von Schweinfurthergrün, das einzige Mittel, um den in den letzten Jahren besonders schweren Schädigungen, die der Heu- und Sauerwurm[VII] *veranlaßt, für die Zukunft zu begegnen.«*[8]

Arsenhaltige Insektizide werden bald überall massenhaft eingesetzt. Nach Walther Trappmann werden in den USA im Jahr 1934 27.500 Tonnen angewendet, davon 15.000 Tonnen Bleiarsenat. In Deutschland wurden 1939 600 bis 700 Tonnen reines Arsen(III)oxid für die Herstellung von Pestiziden verbraucht. Die Landwirtschaftsbehörde USDA berichtet 1940 von einem jährlichen Verbrauch von 83 Millionen Pfund,[VIII] davon 40 Millionen Pfund Bleiarsenat in den Vereinigten Staaten.

Der massive Einsatz hat Folgen: In den USA wurden die Schädlinge im Obstbau gegen das Arsen schnell resistent, bald wurde die Dosis verdreifacht, und es musste bis zu neun Mal in der Saison gespritzt werden. Neue Formulierungen[IX] mit besseren Haftmitteln und Emulgatoren wurden entwickelt, um die Dosen zu verringern. Der massive Einsatz von Bleiarsenat führte zu extrem hohen Rückständen von Blei und Arsen in US-amerikanischen Äpfeln. Andere Länder belegten US-Äpfel mit Importverboten. Man legte erstmals Rückstandshöchstmengen fest.

In Deutschland führte der jahrelange Arseneinsatz im Weinbau zur »Kaiserstuhlkrankheit« unter den Winzern.[9] Die massiven Probleme mit arsenhaltigen Insektiziden löste eine bisher beispiellose Insektizidforschung in den USA, England, Frankreich und Deutschland aus.[10] Als Gewinn lockte ein gigantischer Absatzmarkt. Große Teile der Landwirtschaft hingen bereits am »Insektizidtropf«. Jeder bekannte Stoff und seine Derivate wurden untersucht, die Grundlage für die kommenden Jahrzehnte. Später, und noch heute viel benutzte Stoffe wurden in dieser Zeit entdeckt und patentiert. Die IG Farben in Frankfurt am Main, später Hoechst AG[X], entdeckte 1938

VII Beides Traubenwicklerarten, Schädlinge im Weinbau.

VIII Ein Amerikanisches Pfund wiegt 0,453592 kg.

IX Eine Formulierung ist in der Chemie eine Verbindung verschiedener Komponenten.

X Die IG Farben entstand 1925 aus dem Zusammenschluss von acht deutschen Unternehmen – darunter Agfa, BASF, Bayer, Cassella, Hoechst und Kalle. Sie war das größte Chemie- und Pharmaunternehmen der Welt, wurde aber nach dem Zweiten Weltkrieg wegen aktiver Beteiligung am Holocaust zerschlagen.

Nitrocarbazole (Handelsname Nirasan) und begann die erste großtechnische Produktion eines synthetischen Insektizids in Deutschland. So konnte die Anwendung von Arsen 1942 im deutschen Weinbau verboten werden. 1939 entdeckte Paul Müller (Geigy AG, Schweiz) DDT, und 1942 entdeckten Franzosen und Engländer zeitgleich gamma-HCH[XI] (Lindan). Gerhard Schrader (IG Farben, später Bayer AG) entdeckte 1938 TEPP und 1944 Parathion beziehungsweise E605, welches zu den Phosphorsäureestern gehört. Mit der Entdeckung von DDT, den sogenannten Hexa- und E-Mitteln, war der Grundstein für die nächste Etappe gelegt. Arsenische Insektizide waren noch länger im Gebrauch, aber verloren nach 1945 ihre Bedeutung in Europa.

FUNGIZIDE

Als Johann Burger 1819/21 sein berühmtes »Lehrbuch der Landwirthschaft« herausgab, war die Welt aus der Sicht des Pflanzenschutzes noch in Ordnung. Weder die Kartoffelfäule (*Phytophthora infestans*[XII]) noch der Mehltau (*Erysiphales, Perenosporales*[XIII]) kamen in Europa vor, künstlicher oder importierter Stickstoffdünger spielte keine Rolle.

Burger beschreibt die Kartoffel noch als das »vorzüglichste aller landwirtschaftlichen Gewächse; denn es gedeiht in allen Klimaten, in jedem Boden, Thon und Sumpf abgerechnet; es unterliegt viel weniger der Witterung, bedarf nur einer kunstlosen Kultur, und gibt Ertrag an Mehl, der das Mehrfache der gewöhnlichen Getreideernten beträgt«.[11] Die Kartoffel ist zu dieser Zeit das Hauptnahrungsmittel in Irland, den Niederlanden, in großen Teilen Deutschlands und in der Schweiz.

Als Kulturmaßnahme beschreibt Johann Burger nur das mehrfache Eggen und natürlich das Anhäufeln. »Der Werth dieser Frucht ergibt sich, wenn man die Leichtigkeit ihrer Kultur, die Sicherheit und Größe ihres Ertrages, (…) vergleicht.«[12] Mit der Ankunft der Kartoffelfäule, etwa zwanzig

---

XI γ-Hexachlorcyclohexan

XII In der frühen Literatur wurde sie noch als *Perenospora infestans* bezeichnet.

XIII Beim Mehltau handelt es sich um eine Gruppe verschiedener Arten. Der falsche Mehltau des Weines *Plasmopara viticola* wurde 1878 nach Europa eingeschleppt und führte zur »Mehltau Krise« in Frankreichs Weinbau.

Jahre später, ändert sich alles. Der Pilz trifft die Landwirtschaft in Europa völlig unvorbereitet und vernichtet die gesamte Ernte. Gerade in Irland, wo nur zwei Kartoffelsorten jahrelang in Selbstfolge[XIV] angebaut wurden, sterben daraufhin eine Million Menschen, und weitere zwei Millionen Iren wandern in die USA aus. Der Pilz war nicht allein schuld an der »Great Famine«. Politische Fehlentscheidungen, ungerechte Landverteilung und fehlendes Verständnis von Genetik und Pathogenen hatten wahrscheinlich den größeren Anteil. Die Kartoffel wurde seit der Einführung in Europa jahrzehntelang nur über Klonung vermehrt – das heißt, man nahm von relativ wenigen südamerikanischen »Mutterpflanzen« Saatkartoffeln und vermehrte diese. Führt man diesen Prozess immer weiter und beschränkt sich beim Anbau auch noch auf wenige Sorten, führt das zu einer starken genetischen Verarmung, die es jedem Pathogen leicht macht.[13]

Den europäischen Weinbau trifft es in der zweiten Hälfte des 19. Jahrhunderts gleich viermal hart. Aus Nordamerika werden in kurzer Folge vier Schaderreger eingeschleppt: Erst der Echte Mehltau, dann die amerikanische Reblaus, später der Falsche Mehltau und die Schwarzfäule. Die Folgen sind verheerend.

Der Falsche Mehltau »rettet« in gewisser Weise die europäische Kartoffel – und läutet den Beginn der modernen Fungizide ein. Die Bordeaux-Brühe [XV] wird in Frankreich schon kurz nach dem Einschleppen des Falschen Mehltaus entwickelt und sie wirkt auch gegen die verwandte Krautfäule [XVI]. Bis dahin hatte man keine Möglichkeit gefunden, die Krautfäule zu bekämpfen. Versuche mit einfachem Kupfervitriol, Schwefel, Gips und Ätzkalk führten zu keiner befriedigenden Lösung. Bereits 1864/65 versuchte man es mit einer Bodenentseuchung mit Quecksilbersublimat [XVII] und arseniksaurem Kali – diese Chemikalien verhüteten die Krautfäule, waren aber zu kostspielig. Nach der Entdeckung der Kupferkalkbrühe wurden schnell weitere kupferhaltige Fungizide entwickelt.

Kurz nach ihrer Einführung kam dann Quecksilber doch noch zu einer großflächigen Anwendung: als Saatgutbeize von Getreide. Die Bayer AG

XIV Heute werden Anbaupausen von mindestens drei Jahren empfohlen beziehungsweise vorgeschrieben.

XV Das ist Kupferkalkbrühe, eine Mischung von Kupfersulfat (Kupfervitriol) mit Kalkmilch.

XVI Beides sind Eipilze der Familie Peronosporaceae.

XVII Quecksilberchlorid war schon lange als Fungizid im Fokus.

»entdeckte« 1911, dass Phenylquecksilberchlorid Keimlinge effektiv schützt, ohne sie zu schädigen. 1914 wurde es als Upsulan auf den Markt gebracht. Schon 1927 war Quecksilberbeize das erste Mittel, um Getreide vorbeugend gegen pilzliche Erreger zu schützen.[14]

Anfang der 1930er Jahre entdeckten Chemiker des US-amerikanischen Chemiekonzerns DuPont die fungizide Wirkung von Carbamaten[XVIII] – präziser gesagt von Dithiocarbamaten. Sie meldeten wenig später ein Patent auf einen Wirkstoff namens Thiram an, und 1940 kommt dieser auf den US-Markt.[15] Wenig später kommt ein ähnlicher Wirkstoff dazu: Ferbam. Schwefel, kupferhaltige Fungizide und organische Quecksilberverbindungen als Beize bleiben noch lange die dominierenden Fungizide.

HERBIZIDE

»Es wäre unzutreffend, wenn man glauben sollte, dass man bisher gegen das Unkraut machtlos gewesen ist und dass es erst eines solchen neuen besonderen Mittels [XIX] *bedurft hätte, um den allgemeinen Kampf gegen dasselbe mit Aussicht auf Erfolg aufnehmen zu können. Giebt es doch viele Wirthschaften, in denen das Unkraut beinahe unbekannt ist, weil es in Folge der Art der Bewirtschaftung des Bodens nicht aufkommen kann. Als eines der besten Vorbeugungsmittel gegen das Unkraut hat sich nämlich eine zweckmäßige Fruchtfolge mit Hackfruchtbau und Futterbau und angemessene Ackerung und Bestellung des Bodens erwiesen.«*[16]

So beschreibt Albert Bernd Frank in einem Beitrag für das Kaiserliche Gesundheitsamt die bisherige Praxis. 1897 aber war man in Europa auf die Idee gekommen, Unkräuter mit Chemie zu bekämpfen. In Deutschland und Frankreich gab es Versuche in Getreide und anderen Kulturen mit Kupfersalzen und Eisenvitriol. Letzteres wird als der beste Wirkstoff befunden. Schon 1900 sind mehrere Typen fahrbarer Hederichspritzen[XX] auf dem Markt. In den USA setzte man ab 1900 auf arsenhaltige Herbizide. Natriumarsenit –

XVIII Das sind Salze und Ester der Carbamidsäuren. Zu ihnen gehören auch Polyurethane.

XIX Des Eisenvitriols (Anm. des Autors).

XX Benannt nach dem Acker-Rettich oder Hederich, *Raphanus raphanistrum*.

ein Totalherbizid wie Glyphosat – wird dort schon 1900 bis 1920 zum ersten massenhaft eingesetzten Unkrautvernichtungsmittel.[17]

Eisenvitriol tötet aber nur Hederich und Ackersenf und verschont alle übrigen Unkräuter. Albert Bernd Frank stellt deswegen fest:

»Es wäre gut, wenn es ein chemisches Mittel gäbe, welches in dieser Beziehung eine ausgedehntere Wirkung hätte ohne zugleich den Kulturpflanzen zu schaden.«[18]

Auf diese Art von Herbiziden wird die Landwirtschaft um 1900 noch 42 Jahre warten. Erst mit 2,4-D wird 1942 ein Herbizid auf den Markt gebracht, welches Getreide verschont, aber alle breitblättrigen Unkräuter abtötet. Bis dahin werden Unkräuter überwiegend mechanisch oder im Getreide eben auch mit etwa 60 bis 100 kg/ha Eisenvitriol bekämpft.[19] Die ersten selektiven Herbizide, 2,4-D und drei Jahre später das verwandte 2,4,5-T,[XXI] werden ganz neue Märkte erobern. Natriumarsenit bleibt aber als Totalherbizid in den USA noch lange in Verwendung.

LANGE GESCHICHTE – KURZER PROZESS

Die frühe Periode des Pestizideinsatzes wird von anorganischen Pestiziden bestimmt. Schwefel und Pestizide basierend auf Kupfer, Arsen, Blei und Quecksilber werden schon zwischen 1890 und 1920 in großen Mengen eingesetzt. Was im Obst- und Weinbau und im Kartoffelanbau vor allem wegen neuartiger Schaderreger anfängt, wird schnell auf andere Fruchtarten übertragen. Die Quecksilberbeizung des Saatguts wird zum Standard.

Bis 1920 steigen zahlreiche chemische Fabriken in die Produktion von Pestiziden ein. Die Anzahl der verfügbaren Mittel nimmt ständig zu. Nach dem Ersten Weltkrieg beginnt eine Entwicklung, die bis heute fortschreitet und die Macht der Konzerne begründet. In den USA konsolidieren sich Chemiefirmen und übernehmen als Kriegsgewinner deutsche Chemiepatente. Als Reaktion darauf verbinden sich acht deutsche Chemieunternehmen 1925 zur IG Farben. In England entsteht 1926 als Gegengewicht dazu Imperial Chemical Industries, ICI, aus vier Chemiefirmen.

XXI Dichlorphenoxyessigsäure und Trichlorphenoxyessigsäure.

Die rasante Verbreitung von Pestiziden in der ersten Hälfte des 20. Jahrhunderts hatte drei wesentliche Ursachen: mächtige internationale Konzerne, die staatliche Institutionalisierung des Pflanzenschutzes und das Fehlen von Zulassungen. Die Konzerne mussten nur Produkte entwickeln und verkaufen. Der Staat besorgte das Marketing. Eine Prüfung von Gefährdungen für Umwelt und Gesundheit gab es nicht.

Als Reaktion auf diverse Krisen – Kartoffelfäule, Mehltau, Kartoffelkäfer – bildeten sich in verschiedenen Ländern staatliche Einrichtungen zur landwirtschaftlichen Forschung und Beratung. Besonders in den USA, England und Deutschland. In Deutschland gab es um 1900 ein Netz von sechzig landwirtschaftlichen Versuchsstationen, die sich ab 1850 gegründet hatten. In den USA und England war es ähnlich.

Lorenz Hiltner, der erste Direktor der bayerischen agrikultur-botanischen Anstalt, beschreibt 1903 anhand der Kunstdünger eindrücklich, wie effektiv das Marketing über die Versuchsstationen war:

»Wenn heutzutage selbst der kleinste Landwirt seine Felder mit künstlichen Düngern düngt, wenn wir in Handelsberichten lesen, daß allein Deutschland in einem Jahre 1 750 000 Ztr. Chilisalpeter zu Düngungszwecken importiert, oder die heimischen Industrie 16 000 000 Ztr. Superphosphat zu gleichem Zwecke liefert, so haben wir hierin den Erfolg einer Arbeit vor uns, die in der Hauptsache die Versuchsstationen geleistet haben (…)«[20]

Pestizide, wie die Quecksilberbeizen, wurden später ebenso schnell verbreitet: »Nachdem Hiltner (…) die Wirksamkeit quecksilberhaltiger Beizmittel erwiesen hatte, hat die chemische Industrie eine große Anzahl von Präparaten (…) hergestellt.«[21] Die frühen Pestizide führten die Landwirtschaft in die Abhängigkeit, und diese wird in den folgenden Jahrzehnten noch verstärkt.

Zum Ende des Zweiten Weltkrieges ist die Richtung schon festgelegt, in die die Landwirtschaft gehen wird. In den Industrieländern befindet sie sich bereits in der Abhängigkeit von Insektiziden und Fungiziden. Dieses Prinzip bleibt erhalten, aber die Dimensionen und die Ausdehnung ändern sich dramatisch. Das Ende des Krieges setzt Ressourcen frei, und die Mechanisierung geht in der Landwirtschaft nun rasant vonstatten. Mit Traktoren und Flugzeugen kann man effizient große Flächen spritzen. Die Flurbereinigung beseitigt vielfältige Landschaften und schafft große Flächen für Monokulturen; Tier- und Pflanzenproduktion werden entkoppelt. Die Fruchtfolgen werden immer enger und Herbizide immer wichtiger.

DDT[XXII] ersetzt weitgehend arsenhaltige Insektizide, und da es zunächst für harmlos gehalten wird, gibt es keine Hemmungen bei der Anwendung. Es wird zum weltweit am häufigsten eingesetzten Pestizid. Die Erkenntnis, dass DDT hormonverändernde Wirkungen hat und zudem wahrscheinlich krebserregend ist, setzt sich erst in den 1970er Jahren durch und führt zum Verbot in den meisten Industrieländern. Wo DDT nicht wirkt, werden Hexa- oder E-Mittel eingesetzt. Die Industrie entwickelt auf Basis der drei Wirkstoffgruppen viele ähnliche Wirkstoffe. Die Aufwandmengen pro Hektar sind teilweise gewaltig. Zur Bekämpfung des Rapsglanzkäfers wird 1963 zum Beispiel in der DDR empfohlen:

»Fünf Käfer je Pflanzen bedeuten eine Gefahr, so daß dann die Bekämpfung mit DDT-Mitteln (je Stäubung wenigstens 10kg/ha) einsetzen muss. Bei gleichzeitigem Auftreten des Hohlschotenrüßlers kurz vor der Blüte sind Hexa- oder E-Mittel (10 bis 20 kg/ha) anzuwenden.«[22]

Mit der sogenannten »Grünen Revolution« werden in den 1960ern Pestizide im globalen Süden etabliert, wo der Einsatz bis heute rasant ansteigt.

Die negativen Auswirkungen des massiven Insektizideinsatzes in den zwanzig Jahren nach dem Zweiten Weltkrieg sind bekannt und ausführlich beschrieben. Neue Umweltbewegungen gründen sich. Auf den Druck der Zivilgesellschaft reagieren die Staaten. Pestizide müssen ab Ende der Sechziger Jahre in den meisten Industrieländern einer Überprüfung unterzogen werden. Gesetzliche Rückstandshöchstmengen für Pestizide im Essen werden bald international festgelegt. Dies allerdings, um den Handel mit belasteten Lebensmitteln zu legalisieren.[XXIII]

Eine weitere Beschleunigung folgt nach dem Ende des Kalten Krieges. China öffnet sich dem Weltmarkt und wird einerseits zu einem großen Importeur von Lebensmitteln, und andererseits entstehen bald Tausende von chinesischen Pestizidfirmen, die Pestizide nach ganz Asien und Lateinamerika exportieren.

XXII Dichlordiphenyltrichlorethan.

XXIII Unterschiedlich hohe gesetzliche Grenzwerte wurden früh als Handelsbarriere erkannt. 1963 formte sich deshalb die internationale Codex Alimentarius Commission (CAC) mit der Absicht, einheitliche Standards zu schaffen, um den weltweiten Handel mit Agrarprodukten zu gewährleisten.

Mitte der Neunziger Jahre führt Monsanto die glyphosatresistente Sojabohne ein. Die Bohne wurde genetisch so modifiziert, dass sie dem Totalherbizid Glyphosat widersteht. Zur gleichen Zeit wird, um Arbeitszeit und Diesel zu sparen, die pfluglose Bodenbearbeitung populär. Glyphosat ersetzt den Pflug als »Unkrautvernichtungsmittel«. Nach dem Auslaufen der Patente wird Glyphosat zum mengenmäßig meist verkauften Pestizid.

Ebenfalls Mitte 1990 kommen mit den Neonikotinoiden neuartige Pestizide auf den Markt, die dann langsam die Organophosphate ersetzen. Die ersten Neonikotinoide haben Eigenschaften, die sie extrem populär machen – und extrem gefährlich. Bald folgen die ersten Berichte über Bienensterben. Immer mehr Evidenz zeigt die Gefährlichkeit dieser Stoffe.

So bleibt die Geschichte der Pestizide von Anfang bis heute eine Geschichte des staatlichen Versagens und auch einer unermesslichen Naivität. Skrupellose Firmen fingen schon im 19. Jahrhundert an, offensichtlich hochgefährliche Pestizide ohne jegliche Überprüfung von Gefahren zu verkaufen. Sie kreierten schon früh eine Landwirtschaft, die scheinbar nicht mehr ohne Pestizide auskommt.

VERLUSTANZEIGE

Der Baumweißling (Aporia crataegi)

Der Baumweißling war einst eine sehr häufige Art des Offenlandes. Die Raupen entwickeln sich meist in großen Nestern an Rosengewächsen wie Birnen und Pflaumen, aber auch an Schwarzdorn und Weißdorn. Auf letztere, die Gattung *Crategus*, bezieht sich der wissenschaftliche Name *Aporia crataegi*. Der Tagfalter aus der Familie der Weißlinge trat bis in die 1970er Jahre in manchen Obstbaugebieten so häufig auf, dass er als Schädling eingestuft wurde.

Texte der Tierporträts: Florian Schwinn
Illustrationen: Annika Huskamp

Alfred Brehm berichtet in seinem »Tierleben«, dass an Pfingsten 1829 die Obstbäume entlang der Heerstraße von Erfurt nach Gotha weiß erschienen, als stünden sie in voller Blüte: »Dieses Blütengewand bestand aber aus einer ungeheuren Menge von Baumweißlingen. Seitdem ist diese Art nie wieder in solchen Mengen gesehen worden.« Außerdem erzählt Alfred Brehm, dass der Saft, den die frisch geschlüpften Schmetterlinge »aus ihrem After entlassen«, in früheren Zeiten als böses Omen gewertet wurde, weil der beim Baumweißling rötlich gefärbt sei und »weil er zuzeiten in großen Mengen vorkam, so hat dies zu der Sage von dem ›Blutregen‹ Veranlassung gegeben, welcher ein Vorbote für allerlei böse Ereignisse sein sollte.«[1]

— *Opfer des modernen Obstbaus*

Von einer Massenvermehrung der Baumweißlinge wird auch noch aus den 1970er und 80er Jahren in der Oberrheinebene in Baden-Württemberg berichtet. Danach wurden die Falter immer seltener. Der großflächige Einsatz von Pestiziden in den Obstbaugebieten führte zu einem starken Rückgang der Populationen in zahlreichen Regionen Mitteleuropas. Neben dem intensiven Einsatz von Pestiziden im Obstbau mit negativen Folgen für diese und andere Arten leidet auch der Baumweißling stark unter der Zerstörung anderer potenzieller Lebensräume, wie strukturreiche innere und äußere Waldsäume und Lichtungen, Vorwaldstadien, Magerrasen, buschdurchsetzte trockene Felshänge und Heckengebiete. All diese sanften Rand- oder Saumbiotope, die sogenannten Ökotone, sind in unserer Landschaft kaum noch zu finden.

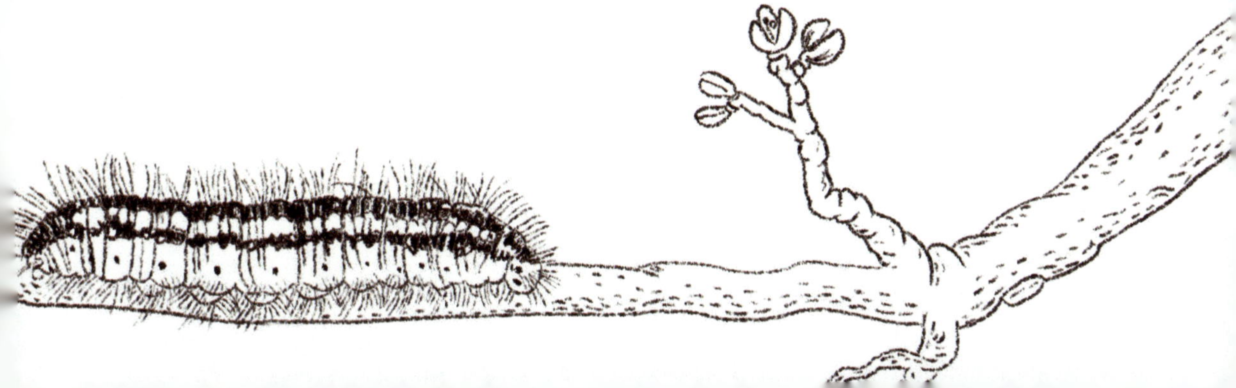

DUALE EINSEITIGKEIT

von Joseph Amberger

Warum junge Landwirte in Berufsschule und Betrieb meist zu Pestizidanwendern ausgebildet werden

Der ökologische Landbau hat sich in den letzten dreißig Jahren als anerkannt nachhaltiges Landbausystem etabliert. Biobetriebe erwirtschaften ein sicheres Familieneinkommen und leisten einen wichtigen Beitrag zum Ressourcen-, Arten- und Klimaschutz. Dadurch haben sie sich ein hohes gesellschaftliches Ansehen erworben, das sich auch auf politische Entscheidungen auswirkt. Staatliche Förderprogramme unterstützen die Umstellungsphase und honorieren die agrarökologischen Leistungen der Biobauern. Dennoch liegt der Anteil der von Biobetrieben bewirtschafteten landwirtschaftlichen Fläche in Deutschland immer noch unter zehn, in der Schweiz knapp über fünfzehn Prozent. Nur in Österreich liegt der Anteil der Biofläche dank einer starken politischen Unterstützung bei einem Viertel der gesamten landwirtschaftlichen Nutzfläche.

Im deutschen Bundesland Bayern, in dem ich viele Jahre als Landwirtschaftslehrer und inzwischen als Projektleiter[I] tätig bin, soll Bio nach dem Willen der Landesregierung in den nächsten zehn Jahren auf dreißig Prozent der Fläche wachsen. In weiten Teilen des Landes liegt der Anteil derzeit noch unter zehn Prozent. Obwohl die Bedingungen für eine Betriebsumstellung heute weit besser sind als in den vergangenen Jahrzehnten, ist die Bereitschaft, diesen Weg zu gehen, bei den Landwirten eher verhalten.

Dafür gibt es meiner Erfahrung nach einen wesentlichen Grund, der nach Jahrzehnten erfolgreicher Biolandwirtschaft allerdings erstaunlich ist: Den im sogenannten »konventionellen« System praktizierenden Landwirten fehlt es an Wissen über das System und die Funktionsweise des ökologischen Landbaus. In Diskussionen und Beratungsgesprächen wird sehr viel Zeit und Energie aufgewendet, um all die Punkte zu erörtern, die einer Umstellung des eigenen Betriebs entgegenstehen. Das ist eine gut eingeübte Möglichkeit, Herausforderung zu meiden und neue Wege nicht zu gehen.

Die Angst vor Veränderung lässt sich durchaus nachvollziehen. Trotzdem stellt sich die Frage, weshalb Landwirte, die eine mehrjährige Ausbildung absolviert haben, so wenig über den ökologischen Landbau wissen. Sicher hatten in der Vergangenheit die Kenntnisse über Methoden des ökologischen Landbaus einen geringen Stellenwert. Doch wie sieht es heute aus? Werden konventionelle und ökologische Inhalte in der Ausbildung gleichwertig vermittelt?

I In der »Bodenallianz Pfaffenhofen«: der Bioanteil lag in der Projektregion am Anfang bei sechs Prozent.

Vereinfacht kann man sagen, dass Kenntnisse über die praktische Anwendung von synthetischen Pestiziden sowohl in der Praxis der Ausbildungsbetriebe, als auch im theoretischen Unterricht an den Berufsschulen eine zentrale Bedeutung haben. Obwohl die Grundsätze und Inhalte des Biolandbaus mittlerweile in die Lehr- und Ausbildungspläne aufgenommen wurden, spielen sie in der Ausbildungspraxis meist eine untergeordnete Rolle. Die Gründe dafür sind vielschichtig. Ihre Ursachen sind historisch, politisch und gesellschaftlich begründet und liegen bisweilen auch schlicht in der Person der Lehrer und Ausbilder.

GESCHICHTE DER LANDWIRTSCHAFTLICHEN AUSBILDUNG

Eine berufsständisch organisierte Ausbildung nach dem Vorbild der Zünfte und Innungen gab es in der Geschichte der Landwirtschaft nie. Berufliche Bildung erfolgte bis Ende der 1960er Jahre in erster Linie durch die Weitergabe von tradiertem Wissen der Elterngeneration auf die auf dem Hof mitarbeitenden Familienmitglieder. Innovationen und Wissenstransfer kamen lange Zeit aus den landwirtschaftlichen Betrieben der Klöster und, nach der Säkularisierung im 19. Jahrhundert aus den neugeschaffenen staatlichen Lehr- und Bildungsanstalten. Diese Einrichtungen dienten jedoch hauptsächlich der Ausbildung des wissenschaftlichen Nachwuchses und des Beamtenapparates. Die für Praktiker eingerichteten Ackerbauschulen wurden in erster Linie von Hofnachfolgern der Güter und Großbauern besucht. Der überwiegende Teil der praktizierenden Bauern hatte keine landwirtschaftliche Berufsausbildung.

Die »duale Berufsausbildung«, nach dem Vorbild des Handwerks und der Industrie, bei der ein Betrieb fachliche Fertigkeiten und eine staatliche Berufsschule die theoretischen Kenntnisse vermittelt, entwickelte sich in der Landwirtschaft erst in den 1970er Jahren. Im Gegensatz zu Industrie und Handwerk war aber in der Landwirtschaft für die praktische Ausbildung keine Meisterqualifikation notwendig. Die grundsätzliche Vorschrift, den praktischen Teil der gesamten Ausbildung auf einem anerkannten Meisterbetrieb außerhalb des elterlichen Hofes zu absolvieren, gibt es erst seit der Jahrtausendwende. Darunter leidet vielfach bis heute das Ansehen und die Wertschätzung des Berufsbildes selbst in den Bauernfamilien.

Als Berufsschullehrer habe ich seit 1985 im Rahmen von Informationsveranstaltungen und Beratungsgesprächen intensiv für die landwirtschaftliche Berufsausbildung geworben. Selbst bei Familien mit größeren, zukunftsfähigen Höfen entschieden sich Eltern und zukünftige Hofnachfolger oft gegen eine landwirtschaftliche Berufsausbildung, mit der Begründung, er oder sie sollten zuerst einen Beruf erlernen, dann könnten sie ja immer noch den Hof übernehmen und bewirtschaften. »Ich lern erst was, dann übernehm ich den Hof«, sagten die künftigen Bauern, oder auch: »Meine Geschwister gehen in die Lehre, und ich bleib daheim.« Das nötige Fachwissen zur Betriebsführung wurde durch die Mitarbeit auf dem Hof und durch den späteren Besuch der dreisemestrigen landwirtschaftlichen Fachschule erworben. Als Eingangsvoraussetzung für diese Schule war lediglich eine abgeschlossene Berufsausbildung eines anerkannten Ausbildungsberufes notwendig. Was in anderen Berufsfeldern undenkbar war, nämlich die Aufnahme von fachfremden in berufsspezifische Fachschulen, war in der Landwirtschaft eher die Regel. Das trug weder zum Ansehen der beruflichen Erstausbildung noch zum Leistungsniveau der landwirtschaftlichen Fachschulen bei.

Mit der Bildungsoffensive »Landwirtschaftsschule 2000« wurden die Zugangsvoraussetzungen geändert. Jetzt war die bestandene Abschlussprüfung zum Ausbildungsberuf Landwirt und eine einjährige Praxiszeit Voraussetzung für die Aufnahme. Gleichzeitig entstand mit dem Bildungsprogramm Landwirtschaft, BiLa, ein Kurssystem für die fachliche Qualifikation von Nebenerwerbslandwirten, die neben einer anderen Berufstätigkeit auf die Abschlussprüfung zum Ausbildungsberuf Landwirt vorbereitet werden. Viele Teilnehmer sehen nun darin eine Möglichkeit, in wesentlich kürzerer Zeit und mit weniger Aufwand eine gleichwertige Qualifikation zu erreichen. In manchen Gebieten Bayerns übersteigt die Zahl der BiLa-Absolventen bei Weitem die der regulären Auszubildenden. Wenn, wie in diesem Fall, eine dreijährige duale Ausbildung mit einem berufsbegleitenden Kurssystem ohne Meisterunterweisung faktisch gleichgestellt wird, kann das nur negative Folgen für das Image der Regelausbildung haben.

BERUFSBILD LANDWIRT

Mit dem Aufbau einer staatlichen, berufsständisch organisierten Ausbildung musste ein aktuelles Berufsbild definiert werden, und damit auch Lern- und Ausbildungsziele. Zeitgleich erlebte die Landwirtschaft einen der größten

Umbrüche ihrer Geschichte. Die Technisierung und der als »Grüne Revolution«[II] bezeichnete Einsatz von Agrarchemie leiteten einen Strukturwandel von bis dahin kaum vorstellbarem Ausmaß ein, dessen Ende bis heute noch nicht abzusehen ist. Landwirte empfanden die neuen Möglichkeiten von chemischem Pflanzenschutz und Düngung als Befreiung aus lebenslanger Fron und Abhängigkeit. Unvergessen sind mir die leuchtenden Augen meines Vaters, als er mir zum ersten Mal ein mit Herbiziden behandeltes Sommergerstenfeld zeigte. Es kostet nicht viel, niemand muss sich mehr plagen und kein Kind muss Distelstechen für ein unkrautfreies Gerstenfeld; das war die neue Landwirtschaft. Sichere und ständig steigende Erträge machten es den Bauern leicht, sich von den Segnungen des Fortschritts überzeugen zu lassen. Wissen und Bewusstsein über einen sicheren und schonenden Einsatz und Anwenderschutz konnten sich in dieser Situation kaum ausbilden, da es an entsprechenden Ausbildungsstrukturen fehlte. Wissenstransfer über die Neuerungen erfolgte denkbar rudimentär durch staatliche Beratung und den Landhandel, der die Substanzen in den Verkehr brachte und meist auch nicht über die nötige Sachkunde verfügte. So wie der Augenblick am Gerstenfeld ist mir die andere Seite der Entwicklung in Erinnerung. Wir hatten jetzt auch eine leuchtendrote Beiztrommel auf dem Hof. Als Heranwachsende mussten wir mithelfen, das gesamte Getreidesaatgut mit hochgiftigem quecksilberhaltigem Mittel zu beizen. Den giftigen Staub atmeten wir stundenlang ein. Trotz der aufgedruckten Totenköpfe auf den schwarz glänzenden Verpackungen kam niemand auf die Idee, sich und seine Kinder vor den Gefahren zu schützen. Im Vordergrund stand immer der vermeintliche Schutz der Kulturpflanzen. Gefahren für Anwender, Umwelt und Verbraucher wurden vernachlässigt. Die Anwender- und Warnhinweise wurden nicht gelesen oder nicht ernst genommen. Wo doch eine Ahnung von Gefahr aufkam, half der alltägliche Umgang mit den Substanzen beim Ausblenden. Schließlich kam es nur in seltenen Fällen zu unmittelbaren Vergiftungserscheinungen. Und das Unwohlsein nach einem Tag mit Spritzarbeiten, verstärkt durch das abendliche Bier, wurde als harmlos abgetan.

II »Grüne Revolution« ist nach heutigem Sprachgebrauch ein irreführender Begriff, der die weltweite Einführung von Hochertragssorten zur Hungerbekämpfung in den 1960er Jahren bezeichnete. Sie war letztlich ein Teil der Industrialisierung der Landwirtschaft und des Siegeszugs der Agrochemie, insofern nicht »grün« und eine Revolution eher im Sinne der »Industriellen Revolution«.

Im rasanten Strukturwandel überlebten die Betriebe, die die neuen Methoden am nutzbringendsten einsetzten. Dabei wurden negative Auswirkungen auf natürliche Ressourcen manchmal nicht erkannt, oft ausgeblendet und vielfach auch bewusst ignoriert. In einem Zeitraum von weniger als zwei Dekaden erfolgte ein Wandel, weg von der kreislaufbasierten agrarökologisch geprägten Landwirtschaft mit Viehhaltung, Humuswirtschaft und weiten Fruchtfolgen, hin zu einer agrarchemiebasierten intensiven Landnutzung. Unterstützt von Agrarindustrie, Forschung, Lehre und Beratung wurde ein Landnutzungssystem etabliert, das auf Höchsterträge mit gerade noch »umweltverträglichen« Methoden ausgerichtet war und das jetzt als »konventionelle« Landwirtschaft bezeichnet wurde. In diesem Prozess erwiesen sich die Bauern als eifrige Anwender neuer, wissenschaftlich belegter Arbeitsmethoden. Sie setzten letztendlich all das um, was ihnen durch Industrie- und Offizialberatung empfohlen wurde. Nutznießer dieses Systems waren die Betriebe, die wachsen konnten, weil andere aufgeben mussten. Deren Betriebsleiter bestimmten als Ausbilder und als Mitglieder in Entscheidungsgremien und Prüfungsausschüssen die wesentlichen Inhalte der Ausbildung. Die industrialisierte Landwirtschaft, die jetzt »konventionell« genannt wurde, prägte das Berufsbild und bestimmte die Lerninhalte.

Einige wenige Landwirte setzten sich kritisch mit dieser Entwicklung auseinander und suchten nach neuen Wegen. Aus ihnen wurden, parallel zur wachsenden Umweltbewegung, die Biobauern der ersten Stunde.[III] Viele von ihnen hatten die neue umfassende Ausbildung absolviert und deren Inhalte meist mit großer Begeisterung in ihren Höfen angewendet. Sie erkannten aber schon sehr frühzeitig die negativen Seiten des agrochemischen Systems. Sie suchten nach Alternativen. Oftmals völlig auf sich allein gestellt, gegen den Zeitgeist und im Widerspruch zu Forschung, Lehre und Beratung, oft belächelt, verspottet und angefeindet von Nachbarn und Berufskollegen, entwickeln sie ein eigenes Bewirtschaftungssystem. Dieses »alternative« System ist geprägt von einer agrarökologischen Kreislaufwirtschaft und verbietet konsequent den Einsatz von synthetischen, systemfremden Stoffen. »Wir haben eigentlich alles anders gemacht, als wir es während der Ausbildung gelernt hatten«, sagen die Pioniere. Und der Satz gilt bis heute, denn die landwirtschaftliche Berufsausbildung ist noch immer entscheidend

III Eigentlich sind sie Biobauern der »zweiten« Stunde, denn einige Demeter-Höfe wirtschaften seit 1924 biologisch-dynamisch.

geprägt von Agrochemie und Industrielandwirtschaft. In keinem anderen Ausbildungsberuf sind die Lern- und Ausbildungsziele so ambivalent, von verschiedenen Interessen bestimmt und somit politisch motiviert, wie in der Landwirtschaft.

Mit der Neuentwicklung des ökologischen Landbaus in den 1980er Jahren wurden auch Forderungen laut, dass Wesen und Inhalte dieser Wirtschaftsweise in die landwirtschaftliche Ausbildung einfließen sollten. Tatsächlich wurden in Bayern bei der Neuordnung der landwirtschaftlichen Berufsausbildung Mitte der 1980er Jahre wesentliche Grundsätze in die neuen Lehrpläne aufgenommen, die es den Lehrern ermöglichten, biologischen Landbau als alternatives Bewirtschaftungssystem zu unterrichten.

Trotz dieser Möglichkeit kann niemand ernsthaft behaupten, dass junge Landwirte am Ende ihrer Ausbildung über ein gleichwertig fundiertes Wissen über beide Wirtschaftsweisen verfügen und so ein objektives Entscheidungsinstrumentarium bei der Wahl ihrer Betriebsform hätten. Bedeutung und Wertigkeit von Lerninhalten sind sehr ungleichmäßig verteilt und bevorzugen den sogenannten konventionellen Landbau. Daraus entstehen Beharrungskräfte, die den Status quo festigen, weil Vorurteile aufgebaut und Ängste geschürt werden. Anders als die Pioniere vor dreißig Jahren, die sofort nach Ausbildung und Hofübernahme auf Bio umstellten, warten die meisten Umsteller damit heute. Erst lange nach ihrer Ausbildung und der Hofübernahme werden sie Biobauern, obwohl die Risiken einer Umstellung heute sehr viel geringer sind als vor einer Generation. Man könnte sagen, dass die Entscheidung erfolgt, nachdem sie sich von ihrer Ausbildung emanzipiert haben.

NEUE LEHRE?

Nachdem in den letzten Jahren die negativen Auswirkungen unserer Landnutzung immer deutlicher werden, finden die Akteure des ökologischen Landbaus nun auch deutlichere Unterstützung von Politik und Gesellschaft. Forderungen nach dreißig Prozent Ökolandbau stehen allerdings einer vielfach ablehnenden Haltung der landwirtschaftlichen Berufsvertretung gegenüber. Anstatt die Forderungen als Chance für die Zukunft zu betrachten, sehen viele »konventionell« wirtschaftende Landwirte darin eine Kritik, die die Sinnhaftigkeit ihrer bisherigen Arbeit in Frage stellt und ihre Stellung und Anerkennung in der Gesellschaft weiter verschlechtert.

Dennoch sind die Lehrpläne zum Beispiel der bayerischen Berufsschulen für die landwirtschaftliche Erstausbildung in den letzten fünf Jahren komplett überarbeitet worden. Neben einer methodisch-didaktischen Neukonzeption nach Lernfeldern finden jetzt auch ökologische Grundsätze und Wirtschaftsweisen große Berücksichtigung. Allerdings wird die »konventionelle« Landwirtschaft nach wie vor als das vorherrschende System dargestellt, das nach »guter fachlicher Praxis« funktioniert. Ein direkter Systemvergleich und eine Wertstellung finden nicht statt. Ökologischer Landbau ist weiterhin nur eine alternative Nische. Als wesentliche Neuerung erscheint der wiederholte Hinweis auf die Toleranz und den Respekt unterschiedlichen Produktionsweisen gegenüber; ein offensichtlich von der »konventionellen« Seite eingeforderter Zusatz. So wird es wie bisher in erster Linie von den Lehrerinnen und Lehrern abhängen, ob ökologische Lerninhalte und Lernziele einigermaßen gleichwertig unterrichtet werden.

Das ist eine große Herausforderung, denn auch in Ausbildung und Studium der Lehrkräfte steht eindeutig die »konventionelle« Landwirtschaft im Vordergrund und damit auch deren Fachwissen. Zwar werden in den letzten Jahren viele Fortbildungen zum ökologischen Landbau angeboten. Zur Bewusstseinsbildung und damit zur Lehrerpersönlichkeit tragen jedoch Ausbildung und Studium bei Weitem mehr bei. Da der Unterricht von ökologischen Inhalten weit mehr ist als die Vermittlung von beruflichem Fachwissen, gleichen die pädagogisch didaktischen Bemühungen häufig der Umsetzung von Minderheitsvoten. Da ist es auch verständlich, dass sich Lehrer auf das formal Notwendige beschränken.

Die Auszubildenden in der Landwirtschaft unterscheiden sich maßgeblich von ihren Altersgenossen in anderen Ausbildungsberufen. Insbesondere in Bayern absolvieren nach wie vor meist mehr als neunzig Prozent potenzielle Hofnachfolger die Ausbildung. Sie bringen also eine starke Vorprägung durch die Sozialisation in der bäuerlichen Familie mit, und die ist wiederum geprägt von der landwirtschaftlichen Entwicklung der letzten zwei Generationen. Zwar ist in diesem Alter die Persönlichkeitsbildung noch lange nicht abgeschlossen, aber schon stark geprägt, sodass die Bereitschaft, sich für Neues zu öffnen, schon sehr eingeschränkt wird. Neugierde im Sinne von neuem Wissen und Erkenntnissen beschränkt sich dann häufig auf die Landtechnik. Verstärkt wird diese Selbstbegrenzung durch das Gefühl, auf der richtigen Seite zu sein, solange man die Blase der »konventionellen« Landwirte nicht verlässt. Bei Themen und Lerninhalten, die diese Position nicht bestätigen oder ihr gar widersprechen, schalten so geprägte Landwirtschaftsschüler gerne auf Durchzug. In dieser Atmosphäre sind Lehrkräfte besonders gefordert, die neben der Vermittlung von Fachwissen insbesondere die Persönlichkeitsentwicklung unterstützen, die Sachverhalte hinterfragen, andere Meinungen tolerieren und sich zielgerichtet mit Lösungsansätzen auseinandersetzen.

Die Vermittlung der fachpraktischen Fähigkeiten erfolgt nach dem schulisch organisierten Berufsgrundschuljahr auf anerkannten Meisterbetrieben. Rund neunzig Prozent dieser Betriebe wirtschaftet »konventionell«. Da ist es nur logisch, dass hier ausschließlich Kenntnisse der chemiebasierten Wirtschaftsweise vermittelt werden, zumal die Ausbilder über den ökologischen Landbau meist auch schlicht nichts wissen. Entsprechend nimmt der Pestizideinsatz eine bedeutende Rolle in der Ausbildung ein. Da die meisten Ausbilder gleichzeitig Mitglieder der Prüfungsausschüsse sind, nehmen sie auch die Fertigkeitsprüfung ab und setzen entsprechend die Schwerpunkte bei den Prüfungsgesprächen.

In der Regel führt dies so weit, dass nicht nur Wirkstoffe und Wesen verschiedener Pestizide, sondern sogar Produktnamen als wesentliche Inhalte vermittelt und in Prüfungen als notenrelevant abgefragt werden. Dadurch sind zwei Bauerngenerationen geprägt, die wiederum einen entscheidenden Einfluss auf die Ausrichtung der Landwirtschaftsausbildung haben. Dass die industrialisierte, chemiebasierte Landwirtschaft Treiber von Artensterben und Bodendegradation ist, wird ebenso wenig thematisiert, wie die Vorteile der biologischen Kreislaufwirtschaft. Es gilt auch hier der aus der öffentlichen Auseinandersetzung sattsam bekannte Spruch, die »konventionelle« Landwirtschaft habe per se den Schutz der natürlichen Ressourcen zum Ziel. Jeder Landwirt sei also quasi ein geborener Naturschützer. Wer das über zwei Generationen wiederholt, glaubt es am Ende selber.

DAS STERBEN DER ANDEREN

von Tanja Busse

Warum die Landwirtschaft die Biodiversität jahrhundertelang gefördert hat und die Agrarindustrie sie jetzt gefährdet

»Achtung Blindgänger!« steht auf dem Schild am Waldrand. Will man zum letzten Rückzugsort des Kleinen Heidegrashüpfers auf der Huppenheide gelangen, muss man die Warnung ignorieren. »Hier wurde nie scharf geschossen«, sagt Thomas Fartmann. Der Heuschrecken-Forscher leitet die Abteilung für Biodiversität und Landschaftsökologie an der Universität Osnabrück. Die Huppenheide, einst Allmende, heute Truppenübungsplatz, heißt so, weil hier früher der Wiedehopf sang, der Heuschreckenfresser. Hupp hupp, ruft er. Huppe ist das Münsterländer Wort für Wiedehopf.

Willkommen also in der Huppenheide, in der seit fast sechzig Jahren kein Wiedehopf mehr gerufen hat. Es ist wie mit dem Turteln und der Turteltaube: In unserer Sprache, in unseren Ausdrücken und Flurbezeichnungen überleben die Tiere länger als in der Natur. Als Wörter bewahren wir die Vielfalt besser als draußen im echten Leben. Der Name Wiedehopf ist mir vertraut, aber vielleicht auch nur, weil er seinen Auftritt in der Vogelhochzeit hat, dem uralten Kinderlied. »Der Wiedehopf, der Wiedehopf, er bringt der Braut`nen Blumentopf!« Aber wie sieht er aus? Ich muss erst im Internet suchen, um ein Bild zu haben: Der Wiedehopf trägt eine Art Irokesenschnitt aus langen orange-bräunlichen Federn, weiß und schwarz abgesetzt. Seine Flügel schwarzweiß gestreift. Was für ein hübsches Tier!

In diesem Stückchen Land, der Heide, die keine mehr ist, will mir Thomas Fartmann zeigen, warum die Wiedehopfe verschwunden sind und die Heuschrecken. Und all die anderen Tiere, die unsere Landschaft geprägt haben, unsere Lieder und unsere Sprache.

Bis vor zweihundert Jahren war die Huppenheide Gemeinschaftsland. Jeder, der Tiere hatte, durfte sie dort weiden lassen. Eine alte Karte zeigt das »Kirchspiel Telgte«. Es sind darauf Stadtgärten eingezeichnet, größer als die Stadt selbst, und ein paar schmale Streifen: die Felder im Besitz der einzelnen Höfe. In einem weiten Bogen beinahe einmal um die Stadt herum liegen die großen Heideflächen. Viele Jahrhunderte lang hatten die Hirten ihre kleinen Herden dorthin zum Weiden geführt. Auf diese Weise entstanden die offenen Heideflächen und die lichten Wälder. Denn auch dort, zwischen den Bäumen, ließen die Hirten ihr Vieh weiden und Bucheckern und Eicheln fressen. Man nennt sie Hude- oder Hutewälder oder Hutungen. Die alte Heimat der Heuschrecken und Wiedehopfe war also keine ursprüngliche Natur, sondern eine Kulturlandschaft, ein Ökosystem, das erst durch die Agrar-Kultur der Bauern entstanden ist.

Seit dem Ende der letzten Eiszeit vor etwa 12 000 Jahren, haben die Menschen die Landschaft Mitteleuropas geformt, und damit nicht nur Platz für ihre Bedürfnisse geschaffen, sondern auch Lebensraum für viele verschiedene Tier- und Pflanzenarten. »Ohne die Kulturtätigkeit des Menschen wären ganz viele Arten gar nicht da«, sagt der Ökologe Fartmann. Die historischen Kulturlandschaften hatten eine höhere Biodiversität als die dichten Buchenwälder, die Mitteleuropa dominierten, bevor die Menschen begannen, Felder und Weiden anzulegen. Erst in der Jungsteinzeit zogen Ackerbauern und Viehzüchterinnen aus Vorderasien nach Mitteleuropa. Damals waren wir Menschen also eine invasive Spezies, die in fremde Ökosysteme eindrang. Diese frühen Migranten schufen neue Biotope, indem sie Äcker und Gärten anlegten, ihr Vieh in den Wäldern weiden ließen und Pferche bauten. Und dabei verbreiteten sie neue Arten. Weizen, Gerste, Erbsen und Linsen und – versteckt im ungereinigten Saatgut – viele wilde Gräser und Kräuter. Auf diese Weise schufen die Bäuerinnen und Bauern die große Biodiversität Mitteleuropas, die uns heute so natürlich vorkommt. Mit ihrem Saatgut gelangten die winzigen anthrazitfarbenen Samenkörner des Klatschmohns zu uns. Bis in die 1960er Jahre prägten seine feuerrot leuchtenden Blüten die Getreidefelder. Wer heute rote Farbtupfer im Kornfeld eines Ökobauern entdeckt, fühlt sich an eine verloren gegangene Heimat erinnert, an unsere alte Kulturlandschaft, vielleicht sieht er Goethe oder Eichendorff in der Postkutsche vorbeirumpeln. Dabei sind es Einwanderer aus dem Osten, die unser Bild von der urdeutschen Landschaft prägen: Klatschmohn, Echte Kamille, Ackerfrauenmantel, Storchschnabel, Taubnessel, Senf und sogar die Kleine Brennnessel. Später haben die Römer neue Pflanzen in den Norden gebracht, teils als Gemüse wie Kresse oder Portulak, teils unbeabsichtigt, die hübsche Acker-Lichtnelke zum Beispiel.[1]

»Der Mensch hat über Jahrtausende Artenvielfalt gefördert«, fasst Thomas Fartmann die Entwicklung zusammen. »Dass er das nicht mehr macht, ist ein junges Phänomen des Anthropozäns. Seit etwa siebzig Jahren überlagert der Mensch mit seiner Aktivität alle geologischen Prozesse.« Er sagt das, als schaue er von außen auf diese Entwicklung und auf die seltsame Spezies Mensch und ihren Einfluss auf die Ökosysteme: erst als Schöpfer von Vielfalt und Schönheit und dann als ihr Vernichter. Fartmann zählt auf, welche Vögel damals in den Heiden des Münsterlands zusammen mit den Wiedehopfen lebten: Blauracken, Schwarzstirnwürger, Ziegenmelker, Alpenstrandläufer oder Goldregenpfeifer. »Die kennt heute keiner mehr.« Ich muss ihm zustimmen und erst im Netz nach Bildern suchen. Die Blauracke ist wunderschön, sie sieht aus, als käme sie direkt aus dem tropischen Regenwald. Ihr Gefieder ist so bunt und schillernd, dass es für einen Auftritt im Zeichentrickfilm Rio reichen würde. »Sie ist in Deutschland ausgestorben«, sagt Fartmann. »Und von den Goldregenpfeifern gibt es weniger als zehn Brutpaare.« Kein Wunder, denn beide brauchen, genau wie der Wiedehopf, offene Landschaften zum Wohnen und große Insekten zum Fressen.

DAS ENDE DER ALLMENDE – UND DER VÖGEL

Unter den Ökologen gilt das Ende der Gemeinschaftsflächen um 1830 als Beginn des ersten großen Vogelsterbens. Damals beschlossen viele Regierungen des Deutschen Bundes, ihre Ländereien neu aufzuteilen und das Gemeinschaftsland, die Marken, zu privatisieren. Viele Heiden wurden damals mit Fichten und Waldkiefern aufgeforstet. So wuchsen dunkle Wälder, in denen weder Heuschrecken noch Wiedehopfe leben können.

Die Markenteilung war der Startschuss für die Trennung von Wald und Weide. Und damit ging für viele Vögel ein wichtiger Lebensraum verloren. Um 1800 waren zwei Drittel von Niedersachsen Moor und Heide, heute sind es weniger als ein Prozent. Bestimmt habe ich das Wort Markenteilung im Geschichtsunterricht gehört, aber ich erfasse erst hier, in der Huppenheide, was es bedeutet hat. Die scharfe Linie, die überall in Deutschland Wälder von Feldern trennt, schien mir immer etwas Natürliches zu sein, der Anfang des Waldes eben. Dabei ist diese erste Baumreihe ein Lineal, das die Großgrundbesitzer während der Markenteilung in die Natur gelegt haben, um die Heidelandschaften mit ihren Büschen, Bäumen und Gräsern zu zerschneiden und anschließend aufzuräumen. Hier stehen die Bäume ordentlich in Reih und Glied, dort weidet das Vieh hinter schnurgeraden Zäunen. Verloren gegangen ist die bunte Vielfalt der Heiden, das ungeordnete Nebeneinander von kleinen und großen Büschen, von Lichtungen und Dickicht, von zarten Gräsern und Orchideen und großen alten Eichen, die Heimat unserer Biodiversität. Seit mir Thomas Fartmann erklärt hat, was die Markenteilung, das Ende der Gemeinschaftsflächen, für die Vielfalt bedeutet hat, blicke ich anders auf die Waldränder. Seitdem sehe ich, was fehlt.

»Gestern las ich gerade über die Ursache des Schwindens der Singvögel in Deutschland: es ist die zunehmende rationelle Forstkultur, Gartenkultur und der Ackerbau, die ihnen alle natürlichen Nist- und Nahrungsbedingungen: hohle Bäume, Ödland, Gestrüpp, welkes Laub auf dem Gartenboden – Schritt für Schritt vernichten. Mir war es so sehr weh, als ich das

las. Nicht um den Gesang für die Menschen ist es mir, sondern das Bild des stillen unaufhaltsamen Untergangs dieser wehrlosen kleinen Geschöpfe schmerzt mich so, daß ich weinen mußte.«

Das schrieb Rosa Luxemburg im Mai 1917 in einem ihrer Briefe aus dem Gefängnis.[2] Die Pazifistin und Sozialistin hatte an der Universität Zürich neben Philosophie auch Botanik und Zoologie studiert. Könnten Ornithologen von heute eine Zeitreise in das Jahr 1917 machen, wären sie vermutlich begeistert vom Singvogelreichtum dieser Zeit. Sie würden als Fülle empfinden, was Rosa Luxemburg und die zeitgenössischen Vogelkundler als Untergang beklagt haben.

Seit mehr als hundert Jahren ist also bekannt, welche Strukturen wir brauchen, um die biologische Vielfalt unserer Kulturlandschaften zu erhalten. Und seit mehr als hundert Jahren ist es nicht gelungen, dieses Wissen so wirkungsvoll anzuwenden, dass das große Sterben endlich gestoppt würde. Und seit mehr als hundert Jahren betrauern das die Naturfreunde.

Wie viele Vögel muss es in der Huppenheide vor der Markenteilung gegeben haben! Wenn man die Naturbeschreibungen aus alten Romanen oder Zeitzeugnissen liest, stellt sich unwillkürlich eine Sehnsucht nach der Vielfalt und Schönheit und Fülle ein. Wie gerne würde ich für ein paar Stunden in der Zeit zurückreisen, um das zu erleben! Vielleicht sollten wir eine Sehnsucht danach entwickeln, um zu verstehen, was wir da eigentlich wiederbringen müssten.

INTENSIVLANDWIRTSCHAFT – TOD DER VIELFALT

Das zweite große Vogelsterben begann in den siebziger Jahren mit der Intensivierung der Landwirtschaft: Um effizienter wirtschaften zu können, wurden aus vielen kleinen zerstückelten Ackerflächen wenige große. Doch damit verschwanden Randstreifen, Hecken und Feldwege. Flurbereinigung nennt man das im Verwaltungsdeutsch, als seien das Durcheinander der vielen kleinen Felder, die Ackerstreifen und Feldwege irgendwie schmutzig gewesen, als müsste man sie wegputzen.

Damals wurden auch viele feuchte Wiesen trockengelegt. Die Landwirte zogen Entwässerungsgräben oder legten Drainagerohre und schufen so Äcker auf Böden, die früher so nass waren, dass ein Traktor darin versunken wäre. Doch die zahlreichen Insekten, Vögel und Pflanzen, die in diesen

Sumpfwiesen gelebt hatten, verloren ihren Lebensraum. Und noch etwas kam in dieser Zeit dazu, was das Zusammenleben von Pflanzen, Tieren und Insekten für immer verändern sollte: chemischer Pflanzenschutz und künstlicher Mineraldünger.

Mehr Dünger auf den Feldern und mehr Tiere in den Ställen, die wiederum mehr Gülle produzieren, das führte dazu, dass immer mehr Stickstoff auf die Böden gelangte, auf denen früher Mangel herrschte. Zusätzlich gelangen Ammoniak und andere Stickstoffverbindungen aus der Luft auf alle Flächen, sie machen etwa fünfzehn Kilogramm Stickstoff pro Jahr und Hektar aus. Deshalb setzen sich beinahe überall Brennnesseln, Löwenzahn und Brombeeren durch, die so viel Stickstoff brauchen, dass sie auf mageren Standorten keine Chance hätten. Die Vegetation wächst schneller und dichter, das Mikroklima wird feuchter und kühler und das verdrängt wärmeliebende Insekten. Weil es kaum noch magere Böden gibt, gibt es eben kaum noch Pflanzen und Tiere, die dort gut gedeihen. Der Ökologe Josef Reichholf nennt den Stickstoff aus den Düngemittelsäcken und Güllefässern deshalb Erstick-Stoff für die Artenvielfalt.[3]

Im Ohmtal in Hessen haben Forscher untersucht, wie sich die Arten des Grünlands von 1950 bis 1990 verändert haben, also in der Zeit, als aus feuchten und mageren Wiesen nährstoffreiche wurden. Die Pflanzen, die dabei als verschwunden gelistet sind, klingen für mich wie Fantasie-Pflanzen: Kümmel-Silge, Pfennigkraut, Wald-Engelwurz, Wasser-Greiskraut und Teufelsabbiss.[4]

Die 1970er Jahre waren die Zeit der Modernisierung der Landwirtschaft: Die vielen kleinen Bauernhöfe, die ein paar Hühner, Schweine und Kühe hielten, Gemüsegärten und Streuobstwiesen kultivierten und viele verschiedene Feldfrüchte anbauten, verschwanden ebenso wie die Handwerker, die das Leben in den Dörfern über Jahrhunderte geprägt hatten, all die Korbflechter, Weber, Schuhmacher, Schneider und Schmiede. Und auch die Inhaberinnen der Tante-Emma-Läden. Übrig blieben wenige große Agrarbetriebe, die den Prinzipien der Industrie folgten: Intensivierung, Technisierung, Spezialisierung und Standardisierung. Was jetzt zählte, waren Ertrag und Effizienz. Wer nicht mithielt, konnte wirtschaftlich nicht bestehen. Damit ist die große bunte Vielfalt der alten Höfe verloren gegangen, die den Bauernfamilien über die Jahrhunderte eine Lebensversicherung gewesen war. Sie waren, anders als die spezialisierten Betriebe heute, nicht von einem Erzeugnis abhängig und konnten schlechte Ernten einzelner Feldfrüchte besser kompensieren. Und genau diese Vielfalt der Kulturpflanzen und der unterschiedlichen Flächennutzungen bot auch vielen wilden Tieren und Pflanzen einen Lebensraum. Thomas Fartmann hat eine Postkarte mit einem Bild aus dem Jahr 1892 mitgebracht, Tecklenburg im Frühling von Otto Modersohn: eine Wiese voller weißer und roter Blüten, dahinter kleine, bunte Farbtupfer in den unterschiedlichsten Grün- und Gelbtönen: die Felder. Rings um den Ort Büsche, Bäume und Hecken. Platz für Artenvielfalt. Die Intensivlandwirte von heute sehen Landschaftsbilder aus alten Zeiten mit anderen Augen: Schwärmereien über die schöne vielfältige Landschaft belächeln sie als Romantisierung des Mangels. Sie wissen, wie viel Schufterei damals mit der Landwirtschaft verbunden war – und wie niedrig die Erträge waren, die ihre Vorfahren eingefahren haben.

Mit der Technisierung der Landwirtschaft und der Globalisierung der Agrarmärkte ist es unrentabel geworden, so zu wirtschaften. Heute rechnet es sich für Ackerbauern, vor allem Weizen und Mais im Wechsel anzubauen. Ausgerechnet die längst überfällige Abkehr von der Atomenergie und die Klimakrise haben diese enge Fruchtfolge befördert: Um die Energiewende zu beschleunigen, hat die deutsche Bundesregierung im Jahr 2000 beschlossen, Strom aus erneuerbaren Energien besser zu vergüten als Atom- oder Kohlestrom. Biogasanlagen zu bauen und sie mit Gülle und Mais zu füttern, garantierte gute Einnahmen. Die Energiewirte verdienen damit viel mehr Geld als andere Landwirte, vor allem als Milchbauern, die ihre Kühe auf der Weide fressen lassen. Deshalb können sie höhere Pachtpreise zahlen und kommen leichter an neue Äcker. Auf zweieinhalb Millionen Hektar Acker wird in Deutschland in den letzten Jahren Mais angebaut – auf Flächen, die Ökologen als Agrarwüsten bezeichnen.

Die Energiewende war Klimaschutz auf Kosten des Naturschutzes. »Der totale Tiefpunkt für den Naturschutz«, sagt Thomas Fartmann. Alle Entwicklungen der letzten Jahrzehnte zusammen, die Technisierung, die Intensivierung, die Spezialisierung, nennt er »die Homogenisierung der Landschaft«. Die war der Anfang vom Ende der Heuschrecken. Dazu kommen die Insektizide, die vor der Aussaat auf das Saatkorn aufgetragen werden. Sie wirken systemisch, das bedeutet, sie breiten sich in der ganzen Pflanze aus, es gibt kein Entkommen: »Jedes Insekt, das in die Pflanze beißt, wird erwischt.« Und dann die Herbizide, die Ackerbeikräuter bekämpfen, so dass auf den Getreidefeldern nur noch Getreide wächst und nichts anderes mehr – gut für den Landwirt, schlecht für die pflanzenfressenden Insekten. Außerdem wachsen die Getreidehalme heute so dicht, dass kein Licht mehr auf den Boden gelangt und es deshalb in den Feldern zu kühl ist für die Insekten, die Wärme brauchen. Es ist paradox: Obwohl es wegen des Klimawandels immer wärmer wird, geht es ausgerechnet den wärmeliebenden Arten in Mitteleuropa immer schlechter. Die Dichte der Halme in den Getreidefeldern wiederum ist nur möglich, wenn das Getreide mit Fungiziden, also Pilzbekämpfungsmitteln, behandelt wird.

Aber auch im Grünland haben Heuschrecken heute keine Chance: Früher wuchsen auf den Weiden viele verschiedene Gräser und Kräuter. Heute säen die Landwirte Hochleistungsgräser, die wilden Pflanzen keine Chance lassen. Die Standardmischung aus Deutschem Weidelgras, Wiesenschwingel und Wiesenlieschgras, ist kein guter Speiseplan für Heuschrecken »Viel zu einseitig«, sagt Fartmann. Diese Turbogräser werden so intensiv gedüngt, dass sie schnell wachsen und öfter gemäht werden können. Jede Mahd aber bedeutet achtzig bis neunzig Prozent Verluste unter den Insekten. Vor den alten Balkenmähern konnten sie noch fliehen, heute aber fahren die Traktoren schneller und die Landwirte verwenden Kreiselmäher, bei denen sich eine Scheibe mit messerscharfer Klinge um die eigene Achse dreht, mit einer solchen Wucht und Geschwindigkeit, dass Steine in die Luft geschleudert werden. Die meisten Wiesen sind außerdem drainiert, also trockengelegt, und sie werden regelmäßig gewalzt, so dass fliehende Insekten wenig Senken und Rillen finden, in denen sie sich nach der Mahd verstecken könnten. So haben sie keine Zufluchtsorte mehr und werden sofort von Vögeln gefunden.

Alles, was dem Landwirt die Arbeit erleichtert und seine Erträge steigert, ist schlecht für die Heuschrecken. Und für die anderen Insekten. Und damit für die Vögel. Dabei sind die Heuschrecken im Vergleich zu anderen Insektengruppen nicht einmal extrem gefährdet. Bei anderen Insektengruppen sind die Verluste viel größer – vor allem bei denen, die relativ mobil sind, wie Schmetterlinge. Solche Insekten brauchen ein ganzes Netz von geeigneten Habitaten in der Nachbarschaft. Ihre ursprünglichen Lebensräume sind in den letzten Jahrzehnten immer kleiner geworden und liegen immer weiter voneinander entfernt. Für Schmetterlinge aber kann schon eine Distanz von einem Kilometer zu groß sein. Man kann sie sich wie kleine Boote vorstellen, die im großen Ozean von einer kleinen Koralleninsel zur nächsten segeln. Irgendwann liegt die nächste Insel nicht in Sichtweite am Horizont, sondern Hunderte von Kilometern weiter. Und die Boote segeln und segeln und entdecken sie nicht. So etwa ist es für die letzten überlebenden Schmetterlinge in den fragmentierten Landschaften. Sie fliegen hinaus auf den Ozean der lebensfeindlichen Agrarlandschaft – in der Hoffnung, auf eine Insel zu treffen. Aber weil es viel zu wenige davon gibt, sterben sie, bevor sie sich vermehren können. So sind viele Arten verloren gegangen.

Mit den Heuschrecken ist es anders. Auch wenn sie beeindruckende Sprünge machen können, ziehen sie nicht ins Ungewisse, sondern bleiben dort, wo sie als Larven aus der Erde gekrochen sind – wenn die Bedingungen dort für sie gut sind. Deshalb können Heuschreckenpopulationen auch auf kleinen Flächen lange Zeiten überdauern. Wie die Kleinen Heidegrashüpfer in der Huppenheide.

FEHLENDE SCHLÜSSELARTEN – ZUSAMMENBRECHENDE SYSTEME

Thomas Fartmann führt mich auf Panzerspuren durch den Kiefernwald, immer tiefer hinein in das Truppenübungsgelände, bis wir zu einer winzigen Lichtung gelangen, nicht größer als sieben oder acht Meter im Quadrat. »Hier ist es!« ruft er und zeigt auf den sandigen Boden, auf dem ich nichts sehe außer einer paar struppigen Heidekräutern. Das also ist einer der letzten Rückzugsorte der Kleinen Heidegrashüpfer, hier verstecken sich die Überlebenden, die beinahe letzten ihrer Art. Keine zwei Zentimeter lang. Grün, mit braunen oder gelblichen Streifen. *Stenobothrus stigmaticus* nennen sie die Forscher. Und sie kennen die winzigen Details, anhand deren man die Kleinen Heidegrashüpfer von anderen Grashüpfern unterscheiden kann. Zum Beispiel, dass die Klappe der Legeröhre, mit der die Weibchen die Eier ablegen, winzige schwarze Zähnchen hat. In dem Heuschreckenbuch, an dem auch Thomas Fartmann mitgeschrieben hat, steht sehr nüchtern und vielleicht deshalb so rührend: »Der einfach strukturierte Gesang kann wegen seiner geringen Lautstärke leicht überhört werden.«[5]

Dass die Kleinen Heidegrashüpfer in der Huppenheide überleben können, verdanken sie einer Kooperation von Soldaten und Naturschützern. Die Militärs hatten ehrenamtlichen Naturschützern vom Naturschutzbund Nabu gestattet, an dieser Stelle Bäume zu fällen und alle Büsche zu entfernen. Zunächst lag der sandige Boden offen da, was für die Soldaten merkwürdig ausgesehen haben muss: Was hat Bäumefällen mit Naturschutz zu tun? Doch tief unter den Wurzeln der großen Kiefern hatten die Samen der Heidepflanzen jahrzehntelang auf genau diese Situation gewartet: auf Sonne und Licht und Wärme. Inzwischen wachsen Thymian und Heidekraut auf der Lichtung, ganz wie früher, als die Huppenheide noch eine richtige Heide war und kein Kiefernforst. Thomas Fartmann pflückt einen Stängel und zerreibt die winzigen Blättchen zwischen den Fingern, bis es duftet. »Der Thymian zeigt uns an, dass der Boden hier mager ist. Dieses Mikroklima ist für viele Arten wichtig.« Auch für Eidechsen zum Beispiel. Die kommen ganz in der Nähe entlang des Bahndamms vor, weil sich der Schotter gut erwärmt und nicht zuwächst.

Überleben auf kleinen Flächen: Das ist für manche Arten also möglich – aber dem Wiedehopf nützt es wenig. Er bräuchte viel, viel mehr Futter. »Noch vor dreißig, vierzig Jahren hatten wir hier ein Hundertfaches an Tieren«, stellt Fartmann klar. Genau das macht das Verschwinden der Heuschrecken so schlimm: Wenn sie verschwinden, reißen sie ganze Vogelbestände mit sich. Denn Heuschrecken gehören zu den Schlüsselarten, die für die Artenvielfalt eines bestimmten Ökosystems besonders wichtig sind. Von diesen Schlüsselarten gibt es einmal die Keystone Species, die Schlussstein-Arten, die für eine bestimmte Lebensgemeinschaft von Pflanzen und Tieren so wichtig ist wie der oberste Stein in einem gemauerten Torbogen. Ohne diesen Schlussstein würde das ganze Gewölbe zusammenbrechen, das wissen Baumeister seit Jahrtausenden. In der Ökologie ist es genauso: Wenn eine Schlussstein-Art ausfällt, bricht das ganze Ökosystem zusammen – auch wenn es sich nur um ganz wenige Individuen handelt. Der Biber gilt als Musterbeispiel für diese Schlussstein-Arten: Entlang von Bächen und Flüssen nagt er unermüdlich an Bäumen, damit sie ins Wasser stürzen und dort wie Staudämme wirken. Hinter diesen Dämmen staut sich das Wasser zu kleinen Teichen, in denen andere Fische leben können als im schnell fließenden Wasser der Flüsse und Bäche, die kleinen silbernen Bitterlinge zum Beispiel. Auch Ringelnattern profitieren von der Baukunst der großen Nagetiere: Die Biber decken ihre Burgen mit organischem Material ab, das wie ein Komposthaufen gärt und dabei Wärme erzeugt. Wenn die Biber aber verschwinden, gibt es auch keine Teiche und Burgen mehr – und also auch keinen Lebensraum mehr für die Tiere, die dort früher lebten.

Die Heuschrecken dagegen zählen zu den Schlüsselarten, nicht weil sie besondere Baumeister wären, sondern wegen ihrer schieren Masse. Ihre große Biomasse ist eine wichtige Nahrungsquelle für viele andere Arten. Oder genauer: war. Schlüsseldominant nennt man sie deshalb. Das bedeutet: Ohne Heuschrecken kein Wiedehopf. Keine Blauracke. Kein Neuntöter.

Ich blicke mich um und sehe die dichten Kiefern der Huppenheide. Für mehr Heuschrecken bräuchte man mehr Platz, aber hier ist keiner. Sollten die Vögel und Insekten der Heidelandschaft hierher zurückkehren, müssten die Nadelbäume verschwinden.

RETTUNG DER KULTURLANDSCHAFT

Die Lage ist also klar: Es gibt keinen Naturzustand, den wir wieder erreichen könnten, wenn wir uns nicht einmischen. Wir leben im Anthropozän, und das bedeutet: Wir Menschen haben die globalen Stoffkreisläufe verändert. Vor allem Kohlendioxid und andere Treibhausgase, aber auch Stickstoff und Phosphor zirkulieren heute in bedenklich hoher Konzentration, und ihre Präsenz verändert nicht nur das Klima und den Säuregehalt der Ozeane, sondern auch den Nährstoffgehalt der Böden. All das hat Einfluss auf die Ökosysteme – überall. Was es gibt, sind die Reste einer Kulturlandschaft, die die Menschen anderer Zeiten erschaffen haben und die wir heute nur künstlich wiederherstellen könnten. Um die Natur zurückzuholen, müssten wir sie neu erschaffen. Mit Bewirtschaftungsmethoden, die unter den herrschenden Bedingungen nicht rentabel sind. Obwohl sich die Europäische Union dem Schutz des Klimas und der natürlichen Ressourcen verpflichtet hat, fördert die GAP, die Gemeinsame Agrarpolitik der EU, noch immer eine Intensivlandwirtschaft, die hohe Erträge auf Kosten von Vielfalt und Natur produziert. Natürlich wollen die Landwirte auch nicht zurück in die alten Zeiten der idyllischen Heidelandschaft, in der arme Kinder nicht zur Schule gingen, sondern zum Schweinehüten in den Wald. Ist die Artenvielfalt der alten Kulturlandschaften also verloren? Träumen wir von einer musealen Landschaft, die sich ebenso überlebt hat wie die Sense und die Ackergäule?

»Nein«, sagt Thomas Fartmann vehement. »Wenn man vorschlagen wollte, ach, der alte Kölner Dom, was wollen wir damit noch, den können wir auch abreißen - würde das etwa Zustimmung finden? Wir wollen die Artenvielfalt erhalten, die für Mitteleuropa typisch ist, und dazu gehören auch die Arten der Kulturlandschaft, und deshalb sollten wir viel Energie da reinstecken, diese Arten zu erhalten. Bei irgendwelchen Baudenkmälern fragt sich auch niemand, wollen wir die erhalten oder nicht.«

Auch bei der Erhaltung von Landschaften geht es um unser kulturelles Erbe: Wir wollen erhalten, was unsere Vorfahren geschaffen haben, was unsere Kultur geprägt hat. »Die vielen unterschiedlichen Kulturlandschaften, das ist es, was Deutschland ausmacht«, sagt Thomas Fartmann. »Und wir sind eines der reichsten Länder der Welt.« Es geht dabei um Schönheit und Vielfalt und Genuss und Erholung und Inspiration, das gilt für den Kölner Dom genauso wie für die Lüneburger Heide. Wenn man es monetarisieren möchte, könnte man sagen, es geht um den Erhalt des touristischen Kapitals.

Doch die Frage nach dem Erhalt unserer Kulturlandschaft hat noch eine größere Dimension. Es geht dabei auch um die Stabilität unserer Ökosysteme, um ihre Widerstandsfähigkeit und um Ökosystemleistungen wie sauberes Wasser, frische Luft, fruchtbaren Boden, Bestäubung von Blüten, Zersetzung von Nährstoff undsoweiter. Diese Leistungen der Natur haben wir zu lange für völlig selbstverständliche Geschenke gehalten und nicht bemerkt, dass wir sie gefährden, wenn wir die Vielfalt in den Ökosystemen reduzieren.

Und noch eine Dimension kommt bei der Frage nach dem Erhalt unserer Kulturlandschaften dazu, nämlich die Frage, in was für einer Gesellschaft wir leben wollen. Wollen wir weiter Homogenisierung und Vereinheitlichung? Denn das ist es, was auf den Feldern jenseits der Huppenheide passiert. Ausgedehnte Monokulturen. Maisäcker neben Maisäckern, dann Weizen und wieder Mais. Ab und zu ein bisschen Gerste. Tecklenburg im Frühling hätte heute nur noch zwei Farbtöne auf großen Flächen. Und das Pendant zur homogenisierten Landschaft sind die homogenisierten Fußgängerzonen mit den immer gleichen Ladenketten, die Neubaugebiete mit ihrer Kirschlorbeer- und Raseneinfalt und die großen Fastfoodketten mit ihrer Pseudo-Auswahl von immergleichen ungesunden Fettmachermenüs.

Ackerbauliche Monotonie aber ist gefährlich. Wenn über Jahre hinweg immer wieder die gleichen Kulturen angebaut werden, ist das »hervorragend für Schädlinge«, wie Thomas Fartmann es sarkastisch ausdrückt. Diese enge Fruchtfolge widerspricht sogar »der guten fachlichen Praxis«, dem allgemein anerkannten Leitfaden für die sogenannten konventionell wirtschaftenden Landwirte. Dennoch wird deutschlandweit beinahe auf der Hälfte der Ackerflächen Weizen oder Silomais angebaut.[6] Die Folge: Typische Schädlinge für diese Pflanzen können sich ungehemmt vermehren, und die Landwirte müssen mehr Insektizide, Fungizide und Herbizide spritzen, die wiederum die Vielfalt weiter einschränken.

Diese Entwicklung ist ein großes politisches Versäumnis. Wir brauchen dringend eine Agrarpolitik, die mehr Vielfalt auf den Feldern und auf den Tellern zusammenbringt und die nachhaltige und vielfältige Anbaumethoden fördert, nicht Monotonie.

Dieser Text ist ein Auszug aus dem gleichlautend betitelten Buch der Autorin.

DIE BELASTUNG VON BÄCHEN UND FLÜSSEN

von Christian Stamm

Wie synthetische Pestizide in die Gewässer gelangen und welche Auswirkungen das hat

In unserer technisierten Gesellschaft werden Chemikalien in großer Zahl und in großen Mengen verwendet. Viele dieser Stoffe sind synthetisch, sie werden nicht aus natürlichen Materialien gewonnen, sondern künstlich hergestellt. Zu diesen Chemikalien gehören auch die synthetischen Pestizide. Sie werden eingesetzt, um Pflanzen, Tiere oder Materialien vor schädlichen Einwirkungen von Organismen zu schützen.

Je nach Verwendungszweck werden Pestizide unterschiedlich bezeichnet und unterliegen auch verschiedenen rechtlichen Regelungen. Pflanzenschutzmittel werden hauptsächlich in der Landwirtschaft eingesetzt, kommen aber auch in Privatgärten und auf öffentlichen Grünflächen zum Einsatz, oder im Wald zum Schutz von Rundholz. Als Biozide werden Pestizide bezeichnet, die Materialien schützen, zum Beispiel auf Fassaden gegen Algenbewuchs oder in Ställen gegen Insekten. Schließlich werden Pestizide auch als Tierarzneimittel verwendet. So können beispielsweise Flohhalsbänder für Hunde und Katzen Insektizide enthalten.

Verbrauchsmengen von Pestiziden liegen leider nicht zu allen Verwendungszwecken vor, sie fehlen zum Beispiel für Biozide oder Tierarzneimittel. Bekannt ist, dass allein in der Schweiz jährlich rund 2000 Tonnen Pflanzenschutzmittel verkauft werden, wobei in dieser Gesamtmenge auch nicht-synthetische Mittel wie Kupfer oder Tonerde enthalten sind. 2017 waren in der Schweiz rund 240 synthetische Pflanzenschutzmittel zugelassen. Der größte Teil wurde und wird in der Landwirtschaft eingesetzt. In Deutschland lag der Absatz von Pflanzenschutzmitteln 2017 bei fast 35.000 Tonnen. Zugelassen waren in diesem Jahr 818 Mittel mit 277 Wirkstoffen. Nicht mitgerechnet die inerten Gase, die in der Vorratshaltung von Lebensmitteln eingesetzt werden.[1]

VERSTÄRKTE SUCHE – VERÄNDERTE MESSPROGRAMME

Die synthetischen Pestizide bleiben leider nicht nur an ihrem Einsatzort und wirken dadurch auch nicht nur auf die Organismen, die sie schädigen sollen. Ein gewisser Teil wird in der Umwelt verbreitet und kann auch in ober- und unterirdische Gewässer gelangen. Der Anteil, der in die Gewässer gelangt, ist nicht hoch, meistens weniger als ein Prozent oder gar Promille der ausgebrachten Menge. Da diese Chemikalien jedoch biologisch sehr wirksam sind, können selbst solch kleine Mengen ökologisch kritisch sein.

Um die Bedeutung der Pestizide einschätzen zu können, müssen wir die Frage immer wieder aufs Neue beantworten, welche Pestizide in welchen Konzentrationen in unseren Gewässern vorkommen. Dazu wurden in der Schweiz in den letzten Jahren verschiedene Forschungsvorhaben durchgeführt, die insbesondere kleinere landwirtschaftlich geprägte Einzugsgebiete untersucht haben. Es wurde aber auch untersucht, welchen Beitrag zum Beispiel Kläranlagen und Siedlungen beisteuern. Solche Studien sind sehr aufwendig, da einerseits viele verschiedene Stoffe analysiert werden müssen. Andererseits schwanken die Konzentrationen in den meisten Fällen zeitlich sehr stark. Daher müssen viele Proben über längere Zeiträume genommen werden, um ein realistisches Bild der Situation zu erhalten.

Die Studien haben übereinstimmend in vielen kleinen Fließgewässern aus landwirtschaftlich genutzten Einzugsgebieten Dutzende von Pestiziden nachgewiesen. Die Belastungen beginnen oftmals schon früh im Jahr, im März und April, und können bis in den Herbst andauern. Die Konzentrationen für die Summe aller Pestizide liegen häufig im Bereich von Hunderten von Nanogramm, also Milliardstelgramm, pro Liter, wenn über ein bis zwei Wochen gemittelt wird. Kurzfristige Spitzenkonzentrationen können deutlich über zwanzig Mikrogramm pro Liter hinausgehen.

Die gefundenen Pestizide können je nach Region recht unterschiedlich sein. Es gibt aber auch Substanzen, die fast überall und wiederholt gefunden werden. Dazu gehören sowohl weitverbreitete Herbizide wie Nicosulfuron, S-Metolachlor, und Terbuthylazin, Fungizide wie Azoxystrobin und Epoxiconazole, aber auch Insektizide wie Chlorpyrifos, Cypermethrin und Thiacloprid.

Insgesamt zeigen die Analysen, dass ein Messprogramm von rund fünfzig verschiedenen Pestiziden in vielen Fällen rund achtzig Prozent des ökotoxikologischen Risikos abdecken kann. Das nationale Messprogramm der Schweiz zur Überwachung der Fließgewässer wurde entsprechend angepasst.[I]

Auch im Grundwasser werden immer wieder Pflanzenschutzmittel nachgewiesen. Anders als in den Oberflächengewässern ist die Belastung aber meist auf sehr wenige Mittel beschränkt. In der öffentlichen Diskussion dreht sich die Debatte inzwischen auch um sogenannte Abbauprodukte. Das

I Mit der Nationalen Beobachtung Oberflächengewässerqualität NAWA betreiben Bund und Kantone in der Schweiz seit 2011 ein gemeinsames Monitoringprogramm zur Untersuchung des Gewässerzustandes.

sind Chemikalien, die sich aus den Pestiziden im Boden bilden können, die dort stabil sind und bis ins Grundwasser gelangen. Diese Stoffe werden vor allem wegen möglicher Gesundheitsgefahren diskutiert.[II]

QUELLEN DER BELASTUNG

Pestizide gelangen aus unterschiedlichen Quellen und auf unterschiedlichen Pfaden in die Gewässer. Die Eintragspfade muss kennen, wer wirksame Maßnahmen für den Gewässerschutz ergreifen will. Grundsätzlich können Pestizidverluste bei der Handhabung der Substanzen, also bei Vorbereitung, Lagerung oder Entsorgung, entstehen, und die so »verlorenen« Substanzen auch in Gewässer geraten. Auch durch Spraydrift, also Windeinfluss beim Ausbringen der Mittel, können Pestizide in Gewässer geraten, oder nach der Anwendung zum Beispiel durch Ausschwemmung vom Feld. Die zeitlichen Muster der sich ergebenden Gewässerbelastung können dementsprechend sehr unterschiedlich sein. Pestizidverluste nach der Anwendung sind meistens stark durch Niederschlagsereignisse getrieben. Durch Regen können Pflanzenschutzmittel auf Feldern, aber auch Biozide an Fassaden mobilisiert und abgeschwemmt werden. Deshalb ist es häufig so, dass die Pestizidkonzentrationen in Fließgewässern nach starkem Regen ansteigen. Das ist ausgeprägt bei Bächen und kleineren Flüssen der Fall. Aber auch bei trockenem Wetter können erhöhte Konzentrationen auftreten. Dies ist zum Beispiel auf punktuelle Quellen von Hofplätzen bei fehlerhafter Handhabung zurückzuführen. Auch Spraydrift ist bei trockener Witterung zu erwarten.

Obwohl Pestizide für unterschiedliche Zwecke eingesetzt werden, zeigen die vorhandenen Messdaten in den Fließgewässern, dass der Landwirtschaft als Quelle eine große Bedeutung zukommt. Das ergibt sich aus den nachgewiesenen Stoffen, dem großen Anteil der Pestizide, die in der Landwirtschaft eingesetzt werden und dem großen Flächenanteil landwirtschaftlicher Nutzung in unserer Landschaft. Von den Feldern können Pestizide nicht nur oberflächlich abgeschwemmt oder beim Sprüheinsatz weggeweht werden. Auch durch die weitverbreiteten Drainagen im Boden gelangen Pestizide in Fließgewässer, und Einlaufschächte an Straßen oder am Feldrand können ebenfalls als Eintragspfade wirken.

II Siehe dazu das hier folgende Interview mit Kurt Seiler.

AUSWIRKUNGEN AUF GEWÄSSERORGANISMEN?

Pestizide werden verwendet, weil sie auf bestimmte Organismen eine beabsichtigte schädliche Wirkung ausüben. Das tun diese Chemikalien nicht nur dort, wo sie eingesetzt werden, also zum Beispiel auf einem Acker. Wenn sie in Gewässer transportiert werden, können sie dort auch Organismen schädigen, gegen die sie eigentlich nicht eingesetzt werden sollten. Eine entscheidende Frage dabei ist, ob die Pestizid-Konzentrationen, die in den Gewässern auftreten, noch toxische Auswirkungen hervorrufen. Wie erwähnt, landet nur ein kleiner Teil der ausgebrachten Menge in Gewässern. Das heißt, die Pestizide werden so stark verdünnt, dass die Konzentrationen der meisten Substanzen auch in kleineren Fließgewässern im Bereich von Nanogramm, also Milliardstelgramm, bis Mikrogramm, also Millionstelgramm pro Liter, liegen.

Die Frage, ob das hohe oder unbedenkliche Werte sind, lässt sich nur beantworten, wenn die Konzentrationen mit biologischen Wirkschwellen verglichen werden. Diese variieren einerseits aufgrund der unterschiedlichen Toxizität verschiedener Pestizide über sehr weite Konzentrationsbereiche, andererseits ist auch die Empfindlichkeit der verschiedenen Wasserlebewesen gegenüber einem bestimmten Stoff sehr unterschiedlich.

Insgesamt stellen wir zurzeit keine akut sichtbaren Vergiftungen von Wasserlebewesen durch Pestizideinträge fest. Ausnahmen sind vereinzelte, durch die Behörden rapportierte Unfälle, bei denen ein Gewässer über größere Distanzen vergiftet wird und tote Tiere zu sehen sind. Das bedeutet aber nicht, dass die vorhandenen Pestizide keine Beeinträchtigungen der Gewässerökologie darstellen. Die negativen Auswirkungen sind nur nicht einfach mit bloßem Auge erkennbar.

Eine Möglichkeit, die Auswirkungen abzuschätzen, ist der Vergleich mit kritischen Konzentrationen aus Laborstudien. In ökotoxikologischen Tests wird untersucht, wie empfindlich verschiedene Pflanzen und Tiere auf die einzelnen Pestizide reagieren. Daraus kann ein Umweltqualitätskriterium für jedes Pestizid hergeleitet werden, welches sicherstellen soll, dass die ganze Lebensgemeinschaft genügend geschützt ist. Für die Schweiz wurden Umweltqualitätskriterien für akute und chronische Belastungen gemäß internationalen Standards hergeleitet und stehen für die Gewässerbeurteilung zur Verfügung. Diese Werte variieren je nach Substanz um mehrere Größenordnungen. Bei einzelnen Pyrethroiden, den giftigsten Insektiziden, liegen sie im Bereich von etwa zehn Pikogramm, also Billionstelgramm, pro Liter.

Fungizide und Herbizide sind deutlich weniger giftig und die Umweltqualitätskriterien liegen oft im Bereich eines Mikrogramms pro Liter. Bei Glyphosat liegt der ökotoxikologisch begründete Wert sogar bei 120 Mikrogramm pro Liter für eine chronische Belastung.

Liegen die gemessenen Konzentrationen über diesen Umweltqualitätskriterien, kann eine Beeinträchtigung der empfindlichen Arten der Lebensgemeinschaften nicht ausgeschlossen werden. Dabei wird zwischen einer akuten und einer chronischen Belastung unterschieden.

Werden die chronischen Umweltqualitätskriterien zur Gewässerbeurteilung herangezogen, zeigt sich in vielen der untersuchten Bäche eine langanhaltende Belastung von Frühling bis in den Sommer oder gar Herbst hinein. In einzelnen Gebieten können diese Belastungen über mehrere Monate anhalten. An verschiedenen Messstellen wurden aber auch Überschreitungen der akuten Qualitätskriterien beobachtet. Es gibt aber auch intensiv landwirtschaftlich genutzte Einzugsgebiete, in welchen nur geringe Belastungen festgestellt wurden. Faktoren wie Topographie oder Bodeneigenschaften dürften das Risiko für Pestizideinträge mitbeeinflussen.

Aus dem Vergleich zwischen gemessenen Pestizidkonzentrationen und Umweltqualitätskriterien ergibt sich ein weitverbreitetes Risiko für empfindliche Arten in den Schweizer Fließgewässern. Dieser Befund wird durch die Artenzusammensetzung der Wirbellosen in den Gewässern bestätigt. Anhand des SPEAR-Index[III] lässt sich ermitteln, wie groß der Anteil an pestizidempfindlichen Arten in einer aquatischen Lebensgemeinschaft ist. Daten aus verschiedenen Untersuchungen zeigen, dass in der Schweiz der Anteil der auf Pestizide empfindlich reagierenden Arten mit zunehmendem Anteil des Ackerbaus im Einzugsgebiet abnimmt. Diese anspruchsvollen Arten fehlen dann schlicht in den Gewässern. Das ist kein Beweis, aber ein starker Hinweis darauf, dass Pflanzenschutzmittel hier ursächlich eine Rolle spielen.

Seit Jahrzehnten wird in der Schweiz ein Rückgang der Fischbestände festgestellt. Es drängt sich die Frage auf, ob auch hier Pestizide eine Ursache sind. Der Frage des Fischrückgangs ist man in der Forschung schon vor Jahren mit dem Projekt Fischnetz[IV] nachgegangen. Tatsächlich wurde in dieser Studie ein Rückgang des Schlüpferfolgs von Bachforellen mit zunehmendem Ackeranteil im Umland der Gewässer festgestellt. Insgesamt ließ sich aber

III SPEAR steht für »Species at Risk«.

IV 1998 bis 2003.

kein einzelner Faktor als alleinige Ursache des Bestandsschwunds identifizieren, vielmehr dürfte es das Zusammenspiel verschiedenster Faktoren sein, das zum Rückgang vieler Fischbestände in den Fließgewässern führt: degradierte Lebensräume, fehlender Uferbewuchs, Durchgängigkeit, zunehmende Temperaturen, Fischkrankheiten, Wasserqualität...

Im Zusammenhang mit Pestiziden und Fischen ist zu berücksichtigen, dass mögliche negative Auswirkungen unterschiedlich zustande kommen können. Einerseits könnten Pestizide die Fische direkt beeinträchtigen. Andererseits ist es auch denkbar, dass Fischbestände unter einem Mangel an geeigneter Nahrung leiden, weil die Futtertiere wegen der Pestizidbelastung zurückgehen.

Leider liegen keine belastbaren Daten vor, um diese verschiedenen, plausiblen Hypothesen zu prüfen. Es fehlen langjährige Datenreihen zur umfassenden Pestizidbelastung der Gewässer, zur Belastung mit Feinsediment, das die Laichmöglichkeiten für zahlreiche Fische behindert, oder zum Nahrungsangebot für Fische. Obwohl schon vor fünfzehn Jahren festgestellt wurde, dass wichtige Fragen mangels Daten nicht beantwortet werden können, fehlen diese Daten weiterhin.

AKTIONSPLAN - AUSGANG UNGEWISS

Die Pestizidproblematik ist in den letzten Jahren stärker ins öffentliche Bewusstsein gerückt. Ein Grund dafür liegt im Fortschritt der chemischen Analytik. Während bis vor wenigen Jahren Gewässeruntersuchungen nur eine Minderheit der zugelassenen Pestizide erfassen konnten, ist es heute möglich, bis zu achtzig Prozent aller zugelassenen Pflanzenschutzmittel zu messen. Damit kann heute sehr umfassend aufgezeigt werden, wie stark unsere Gewässer - trotz der vorhandenen PSM-Zulassungsverfahren - mit diesen Substanzen belastet sind. Diese Befunde haben mit dazu beigetragen, dass der Schweizer Bundesrat im Herbst 2017 den »Aktionsplan Pflanzenschutzmittel« in Kraft gesetzt hat. Dieser Aktionsplan hat zum Ziel, die Risiken des Pestizideinsatzes substanziell zu vermindern und nicht-chemische Alternativen zu fördern.

Neben dem Aktionsplan bleibt das Zulassungsverfahren ein zentrales Element des Pestizid-Managements. Das ist in seiner Wirksamkeit schwierig zu beurteilen, da das Verfahren mit den konkreten Entscheiden nicht öffentlich einsehbar ist. Allerdings hat das Schweizer Bundesgericht dem WWF das Verbandsbeschwerderecht für die Neuzulassungen von Pflanzenschutzmitteln zugesprochen. Das Zulassungsverfahren wurde kürzlich auch von wissenschaftlicher Seite grundsätzlich dafür kritisiert, die tatsächlichen Belastungen ungenügend abzubilden.[2]

Im Rahmen des schweizerischen Zulassungsverfahrens werden die zu erwartenden Konzentrationen mit ökotoxikologischen Umweltkriterien verglichen. In einer Güterabwägung zwischen agronomischen und ökologischen Zielen können aber Pestizide auch zugelassen werden, wenn die Umweltanforderungen der Zulassungsbehörde nicht erfüllt sind.[V] Als Folge können Landwirte solche Mittel zwar vorschriftsgemäß anwenden, dabei aber die Umwelt einem eigentlich unzulässigen Risiko aussetzen. Zudem hat dieses Vorgehen dazu geführt, dass kritische Pflanzenschutzprobleme öffentlich nicht bekannt wurden und es damit keinen Anreiz zur Entwicklung umweltfreundlicher Alternativen gab.

Bei der Frage nach Maßnahmen zur Verminderung des Pestizidrisikos rückt rasch die Forderung nach Verboten besonders kritischer Substanzen in den Fokus. In diesem Zusammenhang ist jedoch zu berücksichtigen, dass Verbote nur dann eine positive Wirkung zeigen können, wenn die Alternative zur Lösung des Pflanzenschutzproblems tatsächlich umweltfreundlicher ist. So wurde beispielsweise vor Jahren das Maisherbizid Atrazin auch in der Schweiz verboten. Ersetzt wurde es vielfach aber durch Terbuthylazin, ein sehr ähnliches Molekül, das heute ebenfalls zu den Substanzen gehört, die wiederholt und verbreitet Umweltqualitätskriterien überschreiten.

Die Zulassung oder Nicht-Zulassung von Pestiziden ist nur ein Mittel, um das Risiko im Umgang mit Pestiziden zu vermindern. Aus diesem Grund beinhaltet der Aktionsplan rund fünfzig verschiedene Maßnahmen, die die unterschiedlichsten Bereiche wie Hofplatzentwässerung, Bewirtschaftungsmaßnahmen auf dem Feld, oder Beratung und Weiterbildung umfassen. Verschiedene Maßnahmen bestehen jedoch nur in der Prüfung oder sind in ihrer Finanzierung nicht gesichert. Außerdem wurde der Aktionsplan bisher nicht für verbindlich erklärt. Aus diesen Gründen ist unklar, ob der Aktionsplan das gesteckte Ziel – Verminderung des Risikos in den Gewässern um die Hälfte bis 2027 – erreichen kann.

V vgl. Schweizer Fernsehen: *Kassensturz.* Interview mit der damaligen Vizedirektorin des Bundesamtes für Landwirtschaft, Juni 2017.

Der Aktionsplan baut auf Maßnahmen, die kurzfristig mit bestehenden Erfahrungen und Techniken umgesetzt werden können. Die Art der landwirtschaftlichen Produktion wird sich in den nächsten Jahren aber auch unabhängig davon weiter verändern, durch Züchtung, Digitalisierung, Robotik… Längerfristig müsste das Potenzial neuer Entwicklungen in der Landwirtschaft gezielt auch für eine Produktionsform eingesetzt werden, die einen umweltfreundlichen Pflanzenschutz ermöglicht.

VERLUSTANZEIGE

Der Rotkopfwürger war früher ein verbreiteter und typischer Bewohner der Streuobstwiesen und extensiv genutzten Hochstamm-Obstgärten. Dort fand er Bäume zum Brüten, Nahrung in Form von Großinsekten und ausreichend Warten, Ansitze, von denen aus er seine Beute erspähen konnte. Seine Verbreitung, stellt das Online-Lexikon Wikipedia fest, sei heute nur noch auf der Iberischen Halbinsel flächig, ansonsten lückenhaft. Und dann folgt die lapidar brutale Feststellung: »Die seit etwa fünfzig Jahren immer kleiner werdenden Brutvorkommen des Rotkopfwürgers in Mitteleuropa sind mittlerweile weitgehend erloschen.« Was das Lexikon noch nicht weiß: Auch im Nordosten Spaniens und im Norden Portugals sind die Brutgebiete inzwischen verwaist. Auch dort ist *Lanius senator* »erloschen«.

(Abgerufen im Februar 2020)

Der Rotkopfwürger (Lanius senator)

Einerseits wurde sein Lebensraum vernichtet: die Hochstamm-Obstgärten wurden gerodet und wichen, wo weiter Obstanbau betrieben wurde, den niedrigeren, maschinengerechteren Obstplantagen. Die Bäume stehen dichter, der Lebensraum der großen Insekten schwand, auf die der Rotkopfwürger angewiesen ist. Dazu kommen die neuen Mähmethoden auf den Wiesen, die rotierenden Messer, denen die Insekten kaum mehr ausweichen können, und das Walzen nach der Mahd, das ihnen die Fluchträume in Bodennischen nimmt. Die Heuschrecke, die dem entkommen ist, erwischt recht sicher im Getreidefeld nebendran die Pestizidspritze. Da helfen auch die geschützten und wieder gepflegten Streuobstwiesen in Hessen und Bayern und im österreichischen Mostviertel kaum.

— »In Mitteleuropa weitgehend erloschen«

Dem Rotkopfwürger ist schlicht die Nahrung ausgegangen. Es gibt die Großinsekten, die Heuschrecken, Käfer und Grillen, nicht mehr, auch da nicht, wo die Landschaft noch oder wieder so aussieht, als müsste es sie doch geben. Und das Ausweichen auf Schnecken, Spinnen oder Mäuse, die der Würger in der Not auch mal jagt, war offensichtlich keine dauerhafte Alternative. Irgendwann sind die Rotkopfwürger von ihrem Winterzug in die südliche Sahelzone nicht mehr zurückgekommen.

GIFT IM LEBENSMITTEL NUMMER EINS

Ein Gespräch mit Kurt Seiler

Über die Suche nach den Rückständen von Pestiziden im Trinkwasser, die Forderungen der Kontrolleure und die Ignoranz der Politik

Dr. Kurt Seiler

ist Lebensmittelchemiker. Er forschte in Analytischer Chemie an der ETH Zürich und der University of Alberta in Kanada. Er hat etwa sechzig wissenschaftliche Publikationen veröffentlicht. Seit Oktober 2005 ist er Amtsleiter und Kantonschemiker der beiden Appenzeller Kantone und des Kantons Schaffhausen, außerdem Mitglied des Verbandes der Kantonschemiker der Schweiz und der Kantonalen Vorsteher der Umweltschutzämter, sowie in diversen Kommissionen des Bundes und der Kantone, mit Schwerpunkt Wasser und Pestizide.

Herr Seiler, aktuell wurden und werden Trinkwasserentnahmestellen in der Schweiz aufgrund zu hoher Pestizidbelastung geschlossen. Es werden also Grenzwerte überschritten. Uns interessiert die Chronologie der Ereignisse. Denn wir sind in der Schweiz an einem Punkt angekommen, wo die meisten Bürger, und wohl auch Sie, nie hinwollten. Wann sind Sie als Kantonschemiker zuerst auf Rückstände von synthetischen Pestiziden aufmerksam geworden, die das Trinkwasser gefährden können?

Wir Kantonschemiker untersuchen bereits seit vielen Jahren das Trinkwasser regelmäßig auf alle Arten von Rückständen, auch auf solche von Pestiziden und ihren Abbauprodukten. Rückstände haben wir schon immer gefunden, das ist nichts Neues. Solange wir Stoffe großflächig in der Umwelt ausbringen, solange werden wir auch fündig. Es ist alles eine Frage der Konzentration und der Analytik. Schon vor vielen Jahren hat man sich bei den Wirkstoffen auf einen Höchstwert von 0,1 Mikrogramm pro Liter geeinigt. Dieser Wert hat Eingang ins Lebensmittel- und ins Gewässerschutzrecht gefunden. Er basiert auf den damaligen analytischen Möglichkeiten, also nicht direkt auf gesundheitlichen Aspekten. Er soll sicherstellen, dass unser Grund- und Trinkwasser nicht übermäßig mit Rückständen belastet wird – im Sinne der Vorsorge. Der lebensmittelrechtliche Höchstwert gilt nicht nur für die Pestizide, also die Wirkstoffe selbst, sondern auch für bestimmte Abbauprodukte, aber nicht für alle. Und genau hier liegt die Crux: Seit vielen Jahren finden wir erhöhte Konzentrationen von Abbauprodukten, für die kein Höchstwert gilt. Das heißt, wir Kantone haben bei diesen Stoffen keine Rechtsgrundlage für eine Intervention.

Im Sinne der Vorsorge haben wir in regelmäßigen Abständen auch für diese Stoffe Regelungen verlangt. Im Falle der Abbauprodukte von Chlorthalonil[I] ist jetzt passiert, was wir befürchtet hatten: Die Toxikologen sind im Sommer 2019 zum Schluss gelangt, dass im Falle des Abbauproduktes »R417888« eine Gesundheitsgefährdung nicht ausgeschlossen werden kann. Als Folge dieser Beurteilung kommt seither der Höchstwert von 0,1 Mikrogramm pro Liter zum Tragen. Im Dezember 2019 entschied das Bundesamt für Landwirtschaft, dass Chlorthalonil ab Januar 2020 nicht mehr eingesetzt werden darf. Gleichzeitig teilte das Bundesamt mit, dass aufgrund einer Neueinstufung von Chlorthalonil sämtliche Abbauprodukte als relevant eingestuft werden. Seither gilt der Höchstwert für über zwanzig weitere Stoffe. Das heißt, von einem Tag auf den anderen gelten neue Vorgaben. Doch wir können nicht einfach den Hebel umlegen. Das Verbot wird seine Wirkung zeigen, aber es wird Jahre, wenn nicht Jahrzehnte dauern, bis solch langlebige Stoffe ausgewaschen werden.

Ist das Abbauprodukt R417888 von Chlorthalonil im Trinkwasser also der Grund für die Schließung von Trinkwasserbrunnen in der Schweiz?

Im Rahmen einer Kampagne haben wir Kantonschemiker im Sommer 2019 gezeigt, dass zahlreiche Wasserversorgungen von zu hohen Konzentrationen dieses Abbauproduktes betroffen sind. Grundsätzlich haben die Wasserversorgungen zwei Jahre Zeit, bis das Trinkwasser die neuen Vorgaben wieder einhalten muss. Kann eine Wasserversorgung aber mit wenig Aufwand, beispielsweise durch Mischen oder durch Ausweichen auf ein anderes Standbein, eine Verbesserung der Situation erzielen, dann muss sie dies sofort tun.

Werden diese Entnahmestellen jetzt für Jahre oder Jahrzehnte geschlossen bleiben müssen, oder werden zusätzliche Reinigungsstufen eingeführt? Was wird man konkret tun?

I Chlorthalonil ist ein Fungizid, also ein Mittel gegen Pilzbefall, das 1966 von der Diamond Alkali Company eingeführt wurde, die heute Teil des Mineralölunternehmens Valero Energy Corporation im texanischen San Antonio ist.

In der Schweiz wollen wir, dass das Grundwasser möglichst ohne Aufbereitung als Trinkwasser genutzt werden kann. Eine zusätzliche Reinigungsstufe entspricht diesem Ziel nicht und ist zudem mit hohen Kosten verbunden. Unter den Abbauprodukten von Chlorthalonil gibt es einen weiteren Stoff, den »R471811«, der in deutlich höheren Konzentrationen als R417888 vorkommt und für den seit Dezember 2019 ebenfalls der Höchstwert von 0,1 Mikrogramm pro Liter gilt. Es liegen erst wenige Messungen vor, doch die zeigen, dass der Höchstwert in allen Gebieten der Schweiz mit intensiver Landwirtschaft um den Faktor fünf bis zehn überschritten wird. Mit Mischen kann das Ziel, diesen Stoff unter den Grenzwert zu drücken, in den meisten Fällen wohl kaum mehr erreicht werden. Je nach Aufenthaltsdauer des Grundwassers und der Bodenbeschaffenheit kann es zudem sehr lange dauern, bis die Konzentrationen wieder ausreichend tief sind – trotz Einsatzverbots.

Im Idealfall kann eine Wasserversorgung auf ein unbelastetes Grundwasser ausweichen. Führt das Verwendungsverbot nicht zu einem ausreichend schnellen Rückgang der Konzentrationen, bleiben wohl nur noch die Neuerschließung von nicht belastetem Grundwasser oder die Aufbereitung. Langfristig kann eine Wasserversorgung nur durch die Ausscheidung eines Zuströmbereiches vor stofflichen Verunreinigungen geschützt werden.

Was werden diese Maßnahmen kosten?

Kosten fallen an für die teure Analytik, für das Suchen von geeigneten Lösungen und dann auch für die Umsetzung von Maßnahmen. Die Kosten sind stark vom Einzelfall abhängig. Interessant ist die Frage, wer all diese Kosten tragen muss. Die Trinkwasserabnehmer dürften wohl kaum erfreut sein, wenn sie die Last über die Gebühren tragen müssten.

Sie sagten, dass Sie seit Jahren Regelungen für Abbauprodukte von Pflanzenschutzmitteln verlangen. Wie hat die Politik bisher darauf reagiert?

Bis heute gibt es für viele Abbauprodukte keine zufriedenstellenden Regelungen, die der Vorsorge Rechnung tragen. Bei der Zulassung von Pestiziden werden für viele Abbauprodukte im Grundwasser Konzentrationen toleriert, die bis zum hundertfachen über den 0,1 Mikrogramm pro Liter liegen. So lange hier keine strengeren Maßstäbe gelten, müssen wir damit rechnen, dass sich Fälle wie beim Chlorthalonil wiederholen.

Wann haben Sie begonnen, die Politik auf die mögliche Gefährdung des Trinkwassers aufmerksam zu machen?

Seit dem Nachweis der erhöhten Konzentrationen, also seit beinahe zehn Jahren, fordern wir eine Anpassung des Rechts im Sinne der Vorsorge. Das ist in diversen Schreiben an die Bundesämter, in Stellungnahmen und in zahlreichen Sitzungsprotokollen festgehalten.

Haben Sie Prognosen an die Politik übermittelt, ab wann die Grenzwerte voraussichtlich überschritten werden?

Nein, es ist auch heute noch nicht möglich, Prognosen abzugeben. Das hängt unter anderem von neuen Erkenntnissen aus der Toxikologie ab. Aus diesem Grunde ist ja auch die Vorsorge mit einer strengen Festlegung von Höchstwerten so wichtig.

Nachdem Trinkwasserentnahmestellen geschlossen werden mussten, ist deutlich geworden, dass das Trinkwasser nicht überall ausreichend vor gefährlicher Verschmutzung durch Pestizide geschützt wurde. Was sollte in der Zusammenarbeit von Politik, Kontrollbehörden und Industrie verbessert werden?

Wir müssen wegkommen von End-of-Pipe-Lösungen und an der Quelle ansetzen. In diesem Fall ist dies die Zulassung. Pestizide müssen so zugelassen werden, dass im geförderten, nicht aufbereiteten Trinkwasser keine Konzentrationen über 0,1 Mikrogramm pro Liter resultieren, und zwar nicht nur für die Pestizide selbst, sondern auch für all ihre Abbauprodukte. Zudem ist bei einer Neuzulassung ein Monitoring festzulegen, mit dem überprüft wird, ob sich die Stoffe so wie erwartet verhalten. Den kantonalen Vollzugsstellen sind alle Informationen zur Verfügung zu stellen, damit sie von Anfang an die richtigen Stoffe suchen. Der Antragsteller hat zudem die Analysemethoden und die Referenzstoffe den Kantonen vor der Zulassung zur Verfügung zu stellen. Im Sinne des Verursacherprinzips müssen die Kosten von den anmeldenden Firmen getragen werden.

Im Moment stehen Ihnen als verantwortlicher Kontrollbehörde also keine tragfähigen Prognosen darüber zur Verfügung, wie sich die Konzentration von Abbauprodukten neuer Pestizide im Grund- und Trinkwasser voraussichtlich entwickeln wird. Und es gibt auch kein Monitoring darüber, ob die Stoffe sich tatsächlich so verhalten, wie angegeben. Und Sie wissen auch nach Markteinführung neuer Produkte nicht, nach welchen Stoffen Sie suchen müssen und wie gefährlich diese sind. Wie reagiert die Politik, wenn Sie die genannten Änderungsvorschläge vorbringen?

Sorge bereiten uns hauptsächlich Wirkstoffe, die schon seit vielen Jahren auf dem Markt sind, denn die Anforderungen an die Zulassung sind strenger geworden. Die Evaluation dieser älteren Stoffe kommt nur langsam voran. Im Rahmen des Aktionsplans Pflanzenschutzmittel wird derzeit geklärt, welche weiteren Abbauprodukte in erhöhten Konzentrationen im Grundwasser auftreten können. Unsere Analysegeräte sind gut und wir können viele Stoffe nachweisen. Wir wären aber zweifelsohne noch besser, wenn wir verlässliche Informationen zur Verfügung hätten. Wir werden auf jeden Fall unsere Methoden stetig ausbauen und bei Überschreitungen die notwendigen Maßnahmen verfügen.

Welche Maßnahmen waren denn bisher schon nötig, in den Kantonen, für die Sie zuständig sind?

Eine betroffene Wasserversorgung war in der Lage, zumindest teilweise auf ein anderes Standbein auszuweichen, das weniger belastetes Trinkwasser liefert. In zwei Fällen prüfen wir die Ausscheidung von Zuströmbereichen, um das Grundwasser besser zu schützen. Das ist zeitintensiv und teuer, letztlich aber eine Investition in die Zukunft der Wasserversorgung.

Und wie sieht die Gesamtsituation in der Schweiz aus?

Unsere nationale Messkampagne im Sommer 2019 hat ein eindeutiges Ergebnis gezeigt: Trinkwasser, das von Grundwasser mit Einzugsgebiet Ackerbau stammt, einschließlich Obst- und Weinbau, ist einem erhöhten Risiko ausgesetzt. Im Falle von R471811, das seit Dezember 2019 als relevant gilt, dürfte der Höchstwert wohl weit verbreitet mehrfach überschritten sein.

Synthetische Pestizide brauchen eine gewisse Zeit, bis sie ins Grundwasser vordringen. Gleichzeitig dauert es zum Teil mehrere Jahrzehnte, bis die Wirkstoffe oder deren Abbauprodukte, die ja häufig nicht weniger giftig sind, oder auch die Hilfsstoffe, die mit den eigentlichen Wirkstoffen verbunden sind, vollständig abgebaut sind. Wenn jährlich durch neuerliche Ausbringung zusätzliche Rückstände hinzukommen, ist es dann nicht klar, dass die Konzentrationen im Boden, im Grundwasser und schließlich auch im Trinkwasser immer höher werden?

Pestizide waren bislang nicht Bestandteil von Bodenmonitoringprogrammen. Über das Verhalten der Pestizide im Boden wissen wir noch sehr wenig. Es ist abhängig von den Bodeneigenschaften, aber auch von den Eigenschaften der Stoffe. Wir wissen von einzelnen Stoffen, dass sie sich im Boden anreichern und sukzessive über Jahre oder Jahrzehnte ins Grundwasser abgegeben werden. Da wir heute keine Gesamtschau haben, ist es auch unmöglich, eine Prognose abzugeben. Mit der Umsetzung des Aktionsplanes Pflanzenschutzmittel werden wir allerdings nicht nur den Wissensstand verbessern, sondern auch die Einträge reduzieren. In diesem Sinne sollte sich die Situation also verbessern.

Wie können langfristig die Rückstände der Pestizide im Grundwasser auf ein Maß reduziert werden, bei dem Gesundheitsrisiken für den Menschen und ökologische Risiken ausgeschlossen sind?

Die Risiken können nie ganz eliminiert werden. Mit dem Aktionsplan Pflanzenschutzmittel soll das Risiko des Einsatzes langfristig um die Hälfte gesenkt werden. Das geht in die richtige Richtung. Das Umdenken – auch von uns Konsumentinnen und Konsumenten – und die Umstellung in der

Landwirtschaft brauchen Zeit. Die Landwirtschaft hat ja nicht nur das Pestizidproblem zu lösen; sie hat auch mit zu hohen Stickstoffemissionen zu kämpfen.

Das Gespräch führte Christopher Schümann.

WERTLOSE WERTE

von Peter Clausing

Zur toxikologischen Bewertung der Rückstände von synthetischen Pestiziden in Nahrung, Luft, Wasser und Boden

Mit der Genehmigung von Pestizidwirkstoffen in Europa ist die Festlegung von maximal zulässigen Rückstandsmengen in landwirtschaftlichen Produkten verbunden.[1] Darüber hinaus gilt in der Europäischen Union für Trinkwasser für jeden Pestizid-Wirkstoff ein »technisches« Limit von 100 Nanogramm pro Liter, also maximal ein Zehnmillionstel Gramm. Wenngleich es keine Rückstandsgrenzwerte für einzelne Pestizide im Boden gibt, ist Persistenz[I] ein Ausschlusskriterium für die Genehmigung von Pestizidwirkstoffen und das sogar weltweit.[2] Das suggeriert, dass unsere Gesundheit durch vielfältige Maßnahmen vor negativen Einflüssen durch Pestizide geschützt ist, denn außerdem ist das Vorsorgeprinzip in der Pestizidgesetzgebung der EU verankert, demzufolge ein Pestizid nicht zum Einsatz kommen darf, wenn wissenschaftliche Unsicherheit bezüglich seiner Unbedenklichkeit besteht.[3]

In der nachfolgenden Betrachtung wird versucht, einen nüchternen Blick auf die Realität zu werfen, wobei Panikmache ebenso vermieden werden soll wie Verharmlosung. Um die Problematik zu verstehen, ist es zunächst unumgänglich, einige grundlegende Zusammenhänge zu erläutern, vor allem wie es zur Festlegung von Rückstandsmengen kommt.

ZULÄSSIGE RÜCKSTANDSWERTE

Rückstandswerte, MRL,[II] werden festgelegt, um uns vor negativen Auswirkungen von Pestizidrückständen in unseren Nahrungsmitteln zu schützen. Theoretisch sind sie so ausgelegt, dass Gesundheitsschäden unwahrscheinlich sein sollen, selbst bei täglicher Aufnahme einer Pestizidmenge, die unterhalb des MRL liegt. Zwei Eckpunkte tragen zur Festlegung von Rückstandswerten bei, nämlich toxikologische Studien und Rückstandsanalysen von jenen landwirtschaftlichen Produkten, für die die Werte zu definieren sind.

In gesetzlich vorgeschriebenen toxikologischen Studien, insbesondere in Langzeitstudien von bis zu zwei Jahren, wird eine Dosis ohne toxische Wirkung ermittelt. Das ist der so genannte NOAEL,[III] der dann auf

I Persistenz meint in der Umweltchemie, dass ein Stoff über längere Zeit nicht in harmlose Bestandteile zerfällt.

II Maximum Residue Limits.

III NOAEL ist No Observed Adverse Effect Level: die höchste Dosis, bei der keine signifikanten Schädigungen auftreten.

den Menschen extrapoliert wird. Das geschieht typischerweise, indem der NOAEL durch hundert dividiert wird, um einer unterschiedlichen Sensitivität sowohl zwischen Tier und Mensch, als auch zwischen Individuen innerhalb einer Spezies, Rechnung zu tragen. Mit dieser Division durch einhundert wird die aus toxikologischer Sicht wahrscheinlich unbedenkliche tägliche Dosis für den Menschen abgeleitet. Das ist der ADI-Wert.[IV] Wenn zum Beispiel im sensitivsten der gesetzlich geforderten Tierversuche ein NOAEL von zehn Milligramm pro Kilogramm Körpergewicht ermittelt wurde, wäre die Standardschlussfolgerung der Behörden, dass Menschen täglich 0,1 mg/kg Körpergewicht aufnehmen können, ohne dass ein gesundheitlicher Schaden zu erwarten ist. Kombiniert man diese als »akzeptabel« definierte tägliche Wirkstoffmenge des in Frage stehenden Pestizids mit den aus Ernährungsstudien bekannten Verzehrgewohnheiten, lassen sich daraus Rückstandswerte für die einzelnen Lebensmittel ableiten, und zwar in Milligramm pro Kilogramm des jeweiligen Produkts.

Zugleich unterliegt die Festlegung von Rückstandswerten dem so genannten ALARA-Prinzip,[V] was bedeutet, dass die Rückstandswerte niedriger festgelegt werden, als aufgrund der oben geschilderten Überlegungen, wenn dies aufgrund der viel zitierten »guten landwirtschaftlichen Praxis« möglich ist. Diese gute landwirtschaftliche Praxis, inklusive Einhaltung entsprechender Wartezeiten zwischen der letzten Pestizidanwendung und der Ernte, ist die Basis, um das aus Behördensicht toxikologisch Vertretbare nicht auszuschöpfen – falls möglich. »Ausgeschöpfte« MRL wären Rückstandswerte, die sich aus der Verrechnung des »akzeptablen täglichen Inkorporationswertes« mit den als typisch betrachteten Verzehrmengen ergeben. Aus dem oben angenommenen ADI-Wert von 0,1 mg/kg Körpergewicht und den behördlich als »Standardgewicht« betrachteten sechzig Kilogramm ergäbe sich, dass der Mensch nach Behördenansicht täglich maximal sechs Milligramm unseres imaginären Pestizids über die Nahrung aufnehmen dürfte. Diese sechs Milligramm werden dann auf die verschiedenen Lebensmittel verteilt und daraus Rückstandswerte als Maximalkonzentrationen pro Kilogramm Produkt berechnet. Unter europäischen Verhältnissen werden diese MRL relativ selten überschritten. In Deutsch-

IV ADI ist Acceptable Daily Intake: die akzeptable tägliche Aufnahme.

V ALARA ist As Low As Reasonably Achievable: so niedrig wie vernünftigerweise erreichbar.

land lagen die Überschreitungen in den letzten Jahren ziemlich konstant bei rund drei Prozent, bei etwa 19.000 untersuchten Proben pro Jahr. Die Vermutung liegt nahe, dass in diesen Fällen die »gute landwirtschaftliche Praxis« nicht eingehalten wurde.

TRÜGERISCHE SICHERHEIT

Während es einerseits beruhigend klingt, dass die Rückstandswerte oftmals nicht ausgeschöpft und selten überschritten werden, und dass ein Faktor von einhundert die Unsicherheiten zwischen den tierexperimentellen Ergebnissen und der Situation beim Menschen ausgleichen soll, gibt es eine ganze Reihe von Faktoren, die diese vermeintliche Sicherheit in Frage stellen. Die drei wichtigsten Schwachstellen werden im Folgenden diskutiert: das eventuelle Fehlen einer Dosis-Wirkungs-Beziehung, eine Mehrfachexposition, und die mögliche Überschreitung der Rückstandswerte.

DOSIS-WIRKUNGS-BEZIEHUNG

Wie oben kurz erläutert, ist für die Festlegung von Rückstandswerten von grundlegender Bedeutung, dass in den toxikologischen Untersuchungen eine Dosis ohne Wirkung ermittelt wurde: der NOAEL. Dieser wird bestimmt, indem in der betreffenden Studie eine Versuchsgruppe von Tieren unbehandelt bleibt – die Kontrollgruppe –, während die anderen Gruppen mit unterschiedlichen Dosierungen behandelt werden. Die Dosis jener Gruppe, die keine Unterschiede zu den Kontrolltieren aufweist, entspricht dem NOAEL. Es gibt allerdings zwei Situationen, bei denen eine Dosis-Wirkungs-Beziehung nicht anwendbar und die Ableitung von Rückstandswerten demzufolge nicht möglich ist: bei krebserregenden Wirkstoffen, sofern die Krebswirkung auf einer Schädigung des Erbguts beruht, also auf Gentoxizität, und bei hormonschädigenden Substanzen.

Seit Jahrzehnten besteht Konsens, dass für gentoxische Karzinogene kein NOAEL vertretbar ist. Der Grund dafür ist die Überlegung, dass, auch wenn der Körper über bestimmte Reparaturmechanismen verfügt, eine einzige Zelle, die aufgrund eines Pestizids einen genetischen Schaden erleidet, einen Krebs entwickeln kann. Deshalb gilt in der Europäischen Union ein grundsätzliches Verbot für Pestizide, die als »wahrscheinlich krebserregend beim Menschen« eingestuft wurden.[VI] Eine kritische Analyse zu Glyphosat zeigte jedoch, dass die Behörden nicht davor zurückscheuten, gegen ihre eigenen Regeln zu verstoßen, um Glyphosat als nicht krebserregend einzustufen.[4] Mehr noch, einer 2019 von zwei Nichtregierungsorganisationen beauftragten Studie ist zu entnehmen, dass Glyphosat kein Einzelfall ist. Bei der Untersuchung der Zulassung von zehn weiteren Pestiziden fiel die von den EU-Behörden vorgeschlagene Klassifizierung der Krebsgefahr bei den Pestiziden Folpet, Pirimicarb und Thiacloprid zu schwach aus.[5] Auch hier war das Problem, dass die Behörden ihre eigenen Regeln ungenügend befolgten. In einem vierten Fall, Phosmet, wurde das Pestizid trotz einer schwerwiegenden Datenlücke von den Behörden als »nicht krebserregend« eingestuft, statt die Genehmigung des Pestizids auszusetzen, bis die Datenlücke geschlossen und die nachgereichten Unterlagen bewertet wurden.

Für hormonschädigende Substanzen ist bekannt, dass die Möglichkeit einer U-förmigen Dosis-Wirkungs-Beziehung besteht. Es können Effekte übersehen werden, weil die Dosiswahl keine Schädigungen zeigt, diese aber sehr wohl bei einer niedrigeren Dosis auftreten. Außerdem können Schädigungen bei Organismen entstehen, die sich in Entwicklung befinden, die wir aber mangels geeigneter Testmethodik gar nicht erfassen. Hormone haben, neben ihren bekannten Regulierungsfunktionen bei Erwachsenen, wichtige Steuerungsaufgaben während der vorgeburtlichen Entwicklung. Störungen dieser Funktionen durch hormonschädigende Pestizide wurden mit den gesetzlich vorgeschriebenen Tests in der Vergangenheit nur sehr ungenügend erfasst. Laut einem Bewertungsdokument der EU-Kommission aus dem Jahr 2016 gibt es mindestens vierundsechzig in der Europäischen Union genehmigte Pestizidwirkstoffe mit hormonschädigendem Potenzial, und es dürfte viele Jahre dauern, bis diese endlich aus dem Verkehr gezogen werden.[6]

MEHRFACHEXPOSITION

Ein wesentliches Manko der Rückstandswerte ist, dass sie auf der isolierten Betrachtung der einzelnen Wirkstoffe beruhen, also auf der Annahme, dass der Mensch nur einem einzigen Wirkstoff ausgesetzt sei. Dass dies

VI Karzinogene der Kategorie 1A oder 1B.

nicht stimmt, wird regelmäßig dokumentiert. Die Europäische Behörde für Lebensmittelsicherheit, EFSA[VII], publiziert alljährlich einen Rückstandsbericht, in dem Analysenresultate von über 80.000 Proben zusammengefasst werden. Die fünf letzten Berichte für die Jahre 2013 bis 2017 weisen mehr oder weniger konstant aus, dass in etwa fünfundvierzig Prozent aller Proben Pestizidrückstände nachweisbar waren. Der Anteil der Proben oberhalb der Rückstandswerte lag zwischen 2,6 und 4,1 Prozent. Alarmierend ist die Zahl von Proben mit Mehrfachrückständen, die über die Jahre kontinuierlich zunahm. Während bis 2001 der Anteil von Proben mit Mehrfachrückständen unterhalb von fünfzehn Prozent lag, wurde im Jahr 2005 die Marke von fünfundzwanzig Prozent überschritten. Seitdem fiel der Wert nie wieder unter ein Viertel aller Proben.[7] In rund einem Drittel dieser Fälle wurden zwar »nur« zwei Wirkstoffe festgestellt, doch die Mehrzahl dieser Proben enthält eine größere Zahl an Pestiziden, in manchen Fällen über zehn.

Die Risikobewertung von Mehrfachrückständen in Lebensmitteln stellt eine sehr komplexe Herausforderung dar. Die EFSA konzentrierte sich bislang auf die Betrachtung von »kumulativen Effekten«, also auf die Addition der Wirkung von Pestiziden auf bestimmte Zielorgane, insbesondere die Schilddrüse und das Nervensystem.[8] Ein weiteres Dokument befasst sich mit den Wirkungen einer »kombinierten Exposition gegenüber multiplen Chemikalien«.[9] Dieses zeichnet sich durch hinhaltende Empfehlungen aus: Es sollen weitere Leitlinien und Methoden zur Behandlung des Problems erarbeitet werden. Verbindliche Regelungen, die sich unmittelbar auf die Festlegung von Rückstandswerten auswirken, gibt es bislang nicht.[10] Aber selbst mit einer verbindlichen Berücksichtigung additiver Wirkungen von Rückständen wäre das Problem nur zum Teil gelöst, denn so genannte synergistische Wirkungen würden dadurch nicht berücksichtigt.

Pestizide, die in unseren Körper gelangen, werden entweder unverändert ausgeschieden oder im Körper abgebaut, so dass dann die Abbauprodukte, die Metabolite, ausgeschieden werden. Die Untersuchung dieser Metabolisierung – an Versuchstieren und landwirtschaftlichen Nutztieren – ist Teil des behördlich geforderten Untersuchungsspektrums. Die Abbauprodukte können weniger giftig sein als das Pestizid selbst; sie können aber auch giftiger sein. Metabolisierung und Ausscheidung unterscheiden

VII European Food Safety Authority.

sich von Tierart zu Tierart, ein wesentlicher Grund dafür, dass die Gifte auf verschiedene Arten unterschiedlich wirken. Der Knackpunkt im Kontext der hier diskutierten Mehrfachrückstände ist die Möglichkeit, dass die Giftwirkung eines Pestizids potenziert werden kann, wenn weitere im Körper befindliche Pestizide, aber auch andere chemische Stoffe, eine Metabolisierung verlangsamen, die zur Entgiftung führen würde; oder es geschieht eine Metabolisierung, die zu giftigeren Abbauprodukten führt. Das passiert häufig durch eine Hemmung oder Ankurbelung des Cytochrom P450-Enzymkomplexes,[VIII] der wichtigsten Enzymfamilie für die Fremdstoffmetabolisierung, aber auch durch andere biochemische Mechanismen. In diesem Kontext hat die vor zehn Jahren von Andreas Kortenkamp und Mitautoren getroffene Feststellung ihre Gültigkeit behalten, dass es Hinweise gibt, dass der Unsicherheitsfaktor von Einhundert zur Berechnung des »akzeptablen täglichen Aufnahme-Wertes«, für die Berücksichtigung kombinierter Effekte ungenügend ist.[11]

PESTIZIDE IN DER ATEMLUFT

Ein weiterer und wenig erforschter Aspekt ist, dass belastete Nahrungsmittel nicht die einzige Quelle einer ungewollten Aufnahme von Pestiziden sind. Dass die Glyphosatkonzentrationen im Urin von Menschen, die sich biologisch ernährten, nur wenig niedriger lagen als bei Menschen mit konventionellen Verzehrgewohnheiten, deutet darauf hin, dass es eine andere Expositionsquelle für Glyphosat gegeben haben muss.[12] Die Tatsache, dass Glyphosat in einer im Februar 2019 veröffentlichten Studie zur Pestizidbelastung der Luft auf Rang fünf von insgesamt einhundertsieben nachgewiesenen Pestiziden lag, macht eine Exposition des Menschen über die Atemluft wahrscheinlich, und das, obwohl Glyphosat nach Behördenansicht kein Kandidat für eine Verbreitung über die Luft ist. Die Substanz ist nicht flüchtig, so dass davon ausgegangen werden muss, dass an Mikropartikeln des Bodens anhaftendes Glyphosat die Quelle der Exposition ist. Mithin drängt sich die Frage auf, für wie viele andere Pestizide, die keine flüchtigen Substanzen sind, eine Verdriftung über Bodenpartikel in Frage kommt.

VIII Cytochrom P450-Proteine dienen dem Abbau vieler körpereigener und körperfremder Substanzen.

Hinzu kommt die ungenügende toxikologische Beurteilung inhalierter Wirkstoffe. Uns fehlen Erkenntnisse über Absorption, Verteilung und Metabolisierung von Pestiziden, die in die Lunge geraten. Ein über die Nahrung aufgenommenes Pestizid gelangt zunächst in die Leber. Dort unterliegt es gegebenenfalls einer Metabolisierung, die sich von der in der Lunge unterscheiden kann. Es ist also möglich, dass sich die Toxizität von Pestiziden unterscheidet, abhängig davon, ob sie über die Nahrung oder über die Atemluft in den Körper gelangt sind.

Aus der beschriebenen Situation folgt dreierlei:

Die Pestizidexposition über die Atemluft ist ein weiteres Puzzlestück einer Mehrfachexposition. Es liegt auf der Hand, dass dies vor allem die ländliche Bevölkerung betrifft.

Die derzeitigen Vorgaben zur toxikologischen Prüfung von Pestiziden nach Exposition über die Atemluft sind ungenügend. Es müsste ermittelt werden, ob nach inhalativer Exposition ein abweichender Metabolismus vorliegt, was möglicherweise weitere Untersuchungen erfordern würde.

Die Bewertung einer Expositionsgefahr über die Luft darf sich nicht auf die physikalisch-chemischen Eigenschaften der Substanz, also deren Flüchtigkeit, beschränken.

GEFÄHRDETE GESUNDHEIT

In einem 2017 veröffentlichten Papier der EFSA wurde festgestellt: »Viele der existierenden epidemiologischen Studien zur Pestizidexposition und Auswirkungen auf die Gesundheit, sind mit einer Reihe methodologischer Beschränkungen und Mängeln behaftet.«[13] Dass brauchbare epidemiologische Studien zu Pestiziden oftmals fehlen, heißt aber noch lange nicht, dass es keine Auswirkungen auf den Menschen gibt, zumal im Zuge der Glyphosat-Kontroverse offen zutage trat, dass – zumindest in diesem Fall – die Bewertung epidemiologischer Studien von der agrochemischen Industrie beeinflusst war.[14] Auch wenn an dieser Stelle der Platz für eine ausführliche Beschäftigung mit epidemiologischen Studien fehlt, sei auf drei »Schlüsselstudien« hingewiesen.

An einer siebenjährigen französischen Studie zum ernährungsabhängigen Krebsrisiko nahmen insgesamt 68.946 Menschen teil. Rund ein Viertel ernährte sich strikt biologisch, ein weiteres Viertel ernährte sich größtenteils biologisch, das nächste Viertel ein bisschen biologisch und

16.831 ernährten sich ausschließlich mit konventionell produzierten Lebensmitteln.[15] Die Studie war als sogenannte Kohorten-Studie angelegt und entsprach so den Qualitätsanforderungen der EFSA. Über alle Tumortypen hinweg ergab sich ein fünfundzwanzig Prozent höheres Krebsrisiko bei Menschen mit konventioneller Ernährung gegenüber solchen, die sich strikt biologisch ernährten. Bei Brustkrebs und Non-Hodgkin Lymphomen[IX] war der Unterschied noch wesentlich deutlicher. Folglich spielen Pestizidrückstände in Nahrungsmitteln beim Krebsgeschehen eine messbare Rolle.

Mitarbeiter des Robert-Koch-Instituts analysierten alterskorrigierte Trends in der Krebshäufigkeit und Krebsmortalität bei der deutschen Bevölkerung von 1970 bis 2010, unter anderem bei Brust- und Prostatakrebs.[16] Während sich aufgrund verbesserter Therapien die krebsbedingte Sterblichkeit leicht verringerte, hatte sich die Krebsrate im Lauf der vierzig Jahre bei Prostatakrebs nahezu verdreifacht und mehr als verdoppelt bei Brustkrebs. Dieser Verlauf wurde sicher durch viele Faktoren beeinflusst, aber eine Beteiligung von Pestiziden kann als wahrscheinlich betrachtet werden, denn es gibt eine Reihe spezifischer epidemiologischer Studien, die für einzelne Pestizide ein erhöhtes Risiko für Brust- und Prostatakrebs ausweisen.

Schließlich befassten sich zwei Publikationen mit den Gesundheitskosten, einschließlich der Kosten für Arbeitsausfälle, die in der Europäischen Union durch hormonschädliche Substanzen entstehe.[17] Diese belaufen sich alljährlich auf über 1,6 Milliarden Euro und werden zum größten Teil durch Pestizide verursacht.

Diese Arbeiten machen deutlich: Gesundheitsschäden durch Pestizide sind eine reale Ursache für tragische Wendungen im persönlichen Leben vieler Menschen, auch wenn dieser Zusammenhang auf der individuellen Ebene oftmals nicht sichtbar wird. Ferner haben sie beachtliche ökonomische Auswirkungen.

Die einzige praktische Lösung für das hier beschriebene Dilemma ist die seit Langem von Nichtregierungsorganisationen geforderte drastische Reduzierung des Pestizideinsatzes, was in einem kürzlich veröffentlichten Bericht zu Mehrfachrückständen in Lebensmitteln erneut bekräftigt wurde.[18] Noch besser wäre ein völliger Verzicht auf Pestizide. Dass die Weltbevölkerung dadurch nicht verhungern würde, ist inzwischen gut belegt.

IX Als Non-Hodgkin-Lymphom werden alle bösartigen Erkrankungen des lymphatischen Systems genannt, die kein Morbus Hodgkin sind.

ATMEN WIR PESTIZIDE?

von Frieder Hofmann,
Ulrich Schlechtriemen,
Niels Kohlschütter,
Rudolf Vögel

Baumrinden als Indikatoren für die weiträumige Verdriftung von Pestiziden über die Luft – eine Pilotstudie

Pestizide finden sich auch in Bioprodukten, die fernab jeder Verwendung synthetischer »Pflanzenschutzmittel« produziert werden. Also müssen die Giftstoffe über kilometerweite Distanzen herangetragen werden. Dies und die Feststellung, dass sich im Urin von 99,6 Prozent der Bevölkerung Glyphosat nachweisen lässt, hat die Baumrinden-Studie ausgelöst. Um Hinweise darüber zu erhalten, ob diese Pestizidbelastungen über den Luftweg erfolgen, wurden von 2014 bis 2018 an siebenundvierzig verschiedenen Standorten in Deutschland Rindenproben von Bäumen entnommen und auf jeweils über fünfhundert Pestizide untersucht. In Summe wurden mehr als einhundert Pestizide gefunden, wovon ein Dutzend sehr häufig auftrat; und das auch an Orten, die von landwirtschaftlichen Flächen weit entfernt waren, wie in Naturschutzgebieten oder in Stadtzentren.

Die Ergebnisse der Pilotstudie führen zu weiteren Fragen: Was bedeutet ein ubiquitäres Vorhandensein, gerade auch von hoch problematischen Pestiziden, für unsere Ökosysteme, für die Gesundheit des Menschen, für das Zulassungsverfahren dieser Stoffe? Nicht zuletzt stellt sich auch die Frage, wie ökologischer und der sogenannte konventionelle Landbau nebeneinander existieren können.

Bei Wareneingangsprüfungen von Körnerfenchel und anderen ökologischen Produkten, wie Grünkohl und Petersilie, wurden seit mehreren Jahren immer wieder erhebliche Kontaminationen mit zugelassenen und häufig applizierten »Pflanzenschutzmitteln« festgestellt. Besonders häufig wurden die Wirkstoffe Pendimethalin und Prosulfocarb gefunden. Das führte zu erheblichen Einschränkungen bei der Vermarktung der Bioprodukte. Eine Prüfung der Belastungspfade und Wirkmechanismen in ersten Voruntersuchungen in Brandenburg ergab, dass erhebliche Belastungen auch fernab von Applikationsorten festzustellen waren.[1] Dies deutet auf eine nicht vorgesehene, weiträumige Verfrachtung dieser »Pflanzenschutzmittel« hin.

Auch für Glyphosat wurde eine breite Belastung der Bevölkerung aufgezeigt: 99,6 Prozent von über zweitausend Probanden der bundesweiten Studie »Urinale 2015« hatten in ihrem Urin das Pestizid.[2] Mit einem Fragebogen wurden die Hintergründe der Personen erfasst, die Urinproben einschickten. Unerwartet waren die Positivbefunde bei Menschen, die sich abseits landwirtschaftlicher Belastungen aufhielten, wie Stadtbewohner, oder Menschen, die sich überwiegend ökologisch ernährten. Glyphosat zählt zu den häufigsten langjährig angewandten Herbiziden. Dennoch wurde es seitens der Überwachungsbehörden in Deutschland über lange

Zeit weder in der Luftbelastung, in der Umwelt, noch in Lebensmitteln systematisch kontrolliert. Für die meisten Pestizide, wie auch Pendimethalin und Prosulfocarb, existieren immer noch keine systematischen Luftmessungen.

Den ersten Ergebnissen, die den Verdacht einer flächendeckenden Verfrachtung von Pestiziden erhärteten, folgten weitere Untersuchungen. Die Baumrindenproben wurden in den Jahren 2016 bis 2018 räumlich auf insgesamt siebenundvierzig Standorte in ganz Deutschland ausgedehnt, außerdem wurde zusätzlich der Nachweis von Glyphosat in die Studien aufgenommen, das eine gesonderte Analytik erfordert.

SCHADSTOFFSPEICHER BAUMRINDE

Bei den Untersuchungen wurde das seit vielen Jahren angewandte und anerkannte Verfahren des Luftgüte-Rindenmonitorings angewendet.[3] Die äußere Baumrinde gilt als besonders geeigneter Bioindikator für die Luftqualität. Baumrinde ist über viele Jahre Schadstoffen aus der Luft ausgesetzt und sammelt diese in der äußeren Rindenschicht. Die äußere Rinde oder Borke stellt aus drei Gründen einen idealen Bioakkumulator dar. Sie besteht aus physiologisch inaktivem Abschlussgewebe. Andere Pflanzen oder Pflanzenteile wie Blätter, Moose oder Flechten weisen jahreszeitliche Wachstumseffekte auf, die die Konzentrationen verfälschen. Die Rinde unterliegt keinen metabolischen Stoffwechselprozessen, in ihr geschehen also keine biochemischen Um- oder Abbauprozesse mehr. Und als dritte Eigenschaft sei genannt, dass die äußere Borke eine witterungsbedingte, hohe innere Oberfläche aufweist, ähnlich wie Aktivkohle. Damit ist die Fähigkeit verbunden, sowohl gasförmige als auch partikelgebundene Schadstoffe gut aufzunehmen und zu binden. Die Untersuchung der äußeren Baumrinde bietet deshalb die Möglichkeit, mit einer Probenahme eine rückwirkende Langzeitanalyse der Luftqualität durchzuführen. Sie lässt damit auch Rückschlüsse auf mögliche Verfrachtungen von Pestizidrückständen über den Luftweg zu. Die Verfrachtung kann dabei auf mehrere Weisen geschehen:

- durch die Verdriftung von Aerosolen, also feinen Tröpfchen, bei der Ausbringung,
- durch die Verdunstung des Pestizidwirkstoffes nach der Ausbringung,

- oder auch über Winderosion, also Staubverwehung von Bodenpartikeln, an denen Pestizidrückstände haften. Dadurch können auch nicht flüchtige Pestizide wie Glyphosat über weite Strecken mit dem Wind verfrachtet werden.

Bei der Untersuchung der Luftgüte mit Hilfe von Baumrinden erfolgt eine standardisierte Entnahme der Borke in definierter Schichtdicke von einem Millimeter. Dabei wird nicht jede Probe von einem Baum einzeln untersucht, sondern es werden raumrepräsentative Mischproben erstellt. Dazu werden Proben von verschiedenen Bäumen gemischt und als eine Probe analysiert, die bis zu mehrere hundert Meter voneinander entfernt stehen. Eine solche Sammelprobe repräsentiert ein kleines Gebiet, das beprobt wurde und für einen typischen Naturraum steht, zum Beispiel Naturschutzgebiet, ländlicher Raum oder Siedlungsraum.

Die Untersuchung von siebenundvierzig Standortproben in ganz Deutschland über die Jahre 2014 bis 2018 ist eine erste überregionale Erhebung der Luftbelastung durch Pestizide in Deutschland. Dabei umfassen die Standorte sowohl ländliche Gebiete von intensiver bis extensiver Nutzung, Bioanbauregionen und Schutzgebiete fernab landwirtschaftlicher Pestizid-Applikationen, als auch städtischen Siedlungsraum. Die Analytik der genommenen Proben erfolgte auf über fünfhundert Pestizidwirkstoffe mit Hilfe des Multiverfahrens GC-MS/MS und LC-MS/MS[I] sowie zusätzlich auf Glyphosat durch ein akkreditiertes Labor.

ERGEBNISSE DES RINDENMONITORINGS

Insgesamt wurden an den untersuchten Standorten einhundertvier Pestizidwirkstoffe über das Luftgüte-Rindenmonitoring nachgewiesen, wovon neunzehn deutlich herausragten. Drei Pestizide traten in der Spitzengruppe besonders hervor, sowohl nach Häufigkeit als auch nach der Höhe der Belastung. Das sind die in den Vorstudien bereits markant aufgetretenen Herbizide Prosulfocarb und Pendimethalin und das 2018 erstmals untersuchte Glyphosat. Überraschend lagen auch DDT und Lindan unter den

I Gaschromatographie mit Massenspektrometrie-Kopplung und Flüssigchromatographie mit Massenspektrometrie-Kopplung.

ersten sechs Wirkstoffen, obwohl sie seit vielen Jahren nicht mehr eingesetzt werden.[II]

Die Wirkstoffe Pendimethalin und Prosulfocarb wurden an bis zu siebenundachtzig Prozent der Standorte nachgewiesen. Die beiden Wirkstoffe sind dafür bekannt, dass sie sich relativ leicht verflüchtigen und damit auch nach der Anwendung noch in die Atmosphäre gelangen.

Zudem erfolgte eine Auswertung für mögliche Einflussfaktoren bei der Verbreitung von Glyphosat, das bislang als nicht flüchtig galt. In dem RAR-Report[III] der Europäischen Behörde für Lebensmittelsicherheit EFSA[4] zur Wiederzulassung von Glyphosat wurde noch 2015 eine Luftverfrachtung als nicht relevant bewertet. Die Rinden-Pilotstudie macht jedoch deutlich, dass besonders bodenerosionsgefährdete Standorte bei der Verbreitung von Glyphosat durch die Luft zu berücksichtigen sind. Eine Erklärung ist, dass sich Glyphosat an feine Bodenpartikel bindet und sich dann durch Winderosion über weite Strecken in Form von Staubdeposition verbreitet.

PESTIZIDE ÜBERALL

Eine weiträumige, flächige Verbreitung von Pestiziden ist aus ökotoxikologischer Sicht problematisch, da hierdurch die notwendigen Refugien für ein nachhaltiges Überleben empfindlicher Organismen dezimiert oder geschlossen werden und damit langfristig das Überleben von Arten gefährdet wird.[5] Diesem grundlegenden Aspekt wird in den Zulassungskriterien aktuell zu wenig Bedeutung beigemessen.

Pestizide, die eine weiträumige Verfrachtung aufweisen, wie zum Beispiel Pendimethalin, Prosulfocarb und Glyphosat, beeinträchtigen stark die Koexistenz von Bioflächen neben konventionellen Anbauflächen. Landwirte, die selbst keine Pestizide anwenden, können sich gegen eine Kontamination kaum schützen. Die Verursacher, die sich oft auch an die geltenden Regeln halten, sind aufgrund der weiten Verbreitung nicht identifizierbar. Derartige kritische »Pflanzenschutzmittel« können auch nicht im Inter-

II DDT ist in der Bundesrepublik Deutschland seit 1977 verboten, auf dem Gebiet der ehemaligen DDR seit 1991; Lindan (γ-Hexachlorcyclohexan) ist als Insektizid in der EU seit 2008 verboten.

III Renewal Assessment Report.

esse der »konventionellen« Landwirtschaft sein. Zum einen gefährdet die Verfrachtung auf angrenzende Felder eine gute nachbarschaftliche Umgangsweise, zum anderen läuft es dem Eigeninteresse möglichst gesunder, rückstandsarmer Produktion entgegen. Das Festhalten an solch problematischen Pestiziden beschädigt letztlich das Vertrauen der Verbraucherinnen und Verbraucher in die Produkte, in den Landbau allgemein und auch in die regulatorischen Behörden.

Überraschend ist, dass dreizehn der fünfzehn am häufigsten gefundenen Wirkstoffe als nicht flüchtig eingestuft sind, wenn man die Kriterien der Europäischen Behörde für Lebensmittelsicherheit zugrunde legt.[6] In einer anschließenden Pilotstudie von Peter Clausing[IV] zur toxischen Bewertung der gefundenen Wirkstoffe in der Luft, wird aufgeführt, dass die Berücksichtigung einer Exposition des Menschen über die Atemluft durch die Behörden bisher ungenügend ist.[7] Dies stellt ein Problem dar, da Pestizide je nach Form der Aufnahme, zum Beispiel über den Magen-Darm-Trakt oder die Lunge, unterschiedlich abgebaut werden können. Die verschiedenen Abbauprodukte können wiederum unterschiedlich toxisch sein.[V]

Ungenügend berücksichtigt wird ebenso eine Mehrfachbelastung des Organismus' durch verschiedene Pestizide. In der toxikologischen Bewertung von Peter Clausing wird aufgeführt, dass bei einer Bewertung der Krebsgefahr der oben genannten dreizehn Wirkstoffe nur für vier – Epoxiconazol, Ethofumesat, Flufenacet, Prothioconazol – die Krebsbewertung in den Behördenberichten ausreichend detailliert und die Einstufung als »nicht krebserregend« schlüssig begründet war.

Das Zulassungsverfahren für Pflanzenschutzmittel weist relativ hohe regulatorische Hürden auf. Dazu zählt, dass die zu erwartenden Umweltauswirkungen der Produkte abgeschätzt werden müssen. Im Nachhinein können jedoch erhebliche Unterschiede zwischen Vorhersagen und tatsächlich auftretenden Umweltauswirkungen festgestellt werden.[8] Dies zeigt sich zum Beispiel an Rückständen in Böden, Gewässern, Lebensmittelprodukten oder, wie in der hier angesprochenen Studie, an einer nicht intendierten weiträumigen Verbreitung über den Luftpfad. Notwendig ist eine Revision

IV Siehe auch den im Buch vorangestellten Beitrag des Autors.

V Siehe dazu auch die Beiträge im Buch: »Unser täglich Gift« von Johann G. Zaller, »Abgedriftet und ausgewaschen« von Christian Stamm, »Gift im Lebensmittel Nummer eins« von Kurt Seiler und »Wertlose Werte?« von Peter Clausing.

der Zulassungsverfahren, die ein Monitoring der Auswirkungen auf Menschen, Umwelt und Koexistenz beinhalten und gleichzeitig das Vorsorgeprinzip stärken müssen. Dazu gehört, dass zeitnahe Revisionen nach einer Zulassung möglich sind, wenn neue Erkenntnisse vorliegen.

Zeitgleich gilt es, die Forschung in alternative Landbaumethoden zu stärken, die ohne den Einsatz von Pestiziden auskommen. So könnten Pestizide auf ein minimales Maß reduziert werden und, wie Medikamente in der Humanmedizin, nur in außergewöhnlichen Problemfällen mit Sondergenehmigungen – auf Rezept – zum Einsatz kommen.

Verlustanzeige

Ihr Gesang ist ein langanhaltendes, sehr hohes Sirren. Bei genauerem Hinhören kann man die einzelnen Silben unterscheiden, die in großer Geschwindigkeit bis zu siebzig Mal in der Sekunde mit der Schrillleiste am linken Vorderflügel erzeugt werden. Dazu setzen sich die Männchen gerne kopfunter an höhere Pflanzen, damit ihr Gesang weiter trägt.

Die Heideschrecke (Gampsocleis glabra)

Wer die einst weit verbreitete Heideschrecke allerdings heute noch hören will, muss weit reisen und in Deutschland und Österreich auch noch in militärisches Sperrgebiet eindringen. Die grüne Langfühlerschrecke mit den großen Flügeln und dem kräftigen Hinterleib lebt, wie ihr Name schon sagt, in Heidelandschaften, in trockenen Regionen, Steppen und auf Magerrasen in hohem Gras. International gilt sie noch nicht als bedroht, da sie von den Pyrenäen bis zum Schwarzen Meer in lokalen Gebieten überlebt hat. Die Populationen sind allerdings sehr isoliert. Allein in den französischen Cevennen ist die Heideschrecke noch häufiger zu hören.

— *Überleben im Sperrgebiet*

In Deutschland, wo die großen Heuschrecken in den Heidelandschaften einst die Hauptnahrung für viele insektenjagende Vögel waren, galt die ortstypische Heideschrecke im vergangenen Jahrhundert als ausgestorben. Mit ihr verschwanden dann auch Vögel wie die Blauracke und der Wiedehopf.[I] Auch in den Gebieten, in denen sie früher immer anzutreffen waren, fanden die Entomologen keine Heideschrecken mehr, weder in der Lüneburger Heide im Norden, noch in der Königsbrunner Heide bei Augsburg oder dem Naturschutzgebiet Garchinger Heide bei München.

Inzwischen hat es die Heideschrecke auf der Roten Liste der gefährdeten Arten Deutschlands von der Kategorie 0 – »Ausgestorben oder verschollen« –, wieder in die Kategorie 1 geschafft: »Vom Aussterben bedroht«. Denn die Tiere wurden wiederentdeckt: in der Lüneburger Heide auf dem Truppenübungsplatz Munster und dann auch auf einem anderen Bundeswehrgelände in Sachsen-Anhalt. Ebenfalls im militärischen Sperrgebiet Großmittel in der trockenen Ebene südlich von Wien hat eine Population Heideschrecken überlebt.

Es gibt eben doch Leben zwischen Mündungsfeuer und Aufschlag: Überleben für Heuschrecken, wo statt der Kreiselmäher und Feldspritzen die Panzerketten und Feldhaubitzen herrschen.

I Siehe dazu auch den Beitrag von Tanja Busse: »Das Sterben der anderen« in diesem Kapitel.

DIE ALTLASTEN und DIE GRENZWERTE

Ein Gespräch mit Martin Forter

Über den Kampf um die
Pestizidgrenzwerte und
die versäumte Sanierung
der Altlasten in der Schweiz

Dr. Martin Forter

ist Geograf und Altlastenexperte. Seit dem Großbrand beim Chemiekonzern Sandoz in Schweizerhalle im November 1986 kümmert er sich im Auftrag der Öffentlichen Hand und von Umweltorganisationen um die Umweltnutzung der Basler Chemie- und Pharmakonzerne BASF (ehemals Ciba Geigy), Clariant, Novartis, Syngenta und Roche und und ihrer Vorgängerfirmen. Den Schwerpunkt der Arbeit bilden die Chemiemülldeponien der Konzerne im Dreiländereck Schweiz, Deutschland, Frankreich. Dazu entstanden zahlreiche Gutachten, Artikel und Bücher. Seit 2011 ist er außerdem Geschäftsführer der »Ärztinnen und Ärzte für Umweltschutz« AefU.

Herr Forter, Sie haben sich mit der Geschichte der synthetischen Pestizide befasst. Wann und wie sind synthetische Pestizide in der Schweizer Landwirtschaft eingeführt worden?

Zu Beginn der 1940er Jahre kam das DDT der J. R. Geigy AG auf den Markt und ungefähr gleichzeitig das HCH, also Hexachlorocyclohexan, was später zu Lindan weiterentwickelt wurde. Die Produkte wurden einfach verkauft, waren plötzlich da und wurden als ungiftig beschrieben. Eine Zulassung gab es nicht. Zwar verlangte die Gesetzgebung, dass Lebensmittel eben Lebensmittel sind und da nichts anderes drin oder drauf sein darf. Nun kamen plötzlich die Pestizide dazu. Den Kantonschemikern war bewusst, dass die Insektizide ein Problem sind. Beispielsweise weil DDT auch in die Muttermilch gelangt und die Säuglinge es beim Stillen aufnehmen.

Es gab also zu der Zeit schon Kantonschemiker, die Lebensmittel auf Rückstände untersucht haben?

Ja, wobei das Untersuchungen ohne moderne Analysemethoden waren. Die gab es nicht. Es ging einfach darum, die Rückstände festzustellen. Und die Frage war: Wie hoch darf die Konzentration sein? Da gab es dann eine Interkantonale Kommission, die keinerlei Rechtsgrundlage hatte, aber dennoch festlegte, wie man damit umgeht. Ein Gesetz dazu gab es erst zu Beginn der 1970er Jahre. Zum gleichen Zeitpunkt, als DDT in der Landwirtschaft verboten wurde.

Wie kam es denn dazu, dass die ersten Pestizide überhaupt in Verruf gerieten?

In Verruf geraten sind die Pestizide zunächst nicht wegen ihrer Giftigkeit, sondern wegen des Gestanks. HCH wurde auch in der Schweiz anfänglich als Isomerengemisch auf den Markt gebracht, also als ein Chemikalienmix aus mehreren ähnlichen Verbindungen. Dieses Zeug stank sehr unangenehm. Wer das einmal gerochen hat, vergisst diesen Geruch nicht mehr. In den Protokollen der Kantonschemiker steht, dass die Hausfrauen auf dem Markt in Lausanne zuerst ihre Nase in den Kopfsalat steckten, um zu riechen, ob er mit HCH gespritzt war. Ganze Güterwaggons voller stinkender Kartoffeln mussten vernichtet werden.

Die Industrie reagierte, hat aus dem HCH-Cocktail das geruchlose γ-Hexachlorocyclohexan isoliert und als Lindan auf den Markt gebracht. Die Folge war, dass es auf den Fabrikgeländen bei den meisten Herstellern große, weiße schneehaufenähnliche Abfallhalden mit den restlichen HCH-Isomeren gab. Das führte auch in der Region Basel zu schweren Kontaminationen. Hier stammte der HCH-Staub von der Fabrik Ugine-Kuhlmann in Huningue und wurde über den Rhein nach Osten verfrachtet, auch nach Riehen. Die Kuhmilch war stark verschmutzt. Deshalb gibt es in Weil am Rhein im benachbarten Deutschland bis heute keine Kühe mehr. Sie wurden damals alle notgeschlachtet. Es stellte sich dann auch heraus, dass auch die Muttermilch sehr schwer belastet war. Bis heute sind die HCH-Verbindungen in der Muttermilch nachweisbar. Das geht über Generationen. Auch die nachfolgenden chlorierten Insektizide wie Chlordan, die meist fettlöslich sind, findet man teils bis heute in der Muttermilch, obwohl diese Stoffe seit Jahrzehnten verboten sind.

Und was weiß man über die Wirkungen dieser Stoffe, wenn sie über die Muttermilch weitergegeben werden?

Es ist wenig bekannt, wie sie beim Säugling konkret wirken, aber grundsätzlich, wie sie sich verhalten. Abbauprodukte von DDT und teils auch HCH wirken wie Hormone. Lindan löst Krebs aus. Auch andere Stoffe haben diese Eigenschaft. In der Muttermilch kommen ja nicht nur die chlorierten Insektizide, sondern auch Industriechemikalien wie Dioxine oder polychlorierte Biphenyle vor. Über die Wirkung der Mischungen dieser Stoffe weiß man aber eigentlich nichts. Stillen ist ja grundsätzlich etwas Gutes. Aber natürlich nur, wenn kein Gift in der Milch ist. Also muss das Ziel sein, diese Substanzen von der Muttermilch fernzuhalten, gerade weil die Wirkung der Schadstoffmischungen weitgehend unbekannt ist. Schließlich trifft diese Mischung auf einen hochsensiblen Organismus - den des Säuglings. Darum ist Vorsorge angesagt. Was an Gift in der Muttermilch auftaucht, gehört verboten. Die Zulassungsbehörden haben bei diesen ganzen Chemikaliengruppen schlicht versagt.

Ihrer Ansicht nach hat der Staat nicht nur bei den Zulassungen versagt, sondern auch im Umgang mit sogenannten Altlasten, zum Beispiel nach dem Chemieunfall bei Sandoz in Schweizerhalle 1986, bei dem große Mengen hochgiftiger Substanzen durch Löschwasser in den Rhein gelangt sind, aber auch in den Boden. Was ist da falsch gelaufen?

Nach dem Brand in Schweizerhalle wurden Sanierungsziele festgelegt. Die haben sich an der damaligen Gewässerschutzverordnung orientiert, wo der Grenzwert für Pestizide im Trinkwasser, im Grundwasser und in Gewässern 0,1 Mikrogramm pro Liter Wasser betrug für das einzelne Pestizid und in der Summe 0,5 Mikrogramm. Die Idee dahinter war auch in der Schweiz: keine Pestizide im Trinkwasser. Der Trinkwasser-Grenzwert sollte also als Maßstab dafür gelten, wie viel Pestizide vom Brandplatz ausgeschwemmt werden dürfen. Diese Grenzwerte hat der Kanton Basel-Land in seine Sanierungsziele übernommen, und genau diese Ziele wurden nicht eingehalten. Auch die Giftfracht, die jährlich aus diesem Brandplatz ins Grundwasser austritt, wurde festgelegt, und auch diese haben Sandoz beziehungsweise später Novartis beziehungsweise Syngenta/Chem China nicht eingehalten. Der Kanton bestreitet heute, dass dieses 0,1-Mikrogramm-Ziel auf dem Fabrikgelände je gegolten habe. Es gibt aber Papiere der Industrie, die es ausdrücklich festhalten. Auch die Giftfracht, die jährlich aus diesem Brandplatz ins Grundwasser austritt, wurde festgelegt und auch diese haben

Sandoz beziehungsweise später Novartis beziehungsweise Syngenta/Chem China nicht eingehalten.

Die Industrie hatte zuerst gefordert, in den dem Brandplatz benachbarten Trinkwasserbrunnen der Hardwasser AG und der Gemeinde Muttenz mehr Insektizide vom Brandplatz zuzulassen. Der Wert 0.1 Mikrogramm Pestizid pro Liter sei willkürlich und entspreche nicht der Toxikologie dieser Substanzen. Sie wollten deshalb im Trinkwasser viel mehr zulassen. Das hat der Kanton Basel-Land damals abgelehnt. Die Industrie hat dann die ganze Zeit gegen diesen Grenzwert agitiert. 2013 hat der Bund im Bereich Altlasten diese 0,1 Mikrogramm tatsächlich abgeschafft. Im Grundwasser haben diese Grenzwerte somit keine Gültigkeit mehr. Es gilt jetzt eine neue Richtlinie, die unter anderem von Christoph Munz verfasst wurde.

Christoph Munz war Mitbegründer der BMG Engineering AG; das »M« steht für Munz. BMG war aus einem Management-Buyout entstanden, als Ciba-Geigy und Sandoz zur Novartis AG fusionierten. BMG war ursprünglich die Sandoz-Tochter MBT Umwelttechnik. Sandoz hatte diese extra gegründet, um die Sanierung des Brandplatzes Schweizerhalle durchzuführen. Weil die Aufräumarbeiten aber nur ungenügend durchgeführt wurden, sind die meisten Sanierungsziele nie erreicht worden. Christoph Munz von BMG war an dieser missglückten Sanierung beteiligt. Er war es dann, der 2013 als Koautor im Auftrag des Bundesamts für Umwelt eine neue Anleitung verfasste. Quasi nebenbei wurde damit die verfehlte Schweizerhalle-Sanierung legalisiert. Diese Anleitung verunmöglichte auch andere Sanierungen, die man mit dem ursprüngliche Grenzwert hätte durchführen müssen.

Nun ist das ja in der Öffentlichkeit bekannt.
Wie reagieren die Umweltbehörden denn heute darauf?

Das Bundesamt für Umwelt, BAFU, hat vor kurzem einen Bericht zur Grundwassersituation in der Schweiz veröffentlicht. Es geht darin unter anderem um Pestizide aus der Landwirtschaft und um die Grundwasserverschmutzung durch Pestizide aus Deponien. Das BAFU, also die gleiche Behörde, die 2013 diese neue Anleitung mitformuliert hat, schreibt heute, das Problem mit den Deponien sei groß und ungelöst. Die Umweltbehörden bekämpfen heute die Verschmutzung meist nicht mehr, sondern sie verwalten sie. Es sind über weite Strecken die Umweltorganisationen, die die Arbeit machen, die eigentlich zu den Aufgaben der Umweltbehörden gehören würde.

Was sagen diese Umweltorganisationen? Was müsste da geschehen?

Die Altlastenverordnung wurde vor fünfundzwanzig Jahren eingeführt. Seitdem ist sie immer wieder abgeschwächt worden, teils nicht direkt in der Verordnung, sondern eben beispielsweise via Anleitungen, wo dann zum Beispiel der Grenzwert von 0,1 Mikrogramm Pestizid pro Liter Wasser gekappt wurde. Dieser Grenzwert wurde in den 1980er-Jahren eingeführt, weil der politische Konsens war: Keine Pestizide im Trinkwasser. Das Ziel war ein umfassender Gewässerschutz, um das Trinkwasser zu schützen. Das ist eine Schwächung des Gesundheits- und des Umweltschutzes, was da schrittweise geschehen ist. Von daher soll zumindest dieser Grenzwert von 0,1 Mikrogramm Pestizid pro Liter Wasser auch bei Deponien wieder eingeführt werden. Das würde helfen, damit das Problem mit den Deponien, das nach eigenen Aussagen der Schweizer Umweltbehörden ja groß und ungelöst ist, verstärkt angepackt werden kann. Durch die Abschwächung der Altlastenverordnungen haben die Behörden den verursachenden Unternehmen teils einen kostengünstigen Exit ermöglicht. Das war gut für die Unternehmen, aber schlecht für das Gemeinwohl. Hier liegt eine der Ursachen, dass die Probleme bisher nicht gelöst wurden. Übrigens: Das würde die verursachenden Unternehmen finanziell meist nicht überfordern. Aber die Entwicklung geht leider in die entgegengesetzte Richtung. 2018 hat das Bundesamt für Umwelt eine neue Gewässerschutzverordnung zur Diskussion gestellt. Da sollte plötzlich nicht mehr nur im Grundwasser, sondern auch in den Oberflächengewässern der Grenzwert von 0,1 Mikrogramm Pestizid pro Liter Wasser nicht mehr gelten, mit dem Resultat, dass die Grenzwerte zum Teil massiv gestiegen wären. Das hat dann heftigen Widerstand hervorgerufen und wurde fallengelassen. Jetzt werden die Flüsse in solche, die für Trinkwasser genutzt werden, und in jene ohne eine solche Nutzung eingeteilt. Bei den einen soll der Grenzwert meist noch gelten, bei den anderen teils nicht mehr. Einmal mehr sollen also den Verursachern der Gewässerverschmutzung Zugeständnisse gemacht werden, ohne im Detail zu wissen, was das für Folgen für die Gesundheit der Menschen und des Ökosystems haben kann. Das ist der falsche Weg.

In Deutschland haben einige Wasserversorger damit begonnen, ihre Wassereinzugsgebiete zu kaufen und dann nur noch biologisch bewirtschaften zu lassen. Gibt es solche Tendenzen auch in der Schweiz?

Nicht dass ich wüsste. In der Schweiz haben wir das Problem, dass nicht einmal die Wasserschutzgebiete wirklich gut kontrolliert werden. Sie liegen zum Teil mitten in Wohngebieten und in Landwirtschaftsgebieten. Das Problem manifestiert sich gerade akut mit dem vermutlich Krebs auslösenden Chlorthalonil beziehungsweise seinen Abbauprodukten. Dieses Fungizid, das unter anderen Syngenta/Chem China verkauft hat, war seit den 1970er Jahren zugelassen. Insbesondere im Schweizer Mittelland ist in zahlreichen Trinkwasserbrunnen der Grenzwert von 0,1 Mikrogramm pro Liter überschritten. Seit Januar 2020 ist Chlorthalonil verboten. Im Trinkwasser wird es aber vermutlich noch lange Zeit nachweisbar sein.

Zudem: Selbst im Wald werden ja Pestizide in großen Mengen ausgebracht, vor allem Insektizide zum Schutz des geschlagenen Fichtenholzes, das im Wald gelagert wird. Würde das Holz außerhalb des Waldes gelagert, wäre der Einsatz der hochgiftigen Insektizide unnötig. Zudem wurden diese Insektizide im Wald blind zugelassen: Welche Auswirkungen diese Stoffe auf das Ökosystem Wald haben, wurde nie geklärt. Darum wollen wir ein Verbot der Spritzerei im Wald.

Das Gespräch führte Christopher Schümann.

BLINDE TESTMETHODEN

von André Leu

Die Sicherheit von Pestiziden kann durch die aktuellen Testmethoden nicht gewährleistet werden

Die geltenden »Best Practice« Testrichtlinien für Pestizide sind in den meisten Fällen ungeeignet, die Krankheiten zu identifizieren, die die Pestizide verursachen. Das liegt an der Art, wie untersucht wird. Die Methode hat gravierende Mängel. Bevor wir uns diese anschauen aber erst einmal ein Überblick über die Methode selbst:

Die Leitlinien der OECD, der Organisation für wirtschaftliche Zusammenarbeit und Entwicklung, für die Prüfung von Chemikalien gelten als bewährte Prüfverfahren zur Untersuchung von Tieren auf Krankheiten, die durch Chemikalien wie Pestizide verursacht werden, und ähneln den meisten üblichen Verfahren. Die Richtlinie 451 der OECD wird für die Prüfung von Chemikalien, wie Pestiziden, auf ihre Karzinogenität verwendet, die krebserregende Wirkung. Bei den Tierversuchen werden Dosisgruppen und eine Kontrollgruppe von mindestens fünfzig Tieren jedes Geschlechts gebildet. Das bedeutet Gruppen von jeweils einhundert Versuchstieren. Die OECD-Leitlinien sehen auch vor, dass mindestens drei verschiedene Dosierungsniveaus getestet und immer gleich große Kontrollgruppen verwendet werden.[1]

Es muss also eine Gruppe von hundert Tieren geben, in der Regel Ratten, die die Kontrollgruppe sind, die nicht mit der Chemikalie behandelt werden. Es wird drei weitere Gruppen mit jeweils hundert Ratten geben, von denen eine niedrige, die zweite eine mittlere und die dritte eine hohe Dosis der Chemikalie erhält. Die Anzahl der bei den Ratten auftretenden Krebsarten, in jeder der mit unterschiedlichen Dosen behandelten Gruppen, wird mit der Anzahl der Krebsarten in der unbehandelten Kontrollgruppe verglichen. Wenn die Anzahl der Krebserkrankungen zwischen den behandelten Gruppen und der unbehandelten Kontrollgruppe gleich ist, dann wird davon ausgegangen, dass die Krebserkrankungen nicht durch die Chemikalie verursacht wurden.

Dieses Ergebnis wird dann verwendet, um zu behaupten, eine Chemikalie, ein Pestizid, sei nicht krebserregend. Was aber durchaus falsch sein kann. Tritt nämlich in einer der chemisch behandelten Dosisgruppen ein Tier mehr mit einer Krebserkrankung auf als in der Kontrollgruppe, bedeutet dies ein Prozent mehr Krebs. Das ist bei den vorgeschriebenen Versuchstierzahlen die niedrigste theoretische Erkennungsrate. Was heißt, dass Krebs nur dann erkannt würde, wenn das Pestizid bei mehr als tausend von einhunderttausend Menschen Krebs verursacht. Diese Versuchsanordnung würde also niedrigere tatsächliche Krebsraten nicht erkennen.

KREBS...

Die Krankheitsraten werden nach der Anzahl der Menschen mit der Krankheit pro hunderttausend Individuen kategorisiert. Nach Angaben des Center for Disease Control and Prevention, CDC, liegen in den USA die Raten für häufige Krebsarten wie Lungenkrebs bei 57,5 Personen pro hunderttausend, bei Darm- und Rektumkarzinom sind es achtunddreißig, bei Non-Hodgkin-Lymphom 18,4, bei Leukämie 13,2, bei Bauchspeicheldrüsenkrebs 12,8 und bei Leber- und intrahepatische Gallengangkrebsarten 8,3 – jeweils pro hunderttausend Menschen.[2] Alle häufigen Krebsarten liegen also unter den tausend Fällen, die die Untersuchungsmethode als Erkennungsschwelle hat.

Bei geschlechtsspezifischen Krebsarten wie Brust-, Eierstock-, Gebärmutterhals-, Endometrium-, Prostata- und Hodenkrebs ist die niedrigste theoretische Nachweisgrenze der Testmethode sogar nur ein Tier von fünfzig, da es fünfzig Tiere pro Geschlecht in einer Gruppe gibt. Das bedeutet, dass diese Krebsarten nur dann erkannt werden können, wenn sie mehr als zweitausend Krebserkrankungen pro hunderttausend Individuen verursachen.

Folglich würde eine so angelegte Studie trotz fehlender Hinweise auf Krebs in den dosierten Gruppen eine Chemikalie nicht erkennen, die eine oder mehrere der häufigsten Krebsarten verursacht. Nach Angaben der CDC betrugen die Fälle von Brustkrebs im Jahr 2015 124,8, bei Eierstockkrebs elf, bei Gebärmutterhalskrebs 7,6 pro hunderttausend Frauen und bei Prostatakrebs 99,1, bei Hodenkrebs 5,6 pro hunderttausend Männer.

Es gibt keine statistisch valide Methode, um bei einer behandelten Dosisgruppe von nur hundert Versuchstieren, die keine Anzeichen von Krebs zeigen, mit Sicherheit zu bestimmen, ob die betreffende Chemikalie nicht doch Krebs mit einer Wahrscheinlichkeit unter einem Prozent verursachen kann. Das heißt: alle gegenwärtig bei Menschen vorkommenden Krebsarten werden mit der gängigen Testmethode nicht erkannt! [3]

...UND ANDERE KRANKHEITEN

Die OECD-Richtlinie 408 wird für toxikologische Tests auf Krankheiten verwendet. Sie schreibt vor, dass mindestens zwanzig Tiere – zehn weibliche und zehn männliche – in jeder Dosierungsstufe verwendet werden. Wie die

OECD-Krebsleitlinie 451 besagt auch die Richtlinie 408: Es sollten mindestens drei Dosierungsniveaus und gleichzeitig eine Kontrollgruppe verwendet werden. Das bedeutet, dass die Krankheit erst ab einem Auftreten von mindestens fünftausend Fällen pro hunderttausend Personen nachgewiesen werden kann. Für eine Wahrscheinlichkeit von unter fünf Prozent ist die Methode blind. Bei geschlechtsspezifischen Krankheiten wie Endometriose und Rückgang der Fruchtbarkeit wird der Grad der Krankheitserkennung auf über zehn Prozent erhöht. Das bedeutet, selbst wenn in der mit der höchsten Dosis behandelten Gruppe kein Hinweis auf eine Krankheit gefunden wurde, könnte man leicht eine Chemikalie zulassen, die eine Epidemie verursacht.

Die OECD-Leitlinien sind auch ungeeignet, auf die meisten Krankheiten zu testen, die unsere Gesellschaften befallen. Als Beispiel nennt die CDC die folgenden Zahlen für einige der wichtigsten Krankheiten in den USA: eine Lebererkrankung haben 1,6 Prozent der Menschen, Nierenerkrankungen haben zwei Prozent und Schlaganfall betrifft drei Prozent. Diese Krankheiten bleiben mit den aktuellen »Best Practice« Leitlinien unerkannt. Der einzige Weg, niedrigere chemikalienbedingte Krankheitsvorkommen statistisch zu erfassen, wäre, größere Mengen an Versuchstieren vorzuschreiben.[4]

KINDER INTERESSIEREN NICHT

Junge Menschen fallen bei den Tests gänzlich durchs Raster. Es gibt keine vorgeschriebenen Tests, die auch nur fragen, ob Pestizide Krankheiten bei Kindern verursachen. In den OECD-Leitlinien heißt es: »Junge, gesunde, erwachsene Tiere von häufig verwendeten Laborstämmen sollten eingesetzt werden.« Föten, Neugeborene und Jungtiere in der Pubertät werden nicht getestet.[5] Dies bedeutet, dass es keine Daten über die Sicherheit von Pestiziden und anderen Chemikalien für Kinder geben wird.

Das Stadium des Fötus', das Kleinkindalter und die Pubertät sind drei sehr kritische Phasen in der Entwicklung des Menschen, die nach den Richtlinien für Krankheiten und Krebs völlig ignoriert werden. Es gibt keine veröffentlichten wissenschaftlichen, evidenzbasierten Tests, die zeigen würden, dass alle aktuell zugelassenen Chemikalien und Pestizide für unsere Kinder sicher sind, da es keine Verpflichtung gibt, speziell auf sie zu testen.

Es gibt aber alarmierende Entwicklungen, die womöglich auf Pestizideinsatz zurückzuführen sind. In den entwickelten Ländern zum Beispiel die Autismus-Epidemie: Laut CDC lagen die Raten des Autismus im Jahr 2014 bei 1.680 Kindern pro hunderttausend oder 1,7 Prozent. Im Jahr 2000 waren es dagegen nur 0,67 Prozent. Das ist ein alarmierender Anstieg um zweihundertfünfzig Prozent in nur vierzehn Jahren.[6] Ein dramatischer Anstieg einer solchen Krankheit sollte auf ökologische, lebensstilbedingte Faktoren zurückgeführt werden und nicht auf genetische Faktoren. Die aktuellen Testrichtlinien der OECD werden nicht erkennen, ob Pestizide diese massive Epidemie bei unseren Kindern verursachen. Andererseits gibt es eine große Anzahl von wissenschaftlichen Untersuchungen, die zeigen, dass die Pestizidexposition schon bei ungeborenen und heranwachsenden Kindern mit folgenden Krankheiten verbunden ist:

- Störungsbilder des autistischen Spektrums
- Niedrigere Intelligenzquotienten (IQ)
- Aufmerksamkeitsdefizit-Hyperaktivitäts-Störungen
- Krebserkrankungen
- Schilddrüsenerkrankungen
- Hormonelle Störungen
- Probleme mit dem Immunsystem
- Mangelnde körperliche Koordination
- Verlust der Fähigkeit zur Temperaments- und Aggressionsbeherrschung
- Bipolare Störungen / Schizophrenie-Erkrankungen
- Depressionen
- Probleme mit dem Verdauungssystem
- Herz-Kreislauf-Erkrankungen
- Fruchtbarkeits- und Reproduktionsprobleme als Erwachsene
- Deformitäten der Genitalien und Harnwege
- Veränderungen im Stoffwechselsystem, einschließlich Fettleibigkeit im Kindesalter und Diabetes [7]

GEFÄHRDUNG VON FÖTEN UND NEUGEBORENEN

Viele Forscherinnen und Forscher haben ihre Besorgnis darüber geäußert, dass die derzeitigen Pestizid-Testmethoden für Kinder völlig unzureichend sind. Der Bericht des USPCP, des US President‘s Cancer Panel, der von renommierten Wissenschaftlerinnen und Wissenschaftlern des US-Gesundheitsministeriums, des Nationalen Gesundheits-Instituts und des Nationalen Krebs-Instituts verfasst wurde, sagt: Die Kinder »sind aufgrund ihrer geringeren Körpermasse und der schnellen körperlichen Entwicklung besonders gefährdet, was ihre Verletzlichkeit und Anfälligkeit für bekannte oder vermutete krebserzeugenden Gefahrstoffe, einschließlich Strahlung, erhöht.«

Dies ist ein kritisches Thema, da es einen großen Teil wissenschaftlicher Veröffentlichungen gibt, die zeigen, dass der Fötus und das Neugeborene ständig zahlreichen Chemikalien ausgesetzt sind. Das USPCP erklärte:

> *»Einige dieser Chemikalien befinden sich im mütterlichen Blut, im Plazenta-Gewebe und in Brustmilchproben von Schwangeren und Müttern, die kürzlich Kinder geboren haben. Diese Ergebnisse deuten darauf hin, dass chemische Schadstoffe sowohl pränatal als auch während des Stillens an die nächste Generation weitergegeben werden. (...)*
> *Zahlreiche Umweltkontaminanten können die Plazentaschranke passieren; in einem beunruhigenden Ausmaß werden Babys bereits kontaminiert bzw. vorverschmutzt geboren. (...) Kinder können auch durch genetische oder andere Schäden infolge von Umweltbelastungen der Mutter (und in einigen Fällen des Vaters) geschädigt werden. Es besteht ein kritischer Mangel an Wissen und Verständnis für Umweltgefahren für die Gesundheit von Kindern, und ein gravierender Mangel an Forscherinnen und Forschern und Medizinerinnen und Medizinern, die in der Erkennung von und dem Schutz der Kinder vor umweltbedingten Gesundheitsrisiken ausgebildet wurden.«*[8]

Eine Reihe von Studien zeigen den Zusammenhang zwischen der chemischen Belastung, insbesondere durch Pestizide, und der Zunahme von Krebs bei Kindern. Der USPCP-Bericht sagt schlicht: »Die Krebserkrankungen bei Kindern unter zwanzig Jahren in den USA haben zugenommen.«

Die Informationen des USPCP zeigen, dass es den derzeitigen Regulierungssystemen nicht gelungen ist, ungeborene und heranwachsende Kinder vor der Exposition gegenüber einem massiven Cocktail aus giftigen Pestiziden zu schützen. Dies hat viele schwerwiegende Auswirkungen, insbesondere die Zunahme einer Reihe von schweren Gesundheitsproblemen bei Kindern und Erwachsenen im späteren Leben.

ENTWICKLUNGSNEUROTOXIZITÄT

Viele Pestizide beeinflussen die normale Entwicklung des Nervensystems bei Föten und Kindern. Im Gehirn ist die größte Ansammlung von Nervenzellen. Und mehrere Studien zeigen, dass winzige Mengen dieser Pestizide, die unterhalb der von den Regulierungsbehörden festgelegten Grenzwerte liegen, bereits die Gehirnfunktion von Föten und Neugeborenen signifikant verändern können.[9]

Forscher des Duke University Medical Center stellten fest, dass der Fötus und das Neugeborene niedrigere Konzentrationen der schützenden Serumproteine besitzen als Erwachsene.[10] Eine wesentliche Folge ist die Entwicklungsneurotoxizität, bei der das Gift das sich entwickelnde Nervensystem schädigt. Diese Schäden stören die normale Entwicklung des Gehirns und anderer Teile des Nervensystems, wie Hörnerven, Sehnerven, und des autonomen Nervensystems, was zu einem niedrigeren IQ, einer Aufmerksamkeitsdefizit-Hyperaktivitäts-Störung, bekannt als ADHS, zu Störungen des Autismus-Spektrums, mangelnder körperlicher Koordination, Verlust der Fähigkeit zur Temperaments- und Aggressionsbeherrschung, bipolaren Störungen wie Schizophrenie, zu Depressionen, sowie zu Problemen mit dem Seh- und Hörvermögen führt.

Dies bedeutet, dass der Kontakt mit Chemikalien, die weit unter den derzeit zulässigen Rückständen in der Nahrung liegen, den Fötus und die gestillten Kinder schädigen können, auch wenn die Mutter keine Wirkungen der Chemikalien spürt. Das Essen von Lebensmitteln mit Pestizidrückständen kann kleinen Kindern generell schaden, da sie noch immer ihr Nervensystem entwickeln.

HIRNANOMALIEN UND IQ-REDUKTION

Studien, die unabhängig voneinander im Columbia University Center for Children‘s Environmental Health, der University of California und der Mount Sinai School of Medicine durchgeführt wurden, stellten fest, dass die Exposition des Fötus‘ gegenüber kleinen Mengen von Organophosphat-Pestiziden[I] eine Reihe von Hirnanomalien verursacht hat, die bei Kindern den

I Organophosphate sind organische Verbindungen, an denen ein Phosphoratom direkt an einem Kohlenstoffatom sitzt.

IQ reduzierten, die Aufmerksamkeitsspanne verringerten und die sie anfälliger für ADHS machten.[11]

Die Studie von Virginia Rauh und Kolleginnen, veröffentlicht in der Zeitschrift *Proceedings* der US National Academy of Sciences, bestätigt die Ergebnisse früherer Untersuchungen. Die Forscherinnen verwendeten MRT-Scans, die eine große Bandbreite an sichtbaren Hirnanomalien bei Kindern aufzeigten, die Chlorpyrifos[II] im Mutterleib ausgesetzt waren.[12]

Einige der beunruhigendsten Studien zeigen, dass Pestizidschäden an die nächste Generation weitergegeben werden können. Nicht nur, dass die direkten Nachkommen mit Schäden am Nervensystem, am Fortpflanzungssystem und an anderen Organen geboren werden, sogar die Urenkel können betroffen sein.[13] Eine Studie aus dem Jahr 2012 fand bei schwangeren Ratten und Mäusen, die dem Fungizid Vinclozolin[III] ausgesetzt waren, während ihr Fötus Fortpflanzungsorgane entwickelte, spermatogene Zelldefekte, Hodenanomalien, Prostatabeschwerden, Nierenanomalien und polyzystische Eierstockerkrankungen, die auch in nachfolgenden Generationen signifikant erhöht waren.[14] Eine weitere Studie zeigte, dass bei schwangeren Ratten, die einer Kombination aus Permethrin,[IV] einem häufigen Insektizid, und DEET,[V] dem am häufigsten verwendeten Insektenschutzmittel, in den nachfolgenden Generationen pubertäre Anomalien, Hoden- und Eierstockerkrankungen erhöht vorkamen.[15]

Das entscheidende Problem bei diesen beiden Studien ist, dass kleine Expositionen gegenüber Pestiziden in kritischen Zeiten der Fötus-Entwicklung mehrere Krankheiten verursachen können, die an zukünftige Generationen weitergegeben werden. Das bedeutet, dass schwangere Frauen, die Lebensmittel mit winzigen Pestizidrückstandsmengen aufnehmen, bei ihren Kindern, Enkelkindern und Urenkeln dauerhafte Schäden an deren Fortpflanzungssystem und anderen Organen auslösen können.

II Chemisch ist Chlorpyrifos (CPF) ein Thiophosphorsäureester. Auf den Markt gebracht von Dow Chemical Mitte der 1960er Jahre.

III Vinclozolin, eine hormonaktive Substanz, ist heute in der EU und der Schweiz nicht mehr zugelassen. Mit dem Wirkstoff belastete Lebensmittel werden aber weiter importiert.

IV Ein Insektizid aus der Gruppe der Pyrethroide.

V Diethyltoluamid, ein Insektenabwehrmittel, vermarktet unter Handelsnamen wie *Care Plus Anti-Insect.*

HORMONELLE STÖRUNGEN

Kinder sind anfälliger für die Auswirkungen von Umwelthormonen als Erwachsene, weil sich ihr Gewebe und ihre Organe noch in der Entwicklung befinden und weil sie deshalb auf ausgewogene Hormonsignale angewiesen sind, um sicherzustellen, dass sie sich in der richtigen Reihenfolge entwickeln. Kleine Störungen dieser Hormonsignale durch endokrin[VI] auf das Hormonsystem wirkende Chemikalien können die Entwicklung dieser Körperteile und Stoffwechselsysteme erheblich verändern. Diese veränderten Effekte überdauern das Leben einzelner Individuen.[16]

Eine Metastudie der UN-Weltgesundheitsorganisation WHO und des Umweltprogramms der Vereinten Nationen UNEP, die im Laufe des Jahres 2012 von über sechzig international anerkannten Experten verfasst wurde, um die aktuelle wissenschaftlichen Erkenntnisse über endokrin wirkende Chemikalien, abgekürzt EDC, einschließlich Pestizide zusammenzustellen, stellt fest:

»Wir wissen jetzt, dass es besonders anfällige Zeiten während des Lebens als Fötus und kurz nach der Geburt gibt, in denen EDC allein oder in Mischungen starke und oft irreversible Auswirkungen auf die sich entwickelnden Organe haben, während eine spätere Exposition bei Erwachsenen weniger oder keine Auswirkungen hat. Infolgedessen steigt die Wahrscheinlichkeit, dass die Exposition von Müttern, Föten und Kindern gegenüber chemischen Schadstoffen eine größere Rolle bei der Entstehung vieler endokriner Krankheiten und Störungen der Schilddrüse, des Immunsystems, des Verdauungssystems, des Herz-Kreislauf-Systems, des Fortpflanzungs- und Stoffwechselsystems (einschließlich Fettleibigkeit im Kindesalter und Diabetes) spielt, als bisher für möglich gehalten.«[17]

Der Fötus ist am anfälligsten in den Zeiten, in denen Gene eingeschaltet werden, um bestimmte Organe zu entwickeln. Kleine Mengen von Hormonen geben den Genen die Signale, verschiedene Körperteile und Systeme, wie den Fortpflanzungstrakt, das Nervensystem, das Gehirn, das Immunsystem, Hormonsysteme oder Gliedmaßen zu entwickeln. Kleine Störun-

VI Endokrin bedeutet »nach innen abgebend«.

gen in diesen Hormonsignalen können die Entwicklung dieser Körperteile und Systeme erheblich modifizieren, und diese Veränderungen wirken ein Leben lang.

»Dies schmälert nicht die Bedeutung der EDC bei Erwachsenen, sondern kontrastiert zu ihren Auswirkungen auf Föten und Neugeborene, wo ein Hormon dauerhafte Auswirkungen auf die Auslösung früher Entwicklungsereignisse wie Zellproliferation oder -differenzierung haben kann. Hormone, die während der Embryonalentwicklung wirken, können dazu führen, dass sich einige Strukturen entwickeln (zum Beispiel männlicher Fortpflanzungstrakt) oder andere abnehmen (zum Beispiel einige geschlechtsbezogene Gehirnregionen). Sobald die Hormonwirkung in kritischen Entwicklungszeiten stattgefunden hat, werden die bewirkten Veränderungen ein Leben lang anhalten.«[18]

Die Einwirkungen der Chemikalien auf die Entwicklung des endokrinen und physiologischen Systems bei Föten gelten als programmierende Ereignisse. Sie legen fest, wie diese Systeme bei Erwachsenen funktionieren sollen. Die WHO- und UNEP-Studie ergab, dass in einigen Ländern bis zu vierzig Prozent der jungen Männer Spermien mit geringer Qualität produzieren, und dass die genitalen Missbildungen bei Säuglingen, wie Penisfehlbildungen und nicht absteigende Hoden, zunehmen, also Hodensäcke, die in der Bauchhöhle verbleiben. Es gibt außerdem eine Zunahme der negativen Schwangerschaftsereignisse wie Frühgeburt und niedriges Geburtsgewicht. Auch nehmen die neurologischen Verhaltensstörungen bei Kindern zu, die mit einer Schilddrüsen-Funktionsstörung zusammenhängen. Bei Mädchen setzt die Brustentwicklung dann früher ein, was als Risikofaktor für Brustkrebs gilt. Brust-, Gebärmutter-, Eierstock-, Prostata-, Hoden- und Schilddrüsenkrebs nehmen zu. Dies sind endokrine, systembezogene Krebsarten.[19]

SCHUTZ UNSERER KINDER

Die Mehrheit der Menschen nimmt Pestizide und deren Abbaustoffe durch Lebensmittel auf. Die meisten Menschen tragen in ihrem Körper eine Last aus giftigen Chemikaliencocktails, ohne wissenschaftlichen Nachweise, dass die Pestizide sicher wären. Es gibt im Gegenteil zahlreiche Hinweise darauf, dass diese Chemikalien uns und unseren Kindern schaden.

Derzeit besteht die einzige Möglichkeit, synthetische Pestizide zu vermeiden oder die Exposition zu verringern, darin, Lebensmittel aus biologischem Anbau zu essen. Die meisten Kinder erhalten ihre Pestizidbelastung entweder direkt durch den Verzehr von Lebensmitteln mit Pestizidrückständen oder durch die Plazenta und die Muttermilch aufgrund der Pestizide in der Nahrung ihrer Mütter. Mehrere wissenschaftliche Studien zeigen, dass der Verzehr von Bio-Lebensmitteln der beste Weg ist, Kinder zu schützen, da die stärkste Pestizidbelastung durch das Essen von Lebensmitteln aus konventionellem Anbau entsteht.[20]

Eine in der Zeitschrift Environmental Health Perspectives veröffentlichte Studie ergab, dass Kinder, die biologisches Obst, Gemüse und Säfte verzehren, den Gehalt an organophosphathaltigen Pestiziden in ihrem Körper deutlich senken können. Die Forscher der University of Washington, die die Studie durchführten, kamen zu dem Schluss:

»Die Dosisschätzungen deuten darauf hin, dass der Verzehr von Bio-Obst, -Gemüse und -Saft die Expositionswerte von Kindern unter die Grenzwerte der aktuellen Richtlinien der US-Umweltbehörde EPA absenken kann, wodurch die Pestizid-Exposition von ungewissen Risiken zu einem vernachlässigbaren Risiko reduziert wird. Der Konsum von Bioprodukten scheint für Eltern eine relativ einfache Möglichkeit zu sein, die Belastung ihrer Kinder mit Organophosphat-Pestiziden zu reduzieren.«[21]

Tatsache ist, dass die aktuellen Testprotokolle für die Zulassung von Pestiziden uns nur sagen können, ob ein Pestizid eine Krankheit verursacht, wenn eine sehr hohe Schwelle der Wahrscheinlichkeit überschritten ist. Sie können uns aber nicht sagen, ob ein Pestizid sicher ist. Es ist nicht dasselbe, wenn in einer Studie kein Beweis dafür gefunden wird, dass ein Pestizid Krebs, Autismus oder andere Krankheiten verursacht, oder man mit Sicherheit ausschließen kann, dass die betreffende Chemikalie solche Krankheiten verursacht. Gemeinhin werden die toxikologischen Studien dennoch verwendet, um die Tausende auf der Welt verwendeten Pestizidprodukte vom Verdacht freizusprechen, Krebs und andere Krankheiten zu verursachen. Dafür gibt es indes keinerlei Beweise. Und wenn ein Pestizid dann doch krank macht, wofür viele Untersuchungen sprechen, dann hat das gleich epidemiologische Ausmaße, dann sind Tausende und Hunderttausende Menschen betroffen.[VII]

Übersetzung: Ulrike Bickel

Verlustanzeige

Es ist eine Kriminalgeschichte, die vielleicht nie aufgeklärt wird: Wer mordet die Bachforelle in der Thur? Seit einigen Jahren sterben die Fische in ihrem angestammten Gewässer, einem Zufluss des Rheins in der Schweiz. Immer im Hochsommer, innerhalb von wenigen Tagen. Der Bestand der Bachforelle in diesem und vielen anderen Flüssen ist seit Jahren rückläufig, hier aber gibt es nun, ebenfalls seit Jahren, regelrechte Fischsterben. Am Ende bleiben nur zehn Prozent der Fische am Leben. Natürlich sind die Körper der toten Fische untersucht worden, schon weil ein Fischereiverein sich die Bachforelle erhalten will. Und das Ergebnis ist immer: Herzversagen. Vorerkrankungen sind jeweils Entzündungen an Leber und Herz. Aber was ist die Ursache dieser tödlichen Seuche?

Die Bachforelle (Salmo trutta fario)

— Herzversagen im Fluss

Die Untersuchungen ergaben zumindest, was nicht die Ursache ist: Der zunächst als wahrscheinlich angenommene biologische Erreger, ein neuer Parasit, ein Virus, eine Krankheit, Fehlanzeige. Es muss, so die untersuchenden Wissenschaftler der Universität Genf, eine Substanz sein, die ins Wasser gelangt: Pestizid, Medikamentenrückstand, Industriechemikalie, durch Baustellen angebohrte Altlast? In den Untersuchungen konn-

ten rund zweitausend Substanzen nachgewiesen werden, die die Fische schädigen könnten. Welche ist die Ursache für das akute Sterben der Bachforelle, das nicht nur in der Thur, sondern auch in der Amper, der Isar und der Aller beobachtet wird? Oder ist es ein Cocktail aus vielen Substanzen, ist es die Summe unseres Wirtschaftens mit Giftstoffen? Hat ein Tropfen mehr das Chemiefass überlaufen lassen? Wir wissen es nicht. Was wir wissen ist, dass die Bachforelle stirbt.

Sie ist eigentlich ein Allerweltsfisch, gewesen. In den Oberläufen der Flüsse, in den Gebirgsbächen und den Bächen der Mittelgebirge lebten die getüpfelten Forellen zuhauf. Die Kinder übten sich im Forellenfangen ohne Angel: Die Verstecke der Fische in den Engstellen der Bachläufe ausspähen, vorsichtig unter die überhängenden Uferstellen langen, dann beherzt zupacken – und wieder war der Fisch entschlüpft …
Das ist lange her. Die Bestände der Bachforelle sind seit Jahren rückläufig und auch die Angler werden seltener, die mit der langen Flugangel in den Flussschnellen stehen und kunstvoll ihre Fliegenschnur auswerfen, um den Raubfisch zu ködern. Wo kein Fisch, da auch kein Angler.

DIE WELT VON SYNTHETISCHEN PESTIZIDEN BEFREIEN!

Ein Gespräch mit Edward Mitchell

Von pestizidbelastetem Honig
und der Pflicht der Wissenschaft,
sich einzumischen

Prof. Dr. Edward Mitchell

ist Spezialist für Bodenamöben und Paläoökologe an der Universität von Neuenburg. Seit einigen Jahren beschäftigt er sich mit Neonikotinoiden, welche viele Zusammenbrüche domestizierter Bienenvölker ausgelöst haben. Diese Insektizide wirken extrem toxisch auch auf andere Bestäuber und alle Insekten, aber auch auf die ganze Fauna einschließlich der Menschen, und sie beeinflussen Landschaften auf der ganzen Welt. Mit mehreren Koautoren hat Edward Mitchell in der Zeitschrift Science eine Studie zur Kontamination des Honigs aus aller Welt mit fünf dieser Substanzen veröffentlicht.[1]

Was bringt Ihre Studie über die Kontaminierung des Honigs Neues?

Zuerst eine globale Standortbestimmung, wie sie noch nicht bekannt war. Es gab schon Studien aus verschiedenen Regionen zu Neonikotinoiden in Pollen, Wachs und Honig. Die Analysemethoden waren aber zu verschieden, als dass man eine globale Karte hätte erstellen können. Das Vorkommen von Neonikotinoiden im Honig zu analysieren, ist eine geeignete Methode, um die Verschmutzung einer ganzen Landschaft zu beurteilen, weil die Bienen Nektar und Pollen in einem Umkreis von drei bis fünf Kilometern um ihren Bienenstock sammeln. Weil die Bienen überall das gleiche Verhalten zeigen, ist dies eine standardisierte Möglichkeit, die chemische Verschmutzung der Landschaft zu erheben und zu messen. Um die gleichen vergleichbaren Resultate zu erhalten, müssten sonst systematisch Dutzende von Pflanzen- und Bodenproben genommen werden.

Und warum die Untersuchung auf Neonikotinoide?

Die Wirkungen dieser Insektizide auf die Honigbiene sind bekannt: Sie sind extrem giftig, bis zu zehntausend Mal giftiger als DDT. Sie schädigen das Nervensystem der Insekten mit breitem Wirkungsspektrum: Die Chemiker, die diese Mittel erfunden haben, wollten den Bienen natürlich nicht schaden, sondern Kulturschädlinge ausmerzen.

KLEINSTE DOSEN WIRKEN

Nun zeigt Ihre Studie, dass die Bienen schon auf wiederholten Einwirkungen extrem schwacher Dosen reagieren. Was bedeutet das?

Das ist der springende Punkt: Als diese Moleküle zugelassen wurden, suchte man die tödliche Dosis für die Biene, die letale Dosis. Die Einstufung der Gefährlichkeit erfolgte aufgrund dessen. Und diese Dosis wurde für das toxischste Molekül ab 2,5 Nanogramm pro Biene festgelegt. Im Nachhinein stellte man aber fest, dass die Moleküle auch in viel kleineren Dosen Wirkungen zeigen. Unendlich kleine Mengen, die sie, wenn ihnen die Biene täglich ausgesetzt ist, nicht töten, sie aber in ihren Lebensfunktionen schwächen.

Man spricht von subtilen und chronischen »subletalen« Auswirkungen, die komplexe physiologische Abläufe betreffen, für deren Verständnis man große biologische Kenntnisse über die Biene braucht. Jene unendlich geringen Dosen scheinen die Bienen insbesondere zu desorientieren: Sie haben Mühe, ihren Bienenstock wiederzufinden, sie leiden unter verschiedenen Störungen und werden anfälliger gegenüber Parasiten wie der Milbe Varroa destructor.

Unsere Studie beweist, dass achtundvierzig Prozent der Bienen mehr als 0,1 Mikrogramm, also mehr als einem Zehnmillionstel Gramm, pro Kilogramm Körpergewicht ausgesetzt sind, was auf die Dauer schädlich für sie ist. Wie auch für andere Bestäuber – Wildbienen, Hummeln, Schmetterlinge – und, weiter gefasst, für alle nützlichen Insekten und die ganze Lebensmittelkette, bis zum Menschen.

Ihre Studie liefert einen weltweiten Überblick zur Verbreitung der Neonikotinoide: In Nordamerika sind sechsundachtzig Prozent des Honigs kontaminiert, in Asien achtzig Prozent, in Europa neunundsiebzig, in Südamerika siebenundfünfzig Prozent. Diese Zahlen sind extrem hoch: Haben Sie das erwartet?

Diese Zahlen haben uns überrascht. Wir dachten, dass wir Neonikotinoide in vielen Proben finden würden. Aber dass wir sie im Durchschnitt in Dreiviertel der Honiggläser finden würden, wohlwissend, dass sie von abgelegenen Regionen, abgeschiedenen Inseln, Bergzonen, touristischen Gebieten mit sehr wenig oder gar keiner Landwirtschaft kamen. Das überrascht umso mehr und zeigt, dass die Belastung sicherlich noch größer ist.

Wieso?

Weil die Leute, die uns die Gläser gebracht haben, sie häufig von den Ferien nach Hause mitgenommen haben. Die Leute gehen meist nicht dort in die Ferien, wo die Landwirtschaft sehr intensiv bewirtschaftet ist. So kommen viele der Proben aus eigentlich geschützten Gebieten. Man kann sagen, dass unsere Proben sicherlich weniger belastet sind, als der Durchschnitt des Honigs aus dem gleichen Gebiet.

BELASTETER BIO-HONIG

Ist es heute noch möglich, biologischen Honig zu gewinnen, wenn man weiß, dass Bienen im Umkreis von zehn Kilometern irgendwohin fliegen können, das heißt meistens über die Betriebsgrenze eines Imkers hinaus?

Genau da liegt die Herausforderung: Der biologische Bienenhalter müsste seinen Bienenstock in eine ausschließlich biologisch bewirtschaftete Landschaft stellen. Aber wo findet man heute solche Orte? Mein Berufskollege und Koautor der Studie, Alexandre Aebi, hat seine Völker in einer Lichtung oberhalb von Neuenburg. Es ist eine sehr ländliche Gegend: Nebenan befindet sich im Aktionsradius der Bienen ein einziger Hof, der biologisch wirtschaftet. Der Honig seiner Bienen enthält aber drei Neonikotinoide!

Woher kommen die?

Sehr wahrscheinlich aus Gärten. Die Gärtnereien verkaufen Blumen voller Pestizide. Die Gesetzgebung erlaubt dies. Die Leute verschönern damit ihre Gärten und denken vielleicht sogar, etwas Gutes für die Bienen zu tun. In Wahrheit vergiften sie sie. Auch die Gemüsegärten sind Pestizidgruben: Manche Gärtner spritzen dreimal mehr als nötig.

Es zeigt sich also, dass Bio der allgemeinen chemischen Verschmutzung nicht ausweichen kann. Es handelt sich um ein allgemeines Massensterben: Die Populationen der fliegenden Insekten sind zum Beispiel in Deutschland in Schutzgebieten seit 1989 um achtzig Prozent geschrumpft. Das ist schwindelerregend! Wie kommt man aus dieser Situation heraus?

Man muss handeln: achtundvierzig Prozent des von uns untersuchten Honigs enthält Konzentrationen über dem Grenzwert von 0,1 µg/kg, bei dem ein signifikanter Effekt auf die Honigbiene bewiesen werden kann. Anders gesagt bedrohen die Neonikotinoide heute weltweit die Hälfte aller Honigbienen.

Wir haben die fünf wichtigsten Neonikotinoide gemessen, während unterdessen weitere auf den Markt gekommen sind. Die Landwirtschaft verwendet Hunderte von synthetischen Pestiziden, und niemand hat die Wirkung der Abbauprodukte überprüft, auch nicht den Einfluss der Pestizidcocktails und von deren Nebenprodukten.

Mit den heute verfügbaren Daten zu den Neonikotinoiden, mit unserer veröffentlichten Studie und all dem, was man über die Giftigkeit für die Bienen und die ganze Fauna weiß, muss man den Mut haben, zu sagen, dass wir vor einem Phänomen stehen, welches eine starke politische Aktion verlangt. Man muss die synthetischen Pestizide verbieten, um es klar auszudrücken.

AUFWACHEN UND UMSTELLEN

Die Insektizide sind im Grunde nicht ihre erste Spezialisierung: Sie sind Bodenbiologe. Was hat sie auf die Spur der Neonikotinoide gebracht?

Ich bin Spezialist für Bodenamöben. Die sind auch hilfreiche Bioindikatoren, welche die Verschmutzung mit Schwermetallen und Pestiziden aufzeigen. Durch die Rolle der Amöben als Bioindikatoren interessierten mich Pestizide. Und dann war eine Forschergruppe, die Neonikotinoide untersuchte, auf der Suche nach einem Bodenspezialisten. Durch diese Arbeit habe ich mich auch mit den Mechanismen, den Richtlinien, dem Vorgehen bei der Gefahreneinstufung und den Akteuren dahinter auseinandergesetzt. Ich realisierte, welchen Druck die Industrie ausübt und dass die Regierungen und Behörden unter diesem Druck entscheiden. Dann geht es weder um das Vorsorgeprinzip noch um die Volksgesundheit noch um das reine wissenschaftliche Streben. Das störte mich.

Als 1990 die Neonikotinoide auf den Markt kamen, finanzierte die Industrie plötzlich eine groß angelegte Studie über die Pathogene der Biene: Varroa, Nosema und so weiter, die aber schon immer da waren ...

Bei einem Treffen unserer Forschergruppe 2012 an der Universität Neuenburg sprachen die Experten des Bundesamtes für Landwirtschaft und der angegliederten Forschungsanstalten nur von der Varroa. Sobald wir ihre Aufmerksamkeit auf die Neonikotinoide zogen, sprachen sie vom multifaktoriellen Charakter des Problems. Ich konnte es kaum fassen. Heute verstehe ich besser.

Es ist paradox. Die politischen Instanzen und öffentlichen Stellen sollten eher die öffentlichen Güter schützen, als die Interessen der Industrie. Dies ist aber nicht der Fall. Das zu erkennen, hat mich schockiert.

Können Sie uns auch etwas über die Wirkung von Pestizidcocktails sagen, also über das Zusammenwirken mehrerer Wirkstoffe?

Solche Studien über Bienen kann man an einer Hand abzählen. Aber auch wenn man sich nur auf die Honigbiene konzentrieren würde, würden solche Studien bezüglich Zeit und Geld den Rahmen des Möglichen sprengen. Man weiß aber mit Sicherheit, dass die Moleküle zusammenwirken und dass ihre Giftigkeit in der Mischung weit schlimmer ist.

Wenn Regierung und Behörden ihren Aufgaben nicht nachkommen, müssen die Bürger aufwachen und dem ein Ende setzen. Ich habe gesehen, dass wenige Forscher es wagen, sich zum Thema zu äußern und politisch Stellung zu nehmen. Aber mich dünkt, dass wir so der Gesellschaft keinen Dienst erweisen: Da wir Zugang zum Wissen haben, müssen wir die Gesellschaft auch aufklären.

Und wir könnten ohne große Probleme auf synthetische Pestizide verzichten?

Ich denke ja. Die Vorteile von Bio sind enorm und die Ertragsminderung ist gering. Die Menge landwirtschaftlicher Produkte, die nicht verkauft werden, weil sie nicht die richtige Größe oder Farbe haben, ist dagegen bedeutend: Die Menge an Früchten und Gemüse, die wir aus diesen Gründen wegwerfen, ist weit größer als der mengenmäßige Unterschied zwischen der biologischen und nicht-biologischen Produktion.

Man neigt dazu, zu glauben, dass die Landwirtschaft der großen Flächen, der endlosen, mit Maschinen übersäten Weiten, die Welt ernährt. Aber diese Form der Landwirtschaft dient zum großen Teil der Tierfütterungs- oder der Agrotreibstoffproduktion. Ich bin nicht der Erste, der sagt, dass man die Welt mit Bio ernähren kann, und dass dabei sogar das Einkommen der Bauern steigt.

Zudem ist Bio sehr leistungsfähig, obwohl man wenig in die Bioforschung investiert. Man kann sich also vorstellen, dass man noch mehr Fortschritte machen würde, wenn man viel mehr in diese Landwirtschaft der Zukunft investieren würde. Ich kann mir gut vorstellen, was passieren würde: Das Land, das den Schritt wagt und komplett auf synthetische Pestizide verzichtet, hat ein positives Image in der Welt. Es generiert so viel Respekt, dass die ganze Welt hinschauen würde. Nach fünf Jahren Experiment ohne synthetische Pestizide würden alle sehen, dass es funktioniert, und es gäbe einen Schneeballeffekt.

Das Gespräch führte Jacques Mirenowicz, Chefredakteur der Zeitschrift La Revue Durable. Die Übersetzung dieser bearbeiteten Fassung besorgte Tania Wiedmer.

DAS PANORAMA

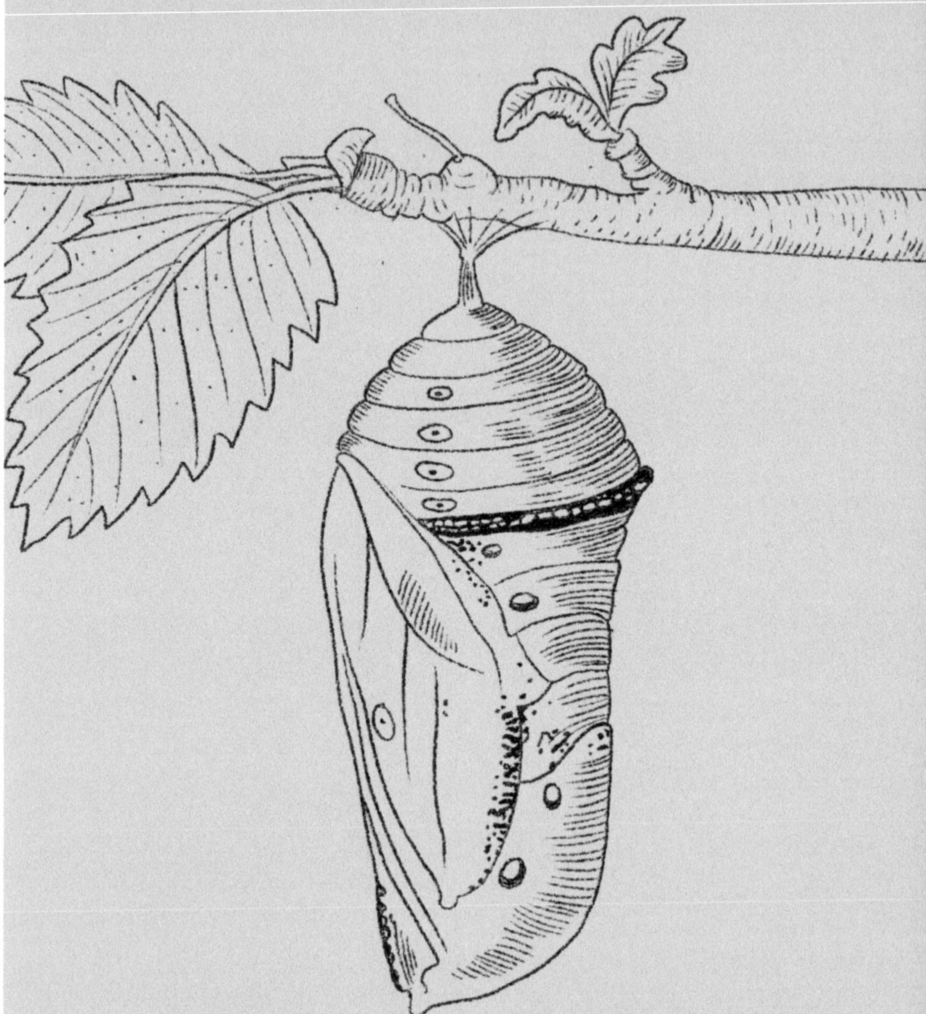

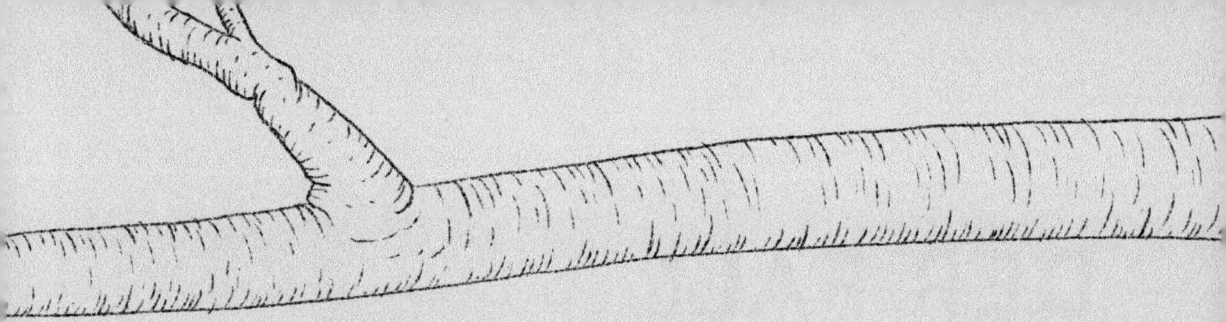

Politische, rechtliche, wirtschaftliche und
gesellschaftliche Aspekte des Einsatzes
von synthetischen Pestiziden

DER FALL GLYPHOSAT I

von Helmut Burtscher-Schaden

Wenn die Kontrollbehörden
bei der Industrie abschreiben

Im Dezember 2019 stellte Bayer-Monsanto einen Antrag auf Verlängerung der Zulassung des Totalherbizids Glyphosat für weitere fünfzehn Jahre in der Europäischen Union.[1] Dass die Behörden diesem Antrag stattgeben werden, halten Insider für ein durchaus mögliches Szenario. Dies, obwohl sich die Krebsforscher der Weltgesundheitsorganisation WHO immer noch mit den europäischen Behörden über die Karzinogenität von Glyphosat streiten. Wie kann das sein?

Hat Europa nicht das fortschrittlichste Pestizidgesetz der Welt? Und ist die Zulassung eines Pestizids nach diesem Gesetz nicht ausgeschlossen, wenn sich der Wirkstoff im Tierexperiment als krebserregend erweist? Beide Fragen sind mit Ja zu beantworten. Dennoch ist Skepsis angebracht. Denn die Zulassungsbehörden, die im Sinne der EU-Pestizidverordnung anhand einer »unabhängigen, objektiven und transparenten Bewertung«[2] zu untersuchen haben, ob ein Wirkstoff die gesetzlichen Voraussetzungen für eine Zulassung erfüllt, taten genau dies bei der letzten Bewertung von Glyphosat nicht. Stattdessen hatten sie große Teile ihrer Bewertung direkt aus dem Zulassungsantrag von Monsanto abgeschrieben, samt den darin enthaltenen Falschdarstellungen, ohne die Quelle zu nennen.[3] Neben diesem schweren Verstoß gegen die Grundsätze der guten wissenschaftlichen Praxis wurden den Behörden auch systematische Verstöße gegen die einschlägigen Leitlinien der Organisation für wirtschaftliche Zusammenarbeit und Entwicklung OECD und der Europäischen Chemikalien-Agentur ECHA zur Auswertung von Krebsstudien nachgewiesen. Bis heute weisen die Behörden alle Vorwürfe kategorisch zurück.[4] Doch gerade mit Blick auf das anstehende Zulassungsverfahren scheint eine Aufarbeitung der Fehlleistungen aus dem vergangenen Verfahren sinnvoll und wünschenswert. Deshalb möchte ich in diesem Beitrag versuchen, die gröbsten Fehlleistungen kompakt zusammenzufassen und dies anhand von Quellenangaben überprüfbar zu machen.

SYSTEMVERSAGEN

Beginnen wir von vorne: Die europäische Pestizidverordnung,[I] die im Juni 2009 von Parlament, Rat und Kommission beschlossen wurde, basiert auf

I (EG) Nr. 1107/2009.

dem Vorsorgeprinzip und verlangt ein hohes Schutzniveau für die menschliche Gesundheit. Pestizide dürfen nur dann zugelassen werden, wenn sie »keine sofortigen oder verzögerten schädlichen Auswirkungen auf die Gesundheit von Menschen, einschließlich besonders gefährdeter Personengruppen« haben. Auch dürfen sie keine »unannehmbaren Auswirkungen« auf die Umwelt haben, weder auf Wasser, Luft oder Boden, noch auf Arten, die nicht bekämpft werden sollen.

Den Beweis, dass diese Voraussetzungen erfüllt sind, müssen die Hersteller der Pestizide anhand eigener Studien erbringen. Zu diesem Zweck beauftragen sie spezialisierte Vertragslabore mit der Durchführung: Mögliche Umwelteffekte werden an Modellorganismen für Fische, Erdwürmer oder Bienen untersucht, eine mögliche Gesundheitsgefahr für den Menschen an Labormäusen und Ratten. Diese Herstellerstudien werden dann zusammen mit vergleichbaren Studien aus der wissenschaftlichen Literatur dem Zulassungsantrag beigelegt und zudem von den Antragstellern kommentiert und bewertet.

Aufgabe der Behörde ist es nun, diesen Zulassungsantrag »unabhängig, objektiv und transparent« zu bewerten, um festzustellen, ob die gesetzlichen Zulassungsvoraussetzungen erfüllt sind. Erweist sich ein Pestizidwirkstoff bei den Versuchstieren als krebserregend, mutagen, fruchtschädigend oder hormonschädigend, darf es keine Zulassung geben. So steht es im Gesetz.

Kritik an mangelhafter Umsetzung der EU-Pestizidverordnung durch die europäischen Zulassungsbehörden gab es von Nichtregierungsorganisationen schon seit längerem. Wie tief jedoch die Kluft zwischen gesetzlichem Anspruch und praktischer Umsetzung tatsächlich ist, wurde einer breiteren Öffentlichkeit erstmals infolge der Einstufung von Glyphosat als »wahrscheinlich krebserregend für den Menschen« durch die IARC bewusst, die Internationale Agentur für Krebsforschung der Weltgesundheitsorganisation. Denn ein Jahr vor der WHO-Krebseinstufung von 2015 hatte das für die EU-Bewertung zuständige BfR, das deutsche Bundesamt für Risikobewertung, dem Totalherbizid ein umfassendes Unbedenklichkeitszeugnis ausgestellt. Laut BfR hätten sowohl Tierversuche als auch epidemiologische Studien beim Menschen bestätigt: Glyphosat sei weder krebserregend noch erbgutschädigend. Da könne man sich »sicher sein« angesichts einer »riesigen Datenbasis« aus Herstellerstudien und publizierten Studien.[5]

Doch nun fanden die Krebsforscher der WHO in denselben Studien, die für das BfR offenbar als Beweise für die Harmlosigkeit von Glyphosat herhalten mussten, den Beweis für die krebserregende Wirkung im Tierexperiment sowie den Verdacht auf ein erhöhtes Krebsrisiko bei Anwendern von Glyphosat und den Nachweis von »Genotoxizität«[II] als Mechanismus für die Entstehung von Krebs.

IST GLYPHOSAT KARZINOGEN?	BFR	IARC
Beweise für DNA-Schädigung	keine Hinweise	starke Hinweise
Beweise beim Menschen	keine Hinweise	begrenzte Hinweise
Beweise bei Tieren	keine Hinweise	ausreichende Hinweise

»Stärke der Beweiskraft des Nachweises« für die Karzinogenität und Genotoxizität von Glyphosat laut Bewertung der IARC und Bewertung durch das BfR

NEBELKERZEN

Nun war Feuer auf dem Dach. Das BfR und die EFSA, die Europäische Behörde für Lebensmittelsicherheit, gerieten durch die Krebseinstufung der IARC in Erklärungsnot. Also zündeten die Behörden gleich mal ein paar Nebelkerzen: Die Diskrepanz zwischen IARC und BfR läge in unterschiedlichen Bewertungsansätzen. Laut IARC wäre sogar Fleisch krebserregend. Denn während die IARC nur die dem Stoff innewohnende »Krebsgefahr« nach dem gefahren-basierten Ansatz[III] bewerte, hätten die EU-Behörden die Aufgabe, das »Krebsrisiko« bei sachgerechter Anwendung zu bewerten[IV]. Erstmals tischte das BfR dieses Märchen im Herbst 2015 dem Deutschen Bundestag auf, sowohl in Form einer schriftlichen Stellungnahme, als auch durch eine Wortmeldung seines Präsidenten Andreas Hensel.[6] Doch

II Als genotoxisch bezeichnet man Stoffe, die Veränderungen am genetischen Material von Zellen bewirken, also in der DNA.

III hazard-based approach

IV risk-based approach

das, was für viele nach einer einleuchtenden Erklärung für den Unterschied zwischen den Bewertungsergebnissen klang, war schlicht eine Falschinformation. Denn 2009 hatte sich die Europäische Union in ihrer neuen Pestizidverordnung dafür entschieden, bei der Bewertung der Karzinogenität von Pestiziden den Ansatz der IARC, den sogenannten gefahren-basierten Ansatz wortwörtlich zu übernehmen.

Eine weitere Nebelkerze war die ebenfalls wiederholt ins Rennen geführte Behauptung, die IARC und die EU-Behörden hätten unterschiedliche Dinge untersucht. Bei der EU sei nur der isolierte Wirkstoff Glyphosat bewertet worden, während die IARC sowohl den Wirkstoff als auch Produkte bewertet hätte, die diesen Wirkstoff enthalten.[7] Auch diese Aussage war irreführend, da die IARC klar unterschied zwischen Studien, die den isolierten Wirkstoff und solchen, die marktübliche Produkte untersuchten. Die Krebseinstufung gilt gleichermaßen für Wirkstoff und Produkte.[8]

Tatsächlich liegt ein Hauptgrund für die Diskrepanz zwischen den Bewertungen darin, dass die IARC und die EU-Behörden unterschiedliche Studien als zuverlässig eingestuft hatten. Das hat die EFSA in ihrem Bericht auch eingeräumt, als sie feststellte, dass die Studien der Glyphosat-Hersteller die »Grundlage der EU-Bewertung« gebildet hätten, während sie aufgrund der Geheimhaltung für die IARC gar nicht verfügbar gewesen wären.[9]

Dieses Argument wollen wir im Folgenden am Beispiel der Genotoxizität, einem anerkannten Mechanismus für die Entstehung von Krebs, genauer betrachten, und anhand der Epidemiologie, also dem Krebsrisiko der Anwender von Glyphosat.

COPY & PASTE STATT UNABHÄNGIGER BEWERTUNG

Im Kapitel zur Genotoxizität von Glyphosat[10] listet der Bewertungsbericht eine Vielzahl von Herstellerstudien auf. Das sind Studien, die in den eigenen Labors oder in Vertragslabors der Glyphosatproduzenten durchgeführt und üblicherweise als Firmengeheimnisse unter Verschluss gehalten werden. Gelistet ist auch eine noch größere Zahl unabhängiger Studien, die an privaten oder staatlichen Forschungseinrichtungen durchgeführt wurden und die öffentlich zugänglich sind. Gemeinsam ist diesen Studien, dass sie sich mit der Frage beschäftigen, ob Glyphosat oder glyphosathaltige Herbizide die Erbsubstanz schädigen. Unterschiedlich sind jedoch ihre Antworten auf diese Frage.

Bei den Herstellerstudien sind fünfundvierzig von sechsundvierzig Genotoxizitätstests als »negativ« ausgewiesen, einer als »uneindeutig«. Mit anderen Worten: Stolze achtundneunzig Prozent der Herstellerstudien erklären, dass Glyphosat oder glyphosathaltige Formulierungen nicht genotoxisch seien. Bei den unabhängigen Studien ist es umgekehrt: Hier waren von zweiundsiebzig dokumentierten Genotoxizitätstests nur vierzehn »negativ«, vier weitere »uneindeutig« und vierundfünfzig »positiv«, das sind immerhin drei Viertel aller Tests.

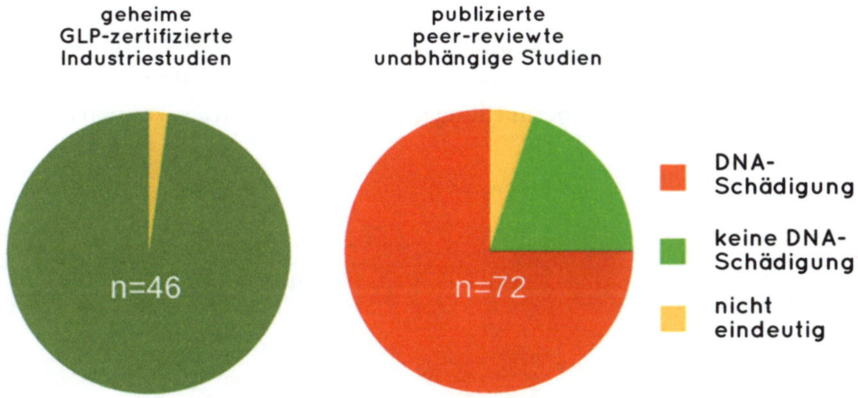

Die Ergebnisse von Gentoxizitätstests aus den geheimen Herstellerstsudien und den publizierten unabhängigen Studien. Die Angaben wurden dem Bewertungsbericht der Behörde entnommen.

Angesichts der Tatsache, dass fünfundsiebzig Prozent der Tests aus unabhängigen Studien genschädigende Effekte zeigten, drängt sich die Frage auf, wie um alles in der Welt das BfR behaupten konnte, man könne »sicher sein nach dieser ganzen riesigen Datenbasis«, dass Glyphosat nicht erbgutverändernd wäre? Die Antwort ist verblüffend und einfach: Die Behörde stufte keine der unabhängigen Studien als »zuverlässig« ein. Das Prädikat zuverlässig war strikt den geheimen Studien der Hersteller vorbehalten.[11] Alle unabhängigen Studien, in denen die Krebsforscher der WHO starke Beweise für die genschädigende Wirkung von Glyphosat erkannt hatten, waren damit bei der EU aus dem Rennen.

Das führt uns zu der spannenden Frage nach der Begründung, mit der die EU-Behörden alle unabhängigen Studien als »unzuverlässig« abgestempelt haben. Über die Antwort auf diese Frage bin ich im Sommer 2017 mehr oder weniger zufällig gestolpert, als ich mein Buch zu Glyphosat[12] fertigstellte. Und auch diese Antwort ist verblüffend und einfach: Die Begründung, weshalb man sich auf die Aussagen all dieser unabhängigen Studien nicht verlassen sollte, hat das BfR direkt von Monsanto abgeschrieben. Und zwar aus dem Zulassungsantrag, Abschnitt 2, Kapitel 4: Literature Review of Genotoxicity Publications. Das Faksimile des Kapitels aus dem Bewertungsbericht der Behörde zeigt rot markiert die Textpassagen, die wortgleich im entsprechenden Kapitel des Zulassungsantrags von Monsanto enthalten sind. Die gelben Markierungen hingegen stammen vom BfR selbst, um Textpassagen kenntlich zu machen, die später eingefügt wurden, weil die betreffenden Studien erst nach der Übermittlung des Zulassungsantrags verfügbar wurden.

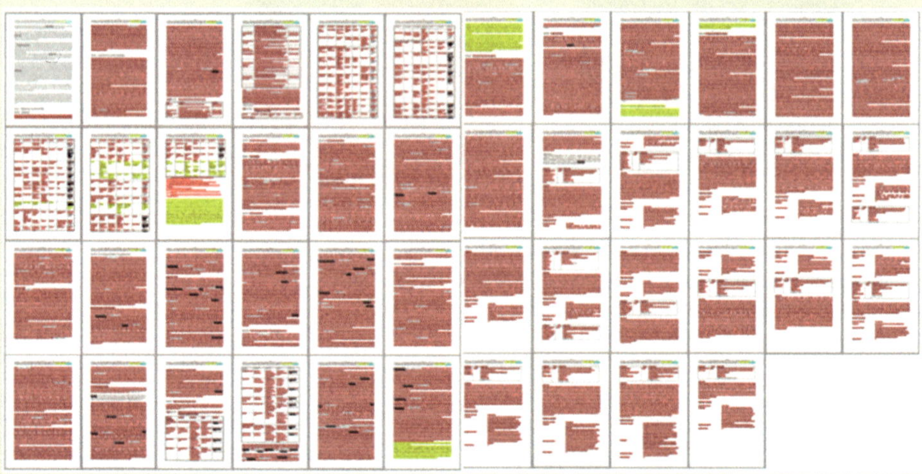

Dieses Faksimile des Unterkapitels über veröffentlichte Studien zur Gentoxizität zeigt, dass der gesamte Textkörper mit Ausnahme der gelb markierten Passagen, die sich auf Studien beziehen, die nach der Antragstellung durch die GTF veröffentlicht wurden: Vierundneunzig Prozent des Unterkapitels wurden wortwörtlich aus dem Zulassungsantrag von Monsanto übernommen.

Die Copy & Paste-Praxis blieb nicht auf das Kapitel zur Genotoxizität beschränkt. Eine umfassende Analyse, die der Plagiatsforscher Stefan Weber 2019 im Europaparlament in Straßburg vorstellte, verdeutlicht, dass das

BfR alle seiner Bewertungen der unabhängig publizierten Studien, soweit verfügbar, aus dem Zulassungsantrag abgeschrieben hat. Das betrifft auch all jene epidemiologischen Studien, die bei Anwendern von Glyphosat ein erhöhtes Risiko festgestellt hatten, an Lymphdrüsenkrebs zu erkranken.

FALSCHDARSTELLUNG EPIDEMIOLOGISCHER STUDIEN

Im Kapitel »Literature Review of Carcinogenicity Publications« aus Monsantos Zulassungsantrag werden sämtliche epidemiologischen Studien, die ein erhöhtes Risiko für Lymphdrüsenkrebs bei Anwendern von Glyphosat erkannten, als »nicht zuverlässig« bewertet. Monsantos Begründung: Die Studienautoren hätten es versäumt, relevante Informationen über die Studienteilnehmer einzuholen und zu berücksichtigen, wie beispielsweise deren medizinische Vorgeschichte, Rauchverhalten, Life-Style-Faktoren seien, oder die Verwendung anderer Pestizide.

Dass dies hanebüchener Unsinn ist, hat der Epidemiologe Eberhard Greiser in einer Expertenstellungnahme für den Deutschen Bundestag akribisch für jede einzelne Studie nachgewiesen. Greiser schrieb: »Würden die kritischen Anmerkungen im RAR[V] zutreffen, dann wären die vom BfR verworfenen Publikationen tatsächlich unbrauchbar, weil wesentliche Anforderungen an epidemiologische Studien nicht erfüllt wären.« Seine Überprüfung der Publikationen hätte aber gezeigt, dass die vom BfR für die fehlende Zuverlässigkeit angegebenen Defizite in den Publikationen nicht zu finden seien, da »alle als fehlend monierten Daten tatsächlich erhoben worden sind«.

In einer Anhörung vor dem Bundestag bezeichnete Eberhard Greiser die Darstellungen im Bericht des BfR als »bewusste Fälschung von Studieninhalten«.[13] Dass diese Bewertung ihren Ursprung im Zulassungsantrag von Monsanto hatte, konnte der Epidemiologe im Herbst 2015 noch nicht wissen.

Das Bundesamt für Risikobewertung hat nicht nur die Einstufung der Studien als »nicht zuverlässig«, sondern auch die dazugehörende Begründung kopiert. Nicht kopiert hat die Behörde den Hinweis, dass die Begrün-

V Mit RAR, Renewal Assessment Report, ist der Bewertungsbericht des BfR gemeint.

dung von den Monsanto-Mitarbeitern John Acquavella und Donna Farmer stammte. Dieser Hinweis wurde durch eine unverfänglichere Überschrift ersetzt: »additional comments« – in der Abbildung die gelben Einkreisungen. Diese Vorgehensweise der Behörde könne nur »als bewusste Verschleierung der Herkunft des Textes gedeutet werden«, schrieb der Plagiatsgutachter Stefan Weber in einem Kurzgutachten, das er im September 2017 für die Umweltorganisation Global 2000 verfasst hatte. Es sei »offensichtlich, dass das BfR keine eigenständige Bewertung der zitierten Studien vorgenommen« habe. Doch genau darin hätte der gesetzliche Auftrag der Behörde bestanden: eine »unabhängige, objektive und transparente Bewertung« der gesundheitlichen Risiken von Glyphosat vorzunehmen.

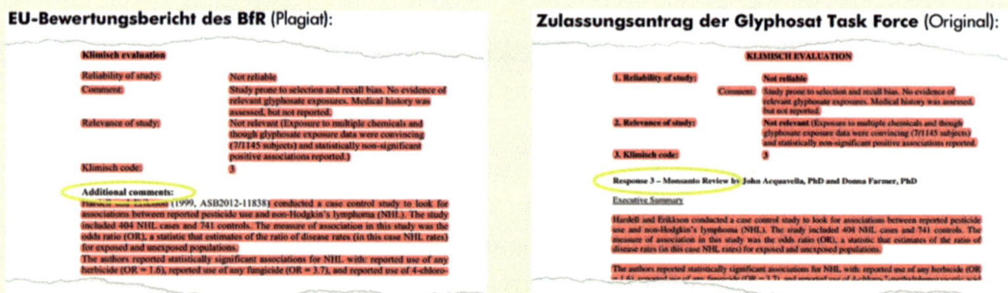

EU-Bewertungsbericht des BfR (Plagiat):

Klimisch evaluation

Reliability of study: Not reliable

Comment: Study prone to selection and recall bias. No evidence of relevant glyphosate exposures. Medical history was assessed, but not reported.

Relevance of study: Not relevant (Exposure to multiple chemicals and though glyphosate exposure data were convincing (7/1145 subjects) and statistically non-significant positive associations reported.)

Klimisch code: 3

Additional comments:

[illegible] (1999, ASB2012-11838) conducted a case control study to look for associations between reported pesticide use and non-Hodgkin's lymphoma (NHL). The study included 404 NHL cases and 741 controls. The measure of association in this study was the odds ratio (OR), a statistic that estimates of the ratio of disease rates (in this case NHL rates) for exposed and unexposed populations.

The authors reported statistically significant associations for NHL with: reported use of any herbicide (OR = 1.6), reported use of any fungicide (OR = 3.7), and reported use of 4-chloro-

Zulassungsantrag der Glyphosat Task Force (Original):

KLIMISCH EVALUATION

1. Reliability of study: Not reliable

Comment: Study prone to selection and recall bias. No evidence of relevant glyphosate exposures. Medical history was assessed, but not reported.

2. Relevance of study: Not relevant (Exposure to multiple chemicals and though glyphosate exposure data were convincing (7/1145 subjects) and statistically non-significant positive associations reported.

3. Klimisch code: 3

Response 3 – Monsanto Review by John Acquavella, PhD and Donna Farmer, PhD

Executive Summary

Hardell and Erikkson conducted a case control study to look for associations between reported pesticide use and non-Hodgkin's lymphoma (NHL). The study included 404 NHL cases and 741 controls. The measure of association in this study was the odds ratio (OR), a statistic that estimates of the ratio of disease rates (in this case NHL rates) for exposed and unexposed populations.

The authors reported statistically significant associations for NHL with: reported use of any herbicide (OR

Im Bewertungsbericht des BfR (linkes Faksimile) und im Zulassungsantrag von Monsanto (rechtes Faksimile) sah das so aus. Hier am Beispiel der epidemiologischen Studie von Hardell and Erickkson, 1999 auszugsweise dargestellt, Textübereinstimmungen sind rot markiert).

ÜBERSEHENE TUMORBEFUNDE

Auch im Kapitel über Krebsstudien an Mäusen war für das Bundesamt für Risikobewertung Copy & Paste die Methode der Wahl.[14] Doch anders als bei den unabhängigen Studien, machte das BfR bei den Herstellerstudien keinen Hehl daraus: Man sei nämlich »aufgrund der Vielzahl der eingereichten Herstellerstudien« nicht in der Lage, diese im Detail zu beschreiben, und habe daher eine »alternative Herangehensweise« gewählt und aus »Gründen der höheren Effizienz und Transparenz« die Methodenbeschreibung, die Darstellung der Ergebnisse sowie die Schlussfolgerungen weitgehend unverändert übernommen. Allerdings habe man jede dieser Studien kommentiert. Diese Kommentare seien am Ende jeder Studienbeschreibung durch eine Überschrift »deutlich vom ursprünglichen Zulassungsantrag unterscheidbar und immer kursiv geschrieben«.

So weit, so transparent. Doch unproblematisch war auch diese Herangehensweise nicht. Denn sie führte dazu, dass Tumorbefunde, welche die Hersteller im Zulassungsantrag falsch dargestellt hatten oder unerwähnt ließen, auch im Bewertungsbericht der Behörde falsch dargestellt wurden oder schlicht fehlten. Die Konsequenz daraus war, dass der Bewertungsbericht zum selben Ergebnis kam wie der Zulassungsantrag. Nämlich, dass von fünf Krebsstudien mit Mäusen, nur eine einzige einen statistisch signifikanten Anstieg bösartiger Lymphome gezeigt habe. Zwar ließe sich ein kausaler Zusammenhang zwischen diesem Befund und der Verabreichung von Glyphosat nicht komplett ausschließen, erklärte das BfR, doch sei diese »schwache Zunahme bösartiger Lymphome eindeutig auf diese eine Studie beschränkt und in vier anderen gültigen Langzeitstudien nicht reproduzierbar«. Deshalb liefere der Befund auch nur »sehr begrenzte Hinweise« auf ein karzinogenes Potenzial von Glyphosat. Als wenig später die Expertinnen der IARC diese Studien prüften, erkannten sie in exakt denselben Krebsstudien, welche das BfR als Beweise für die Abwesenheit von Karzinogenität angeführt hatte, den Beweis, dass Glyphosat im Tierexperiment Krebs erzeugt.

Nun verlangte die EU-Kommission Aufklärung. Also musste das BfR seine Bewertung, die es bereits als finalen Bericht an die EFSA geschickt hatte, noch einmal aufmachen und jede einzelne der fünf Mausstudien neu auswerten. Das Ergebnis dieser »Re-Evaluierung« ist im Addendum des Bewertungsberichts nachlesbar. Erstmals an die Öffentlichkeit gelangte es im Oktober 2015 durch Recherchen des deutschen Fernsehmagazins »Fakt«: Es war erstaunlich, denn nun fand das BfR anstelle eines singulären Befundes in einer einzigen Studie plötzlich acht signifikante Befunde, verteilt über alle fünf Studien: zwei der Krebsstudien zeigten einen statistisch signifikanten Anstieg von Blutgefäßkrebs, drei weitere von Nierentumoren und nochmal drei einen signifikanten Anstieg von Lymphdrüsenkrebs. Als Erklärung, weshalb dem BfR diese Befunde nicht schon früher aufgefallen waren, schrieb die Behörde, dass sie »ursprünglich auf die mit den Studienberichten zur Verfügung gestellten statistischen Auswertungen vertraut« habe.[15] So sehr, dass sie diese im Copy & Paste-Verfahren übernommen hat, ohne vorher die Originaldaten in den Herstellerstudien unabhängig zu prüfen, wie es das Gesetz verlangt.

Ein inakzeptables Verhalten für eine Behörde, die für den gesundheitlichen Verbraucherschutz verantwortlich ist. Wer allerdings damals im Oktober 2015 geglaubt hatte, dass damit der Tiefpunkt im europäischen Behördenverfahren zu Glyphosat endlich erreicht sei, sodass man nun mit der Ursachenforschung beginnen könne, um derartige Fehlleistungen für die Zukunft zu verhindern, wurde bald darauf, am 15. November, eines Schlimmeren belehrt: An jenem Tag veröffentlichte die EFSA ihren Abschlussbericht zu Glyphosat. Darin empfahl sie unter Berufung auf die Bewertung des BfR die Wiederzulassung des Unkrautvernichters in der EU. Glyphosat sei »wahrscheinlich nicht krebserregend«.

Jetzt fragen Sie sich vielleicht, wie eine solche Schlussfolgerung im Lichte der epidemiologischen Studien über das Non-Hodgkin-Lymphom, der Studien über Genotoxizität als krebserregenden Mechanismus und einer Vielzahl signifikanter Krebsbefunde in den Maus- und Rattenstudien der Hersteller überhaupt möglich ist.[VI] Bei einem evidenzbasierten Vorgehen ist eine solche Schussfolgerung nicht möglich. Doch von Fakten ließ sich das BfR zu diesem Zeitpunkt nicht mehr beirren. Nachdem die Behörde im Zuge ihrer Re-Evaluierung festgestellt hatte, dass die Schlussfolgerungen der IARC nachvollziehbar sind, da die Kriterien für diese Schlussfolgerungen vollständig erfüllt seien, und man nun selbst festgestellt habe, dass der dosisabhängige Anstieg von bösartigen Tumoren als »behandlungsbedingt« angesehen werden könne,[16] machte die Behörde einen atemberaubenden Salto rückwärts. Der mündete in der paradoxen Schlussfolgerung: »Overall, based on the study results and the CLP criteria RMS concluded that the evidence of carcinogenicity is conclusive but not sufficient for classification.« Die Beweise für Karzinogenität seien »schlüssig«, jedoch für eine Klassifizierung nicht ausreichend?

Seltsam, das Klassifizierungssystem der EU bietet immerhin drei Kategorien für eine Klassifizierung: Kat. 1A – krebserregend für den Menschen, Kat. 1B – wahrscheinlich krebserregend für den Menschen, und Kat. 2 – möglicherweise krebserregend für den Menschen. Wenn »schlüssige Beweise« vorliegen, ist eine Einstufung in eine dieser Kategorien selbstredend erforderlich.

VI Nachdem der Europäische Gerichtshof 2018 die Offenlegung aller Krebsstudien aus dem Zulassungsverfahren von Glyphosat angeordnet hatte, wertete der US-amerikanische Bio-Statistiker Christopher J. Portier die Daten aus. Zu seinen Ergebnissen siehe das auf diesen Beitrag folgende Interview.

FEHLLEISTUNGEN UND LERNEFFEKTE

Die hier beschriebenen systematischen und wohl auch systemischen Fehler im Zulassungsverfahren von Glyphosat waren mehrfach Gegenstand von Publikationen und Medienberichten. Vernichtende Kritik hagelte es aus der Wissenschaft. Knapp hundert führende Krebsforscher bezeichneten die Arbeit des BfR und der EFSA in einem offenen Brief an die EU-Kommission als wissenschaftlich inakzeptabel, fundamental fehlerhaft und irreführend.[17] Die österreichische Umweltorganisationen Global 2000 und sieben weitere Organisationen erstatteten Strafanzeigen gegen BfR, EFSA und Monsanto wegen des Verdachts des wissenschaftlichen Betrugs. Verfahren gab es bislang keines. Bis heute behaupten die Behörden, alles richtig gemacht zu haben. Gegen ihre Kritiker fahren sie heftige Attacken: Deren Vorwürfe seien »haltlos und erfunden« und würden nur darauf abzielen, die Glaubwürdigkeit der Behörden zu beschädigen und das Vertrauen der Europäerinnen und Europäer in das Zulassungsverfahren für Pestizide zu unterminieren.[18]

Die mangelnde Einsicht der Behörden und die Tatsache, dass sie trotz ihrer offenkundig gewordenen Fehlleistungen sich bis heute auf die Rückendeckung der Kommission und der Mitgliedsstaaten verlassen konnten, stimmt mit Blick auf das anstehende Prüfverfahren von Glyphosat und jedes weitere Zulassungsverfahren nicht gerade optimistisch.

Einen Lerneffekt gab es hingegen beim Europaparlament, das sich 2018 im Sonderausschuss PEST,[VII] intensiv mit den Schwächen des EU-Zulassungsverfahrens zu Pestiziden auseinandersetzte. Und auch die Europäische Kommission hat in einem relevanten Punkt Konsequenzen gezogen: Die Kritik an der Verwendung geheimer Herstellerstudien für die Zulassung von Pestiziden beantwortete die Kommission mit einem Gesetzesvorschlag, der dieser Geheimhaltung ein Ende setzte. Das wiederum könnte Grund zur Hoffnung sein, dass die Behörden im anstehenden Prüfverfahren die Gefahren und Risiken von Glyphosat sorgfältiger und unabhängiger prüfen. Denn nun werden unabhängige Wissenschaftler zum ersten Mal die Möglichkeit haben, die Arbeit der Behörden zu überprüfen.

VII Sonderausschuss für das Genehmigungsverfahren der EU für Pflanzenschutzmittel.

DER FALL GLYPHOSAT II

Ein Gespräch mit Christopher J. Portier

Strukturelle und methodische Defizite

Prof. Dr. Christopher J. Portier

ist Experte für das Forschungsdesign, die Analyse und Interpretation von Umweltgesundheitsdaten mit dem Schwerpunkt Karzinogenität, also Krebserregung. Er unterrichtet an den Universitäten von Emory in Georgia, USA, und Maastricht in den Niederlanden. Er war unter anderem Direktor des US-Zentrums für Umweltgesundheit, sowie der US-Agentur für Toxische Substanzen und Seuchenregister. Von der Internationalen Krebsforschungsagentur IARC, einer WHO-Behörde, wurde er als beratender Experte zur Beurteilung der Karzinogenität von Glyphosat eingeladen. Im März 2015 gab die IARC bekannt, dass Glyphosat »wahrscheinlich krebserregend« sei. Dies führte zu aufgeregten öffentlichen Debatten und heftigen Anfeindungen gegen Christopher Portier. Obwohl die Zulassungsbehörden der Einschätzung der IARC inhaltlich folgen mussten, behaupteten sie öffentlich das Gegenteil und blieben bei ihrer Wertung, Glyphosat sei nicht krebserregend.

Sie haben festgestellt, dass die Behörden eine ganze Reihe von statistisch signifikanten Tumorbefunden in Langzeitstudien an mit Glyphosat behandelten Ratten und Mäusen nicht in ihrer Bewertung berücksichtigt hatten. Wie viele signifikante Tumorbefunde haben Sie identifiziert, und wie viele von ihnen wurden beschrieben und in die Bewertungen der Behörden einbezogen?

Es gibt in allen von Regulierungsbehörden in Europa und den USA ausgewerteten Studien insgesamt vierunddreißig statistisch signifikante Trends von Krebsbefunden, die mit steigender Glyphosatdosis zunehmen. Die EFSA hat in ihrer abschließenden Auswertung der Daten aber nur siebzehn dieser Tumorklassifikationen diskutiert.

Warum haben die Kontrollbehörden nicht die gleichen Befunde wie Sie erzielt? Die ursprünglichen Studien mit den entsprechenden Ergebnissen lagen ja vor.

Nachdem ich die Möglichkeit hatte, alle Berichte zu lesen, ist klar, dass sie nicht korrekt analysiert wurden. Aufgrund der eingereichten Dokumente wurde kein Trendtest für alle Daten durchgeführt, daher wurden viele der dort vorhandenen Tumore schlicht übersehen. Die EFSA hat stattdessen eine sogenannte Paaranalyse gemacht, mit der man weniger wahrscheinlich wichtige Trends in den Daten findet als mit Trendtests. Hätten die Behörden alle Daten mit Trendtests neu analysiert, hätten sie die gleichen Tumore gesehen wie wir. Tatsächlich erfolgte die einzige Reanalyse der Daten durch die EFSA erst nach der Überprüfung durch die WHO-Krebsforschungsagentur IARC, bei der sie Trendtests zu Nierentumoren, malignen Lymphomen und Hämangiosarkomen[I] bei männlichen Mäusen durchführten.

Neben dem Vorwurf, einige der verfügbaren Tumorergebnisse ignoriert und nicht in die Gesamtbewertung einbezogen zu haben, gab es weitere Gründe, warum Sie mit dem Ansatz der Kontrollbehörden unzufrieden waren. Was hatten Sie außer der Unterschlagung von Krebsbefunden noch zu kritisieren?

Die größten Probleme, die ich und meine Kollegen identifiziert haben, waren ein Versagen der Regulierungsbehörden, ihren eigenen Bewertungsrichtlinien zu folgen, eine Neigung, der von der Industrie geförderten Forschung mehr Gewicht zu geben, als den von unabhängigen Experten überprüften Studien, eine Tendenz, jeden Befund in jeder Studie einzeln zu beurteilen, ohne die Gesamtergebnisse zu betrachten, und ein Missverständnis von Epidemiologie und Metaanalysen.

Es entsteht der Eindruck, dass die Kontrollbehörden mit aller Kraft versucht haben, die Beweise für die Karzinogenität von Glyphosat herunterzuspielen, um eine Verlängerung der Zulassung zu ermöglichen, obwohl die verfügbaren Daten eindeutig eine krebserregende Wirkung von Glyphosat zu belegen scheinen.

I Maligne Lymphome sind Krebserkrankungen des Lymphsystems. Angiosarkome sind bösartige Tumore im Stütz- und Bindegewebe von Gefäßen, Hämangiosarkome gehen von den Blutgefäßen aus, meist von Milz, Leber, Herzvorhof oder Haut.

Ich kenne die Absicht der Kontrollbehörden nicht, also kann ich nicht wirklich sagen, ob dies mit Absicht geschehen ist. Aber unter dem Strich wurde aufgrund der Fehler, die sie bei ihrer Bewertung gemacht haben, der Nachweis für die Karzinogenität von Glyphosat heruntergespielt, was eine Verlängerung der Zulassung ermöglichte.

Was muss sich Ihrer Meinung nach ändern, damit die Kontrollbehörden gefährliche Stoffe in Zukunft hinsichtlich ihrer schädlichen Auswirkungen auf die menschliche Gesundheit tatsächlich unabhängig bewerten können?

In Zusammenarbeit mit einer Vielzahl talentierter Wissenschaftlerinnen und Wissenschaftler in Europa haben wir ein Whitepaper mit dem Titel »Gewährleistung eines hohen Schutzniveaus vor Pestiziden in Europa« verfasst[1]. Das beschreibt neun strukturelle und neun methodische Defizite bei der Überprüfung von Pestiziden in Europa und bietet Lösungen zu deren Behebung. Zu den behandelten Themen gehören nicht nur wissenschaftliche Defizite, sondern auch Themen wie mangelnde Transparenz, Interessenskonflikte, Beteiligung der Industrie an Überprüfungen, unvollständige Dossiers und so weiter.

SYSTEMISCHE FEHLER

Welche wissenschaftlichen Mängel der aktuellen Überprüfung durch die EU-Aufsichtsbehörden sehen Sie?

Es sind nicht nur die EU-Behörden, sondern auch die Behörden weltweit. Es gibt mehrere schwerwiegende Mängel bei all diesen Überprüfungen; hier seien nur fünf genannt:

Erstens:
Fehlende separate Analyse der Daten, die die Industrie übermittelt. Die Behörden erlaubten der Industrie, die Analysen durchzuführen, und fragten nie, ob diese Analysen ausreichen würden, um alle wichtigen Zusammenhänge zwischen Glyphosat und Krebs erfasst zu haben.

Zweitens:
Nichteinhaltung ihrer eigenen Leitfäden oder der der OECD[II]. Dies führte zur Ablehnung zahlreicher »positiver« Feststellungen, die nicht hätten abgelehnt werden dürfen. Viele Wissenschaftlerinnen haben über mehrere Jahre daran gearbeitet, diese Richtlinien unabhängig von einem Pestizidwirkstoff oder Produkt zu erarbeiten, um zu vermeiden, dass die Regeln verletzt werden, wenn eine Behörde einfach nicht will, dass ein Produkt eingeschränkt oder verboten wird. Indem die Behörden diese Leitfäden ignorierten, gelang es ihnen, genau das zu tun, was verhindert werden sollte.

Drittens:
Ein Mangel an Transparenz, der es den Behörden ermöglichte, eine genaue und kritische Überprüfung dessen zu vermeiden, was genau untersucht wurde und wie. Dies ermöglichte es auch Personen mit finanziellen Interessen am Glyphosat-Bewertungsergebnis, einige der wissenschaftlichen Erkenntnisse über schädliche Auswirkungen des Herbizids entscheidend in Frage zu stellen, ohne dass ihre Einflussnahme im Rahmen der Überprüfung erklärt wurde.

Viertens:
Verwendung eines evidenzbasierten Bewertungsansatzes, der weniger Gewicht auf Informationen aus der wissenschaftlichen Literatur legt und stattdessen den von der Industrie vorgelegten Daten ein enormes Gewicht verleiht.

Fünftens:
Kopieren und Einfügen von Informationen aus Industriequellen, als wären es Originalinformationen der Behörde. Außerdem gibt es eine beträchtliche Interaktion zwischen den Behörden verschiedener Länder und Ebenen, zum Beispiel zwischen der ECHA[III] und dem deutschen Bundesinstitut für Risikobewertung BfR, bei der sie Informationen voneinander kopieren, was sie weniger unabhängig macht.

II Organisation für wirtschaftliche Zusammenarbeit und Entwicklung.

III Europäische Chemikalienagentur: European Chemicals Agency.

ABHILFE TRANSPARENZ

Welche Vorschläge machen Sie im »Whitepaper« zur Transparenz?

Um die Transparenz zu verbessern, sollten die Behörden systematische Methoden anwenden, um die gesamte relevante Literatur zu einem bestimmten Pestizid zu identifizieren und zu überprüfen. Diese Studien sollten mit validierten Instrumenten bewertet werden, die in den letzten Jahren entstanden sind. Das sind Methoden, die eine selektiv geringere Gewichtung der besorgniserregenden Werte von Studien auf der Grundlage ungeeigneter Kriterien unterbinden.

Die Behörden sollten sich auch völlig von der Industrie distanzieren, die sie regulieren. Es sollte Wissenschaftlerinnen und Wissenschaftlern, die für diese Behörden arbeiten, verboten sein, von der Industrie konsultiert oder sogar, direkt oder indirekt, unterstützt zu werden, um an wissenschaftlichen Treffen und Workshops teilzunehmen. Erklärungen zur Offenlegung möglicher Interessenskonflikte sollten von allen verlangt werden, einschließlich Regierungsmitarbeiterinnen, die an der Risikobewertung und der Entwicklung von Leitfäden für den Umgang mit diesen Risiken beteiligt sind. Sämtliche Namen aller Personen, die an einer Bewertung gearbeitet, eine Bewertung überprüft, zu einer Bewertung Stellung genommen haben, sollten öffentlich bekannt gegeben werden.

Alle gesundheitsrelevanten Informationen, die in einer Risikobewertung verwendet werden, sollten öffentlich zugänglich gemacht werden. Dies schließt nicht einzelne Daten von Personen ein, die an epidemiologischen Studien beteiligt sind, sollte aber sämtliche Daten aus von der Industrie geförderten Laboruntersuchungen und die damit verbundenen Berichte umfassen. Nur durch die Veröffentlichung dieser Daten können wir Transparenz bei der Gesamtinterpretation dieser Daten gewährleisten.

Jegliche Studie über einen Wirkstoff oder ein Produkt, für das eine Zulassung beantragt wird, sollte vor ihrer Durchführung bei den Zulassungsbehörden registriert werden, um jede Möglichkeit zu verhindern, dass Studien, die toxische Effekte offenbaren, der wissenschaftlichen Prüfung vorenthalten werden.

INTERESSENSKONFLIKTE

Welche Interessenskonflikte sehen Sie und Ihre Kollegen in den aktuellen Überprüfungsverfahren, und was sollte in Zukunft anders gemacht werden?

Es fängt damit an, dass Interessenskonflikte von denen definiert werden, die entscheiden, ob sie überhaupt existieren. Solche involvierten Personen könnten das, was ich einen Interessenskonflikt nenne, so nicht wahrnehmen. Es gibt offensichtliche Konflikte wie die Beratung mit Industriegruppen oder, wie das bei mir der Fall ist, die Arbeit für Anwaltskanzleien, die in Rechtsstreitigkeiten über ein zu prüfendes Produkt verwickelt sind. Es gibt jedoch auch subtilere Interessenskonflikte, die ebenfalls sorgfältig geprüft werden müssen: etwa die Mitgliedschaft in den Vorständen von Organisationen, die überwiegend von der zu bewertenden Industrie finanziert werden, langfristige Engagements oder frühere Anstellungen in diesen Industrien, Aktien und Anleihen im Besitz eines Beteiligten, die in direktem Zusammenhang mit dem zu prüfenden Produkt stehen, und so weiter.

Sie haben auch Bedenken geäußert, dass die Agrarindustrie an den Untersuchungen beteiligt ist. Wie könnte eine Überprüfung der Toxizität synthetischer Pestizide ohne Beteiligung der Agrarindustrie aussehen, und wie sollte sie finanziert werden?

Ich schlage vor, dass die Industrie zunächst eine minimale Reihe toxikologischer Versuche finanziert, die es uns ermöglichen, festzustellen, dass ein Produkt keine offensichtliche Toxizität hat, der die breite Öffentlichkeit ausgesetzt wird. Es wird kontrovers diskutiert, ob ein solches Sicherheitsscreening von den Regulierungsbehörden konzipiert und durchgeführt werden sollte und welche Kosten an die regulierte Industrie weitergegeben werden sollten, oder ob die Studien von der regulierten Industrie selbst entworfen und durchgeführt und die Ergebnisse und Kosten dann mit den Regulierungsbehörden geteilt werden sollten. Ich habe gesehen, dass diese Arbeit in beiden Fällen gut funktionieren kann, vorausgesetzt, die Regulierungsbehörden kontrollieren und überprüfen die Studien sorgfältig. Ich möchte auch klarstellen, dass es sich bei diesen Studien zu Beginn nur um eine minimale Anzahl handeln sollte, um unmittelbaren Grund zur Besorgnis auszuschließen.

Diese Eingangsstudien decken nicht alle möglichen Gefahren ab und gewährleisten auch nicht die Sicherheit eines Produkts. Einzelne tiefergehende Studien, die von Universitäten durchgeführt werden, können leicht Gefahren identifizieren, die bei dem Sicherheitsscreening nicht erkannt worden wären, und diese müssen sorgfältig bewertet und gegebenenfalls durch zusätzliche Untersuchungen ergänzt werden, um Lücken in unserem Verständnis davon zu schließen, wie sich diese Risiken auf die Sicherheit eines Produkts beziehen. Diese Folgeuntersuchungen sollten, wenn es die regulatorische Überprüfung erfordert, auch von der regulierten Industrie finanziert werden.

Sie und die Ko-Autorinnen des »Whitepapers« kritisieren auch unvollständige Dossiers in der Review-Praxis. Was fehlt in den Dossiers, um eine seriöse Überprüfung durchführen zu können?

Wissenschaftliche Lücken in den Daten, die zur Beurteilung der Sicherheit eines Produkts benötigt werden, beziehen sich spezifisch auf das Produkt selbst. Einige Dinge sind offensichtlich: Wenn eine Regulierungsbehörde kritische Datenlücken identifiziert, sollten diese geschlossen werden, bevor eine endgültige Bewertung vorgenommen wird. Andere Datenlücken sind subtiler und können nicht im Voraus identifiziert werden. Sie sind, wie bereits erwähnt, das Ergebnis neuer wissenschaftlicher Studien von Universitäten, die neue Fragen zu den potenziellen Gefahren eines bestimmten Wirkstoffs oder Produkts aufwerfen. Die sollten bei Bedarf untersucht werden.

Die Tatsache, dass Kontrollfunktionen von Behörden wahrgenommen werden, scheint nicht immer zu gewährleisten, dass toxische Stoffe nach objektiven Standards bewertet werden. Der Schweizer Altlastenexperte Martin Forter[IV] sagt, dass Umweltorganisationen zunehmend die Kontrollaufgaben der Behörden übernehmen müssen, weil diese in der Vergangenheit in vielen Fällen versagt haben. Müssen wir über die Einrichtung neuer, von Industrie und Politik unabhängiger Kontrollstellen nachdenken, um die öffentliche Gesundheit wirksam zu schützen?

IV Siehe sein Beitrag in Kapitel 1 dieses Buches.

Ich bin fest davon überzeugt, dass die Beweise für die Toxizität eines Stoffes unabhängig von Industrie, Politik und der offiziellen Regulierungsbehörde und in einer Weise erfolgen sollten, die transparent ist für alle Interessierte. Meiner Meinung nach sollten die Daten für sich selbst sprechen können, und wenn es eine kompetente Überprüfung gibt, sollten die Regulierungsbehörden in der Lage sein, nach deren Abschluss über eine Vorgehensweise zu entscheiden, die ihren gesetzlichen Aufgaben und den Wünschen der Gesellschaft entspricht. Zu oft wird der Überprüfungsprozess durch Einmischung aus vielen verschiedenen Sektoren beeinflusst, was zu kostspieligen Fehlern führen kann. Theoretisch wurde die EFSA als unabhängige wissenschaftliche Behörde gegründet, die die Europäische Union auch in Fragen der Pestizidsicherheit berät. Offenbar erfüllt sie diese Aufgabe nicht.

Das Gespräch führte Christopher Schümann.

Verlustanzeige

Für ältere Menschen dürfte der Gesang der Feldlerche über den Wiesen eine Erinnerung an die Frühsommerzeiten der Kindheit sein. Man konnte sich ins Gras legen und im Himmel nach dem flatternden Punkt suchen, der dieses unglaublich kraftvolle, langanhaltende Trillern und Zirpen ausstieß, ein rhythmisches Rollen wiederkehrender Melodien. Wenn man den Vogel am Himmel entdeckt hatte. wusste man auch, wo ungefähr das Nest der Feldlerche tief darunter im Gras versteckt war. Denn das Männchen markiert sein Revier im Singflug. Der ist allerdings in den letzten Jahren immer seltener zu hören. Viele der heutigen Kinder können Sommerwiesen mit Feldlerchengesang nicht mehr erleben.

Die Feldlerche (Alauda arvensis)

Zwei Mal schon hat der Naturschutzbund Nabu die Feldlerche zum Vogel des Jahres gekürt: 1998 war das als Warnung gedacht. Dem damals noch sehr häufigen Wiesenvogel drohten die Lebensräume verloren zu gehen. Zwanzig Jahre später, 2019, war von der ehemals sehr häufigen Art in Deutschland über ein Viertel verschwunden. In der Schweiz ist der Bestand in der gleichen Zeit um über dreißig Prozent eingebrochen. In Österreich sind es sogar vierzig Prozent Rückgang. In Frankreich, wo die Vögel auch noch bejagt werden, liegen die Verluste in manchen Regionen bei bis zu neunzig Prozent.

Der Grund für die dramatischen Verluste lässt sich leicht erahnen, wenn man die Beschreibung der Lebensweise des Wiesenvogels liest: Bewohnt offene, weite Landschaften mit abwechslungsreicher Vegetation, favorisiert niedrige sowie vielfältig strukturierte Vegetation mit offenen Stellen. Legt sein Nest am Boden, versteckt in der Vegetation an. Hauptnahrung im Sommer sind Insekten, Spinnen, kleine Schnecken und Würmer, zu anderen Jahreszeiten auch Samen und Gräser.

Offene, weite Landschaften gibt es noch. Sie sind aber geprägt von Monokulturen und großflächigem Pestizideinsatz. Die Wiesen sind auch heute noch grün, aber alles andere als abwechslungsreich in der Vegetation. Zwei, drei Arten von schnellwachsenden Gräsern, die vier oder fünf Mal im Jahr gemäht werden: fertig ist das »Grünland«. Da blüht kein Kraut mehr, da gibt es keine offenen Stellen, da gedeihen auch kaum noch Insekten.

— *Vom Kreiselmäher ausgelöscht*

1964 brachte ein Niederländer erstmals den Kreiselmäher auf den Landmaschinenmarkt. An den Traktor angebaut und mit dessen Zapfwelle verbunden, rotieren seitdem Messer über die Wiesen. Nach und nach verdrängten die neuen Maschinen die alten Balkenmähwerke, weil sie viel schneller und mit größeren Arbeitsbreiten über die Wiesen gefahren werden konnten. Die rasenden Messer lassen Kleintieren und Gelegen von Bodenbrütern keine Chance mehr. Und ausweichen ins Ackerland konnte die Feldlerche auch nicht. Dort steht die Saat im April, wenn die Feldlerchen brüten, oft schon zu hoch und zu dicht, außerdem fahren die Maschinen dort noch häufiger und der Pestizideinsatz tötet die Nahrung.

RECHTS-FRAGEN

von Angeliki Lyssimachou
und Martin Dermine

Wenn die Zusammensetzung von Pestizidprodukten und die Toxizität von Zusatz- und Beistoffen nicht bekannt ist, wird das Vorsorgeprinzip untergraben

Neuere wissenschaftliche Erkenntnisse zeigen, dass einige in Glyphosatprodukten verwendete Hilfsstoffe viel toxischer sind als Glyphosat selbst. Deren gesundheitsschädigende Auswirkungen sind weder von den Kontrollbehörden noch von unabhängigen Wissenschaftlerinnen und Wissenschaftlern untersucht worden. Dies liegt auch daran, dass die genaue Zusammensetzung von Glyphosatprodukten und anderen Pestiziden als Geschäftsgeheimnis der Hersteller gelten und unabhängige Forschungsinstitute wenig Gelegenheit haben, die Toxizität der Hilfsstoffe zu untersuchen.

Aber wie ist es möglich, dass nicht alle Inhaltsstoffe von Pestizidprodukten sorgfältig untersucht worden sind, bevor sie zur Verwendung auf dem Markt zugelassen werden? Was bedeutet dies für das in Europa geltende Vorsorgeprinzip? Kann dieses Prinzip dazu beitragen, den Einsatz solcher Pestizide zu verhindern?

Wie ist die Rechtslage in der EU und in der Schweiz für Produkte, die bereits auf dem Markt sind und die Hilfsstoffe enthalten, deren hohe Toxizität bereits nachgewiesen ist? Sind die Regierungen nicht nach dem Vorsorgeprinzip verpflichtet, diese Produkte sofort vom Markt zu nehmen? Welche rechtlichen Möglichkeiten gibt es für die Zivilgesellschaft? Wir versuchen hier, diese Fragen zu beantworten.

PRINZIP VORSORGE

Das Vorsorgeprinzip ist ein Kernprinzip der EU-Rechtsgestaltung, um bei der Entscheidungsfindung unter Unsicherheit zu helfen. In einer Mitteilung der Europäischen Kommission aus dem Jahr 2000 wird dies klargestellt:

»Der Rückgriff auf das Vorsorgeprinzip setzt voraus, dass potenziell gefährliche Auswirkungen eines Phänomens, Produkts oder Verfahrens identifiziert wurden und dass die wissenschaftliche Bewertung es nicht erlaubt, das Risiko mit ausreichender Sicherheit zu bestimmen. Die Umsetzung eines auf dem Vorsorgeprinzip basierenden Ansatzes sollte mit einer möglichst vollständigen wissenschaftlichen Bewertung beginnen und, wenn möglich, in jeder Phase den Grad der wissenschaftlichen Unsicherheit ermitteln.«[1]

Daher kann und soll gemäß EU-Recht bei Zulassungsentscheidungen für Pestizidstoffe und -produkte das Vorsorgeprinzip von allen beteiligten Akteuren angewandt werden, also von der Europäischen Kommission beziehungsweise den Mitgliedstaaten. Es muss ausgelöst werden, wenn ein Gesundheitsrisiko identifiziert wird, auch wenn es keine wissenschaftliche Gewissheit gibt. Im Falle von Glyphosat hat eine Reihe wissenschaftlicher Studien gezeigt, dass Glyphosat und Herbizidprodukte auf Glyphosatbasis für den Menschen toxisch sein können, und dass bestimmte Herbizide auf Glyphosatbasis Inhaltsstoffe wie Adjuvantien[I] enthalten, die zu einer höheren Toxizität führen können als Glyphosat allein. Nichtsdestotrotz wurde Glyphosat in der EU zugelassen, und Pestizidprodukte auf Glyphosatbasis werden immer noch im europäischen Binnenmarkt verkauft. Offensichtlich führen Schwächen im derzeitigen Pestizid-Zulassungssystem zur Genehmigung von potenziell schädlichen Pestizidsubstanzen.

ZWEISTUFIGES VERFAHREN

In Europa werden sogenannte Pflanzenschutzmittel auf zwei Ebenen reguliert. Wirkstoffe wie Glyphosat werden auf EU-Ebene in einem Prozess geregelt, an dem die Kommission, die Mitgliedstaaten und die Europäische Behörde für Lebensmittelsicherheit EFSA beteiligt sind, während die Pestizidprodukte selbst, wie Monsantos »Roundup« auf nationaler Ebene in den Mitgliedstaaten zugelassen werden. Die gründlichste Bewertung, zum Beispiel zweijährige Kanzerogenitätsstudien an Nagetieren, wird für Wirkstoffe durchgeführt, die aufgrund ihrer biologischen Aktivität mit größerer Wahrscheinlichkeit als toxisch gelten. Sobald sie sich als »sicher« erwiesen haben, können die Hersteller eine Zulassung in den Mitgliedstaaten beantragen, in denen sie Produkte verkaufen wollen, die diesen Wirkstoff enthalten. Die Mitgliedstaaten führen dann die Sicherheitsbewertung des gesamten Produkts durch, einschließlich der Beistoffe und Hilfsstoffe.

Für den Schutz der Menschen in Europa und unserer Umwelt ist es von entscheidender Bedeutung, dass sowohl der Wirkstoff als auch das gesamte Pestizidprodukt keine nachteiligen Auswirkungen auf die Gesundheit von Menschen und Tieren oder die Umwelt haben. Wie bereits von Christopher Portier und Helmut Butscher-Schaden erläutert,[II] stufte die

I Adjuvantien sind Hilfsstoffe.

II Siehe die Beiträge zum Fall Glyphosat I und II.

IARC[III] Glyphosat als »wahrscheinlich krebserregende Substanz« ein, während die Kommission, die Europäische Behörde für Lebensmittelsicherheit und die Europäische Chemikalienagentur zu dem Schluss kamen, dass kein Krebsrisiko für den Menschen bestehe, was dazu führte, dass Glyphosat auf EU-Ebene zugelassen wurde. Die Gründe für die Diskrepanzen zwischen den Schlussfolgerungen zur Karzinogenität von Glyphosat zwischen der IARC und den EU-Institutionen sind bereits früher diskutiert worden; die EU-Institutionen haben es versäumt, eine »unabhängige, objektive und transparente« Bewertung von Glyphosat durchzuführen, wie es die Pestizidverordnung verlangt.

Nichtsdestotrotz gab die Zulassung von Glyphosat auf EU-Ebene den Herstellern grünes Licht, ihre Glyphosatprodukte weiterhin in den Mitgliedstaaten zuzulassen und zu vermarkten. Besorgniserregend ist, dass der gesamte Prozess, von der EU-Zulassung eines Wirkstoffs bis zur nationalen Zulassung eines Pestizidprodukts, von der Pestizidindustrie dominiert wird, die ein klares kommerzielles Eigeninteresse daran hat, ihr Produkt auf den Markt zu bringen. Die Verordnung (EG) 1107/2009 für das Inverkehrbringen von Pflanzenschutzmitteln, allgemein bekannt als EU-Pestizidverordnung, räumt indes dem Schutz der Gesundheit von Mensch und Tier sowie der Umwelt ausdrücklich Vorrang ein. Sie stützt sich auf das Vorsorgeprinzip, um sicherzustellen, dass in Verkehr gebrachte Pestizidwirkstoffe oder -produkte die Gesundheit von Mensch und Tier sowie die Umwelt nicht schädigen. Damit ist das EU-Recht eines der strengsten der Welt, allerdings nur theoretisch, da es in der Praxis nicht vollständig umgesetzt wird.

BEISTOFFE, HILFSSTOFFE UND PESTIZID-FORMULIERUNGEN

Die EU-Pestizidverordnung definiert Beistoffe als Stoffe, die in Pestizidprodukten verwendet werden, aber »weder Wirkstoffe noch Safener oder Synergisten« sind.[2] Adjuvantien, die dem Anwender zum Mischen mit einem Pestizidprodukt geliefert werden, um dessen Wirksamkeit zu erhöhen, bestehen aus Beistoffen, oder Mischungen, die Beistoffe enthalten, und sollten daher

III Die IARC ist die Internationale Agentur für Krebsforschung der Weltgesundheitsorganisation.

ebenfalls nicht als Wirkstoffe angesehen werden.[IV] Die EU-Pestizidverordnung besagt eindeutig, dass ein Beistoff nicht zur Aufnahme in ein Pestizidprodukt akzeptiert werden kann, wenn bekannt ist, dass seine Verwendung oder die daraus resultierenden Rückstände »eine schädliche Auswirkung auf die Gesundheit von Mensch und Tier oder auf das Grundwasser oder eine unannehmbare Auswirkung auf die Umwelt« haben.[3] Unzulässige Beistoffe müssen in Anhang III der Verordnung aufgenommen werden, und die Mitgliedstaaten, die für die nationale Zulassung von Pestizidprodukten verantwortlich sind, sollten keine Zulassungen für Pestizide mit einem unzulässigen Beistoff erteilen. Darüber hinaus sind gemäß Artikel 29 Absatz 6 und den Verordnungen über Datenanforderungen »bei der Bewertung von Pflanzenschutzmitteln die Wechselwirkungen zwischen dem Wirkstoff, den Safenern, den Synergisten und den Beistoffen zu berücksichtigen«

Obwohl die EU-Pestizidverordnung 2011 offiziell in Kraft getreten ist, müssen die Liste der inakzeptablen Beistoffe und die spezifischen Anweisungen, wie ein Stoff in diese Liste aufgenommen werden kann, noch festgelegt werden. Die Verordnung 1107/2009 bietet keine geeigneten spezifischen Testmethoden, um festzustellen, ob ein Beistoff inakzeptable Wirkungen hat, und im Allgemeinen ist die Bewertung der Toxizität von Beistoffen nicht so gründlich wie bei Wirkstoffen, da diese Stoffe nicht als biologisch aktiv gelten.

Zurzeit stellen die Antragsteller, also die Pestizidhersteller die Informationen zur Sicherheit von Produkten und Beistoffen zur Verfügung und legen fest, welcher Inhaltsstoff als Wirkstoff gilt. Die Art und der Inhalt der Beistoffe sind vertraulich, und nur die Behörden haben Zugang zu diesen Informationen. Wenn die Beistoffe im Rahmen einer anderen EU-Chemikalienverordnung, zum Beispiel zu Bioziden oder REACH,[V] als toxisch identifiziert wurden, sollte das Produkt vom Mitgliedstaat nicht zugelassen werden. In den meisten Fällen gibt es jedoch nur begrenzte Informationen über die Toxizität von Chemikalien, und potenziell gefährliche Chemikalien könnten zugelassen werden. Da sie vertraulich sind, können unabhängige Wissenschaftlerinnen und Wissenschaftler keine Forschung über diese Stoffe durchführen. Bei Pestizidprodukten können sie erst nach jahrelangem Ein-

IV Safener sind Beistoffe, die einkeimblättrige Pflanzen herbizidtoleranter machen; Synergisten verstärken die Wirkung.

V Verordnung (EG) Nr. 1907/2006 zur Registrierung, Bewertung, Zulassung und Beschränkung chemischer Stoffe (REACH).

satz durch die Landwirtinnen und Landwirte eigene Forschungen über mögliche toxische Auswirkungen durchführen, und zwar zu einem Zeitpunkt, an dem die menschliche Gesundheit und die Umwelt möglicherweise bereits geschädigt worden sind. Ironischerweise ist es Sache des Herstellers, auf die Toxizität seines eigenen Produkts und der verwendeten Beistoffe oder Hilfsstoffe hinzuweisen. Wenn eine Substanz nicht nach einer anderen Verordnung getestet wurde oder es keine Beweise für schädliche Gesundheits- oder Umwelt-Wirkungen des Produkts gibt, ist es sehr wahrscheinlich, dass ihre Toxizität über Jahre hinweg unbekannt bleibt.

Formulierte, also aus verschiedenen Komponenten zusammengesetzte, Pestizidprodukte werden nicht so gründlich geprüft wie die darin enthaltenen Wirkstoffe, und die Langzeittoxizität von Produkten wird aus Experimenten extrapoliert, die nur mit Wirkstoffen durchgeführt wurden. Allerdings werden einem Produkt Hilfsstoffe zugesetzt, um seine Wirksamkeit zu erhöhen, und es ist sehr wahrscheinlich, dass dies auch die Produkttoxizität erhöht, wie sich auch im Fall von Glyphosat herausgestellt hat.

Das deutsche Bundesinstitut für Risikobewertung BfR, das die Risikobewertung von Glyphosat auf EU-Ebene durchführte, hob hervor, dass ein Beistoff toxisch ist: POE-Tallowamin.[VI] Infolgedessen mussten Glyphosatprodukte, die diesen Inhaltsstoff enthielten, einschließlich des bekannten Roundup von Monsanto, vom Markt genommen werden. Die Toxizität anderer Beistoffe ist jedoch nicht bekannt. Es sollte eine Untersuchung zu den Hilfsstoffen durchgeführt werden, von denen der Toxikologe Robin Mesnage vom Londoner King's College berichtete, dass sie eine höhere Toxizität aufweisen, und die Produkte, die sie enthalten, sollten identifiziert werden.

In solchen Fällen, in denen sich Hinweise auf die Toxizität eines Produkts ergeben, entweder aufgrund des Wirkstoffs oder der Beistoffe oder der Kombination von Inhaltsstoffen, kann ein EU-Mitgliedstaat die Zulassung des Produkts überprüfen und es vom nationalen Markt nehmen. Darüber hinaus sind die Mitgliedstaaten nach Artikel 1.4 der Verordnung »insbesondere nicht daran gehindert, das Vorsorgeprinzip anzuwenden, wenn eine wissenschaftliche Unsicherheit hinsichtlich der Risiken für die Gesundheit von Mensch und Tier oder für die Umwelt besteht, die von den in ihrem Hoheitsgebiet zuzulassenden Pflanzenschutzmitteln ausgehen«.

VI Talgfettaminoxethylat engl. Polyethoxylated tallow amine (POEA).

Darüber hinaus betont das Urteil des Europäischen Gerichtshofs ECJ in der Rechtssache C-616/171 vom 1. Oktober 2019,[5] dass, da Produkte weniger gründlich als Wirkstoffe bewertet werden, die Behörde, die den Zulassungsantrag eines Herstellers prüft, zusätzliche Informationen anfordern kann, wenn sie der Ansicht ist, dass die Beweise für die Unschädlichkeit eines Produkts nicht ausreichen. Wenn die Bewertung zeigt, dass ein Risiko für die menschliche Gesundheit besteht, etwa aufgrund von Langzeittoxizität, aber nicht klar ist, wie ernst dieses Risiko ist, »hindert die Pestizidverordnung die zuständigen Behörden nicht daran, den Antrag auf Zulassung dieses Pflanzenschutzmittels in Anwendung des Vorsorgeprinzips abzulehnen«.

Als Reaktion auf die wissenschaftlichen Erkenntnisse über die Genotoxizität von Glyphosat und die Bedenken der Öffentlichkeit in dieser Frage wenden einige Mitgliedstaaten das Vorsorgeprinzip an und verbieten schrittweise Produkte auf Glyphosatbasis. Dies ist der Fall in Frankreich, wo die französische Agentur für Ernährung, Umwelt und Arbeitsschutz ANSES sechsunddreißig Produkte auf Glyphosatbasis »aufgrund fehlender wissenschaftlicher Daten, die jedes genotoxische Risiko ausschließen«, vom Markt zurückgezogen hat.[6] Luxemburg kündigte auch an, dass es die Verwendung von Herbiziden auf Glyphosatbasis mit einer Auslaufperiode bis Ende 2020 verbieten wird.[7] Das österreichische Parlament stimmte 2019 dafür, das Vorsorgeprinzip zu befolgen und Glyphosat zu verbieten, doch dann machte die Regierung aus technischen Gründen vorerst einen Rückzieher.[8]

Die Zivilgesellschaft kann auch eingreifen und einen EU-Mitgliedstaat auffordern, die Zulassung des Pestizidprodukts im jeweiligen Mitgliedstaat zu überprüfen.[9] Der Mitgliedstaat ist verpflichtet, den Antrag zu prüfen und eine Antwort zu geben. Wenn seine Antwort negativ ausfällt, also keine Bedenken vorliegen, und die betroffene Gruppe oder Einzelperson der Zivilgesellschaft Beweise für das Gegenteil hat und die Entscheidung je nach Mitgliedstaat eine Verletzung des Vorsorgeprinzips darstellt, kann sie die Entscheidung vor Gericht bringen.

COCKTAILEFFEKTE

Ein weitgehend unerforschtes Feld im Zusammenhang mit synthetischen Pestiziden sind die so genannten Cocktaileffekte. Diese treten auf, wenn sich verschiedene synthetische Pestizide oder deren Abbauprodukte in der Natur oder im menschlichen Organismus vermischen oder miteinander kombinieren. Jeden Tag nehmen wir einen komplexen Cocktail aus einer ganzen Reihe von Pestiziden zu uns, durch die Luft, die wir atmen, durch das Wasser, das wir trinken. Gegenwärtig weiß niemand über die wechselseitigen Auswirkungen dieser Stoffe auf die menschliche Gesundheit Bescheid, so dass eine realistische Risikoabschätzung durch eine Kontrollbehörde derzeit nicht möglich ist.

Wie rechtsverbindlich ist hier das Vorsorgeprinzip für die Politik? Wer ist rechtlich verantwortlich und zur Rechenschaft zu ziehen, wenn etwa durch Cocktaileffekte nachträglich krebserregende Wirkungen festgestellt werden? Können landwirtschaftliche Unternehmen zur Verantwortung gezogen werden? Ist es möglich, die Kommission, einzelne Politiker oder verantwortliche Personen in Kontrollbehörden wie dem deutschen BfR, der europäischen EFSA oder dem Bundesamt für Landwirtschaft in der Schweiz zu verklagen?

Erinnert sei eingangs daran, dass in Europa seit 2005 eine gesetzliche Verpflichtung besteht, kumulative und synergistische Effekte – also solche, die größer sind als die Summe ihrer Einzelwirkungen – von Pestiziden und ihren Rückständen zu ermitteln und anzugeben,[10] die jedoch noch nicht umgesetzt wird. Stattdessen basiert die Angabe über die »Sicherheit« der Pestizidexposition immer noch hauptsächlich auf der Bewertung einer einzigen Substanz, meist des Wirkstoffs, was höchst unrealistisch ist, da in der Landwirtschaft mehrere Pestizide eingesetzt werden, manchmal in Mischungen die in der Umwelt und auch als Rückstände in unserer Nahrung landen. Darüber hinaus sind Pestizide nicht die einzigen Chemikalien, denen wir ausgesetzt sind. Deshalb sind wir trotz der gesetzlichen Bestimmungen weiterhin Pestizidcocktails ausgesetzt, deren kombinierte Wirkung viel toxischer sein kann, als die Wirkung jedes einzelnen Pestizids.

Der relevante Gesetzestext besagt jedoch, dass solche Mischungseffekte von Pestiziden berücksichtigt werden sollten, »wenn die von der Behörde akzeptierten wissenschaftlichen Methoden zur Bewertung solcher Effekte verfügbar sind«, wobei auf die Europäische Behörde für Lebensmittelsicherheit EFSA, verwiesen wird, aber ohne ein Datum für die Entwicklung solcher Methoden festzulegen. Dies scheint jegliche rechtliche Schritte gegen den Industriesektor, die Kommission und die Behörden der Mitgliedstaaten zu blockieren aufgrund ihrer Untätigkeit, sich mit der kumulativen Toxizität von Pestizidmischungen zu befassen, da die EFSA hierfür noch keine Methode fertig ausgearbeitet hat. Noch beunruhigender ist, dass die zwei Pilotstudien der EFSA zur kumulativen Risikobewertung von Pestizidrückständen in Lebensmitteln, in denen die akute Toxizität auf das Nervensystem und die chronische Toxizität auf das Schilddrüsensystem untersucht werden, zu dem Schluss kommen, dass keine regulatorischen Maßnahmen erforderlich sind.[11] Die zehnjährige Arbeit der EFSA an der kumulativen Risikobewertung wurde erheblich durch die Methodik der Industrie beeinflusst, basiert auf veralteten, von der Industrie gesponserten Studien und hat eine so große Anzahl von Annahmen verwendet, dass die Schlussfolgerung bei weitem nicht als zuverlässig erscheint. Auch wurden keine Hintergrundtests zu einer Gruppe von Pestiziden durchgeführt; die Studie ist rein theoretisch und nicht an realen Situationen verifiziert.[12]

Es werden verschiedene Arten von Pestiziden und Pestizidmischungen auf den Feldern verwendet. Es ist jedoch wissenschaftlich sehr anspruchsvoll, zu beurteilen, welche Mischungen toxischer sein könnten als die einzelnen Mittel. In der EU sind fast fünfhundert Wirkstoffe zugelassen, was zu unendlichen Kombinationsmöglichkeiten führt. Es wäre unmöglich, alle Kombinationen auf ihre kumulierte Toxizität zu testen. Darüber hinaus können Unternehmen nicht vor Gericht wegen Mischungen angefochten werden, da sie nicht verpflichtet sind, die kombinierte Toxizität verschiedener Pestizidsubstanzen zu bewerten. Solange eine Behörde ein Pestizidprodukt vorschriftsmäßig zulässt und es keine Beweise für die Toxizität gibt, können die zuständigen Behörden nicht als rechenschaftspflichtig angesehen werden. Andererseits kann ein Pestizidunternehmen nach der Zulassung nicht für den Schaden zur Verantwortung gezogen werden, den sein Pestizid verursacht, es sei denn, man beweist, dass das Unternehmen über die Toxizität bestimmter Mischungen Bescheid wusste, die Informationen aber geheim gehalten hat.

UNREGELMÄSSIGKEITEN BEI DER ZULASSUNG

Die weitere Zulassung von Glyphosat im Jahr 2017 innerhalb der EU für weitere fünf Jahre ignorierte die Mehrzahl oder fehlinterpretierte mehrere der Befunde einer erhöhten Tumorbildung bei Ratten und Mäusen. Das deutsche Bundesinstitut für Risikobewertung BfR hatte die Prüfung des Krebsrisikos von Glyphosat im Auftrag der EU durchgeführt. Das Leitbild des BfR lautet: »Wissenschaft im Dienste des Menschen«, sein gesetzliches Mandat lautet: »Im Mittelpunkt der Arbeit des BfR steht der Mensch als Verbraucher. Mit seiner Arbeit trägt das Institut wesentlich dazu bei, Lebensmittel, Stoffe und Produkte sicherer zu machen. Damit trägt das BfR dazu bei, die

Gesundheit der Verbraucherinnen und Verbraucher zu schützen.« Das Institut hat den Status der fachlichen Unabhängigkeit: »Um sicherzustellen, dass Bewertungen ohne Beeinflussung durch politische, wirtschaftliche oder soziale Interessen durchgeführt werden können, ist das Institut in seinen Bewertungen nach den Bestimmungen der Stiftungsakte unabhängig.« Vieles deutet darauf hin, dass in diesem Fall Mitarbeiter der Behörden sich nicht an ihren gesetzlichen Auftrag gehalten, sondern einseitig den Interessen der Industrie gedient haben.

Hier stellen sich mehrere Fragen: Wer kann für diesen wissenschaftlichen Fehler im Zusammenhang mit der Zulassung von Glyphosat rechtlich verantwortlich gemacht werden? Was kann die Zivilgesellschaft in solchen Fällen tun? Und was können die EU-Mitgliedstaaten tun? Welche Rolle spielt dabei das Vorsorgeprinzip?

Die auf EU-Ebene für die Wirkstoffzulassung verantwortliche Stelle ist die Kommission, die als Risikomanagerin fungiert und den Mitgliedsstaaten im sogenannten Komitologieverfahren Regulierungsvorschläge zur Genehmigung oder Nichtzulassung zur Abstimmung vorlegen soll.

Nach der Pestizidverordnung wird die Zulassung eines Wirkstoffs zunächst von einem Mitgliedstaat als Berichterstatter oder Rapporteur bearbeitet, der den Antrag vom Pestizidhersteller erhält. Dieser Mitgliedstaat und ein weiterer, sein Ko-Rapporteur, prüfen die Zulässigkeit und den Entwurf des Bewertungsberichts beziehungsweise den Erneuerungsbewertungsbericht für bereits auf dem Markt befindliche Stoffe. Für die Bewertung von Glyphosat war dies die Aufgabe des BfR. Die EFSA bewertet dann den Bericht durch ein Peer-Review in Kommunikation mit allen EU-Mitgliedstaaten und gibt eine Stellungnahme an die Kommission ab, ob der Stoff die Kriterien für die Zulassung erfüllt. Auf der Grundlage dieser Stellungnahme bereitet die Kommission einen Vorschlag für die Zulassung oder Nichtzulassung des Wirkstoffs vor. Daher ist die Kommission für die endgültige Entscheidung über den Wirkstoff verantwortlich.

Im Jahr 2015 entschied der Europäische Gerichtshof, dass Bürgerinnen und NGO eine Genehmigung des Wirkstoffs durch die Kommission nicht anfechten können.[13] Die Mitgliedstaaten und die Industrie können jedoch die von der Kommission getroffenen Entscheidungen anfechten. Pestizidfirmen fechten regelmäßig Entscheidungen über Nichtzulassungen oder Verbote an, während es noch nie vorgekommen ist, dass ein Mitgliedsstaat die Kommission verklagt hat, weil sie zum Beispiel das Vorsorgeprinzip bei Entscheidungen zum Risikomanagement nicht angewandt hat.

Auf EU-Ebene kann die Zivilgesellschaft eine Beschwerde über Missstände im Verwaltungshandeln der EU-Institutionen beim Europäischen Bürgerbeauftragten einreichen, der dann Ermittlungen zur Untersuchung des Problems einleitet. Diese Untersuchungen können jedoch nicht wissenschaftlich sein, wie auch im Fall der Glyphosat-Genotoxizität, da das Büro des Bürgerbeauftragten keine wissenschaftliche Einrichtung ist.

Behauptungen über schwerwiegendes Fehlverhalten von EU-Mitarbeitern und Mitgliedern von EU-Institutionen können dem Europäischen Amt für Betrugsbekämpfung OLAF[VII] gemeldet werden. OLAF untersucht Betrug gegen den EU-Haushalt, Korruption und schwerwiegendes Fehlverhalten innerhalb der europäischen Institutionen und entwickelt auch eine Betrugsbekämpfungspolitik für die Europäische Kommission. Es ist jedoch notwendig, den Beweis für eine vorsätzliche Täuschung oder eine vorsätzlich begangene Unregelmäßigkeit zu erbringen.

Der berichterstattende Mitgliedstaat – im Falle von Glyphosat das deutsche BfR – muss gemäß Pestizidverordnung »eine unabhängige, objektive und transparente Bewertung im Lichte des aktuellen wissenschaftlichen und technischen Kenntnisstandes vornehmen«, und wenn es Beweise dafür gibt, dass eine solche Bewertung nicht vorgenommen wurde, kann dies gemeldet werden.[14]

Zulassungsentscheidungen können in den Mitgliedsstaaten angefochten werden. Bei Produkten kann ein Mitgliedsstaat auf der Grundlage von Artikel 44 der Verordnung die Zulassung eines Pestizidprodukts widerrufen, wenn unter anderem »falsche oder irreführende Informationen über die Fakten, auf deren Grundlage die Zulassung erteilt wurde, vorgelegt wurden« oder wenn »der Zulassungsinhaber die sich aus dieser Verordnung ergebenden Verpflichtungen nicht erfüllt«. Daher können die Mitgliedstaaten die Zulassung von Glyphosatprodukten in ihrem Land auf der Grundlage des Vorsorgeprinzips blockieren.

In Deutschland ist nicht das BfR, sondern das Bundesamt für Verbraucherschutz und Lebensmittelsicherheit BVL, für die Zulassung von Pestizidprodukten zuständig. Daher ist es das BVL, das aufgrund eines potenziellen Langzeitrisikos wie der Genotoxizität, das in der Risikobewertung nicht ausreichend berücksichtigt wurde, den Widerruf der Zulassung von Produkten auf Glyphosatbasis beantragen kann.

VII Office Européen de Lutte Anti-Fraude.

BETRUG IM ZULASSUNGSVERFAHREN

Der Umweltchemiker Helmut Burtscher-Schaden kann durch seine Recherchen offensichtlich beweisen, dass der Pestizidhersteller Monsanto im Zulassungsverfahren für Glyphosat falsche Angaben gemacht hat.[VIII] Es ist daher möglich, dass die Zulassung ohne diese falschen Angaben nicht erteilt worden wäre. Dies hat dem Unternehmen einerseits viel Gewinn gebracht, andererseits aber auch große wirtschaftliche, ökologische und gesundheitliche Schäden für die Menschen in Europa verursacht.

Welche rechtlichen Möglichkeiten hat die Zivilgesellschaft, wenn eine Firma hinsichtlich der Sicherheit ihrer Produkte gelogen hat?

Bürgerinnen und Bürger, die durch ein Produkt gesundheitliche Schäden erlitten haben, können den Hersteller des Produkts vor einem Zivilgericht auf nationaler Ebene verklagen. In Frankreich zum Beispiel leitete ein Landwirt ein Gerichtsverfahren gegen Monsanto ein, nachdem er durch Monsantos Herbizid namens Lasso vergiftet worden war, mit der Begründung, dass dem Unternehmen die Toxizität des Produkts bekannt war, insbesondere der Hilfsstoff, der den Unfall verursachte: Monochlorbenzol. Er gewann den Fall 2019, nach einem fünfzehnjährigen Kampf.[15] In den USA haben Tausende von Menschen, die dem glyphosathaltigen Roundup ausgesetzt waren und bei denen das Non-Hodgkin-Lymphom diagnostiziert wurde, beantragt, eine Klage gegen Monsanto einzureichen. Bislang haben die drei Roundup-Krebsprozesse zu Gerichtsurteilen über 2,4 Milliarden Dollar wegen Körperverletzung geführt. In allen Fällen wurde nachgewiesen, dass die Exposition gegenüber dem Glyphosat-Herbizid eine bedeutende Rolle bei der Entwicklung der Krankheit gespielt hat und dass Monsanto in böswilliger Absicht gehandelt hat, weil es irreführende Informationen über die Toxizität seines Produkts gegeben hat, und daher für sein Verhalten bestraft werden sollte.[16]

In der EU hat so etwas unseres Wissens noch nie stattgefunden. Wenn ein Produkt zugelassen wird, ist es die zuständige Behörde, die für die Bewertung des vom Unternehmen eingereichten Dossiers verantwortlich ist. Wenn ein vorsätzlicher Betrug begangen wurde und nachgewiesen werden kann, können je nach Mitgliedsstaat entweder die Behörde oder die Bürgerinnen das Unternehmen vor einem Zivilgericht verklagen. In der EU hat auch dies unseres Wissens jedoch noch nie stattgefunden.

VIII Siehe dazu »Der Fall Glyphosat I« in diesem Kapitel.

WER BEZAHLT DIE GEMEINKOSTEN?

Einige Trinkwasserentnahmestellen in der EU und der Schweiz mussten bereits geschlossen werden, weil die Pestizidgrenzwerte überschritten wurden. Dieser Trend könnte sich in Zukunft fortsetzen. Es scheint, dass die Kontrollbehörden ihren gesetzlichen Auftrag zum Schutz des Trinkwassers noch nicht ausreichend erfüllt haben.[IX]

Wer trägt den verursachten finanziellen Schaden? Welche Möglichkeiten gibt es, in diesem Fall das Verursacherprinzip durchzusetzen und sicherzustellen, dass nicht diejenigen zur Kasse gebeten werden, die den Schaden nicht verursacht haben: die Verbraucherinnen?

Der Schweizer Fall ist nicht isoliert: In Europa wurden bereits viele Brunnen wegen Pestizidbelastung geschlossen. Manchmal werden noch immer Pestizide wie Atrazin, die vor zehn oder mehr Jahren verboten wurden, im Grundwasser gefunden, da es Jahre dauert, bis die Substanzen durch den Boden sickern. Viele Tests, die im Rahmen der Risikobewertung von Pestiziden durchgeführt werden, imitieren die Situation auf dem Acker nicht realitätsgetreu. Standardisierte Tests sollten eigentlich das Durchsickern von Pestiziden im Boden und Wasser nachahmen, aber es gibt Hinweise darauf, dass diese Tests nicht empfindlich und akkurat genug sind, um den Gehalt an Pestiziden in der Umwelt im wirklichen Leben vorherzusagen, um die problematischsten Substanzen zu identifizieren. Diese fehlerhaften, ungenauen Tests wurden von den zuständigen Behörden genehmigt und sind Teil der wissenschaftlichen Prüfpläne.[X] Solange die Unternehmen die Tests nach den Vorgaben korrekt durchführen und die Ergebnisse von den zuständigen nationalen Behörden validiert werden, können die Pestizidfirmen nicht für die Kontamination verantwortlich gemacht werden, es sei denn, es gibt Beweise dafür, dass sie bei den Tests betrogen haben. Es liegt auf der Hand, dass die Methoden zur Vorhersage der Pestizidbelastung der Umwelt aktualisiert werden müssen, um der Realität besser gerecht zu werden.

Die EU-Mitgliedstaaten oder die Schweiz sind berechtigt, spezielle Pestizidsteuern zu erheben, um die Wasser-Dekontaminierung zu finanzieren oder Verluste im Zusammenhang mit der Schließung von Wasserbrunnen zu kompensieren.

IX Siehe dazu das Gespräch mit Kurt Seiler in Kapitel 1: »Gift im Lebensmittel Nummer eins«.

X Protocol studies.

In Dänemark wird das Trinkwasser einfach gefiltert, nicht gereinigt, das ist ein Stolz des Landes. Daher sind die Pestizidvorschriften sehr streng, vor allem über den Grundwasserspeichern. So hat die Stadt Aarhus beispielsweise jegliche Verwendung von Pestiziden, auch in der Landwirtschaft, auf ihrem Territorium verboten, um eine Wasserverschmutzung durch Rückstände von Pestiziden oder deren Metaboliten zu vermeiden.

Übersetzung: Ulrike Bickel

ANDERE LÄNDER – ANDERE STANDARDS

von Ulrike Bickel

Die fusionierten Agrochemiekonzerne liefern sich einen globalen Machtkampf, ohne Rücksicht auf Mensch und Natur

In Europa gelten die weltweit strengsten Regelungen im Umgang mit synthetischen Pestiziden, mit Ausnahme einiger indischer Bundesstaaten, in denen der Gebrauch synthetischer Pestizide generell verboten ist. Immer wieder werden hochgiftige Pestizide vom europäischen Markt genommen, wenn ihre gesundheitsschädigende oder umweltzerstörende Wirkung erwiesen ist. Europäische Politiker wenden beim Schutz von Gesundheit und Umwelt allerdings bisher doppelte Standards an. Hochgefährliche Pestizide, die in Europa längst verboten sind, dürfen weiterhin in Entwicklungsländer exportiert werden und dort der Gesundheit von Menschen und der Umwelt schweren Schaden zufügen. Hochgefährliche Pestizide sind solche, die von der Welternährungsorganisation FAO, der Weltgesundheitsorganisation WHO und auch dem internationalen Pestizid Aktions-Netzwerk PAN als höchst gefährliche HHP[I] klassifiziert wurden.

Es hat den Anschein, dass die europäische Politik in der Praxis das Menschenrecht auf körperliche Unversehrtheit nicht allen zugesteht, um europäischen Konzerninteressen dienstbar zu sein. Seit Jahrzehnten belegen empirisch erhobene Daten, dass der Export hochgefährlicher Pestizide durch globale Agrarchemiekonzerne wie Bayer, BASF und Syngenta in den globalen Süden katastrophale Folgen hat. Weltweit wurden bereits Millionen Menschen und wertvolle Ökosysteme schwer geschädigt. Umdenken oder gar Umsteuern seitens der europäischen Politik ist trotz der erdrückenden Fakten bis heute nicht zu erkennen.

HOCHGEFÄHRLICHE PESTIZIDE

Nach der gemeinsamen Definition von FAO und WHO sind hochgefährliche Pestizide solche Pestizide,

»... die dafür bekannt sind, ein besonders hohes Potenzial an akuten oder chronischen Gefahren für Gesundheit oder Umwelt mit sich zu bringen, gemäß international anerkannten Einstufungssystemen, wie zum Beispiel WHO oder Global Health System, oder gemäß ihrer Auflistung in relevanten verbindlichen internationalen Vereinbarungen oder Übereinkommen. Darüber hinaus können Pestizide, die unter den Anwendungsbedingungen in einem Land

I Highly Hazardous Pesticides.

schwere oder irreversible Schäden für die Gesundheit oder die Umwelt zu verursachen scheinen, als hochgefährlich angesehen und behandelt werden.«[1]

Welternährungsorganisation FAO und Weltgesundheitsorganisation WHO konnten sich jedoch nicht entschließen, eine offizielle Liste hochgefährlicher Pestizidwirkstoffe zu erstellen. Deshalb tut dies das Pestizid Aktions-Netzwerk PAN seit 2009 in der sogenannten »PAN HHP Liste«, die seither mehrfach aktualisiert wurde, zuletzt im März 2019. Dabei erweiterte PAN die Kriterien von FAO und WHO unter anderem um Umweltkriterien. In der PAN-Liste werden die Kriterien beschrieben und all jene Pestizidwirkstoffe aufgelistet, die diesen Kriterien entsprechen.[2]

Das Pestizid Aktions-Netzwerk ist ein Netzwerk von über sechshundert Nichtregierungsorganisationen, Institutionen und Einzelpersonen in über neunzig Ländern, das daran arbeitet, den Einsatz gefährlicher Pestizide durch ökologisch sinnvolle und sozial gerechte Alternativen zu ersetzen. Weltweit sind PAN zufolge rund tausend Pestizidwirkstoffe in Gebrauch, davon sind dreihundertzehn hochgefährliche HHP entsprechend den Kriterien der PAN-HHP-Liste. Davon sind jedoch nur vierunddreißig Pestizide durch die Stockholm-Konvention, die Rotterdam-Konvention oder das Montreal Protokoll verbindlich strenger reguliert, das heißt im Handel beschränkt oder weltweit verboten.[3]

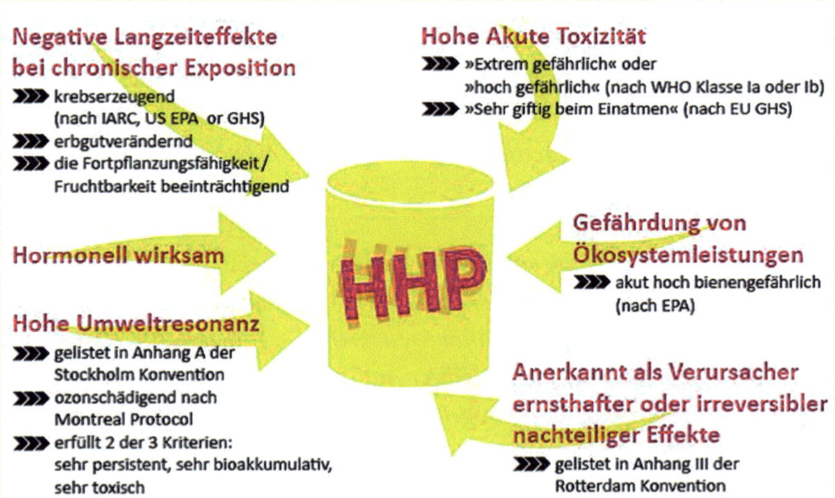

PAN-Kriterien zur Identifizierung hoch gefährlicher Pestizide (HHP).
Aus: PAN Germany (2019): Giftige Exporte, S. 6.

Die Weltgesundheitsorganisation publizierte im September 2019 die verstörende Nachricht, dass die Selbstvergiftung mit Pestiziden eine der häufigsten Suizid-Methoden ist. Dabei spielt die Verfügbarkeit von Pestiziden eine wesentliche Rolle. Die hohe Toxizität vieler Pestizide sei schuld daran, dass Selbstmordversuche »erfolgreich« zum Tod führten, vor allem in ärmeren Ländern, wo keine Gesundheitsstationen erreichbar und keine Gegengifte verfügbar sind. Daher nennt die WHO als effektivste Maßnahme zur Verringerung von Suiziden, den Zugang zu den hochtoxischen Pestiziden zu beschränken. So hat in Sri Lanka das Verbot einer Reihe von HHP binnen zwanzig Jahren zu einem siebzigprozentigen Rückgang der Suizide geführt und dadurch ungefähr 93.000 Menschenleben gerettet. In Südkorea, wo in den 2000er Jahren das Herbizid Paraquat für die Mehrzahl der Selbstmorde genutzt wurde, führte das Verbot dieses Mittels 2011 dazu, dass sich die Zahl der Suizidtoten binnen zwei Jahren halbierte.[4]

Die WHO ging bereits 1990 davon aus, dass wenigstens fünfundzwanzig Millionen in der Landwirtschaft Tätige mindestens einmal pro Jahr eine Pestizidvergiftung erlitten.[5] Der weltweite Pestizidverbrauch in der Landwirtschaft ist seitdem von knapp 2,3 Millionen Tonnen sprunghaft angestiegen auf rund 4,1 Millionen Tonnen jährlich.[6] Extrapoliert man den damaligen Prozentsatz – drei Prozent aller im Agrarsektor Arbeitenden erlitten Pestizidvergiftungen – auf die heutige Anzahl landwirtschaftlicher Beschäftigter, so wären heute über vierzig Millionen Menschen pro Jahr Opfer unbeabsichtigter Pestizidvergiftungen.[7] Allerdings ist heute die Verfügbarkeit von Agrarchemie weitaus flächendeckender als vor dreißig Jahren. In Entwicklungs- und Schwellenländern haben die Pestizidkonzerne quasi omnipräsente Netze an Verkaufsfilialen bis in abgelegene Dörfer aufgebaut und auch Kleinbauern als Kundschaft ins Visier genommen. So ersetzt beispielsweise in Bolivien, dem zweitärmsten Land Lateinamerikas nach Haiti, der »Rat« des Pestizidhändlers beim Wochenmarkt in vielen Kreisstädten die nahezu inexistente staatliche Agrarberatung.

Der UN-Sonderberichterstatterin für das Recht auf Nahrung, Hilal Elver, zufolge, sterben jährlich schätzungsweise zweihunderttausend Menschen durch Vergiftungen mit Pestiziden; neunundneunzig Prozent davon in Entwicklungsländern.[8] Hilal Elver thematisierte 2017 in ihrem Bericht an den UN-Menschenrechtsrat gemeinsam mit dem UN-Sonderberichterstatter für Giftmüll, Baskut Tuncak, dass der exzessive Pestizideinsatz weltweit ein gravierendes Problem für eine Reihe von Menschenrechten insbesondere von vulnerablen, also verwundbaren Gruppen wie Kleinbauern, Frauen, Kindern und Indigenen bedeutet. Ihr zufolge verursachen Pestizide erhebliche Kosten für Regierungen und haben katastrophale Auswirkungen auf Ökosysteme, die menschliche Gesundheit und die Gesellschaft.

In seinem Report »Giftige Exporte« von September 2019 überprüfte PAN Germany, welche hochgefährlichen Pestizidwirkstoffe aus Deutschland wohin exportiert werden, und ob darunter auch solche sind, die keine Genehmigung mehr in der EU haben.[9] Ergebnis: Mehr als ein Viertel, nämlich zweiundsechzig, der insgesamt 233 im Jahr 2017 aus Deutschland exportierten Agrarchemikalien sind hochgefährlich, einundzwanzig hatten zum Zeitpunkt des Exportes keine Zulassung in Deutschland, und neun dieser Pestizidwirkstoffe hatten keine EU-Genehmigung.

Zu den exportierten Pestiziden zählen unter anderen die Herbizide Cyanamid von Alzchem, Acetochlor von Monsanto/Bayer und Tepraloxydim von BASF, die von der EU als krebserzeugend und reproduktionstoxisch eingestuft werden, sowie das Insektengift Cyfluthrin von Bayer, das als akut giftig gilt und von der WHO in die zweithöchste Gefahrenklasse WHO Ib aufgenommen wurde. Weitere exportierte, hoch problematische Wirkstoffe ohne EU-Genehmigung waren das wahrscheinlich karzinogene und fruchtschädigende, genotoxische, Grundwasser kontaminierende Iprodione von BASF und Bayer, das sehr umweltgefährliche, für Wasserorganismen giftige, Insektizid Bendiocarb von Bayer; das Insektizid Chlorfenapyr von BASF, das hoch bienengefährlich sowie nieren- und leberschädigend ist und im Verdacht steht, Krebs zu erregen; das umweltgefährliche, reproduktionstoxische Rattengift Flocoumafen von BASF; sowie das reproduktionstoxische, karzinogene und endokrinschädigende Herbizid Linuron von Feinchemie Schwebda.[10]

GLOBALER MACHTKAMPF

Bereits 2004 kam PAN in seiner Studie »Für einen gläsernen Pestizidexport« zu dem Ergebnis, dass zwar nur wenige deutsche Firmen, darunter BASF und Bayer, hierzulande verbotene Pestizide exportieren, dass aber schon damals viele der exportierten Pestizide »gleichwohl als gefährlich oder sogar extrem gefährlich eingestuft und sehr häufig unter Armutsbedingungen nicht einmal halbwegs sicher einsetzbar« waren.[11] Die Warnungen wurden ignoriert, die Folgen waren und sind fatal.

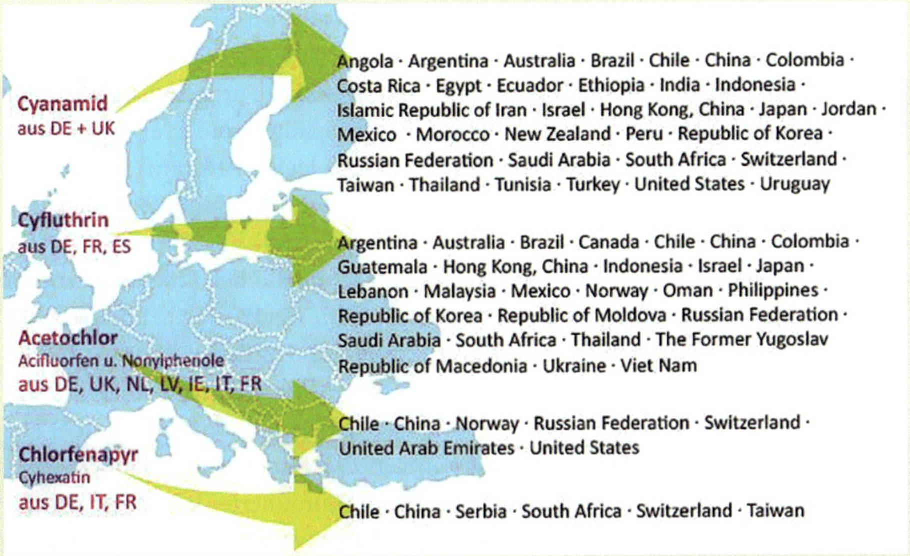

Empfängerländer für exportierte Pestizide ohne EU-Genehmigung aus Deutschland und anderen EU-Ländern. Aus: PAN 2019, S. 16.

Ein Beispiel für die ungleiche Regulierung von Pestiziden ist das hochtoxische Insektizid Monocrotophos. Von den 154 Ländern, für die Informationen über Pestizide verfügbar waren, haben hundertzwölf Monocrotophos verboten; in den anderen Ländern schadet es weiterhin Menschen und Umwelt. So war es unter anderem verantwortlich für den Tod von dreiundzwanzig Schulkindern in Indien im Jahr 2013, für den Tod von indischen Baumwollbauern im Jahr 2018 und für zahlreiche weitere Vergiftungen – trotz der vor zehn Jahren ergangenen Aufforderung der WHO an Indien, das Mittel zu verbieten.

Auch das Ökoinstitut hat 2018 untersucht, welche in der EU verbotenen beziehungsweise nicht zugelassenen hochgefährlichen Pestizide von Bayer und BASF im Ausland vertrieben werden.[12] Wobei die Produkte teilweise gar nicht mehr in Europa hergestellt werden. So stellt das Ökoinstitut fest, dass Bayer zum Beispiel das Insektizid und Nematizid Curaterr mit dem Wirkstoff Carbofuran über seine südafrikanische Tochter anbietet, und in Produktionsanlagen an mehr als hundertdreißig Standorten in vierunddreißig Ländern herstellt. Auch Syngenta und BASF betreiben eigene Pestizidfabriken auf allen Kontinenten und umgehen damit das vergleichsweise strenge EU-Zulassungsrecht. Hierbei profitieren sie von niedrigeren

Umwelt- oder Sicherheitsauflagen und Kontrollen oder billigerer Produktion durch niedrigere Löhne. Paradebeispiel ist Syngentas Produktion des Totalherbizids Paraquat, das aus China, Mexiko, Paraguay, Argentinien, Uruguay, Ecuador, Panama, Indien, Israel, Spanien und Frankreich nach Bolivien exportiert wird. Syngenta will nach eigener Auskunft seine »Partnerschaften mit Landwirten, Universitäten und Forschungseinrichtungen weiter ausbauen«.

Der aggressive Wettbewerb um Marktanteile bei Pestiziden erklärt sich im Kontext des globalen Machtkampfs im Agrarbereich: 2017 erlaubte die EU-Kommission trotz massiver zivilgesellschaftlicher Proteste die Fusion der sechs größten globalen Agrarchemiekonzerne zu drei den Weltmarkt beherrschenden Konzernen: Bayer schluckte Monsanto, die US-Firmen Dupont und Dow-Chemicals gingen zusammen, sowie der Schweizer Konzern Syngenta und Chemchina. Hierin kumulierte die globale Machtkonzentration im Saatgut-, Pestizid- und Düngermarkt bei den sechs Agrarchemiegiganten, die rund drei Viertel der weltweiten Pestizidverkäufe sowie knapp zwei Drittel des globalen Saatgutkommerzes beherrschen. Die Schweizer Nichtregierungsorganisation Public Eye beleuchtet in ihrem Bericht »Highly hazardous profits« das Exportgeschäft des Basler Agrarchemiegiganten Syngenta, bei dem der HHP-Verkauf in Entwicklungs- und Schwellenländer eine zentrale Rolle spielt.[II]

Im Juni 2019 machte der britische Guardian publik, dass in Brasilien, einem der biodiversitätsreichsten Länder der Erde, in den vergangenen drei Jahren unter den Regierungen der Präsidenten Temer und Bolsonaro über 1200 neue Pestizide zugelassen wurden, darunter 193 in der EU aus Gesundheits- und Umweltgründen verbotene Chemikalien. Die verheerenden Folgen für Gesundheit und Umwelt offenbaren sich auch in den Daten des brasilianischen Kontrollprogramms zur Trinkwasserqualität, dessen Analyse zutage brachte, dass Millionen Brasilianerinnen und Brasilianer beim Trinken und Waschen einem Cocktail multipler Pestizide ausgesetzt sind. Eine der am häufigsten nachgewiesenen Substanzen war Atrazin, das in fünfundachtzig Prozent aller getesteten Wasserproben nachgewiesen wurde. Das als hormonverändernd und fortpflanzungsgefährdend eingestufte Herbizid ist in der EU und der Schweiz verboten. Syngenta ist weltgrößter

II Siehe dazu den nachfolgenden Beitrag »Das Geschäft mit dem Gift«

Produzent dieses hochumstrittenen Herbizids, das – neben Glyphosat – global als »Lösung« gegen Wildkräuter beworben wird. Viele Wissenschaftler warnen vor Atrazin aufgrund seiner Gefährlichkeit für Ökosysteme, Menschen und Tieren: so kontaminiert es Trinkwasser, beeinträchtigt die Fruchtbarkeit, steigert das Risiko von Krebs und Fehlgeburten und akkumuliert sich im Körper, in Gewässern und Ökosystemen. In vielen Entwicklungs- und Schwellenländern ist Atrazin weiter auf dem Markt, neben Brasilien auch in Argentinien, Chile, Peru, Kolumbien und Mexiko. Allein in China sind sechshundert atrazinhaltige Herbizide zugelassen.

Syngenta dominiert auch das milliardenschwere globale Geschäft mit dem hochtoxischen Kontaktherbizid Paraquat, das zur Unkrautbekämpfung im Obst- und Weinbau eingesetzt wird, und in Plantagen von Kaffee, Tabak, Tee, Ölpalmen, und Bananen. Auch wird es abwechselnd mit Glyphosat in der Direktsaat gentechnisch veränderter Kulturen wie Mais und Soja in Verbindung mit pflugloser Bodenbearbeitung gespritzt. Die fortschreitende Resistenzbildung gegen beide Herbizide führt zur Entstehung der berüchtigten »Superunkräuter« und in einen Teufelskreis zunehmenden Pestizideinsatzes. Bei akuter Vergiftung führt Paraquat zu Unterleibschmerzen, Appetitlosigkeit, Schwindel, Erbrechen und Durchfall, Kurzatmigkeit, Herzrasen, Nierenversagen, Lungenschmerzen und Leberschädigung. Der Wirkstoff schädigt die Fruchtbarkeit und ist laut US-Umweltbehörde EPA möglicherweise krebserregend und mutagen. Auch der Süßwarenkonzern Ferrero lässt Vertragsbauern auf seinen chilenischen Haselnussplantagen das hochgefährliche Mittel spritzen, zum Schaden von Anwohnern und Gewässern – ohne dass es den Konsumenten von Nutella, Hanuta und Duplo bewusst wäre.

In Argentinien dokumentiert der Arzt Dr. Medardo Ávila Vázquez an der Universität Córdoba seit Jahren die Fälle gravierender Pestizidvergiftungen, Fehl- und Totgeburten sowie Missbildungen bei Dorfbewohnerinnen, die in der Nähe giftbehandelter Plantagen leben. Allein in Argentinien leben zwölf Millionen Menschen in Gebieten, auf die jährlich dreihundert Millionen Liter Pestizide ausgebracht werden. Verheerend ist insbesondere das großflächige Spritzen mit Flugzeugen, das zu unkontrollierbarer Winddrift und Schädigung benachbarter Siedlungen und Ökosysteme führt.

Gegen den intensiven Pestizideinsatz in der Agrarindustrie regt sich wachsender zivilgesellschaftlicher Widerstand, zum Beispiel durch die brasilianische »Campanha permanente contra os Agrotóxicos« und nationale und lokale Mitgliedsgruppen des Pestizid Aktions-Netzwerkes in vielen

Ländern, sowie die argentinischen Kampagnen »Paren de fumigar«, Hört auf zu spritzen, »Pueblos fumigados«, Bespritzte Dörfer, »La soja mata«, Soja tötet, und »Médicos de pueblos fumigados«, Ärzte der bespritzten Dörfer.

ENTWICKLUNGSLAND USA

Die USA hinken mit ihrer Praxis der Pestizidzulassung weit hinter der EU her, aber auch hinter China und Brasilien. Dort werden jährlich potenziell tödliche Pestizide im Wert von 476 Millionen Euro gespritzt, wie eine Studie der Umweltorganisation EcoWatch feststellte.[13] Von den insgesamt 1,2 Milliarden Pfund Pestiziden, die in den USA 2016 gespritzt wurden, waren ein Viertel in der EU verboten, ein Drittel in China und über ein Fünftel in Brasilien. Fünfundachtzig der in den USA verwendeten Pestizide sind in den anderen drei Regionen verboten oder laufen dort gerade wegen ihrer schädlichen Wirkungen aus. Viele dieser Pestizide, wie Paraquat, werden mit akuten Vergiftungen, Lungenschäden, Krämpfen, Atemversagen, Komata und auch Todesfällen in Verbindung gebracht.

Die USA haben den Ruf, ein hoch reguliertes Land mit schützenden Sicherheitsstandards zu sein, was diese Studie klar widerlegt. In den letzten beiden Jahrzehnten sind in den USA Pestizide, wenn überhaupt, dann nur freiwillig von der Industrie vom Markt genommen worden, etwa bei sinkender ökonomischer Rentabilität. EcoWatch bezeichnet es als gravierendes regulatorisches Defizit, dass die US-Umweltbehörde EPA gegenwärtig nur auf freiwillige Rücknahmen der Pestizidindustrie setzt. Allerdings verbieten einzelne Bundesstaaten HHP. Jüngst hat Kalifornien ein Verbot des schwer nerven- und gehirnschädigenden Insektizids Chlorpyrifos beschlossen.

ENTWICKLUNGS- UND SCHWELLENLÄNDER

In vielen ärmeren Ländern nehmen die staatlichen Pestizid-Zulassungsstellen keine ausreichende Risikoprüfung der Pestizid-Wirkstoffe vor, die eigentlich nach FAO/WHO-Kriterien für HHP zu einem Verbot führen müssten. Hier stehen zunehmend auch Kleinbauern als Kundschaft im Visier der Agrarchemieindustrie. Entsprechend verwenden auch sie die hochgiftigen Pestizide. Dabei gefährden sie ihr eigenes Leben, verschmutzen Böden und Gewässer, töten auch nützliche Insekten und destabilisieren zusehends die

Ökosysteme; zudem sind landwirtschaftliche Produkte auf den Märkten in Entwicklungsländern oft mit Pestizidrückständen belastet und gefährden so die Verbraucherinnen und Verbraucher.

In fast allen Ländern Lateinamerikas ist in den letzten zwanzig Jahren der Einsatz chemisch-synthetischer Pestizide sprunghaft angestiegen, einerseits durch die Ausweitung der landwirtschaftlichen Nutzfläche, aber auch pro Hektar: In Argentinien von rund 54.600 auf 207.700 Tonnen, in Brasilien von 101.000 auf 887.872 Tonnen,[14] in Kolumbien von 18.000 auf 47.000 Tonnen, in Peru von 3.755 auf über 26.000 Tonnen und in Guatemala von 12.000 auf rund 20.500 Tonnen.[15] Bezogen auf die Bevölkerung führt Brasilien mit etwa 7,3 Litern jährlichem Pestizidverbrauch pro Kopf. Hier verharmlost die Agrarindustrie die Ackergifte seit 2016 in einer Propaganda-Marketingkampagne »Agro é Pop!«: Pestizide sind cool! In anderen Schwellenländern ist der Giftverbrauch ähnlich hoch: In Südafrika werden 26.857 Tonnen, in Indien 52.750 Tonnen sowie in China etwa dreihunderttausend Tonnen Pestizide eingesetzt.[16]

TEUFELSKREIS

In ökologischer und ökonomischer Hinsicht stecken konventionell wirtschaftende Landwirte in einem Teufelskreis: Sie stellen einen zunehmenden Befall ihrer Kulturen mit Schädlingen und Pflanzenkrankheiten fest, die Symptome der wachsenden Instabilität ihrer Ökosysteme sind. Darum sehen sie sich gezwungen, immer mehr, giftigere und teurere Pestizide zu kaufen, während die niedrigen Produktpreise am Ende oft nicht einmal ihre eingesetzten »Inputs« decken. Manche verschulden sich, da die Agrarchemiehändler ihnen Saatgut, Kunstdünger und Pestizide vorab auf Kreditbasis stellen.

Besonders tragisch ist der Verlauf der sogenannten »Grünen Revolution« in Indien, wo der Staat seit den 1960er Jahren seine rückständige Landwirtschaft modernisieren wollte. Anfangs stiegen mithilfe von Mineraldünger, effizienter Bewässerung und neuester Maschinen die Ernteerträge beachtlich. Im Zuge von Monokulturen, ausgelaugten Böden und Missernten gerieten dann aber viele indische Bauern in eine Abhängigkeitsspirale vom Kauf chemischer Inputs und wachsender Verschuldung, die zu einer anhaltenden Suizidwelle führte. Im zentralindischen Yavatmal wurden 2017 binnen weniger Wochen Hunderte Baumwollbauern durch hochgiftige Pestizidcocktails vergiftet, mehr als zwanzig von ihnen starben, wie

Public Eye dokumentierte. Zu den giftigen Substanzen gehörte das Insektizid »Polo«, das Syngenta aus der Schweiz exportiert, wo es längst verboten ist. Inzwischen haben einige indische Bundesstaaten reagiert und Pestizidverbote beschlossen.

In Bolivien hat sich der Pestizideinsatz binnen fünfzehn Jahren versechsfacht auf jährlich über 62.000 Tonnen Importe. Der Großteil ist hoch toxisch und andernorts verboten. Ein Abgleich aller zugelassenen Pestizide offenbarte 2018, dass über siebzig Prozent der dort vertriebenen 229 Ackergifte extrem gefährliche HHP sind; einhundertfünf sind in anderen Ländern verboten. Hierzu zählen Syngentas Paraquat und das in der EU verbotenen Bienengifte Thiamethoxam und Imidacloprid von BASF, sowie das Herbizid Atrazin.

Bolivien importiert sämtliche Pestizide. Zusätzlich zu den legalen Importen wird circa ein Drittel der Pestizide ins Land geschmuggelt. Die staatlichen Kontrollen sind defizitär; es gibt keine Sanktionen. Illegal heißt: nicht zugelassene Substanzen, Pestizide mit abgelaufenem Haltbarkeitsdatum oder umetikettierte Ware in anderen als den Originalbehältnissen, auf denen entweder falsche oder gar keine Etiketten angebracht sind, oder die Toxizitätsklasse verharmlost wird, oder in denen veränderte Giftmischungen stecken. Der Pestizideinsatz erfolgt willkürlich und chaotisch: Viele Landwirte mischen hochgiftige Cocktails aus Insektiziden und Fungiziden, häufig ohne vorherige Lektüre der Warnhinweise und ohne die nötige Schutzkleidung, weil diese entweder zu unbequem, zu teuer, zu heiß ist, als »nichts für starke Männer« gilt oder beim Kokakauen stört. Mangels flächendeckender Sammelstellen werden große Mengen leerer Pestizidbehälter nicht entsorgt, sondern verschmutzen Höfe, Gewässer, Erdreich und die Ökosysteme.

Fast die Hälfte der vom bolivianischen Gesundheitsministerium im Jahr 2015 befragten 4.125 Bäuerinnen und Bauern berichtete von Vergiftungssymptome bei der Pestizidanwendung. Der Wissensstand bei Kleinbauern über akute und chronische Langzeitfolgen des Pestizideinsatzes für Gesundheit und Ökosysteme ist dürftig. Zudem hat die Mehrheit der ländlichen Bevölkerung, die Pestizide anwendet, ein niedriges formales Bildungsniveau: fast zwei Drittel haben nur Grundschulbildung; ein weiteres Viertel höchstens Sekundarschulabschluss.

In Bolivien fehlt ein öffentliches landwirtschaftliches Ausbildungs- und Beratungssystem, das flächendeckend für alle Kleinbauern, auch mit niedrigem formalem Schulbildungsniveau, zugänglich wäre, und das ohne Profitinteresse berät. Da es kein flächendeckendes landwirtschaftliches

Ausbildungssystem und keine regelmäßige staatliche Agrarberatung gibt, suchen viele den Rat der Pestizidhändler. Eine weitere Ursache des stark angestiegenen Pestizideinsatzes liegt im defizitären Zulassungs- und Kontrollsystem der Lebensmittelsicherheitsbehörde SENASAG, die finanziell von den Zulassungsgebühren der Pestizidkonzerne abhängt.

Von den drei Agrarchemiegiganten sind keinerlei verbindliche Pläne bekannt, HHP beziehungsweise Wirkstoffe, die in der EU nicht zugelassen sind, aus dem Sortiment zu nehmen. Auf Anfrage erklärten Bayer und BASF, in »Drittweltländern« würden ihre Mittel nur verkauft, wenn sie mindestens in einem OECD-Land zugelassen seien und zusätzlich zu den Anforderungen des Ziellandes auch die Prinzipien des »Internationalen Verhaltenskodex' über Pestizidmanagement der FAO/WHO« erfüllten. Bayer bekennt sich formell zur Allgemeinen Erklärung der Menschenrechte, den UN-Leitprinzipien für Wirtschaft und Menschenrechte, ist Gründungsmitglied in der UN Global-Compact-Initiative und »selbstverständlich halten wir uns an den Internationalen Verhaltenskodex zum Umgang mit Pflanzenschutzmitteln der FAO, dessen Grundsätze den gesamten Lebenszyklus eines Produkts abdecken«[17].

Jedoch erkennt Bayer keine Pestizid-Klassifizierung nach Bienen- und Umweltgefährlichkeit an. BASF weicht der Frage nach der toxischen Gefahr seiner in Europa verbotenen Exportgifte aus: Es handele sich teilweise um Produkte für Kulturpflanzen, die aufgrund klimatischer Bedingungen nicht in Deutschland angebaut würden, für regionalspezifische Arten von Schadinsekten oder Unkräutern, die im europäischen Raum nicht vorkämen. Syngenta schwieg auf die Anfrage zur Unternehmensverantwortung für die Exporte hier verbotener, hochtoxischer Pestizide in Drittländer. Alle drei Agrarchemiekonzerne leugnen trotz zahlreicher Vergiftungsfälle bis heute die wissenschaftlichen Erkenntnisse, die belegen, dass das global meistverkaufte Herbizid Glyphosat krebserregend ist.[III]

UND WEITER?

Der weiter ansteigende Pestizidverbrauch weltweit hat fatale Folgen für die menschliche Gesundheit und die Ökosysteme. Die Dunkelziffer der Pesti-

III vgl. hierzu die Beiträge zum »Fall Glyphosat«.

zidvergiftungen mit und ohne Todesfolge ist sehr hoch und wird oft nicht adäquat dokumentiert. Viele Menschen, insbesondere Saisonarbeiterinnen und Saisonarbeiter aus prekären Arbeitsverhältnissen auf Plantagen, aber auch Kleinbauernfamilien am Rande industrieller Monokulturen für Agrarexporte, akkumulieren die Agrarchemie in ihren Körpern. Es gibt dokumentierte Schwerbehinderungen wie Lähmungen, Fehl- und Missgeburten sowie eine erhöhte Kindersterblichkeit in Regionen mit intensivem Agrarchemieeinsatz.

Um die untragbaren Doppelstandards im Pestizidhandel zu beenden, sollten die EU und die Schweiz unverzüglich ein Exportverbot für in Europa verbotene Pestizide beschließen: Produkte, die im eigenen Land aufgrund ihrer Gefährlichkeit nicht zugelassen sind, sollten auch nicht ins Ausland verkauft werden dürfen, damit die Gefährdung von Menschen und Ökosystemen nicht mehr bewusst in Kauf genommen wird.[18]

Hochgefährliche Pestizide trotz offenkundiger Risiken in Verkehr zu bringen oder darin zu belassen, widerspricht dem Vorsorgeprinzip, das in der EU-Pestizidverordnung verankert ist:

»Das Vorsorgeprinzip sollte angewandt und mit dieser Verordnung sollte sichergestellt werden, dass die Industrie den Nachweis erbringt, dass Stoffe oder Produkte, die erzeugt oder in Verkehr gebracht werden, keine schädlichen Auswirkungen auf die Gesundheit von Mensch oder Tier oder keine unannehmbaren Auswirkungen auf die Umwelt haben.«[19]

Die UN-Leitprinzipien für Wirtschaft und Menschenrechte, die als globaler Standard zur Verhütung und Behebung von Menschenrechtsverletzungen im Zusammenhang mit Wirtschaftstätigkeit gelten, sehen vor, dass Unternehmen die Risiken ihrer Geschäftstätigkeit für die Menschenrechte kennen, ihnen begegnen und darüber berichten müssen. Bisher fehlen jedoch gesetzliche Regelungen, die Unternehmen verpflichten, dieser Sorgfaltspflicht auch nachzukommen und sie bei deren Verletzung für Schäden haftbar machen. Ein breites Bündnis zivilgesellschaftlicher Organisationen in Deutschland und Europa fordert daher eine verbindliche Verankerung menschenrechtlicher und umweltbezogener Sorgfaltspflichten und Haftpflicht international tätiger Unternehmen auf nationaler und internationaler Ebene in einem Lieferkettengesetz.[20]

Frankreich hat 2017 als weltweit erstes Land die Sorgfaltspflichten und Haftpflicht von Unternehmen bei Menschenrechtsverletzungen verbindlich geregelt. Im Zuge eines partizipativen Multi-Stakeholder-Prozesses namens »États Généraux de l'Alimentation« zu Landwirtschaft und Ernährung hat die französische Regierung das wegweisende Gesetz »Égalim« verabschiedet, das festlegt: »Ab 1.1.2022 werden die Produktion, Lagerung und der Handel mit Pestiziden verboten, die Wirkstoffe enthalten, die aus Gründen des Schutzes der menschlichen oder tierischen Gesundheit oder der Umwelt nicht zugelassen sind.«[21]

In Indien haben mehrere Bundesstaaten begonnen, mit politischen Entscheidungen und finanzieller Förderung ihre Landwirtschaft komplett auf Bio umzustellen oder den Einsatz von Pestiziden zu verbieten, nachdem das Land seit den 1960er Jahren zur Hungerbekämpfung auf intensiven Einsatz synthetischer Dünger und Pestizide gesetzt hatte. Ausschlaggebend für diese radikale Abkehr von der »Grünen Revolution« war, dass durch den massiven Pestizideinsatz in agrarindustriellen Gebieten die Krebsraten emporgeschnellt waren, Flüsse vergiftet und Böden unfruchtbar wurden.

Herausragendster Präzedenzfall ist der kleine Bundesstaat Sikkim, dessen Regierung 2003 ein völliges Pestizidverbot beschloss.[IV] Die verantwortlichen Politiker begründeten ihren Schritt zum Ökolandbau damit, dass die Pestizidrückstände die Grundnahrungsmittel Reis, Gemüse und Fisch verdarben. Mitte 2018 kündigte auch der Bundesstaat Andhra Pradesh an, dass die rund sechs Millionen dortigen Bauernfamilien spätestens ab 2024 ohne chemisch-synthetische Pestizide arbeiten sollen. Das agrarisch geprägte Andhra Pradesh produziert und exportiert große Mengen Reis, Hirse, Linsen und andere Grundnahrungsmittel. Die agrarpolitische Bio-Wende mit jährlich fast 400 Millionen Dollar Investitionen aus Bundesmitteln ist eine komplette Kehrtwende, da der Bundesstaat bisher auf Hochertragssorten, Freihandel und Chemieeinsatz setzte. In der berühmten Teeanbau-Region Darjeeling in Westbengalen ist der Anteil der Bio-Landwirtschaft in den letzten Jahren auf rund dreißig Prozent stark gestiegen. Zum Vergleich: der europäische Bio-Vorreiter Österreich brachte es 2018 auf gut zwanzig Prozent, die Schweiz auf dreizehn und Deutschland auf neun Prozent der Fläche. Auch im Himalaya-Bundesstaat Uttarakhand gibt es einen Parlamentsbeschluss, die Landwirtschaft mit

IV Siehe dazu die Gespräche mit Pawan Chamling und Vandana Shiva in Kapitel 3.

rund 1,6 Millionen bäuerlichen Familien komplett auf Bio umzustellen. Ferner strebt das benachbarte Königreich Bhutan im Himalaya ebenfalls hundert Prozent Bioproduktion an. In wenigen Jahren kann damit eine zusammenhängende Weltregion pestizidfrei werden, die größer ist als Österreich, Belgien und die Schweiz zusammen.

DAS GESCHÄFT MIT DEM GIFT

von Laurent Gaberell, Géraldine Viret und Carla Hoinkes

Agrochemiekonzerne machen Milliarden mit Pestiziden, die krebserregend sind oder Bienen vergiften

Eine Recherche von Public Eye und Unearthed[1] aus dem Jahr 2020 zeigt, dass die fünf führenden Agrochemiekonzerne mehr als ein Drittel ihrer Pestizidumsätze mit dem Verkauf von Substanzen erzielen, die für Mensch und Umwelt hochgiftig sind. Die wichtigsten Absatzmärkte dafür sind Entwicklungs- und Schwellenländer mit schwächeren Regulierungen und höheren Risiken für die Bevölkerung.

BASF, Bayer, Corteva Agriscience, FMC und Syngenta – diese Agrochemiekonzerne aus Deutschland, den USA und der Schweiz kontrollieren zusammen über fünfundsechzig Prozent des globalen Pestizidmarktes, der im Jahr 2018 auf 57,6 Milliarden US-Dollar geschätzt wurde. Über ihre Lobbyorganisation CropLife versuchen die Konzerne, die internationalen Debatten zur Regulierung von Pestiziden zu steuern. Sie beteuern immerfort, dass ihre »Pflanzenschutzmittel« einen Beitrag zur »nachhaltigen« Ernährung der Menschheit leisteten, und dass bei deren korrekter Anwendung die Sicherheit der Bäuerinnen und Landarbeiter, der lokalen Bevölkerung und der Umwelt gewährleistet sei. Aber sind die Chemikalien, mit denen die Konzerne ihr großes Geschäft machen, wirklich »sicher«? Welche Folgen für die Menschen und die Umwelt haben sie dort, wo sie in großen Mengen verkauft werden?

Während mehrerer Monate haben wir umfassende Daten der auf Marktanalysen spezialisierten Firma Phillips McDougall ausgewertet. Darin sind für 2018 Pestizidverkäufe in der Höhe von insgesamt gut dreiundzwanzig Milliarden US-Dollar erfasst. Die Datenbank deckt etwa vierzig Prozent der weltweiten Pestizidverkäufe für die Landwirtschaft ab und fokussiert auf die meistverkauften Produkte sowie die größten Märkte. Für unsere Analyse haben wir diese Daten mit der Liste der hochgefährlichen Pestizide des internationalen Pestizid Aktions-Netzwerks PAN abgeglichen, die auf Einstufungen durch Regierungen und internationale Behörden beruht.

Die Agrochemielobby beteuert, dass ihre Mitglieder »Innovationen fördern« würden, um »hochgefährliche Pestizide durch neue, weniger giftige Produkte zu ersetzen«. Unsere Datenanalyse zeigt ein komplett anderes Bild: Die fünf größten Agrochemiekonzerne sind die Spitzenreiter im globalen Geschäft mit den gefährlichsten, weil giftigsten Pestiziden. Im Datensatz sind von diesen fünf Unternehmen Pestizidumsätze in der Höhe von insgesamt 13,4 Milliarden US-Dollar erfasst. Davon entfallen 4,8 Milliarden US-Dollar, also fünfunddreißig Prozent, auf Pestizide, die als »hochgefährlich« eingestuft werden; bei den umsatzstärksten Produkten ist es sogar fast die Hälfte. Angeführt wird die Liste von Bayer und Syngenta. Für Baskut

Tuncak, UN-Sonderberichterstatter für Menschenrechte und toxische Substanzen, ist klar: »Die Konzerne verraten ihre eigenen Versprechen, sich für eine nachhaltige Entwicklung, die Achtung der Menschenrechte und einen verantwortungsvollen Umgang mit Chemikalien einsetzen zu wollen.«

KREBS, FEHLBILDUNGEN, FRUCHTBARKEITSSTÖRUNGEN

Nach unserer Analyse haben BASF, Bayer, Corteva Agriscience, FMC und Syngenta 2018 zweiundzwanzig Prozent ihrer Umsätze, rund drei Milliarden US-Dollar, mit Pestiziden erzielt, die bei wiederholter und langfristiger Exposition selbst in niedrigen Dosen beim Menschen verheerende gesundheitliche Folgen haben können. Am stärksten ins Gewicht fallen Stoffe, die als »für Menschen wahrscheinlich krebserregend« eingestuft sind, sowie Substanzen, die das Fortpflanzungssystem und die Entwicklung von Kindern beeinträchtigen können. Insgesamt fünfundachtzig Prozent der Verkäufe von chronisch toxischen Pestiziden gehen auf das Konto von nur drei Firmen, der deutschen Chemieriesen Bayer und BASF sowie der schweizerischen Syngenta. Ein Drittel der Umsätze in dieser Kategorie, eine Milliarde US-Dollar, gehen auf den Verkauf eines einzigen Pestizids zurück: Glyphosat. Das weltweit am häufigsten verwendete Pestizid wurde 2015 von der IARC, der Krebsforschungsagentur der WHO, als »wahrscheinlich krebserregend« eingestuft. Dennoch verlängerte die EU die Zulassung von Glyphosat letztlich bis 2022.[I] Etliche Länder, darunter Frankreich und Deutschland, kündigten bereits an, das Pestizid ab 2023 verbieten zu wollen, selbst wenn es in der EU noch länger erlaubt bleiben sollte. In der Schweiz, wo Glyphosat ebenfalls zugelassen ist, wurden in einer Untersuchung des Bundes 2016 in rund vierzig Prozent der getesteten Lebensmittel Rückstände des Totalherbizids nachgewiesen.

Die fünf CropLife-Konzerne machen auch mit neunundzwanzig Pestiziden lukrative Geschäfte, die von der US-Umweltbehörde EPA[II] als »wahrscheinlich krebserregend« eingestuft werden. Diese Stoffe werden weltweit in großen Mengen eingesetzt, sind aber der breiten Öffentlichkeit weitge-

I Siehe dazu die Beiträge zum »Fall Glyphosat«.

II Environmental Protection Agency

hend unbekannt. Eines davon ist das von Bayer vertriebene Epoxiconazol. Das »wahrscheinlich krebserregende« Fungizid wurde zudem von der Europäischen Chemikalienagentur ECHA als »fortpflanzungsgefährdend« eingestuft; es kann die Geschlechtsfunktion, die Fruchtbarkeit und die Entwicklung von ungeborenen Kindern beeinträchtigen. Zu den CropLife-Bestsellern gehört auch Atrazin, ein von Syngenta vermarktetes Herbizid, das das Hormonsystem stören und dadurch beim Menschen die Entwicklung und das Fortpflanzungssystem beeinträchtigen kann. Atrazin wurde in der Schweiz und in der EU wegen großflächiger Verunreinigung von Trinkwasserquellen und systematischer Überschreitung des zulässigen Grenzwerts verboten.[III] In Brasilien und den USA, Syngentas wichtigsten Märkten, gehört Atrazin zu den am häufigsten im Trinkwasser nachgewiesenen Stoffen.

VERGIFTETE BÄUERINNEN UND BAUERN

Vier Prozent ihrer Verkäufe, also etwa 600 Millionen US-Dollar, setzten die fünf CropLife-Konzerne nach unserer Analyse mit Pestiziden um, die für Menschen akut hochgiftig sind. Der Basler Konzern Syngenta ist für zwei Drittel dieser Verkäufe verantwortlich. Laut Schätzungen der Weltgesundheitsorganisation WHO verursachen solch hochgiftige Pestizide jedes Jahr etwa fünfundzwanzig Millionen akute Vergiftungen, darunter 220.000 Todesfälle. Diese Zahlen stammen jedoch aus dem Jahr 1990 und dürften dem heutigen Ausmaß der Problematik nicht ansatzweise gerecht werden. Der Pestizideinsatz in Entwicklungsländern hat in den letzten dreißig Jahren explosionsartig zugenommen.

Zu den Bestsellern der CropLife-Konzerne gehören insgesamt einundzwanzig akut hochgiftige Pestizide. Die meistverkaufte Substanz ist ein Insektizid aus dem Hause Syngenta: Lambda-Cyhalothrin. Obwohl es von der Europäischen Chemikalienagentur ECHA als »tödlich bei Einatmung« eingestuft wird, ist es in der Schweiz und in der EU noch immer zugelassen. Am zweitbesten verkauft sich ein langjähriger Topseller des Basler Konzerns: Paraquat. Dieses Herbizid ist wegen seiner »hohen akuten Toxizität« in der Schweiz seit 1989 und in der EU seit 2007 verboten. Paraquat ist so

III Atrazinverbote: 1991 in Deutschland, 2003 in der EU, 2012 in der Schweiz.

giftig, dass die versehentliche Einnahme eines einzigen Schlucks tödlich sein kann. Unfälle mit dem Pestizid verursachen in Entwicklungs- und Schwellenländern immer wieder schwere Vergiftungen, die teils tödlich enden. Paraquat wird auch regelmäßig für Suizidversuche benutzt. Zudem steht das Pestizid erwiesenermaßen mit der Parkinson-Krankheit in Verbindung. Höchst problematisch ist auch Beta-Cyfluthrin von Bayer. Das Insektizid wird von der WHO in die höchste Kategorie für akute Toxizität eingestuft. Eine Untersuchung der EU-Behörde für Lebensmittelsicherheit EFSA ergab im Jahr 2018, dass die Exposition gegenüber Beta-Cyfluthrin für Arbeitnehmende in der EU »selbst bei der Verwendung von Schutzausrüstungen« das akzeptable Ausmaß überschritt. Dennoch wird die Substanz in der EU und zahlreichen Ländern der Welt weiterhin verwendet.

»In Indien sind Pestizide die zweithäufigste Todesursache nach Verkehrsunfällen«, sagt Ashish Bhalla, Professor für Innere Medizin und Präsident der Asia-Pacific Association of Medical Toxicology APAMI. Die indische Regierung verzeichnet jährlich siebentausend Todesfälle durch Pestizidvergiftungen. CropLife behauptet, dass Bäuerinnen und Landarbeiter geschult seien und das Tragen von Schutzausrüstungen gefördert würde, um Risiken zu reduzieren. Aber für Narasimha Reddy Donthi, Direktor von PAN India, können solch hochgiftige Pestizide in Indien aufgrund »fehlender Bildung, Armut und mangelnder Durchsetzung der Gesetze nicht sicher eingesetzt werden«. Moritz Hunsmann vom nationalen französischen Forschungszentrum CNRS sagt: »Die tatsächliche Wirksamkeit der Schutzausrüstungen wird heute durch die Wissenschaft grundsätzlich in Frage gestellt.« Sie seien für die meisten Bauern und Bäuerinnen schlicht nicht verfügbar, unerschwinglich oder »in tropischen und subtropischen Gebieten wegen der Hitze ohnehin unbrauchbar«. Nach dem internationalen Verhaltenskodex für Pestizidmanagement, den die CropLife-Unternehmen unterzeichnet haben, sollen die Hersteller daher davon absehen, in tropischen Ländern Pestizide zu verkaufen, deren Verwendung eine Schutzausrüstung erfordert.

BIENENKILLER

CropLife schreibt auf der eigenen Internetseite, dass man sich der »zentralen Rolle« von Bienen und anderen bestäubenden Insekten für die Landwirtschaft bewusst sei. Darum fördere man landwirtschaftliche Praktiken, die sich positiv auf die Gesundheit der Bestäuber auswirken.

Eine wenig glaubwürdige Aussage, denn unsere Analyse zeigt, dass Bayer, Corteva Agriscience, FMC und Syngenta 2018 zehn Prozent ihrer Umsätze, insgesamt etwa 1,3 Milliarden US-Dollar, Pestiziden verdankten, die von der US-Umweltschutzbehörde EPA als »hochtoxisch für Bienen« eingestuft werden. Syngenta ist mit fast der Hälfte dieser Verkäufe auch hier die Nummer eins.

Die Wissenschaft sieht in diesen bienenschädlichen Insektiziden eine der Hauptursachen für das weltweite Insektensterben; eine ernsthafte Bedrohung für die Ernährungssicherheit. Dave Goulson, Professor für Biologie an der Universität von Sussex und Autor zahlreicher Studien zum Thema, sieht »überwältigende Beweise dafür, dass wir uns inmitten einer Biodiversitäts-Krise befinden«. Die Ursachen für das Artensterben seien vielfältig, aber es sei »eindeutig erwiesen, dass Pestizide den Bestäubern schaden«.

Die Topseller der CropLife-Konzerne in dieser Kategorie sind Thiamethoxam von Syngenta und Imidacloprid von Bayer, zwei Neonikotinoide, die nach einem langen Rechtsstreit 2018 auf den Äckern der EU und der Schweiz verboten wurden. Laut der Weltgesundheitsorganisation WHO und der FAO, der Landwirtschafts- und Ernährungsorganisation der Vereinten Nationen, mehren sich die Beweise dafür, dass Neonikotinoide sich »in großem Ausmaß negativ auf Bienen und andere Nützlinge« auswirken. Für Bienen hochgiftig ist auch das von Bayer und BASF verkaufte Insektizid Fipronil. Es wurde für ein Massensterben von Honigbienen in Frankreich in den 1990er Jahren verantwortlich gemacht, und ist heute in Europa verboten.

Der wichtigste Abnehmer für solche Insektizide ist Brasilien, wo letztes Jahr innerhalb von nur drei Monaten fünfhundert Millionen Bienen starben. Hauptursache waren Neonikotinoide und Fipronil, wie eine Recherche der brasilianischen Nichtregierungsorganisationen Agência Pública und Repórter Brasil ergab. Zusätzlich zu diesen Bestsellern haben die Konzerne von CropLife nach unseren Recherchen siebenunddreißig weitere Pestizide verkauft, die bekanntermaßen hochgiftig für Bestäuber sind.

MOLEKULAR-KOLONIALISMUS

Die bevorzugten Märkte der fünf Agrochemiegiganten sind Entwicklungs- und Schwellenländer. Nach den Daten von Phillips McDougall entfallen fast sechzig Prozent ihrer Verkäufe von hochgefährlichen Pestiziden auf diese Länder. Die Datensätze decken die dreiundvierzig größten Märkte der Welt ab, darunter einundzwanzig Länder mit niedrigem und mittlerem Einkommen, hauptsächlich in Südamerika und Asien. Die CropLife-Konzerne nutzen schwache Regulierungen in diesen Ländern aus, um ihre gefährlichen Produkte weiterhin verkaufen zu können. Das sei nichts anderes als »Molekular-Kolonialismus«, sagt Larissa Bombardi. Sie ist Autorin eines Atlanten über die Agrochemie in Brasilien, dem weltweit größten Abnehmer hochgefährlicher Pestizide. Dort entfallen neunundvierzig Prozent der Verkäufe von Syngenta, Bayer und Co. auf hochgefährliche Pestizide. In Indien liegt dieser Anteil sogar bei neunundfünfzig Prozent. In Frankreich und Deutschland, den beiden wichtigsten europäischen Märkten der CropLife-Firmen, liegt er dagegen nur bei elf und zwölf Prozent. In der EU und der Schweiz sind die meisten der giftigsten Pestizide ohnehin nicht mehr zugelassen, da seit den 1990er Jahren zunehmend strengere Regulierungen durchgesetzt wurden. Der riesige US-Markt bildet in der Geografie der hochgefährlichen Pestizide eine Ausnahme; dort machen hochgefährliche Pestizide fünfunddreißig Prozent der Verkäufe von CropLife-Konzernen aus. »Unsere Regulierungssysteme versagen«, sagt dazu Jennifer Saas vom Natural Defense Resources Council, einer in New York ansässigen nicht staatlichen Organisation: »Die Umweltschutzbehörde ist viel zu zahm und kooperativ gegenüber den großen Pestizidherstellern.«

Der Toxikologe und Biostatistiker Christopher Portier[IV] ist beunruhigt über unsere Rechercheergebnisse: »Ich finde es irritierend, dass der Westen so viel Profit aus dem Verkauf von Produkten zieht, die er auf seinen eigenen Feldern nicht haben will.« Was die Situation in seinen Augen noch schlimmer macht: »Menschen in Ländern mit niedrigem und mittlerem Einkommen sind den Pestiziden stärker ausgesetzt, und tragen damit ein höheres Risiko für chronische Krankheiten und akute Vergiftungen.« Die Behauptung, dass hochgefährliche Pestizide in Brasilien oder anderen Ländern mit niedrigem und mittlerem Einkommen sicher angewendet werden können, sei »irreführend«, sagt auch UN-Sonderberichterstatter Baskut Tuncak, der Brasilien einen offiziellen Besuch abgestattet hat: »Die harte Realität ist, dass Brasilien, wie so viele andere Länder, dafür weder über die nötigen Regulierungen noch über die entsprechenden finanziellen und technischen Mittel verfügt.«

IV Siehe auch das Gespräch mit Christopher J. Portier zum »Fall Glyphosat«.

Nach unserer Analyse verkaufen die CropLife-Konzerne über achtzig Prozent der hochgefährlichen Pestizide für die Anwendung in nur fünf Kulturen: Sojabohnen, Mais, Weizen und andere Getreidearten, Reis und Baumwolle. Mit neunundvierzig Prozent wird fast die Hälfte dieser hochgiftigen Verkäufe mit Pestiziden erzielt, die im Anbau von Soja und Mais verwendet werden. In Brasilien betrifft der Löwenanteil der Verkäufe mit dreiundsechzig Prozent die Sojabohnen, die auf riesigen Feldern für den globalen Futtermittelmarkt angebaut werden. Die unkontrollierte Ausdehnung von pestizidintensiven Monokulturen trägt wesentlich zur Abholzung im Amazonas-Regenwald und im Cerrado bei. Beide Regionen gehören zu den wichtigsten Kohlenstoffsenken und Biodiversitäts-Hotspots der Welt.

Auf Anfrage schickte uns CropLife eine ausführliche Stellungnahme, die wir auf unserer Webseite in voller Länge veröffentlicht haben.[2] Die Organisation könne »Aspekte zu bestimmten Produkten oder kommerziellen Interessen ihrer Mitglieder nicht kommentieren«, schreibt Christoph Neumann, Leiter Internationale Pflanzenschutzbestimmungen. Die PAN-Liste der hochgiftigen Pestizide weist er zurück und betont: »Unsere Mitglieder engagieren sich durch Schulungen der Landwirte und das Bereitstellen von Schutzausrüstungen für die Reduktion der Risiken durch Pestizide.« Weiter erklärt er, dass die Mitglieder zwischen 2015 und 2016 eine »freiwillige Überprüfung ihres Portfolios« vorgenommen hätten, um Risiken abzuschätzen und Maßnahmen zu ergreifen, »mit besonderem Fokus auf Länder mit niedrigem Einkommen«. Hätten sich diese Maßnahmen im Einzelfall als unwirksam erwiesen, so hätten die Unternehmen die betreffenden Produkte freiwillig zurückgezogen.

Der Verband verweigert uns jedoch die Auskunft darüber, um welche Pestizide und Märkte es sich dabei handelt. »Als innovationsorientierte Unternehmen liegt es in unserem Interesse, die Sicherheit unserer Produkte für die menschliche Gesundheit und die Umwelt kontinuierlich zu verbessern«, fügt der Direktor hinzu. Auch Bayer schickte uns eine ausführliche Antwort.[3] Alle weiteren betroffenen Konzerne verwiesen auf die Stellungnahme von CropLife.

LANDWIRTSCHAFT ENTGIFTEN

Die WHO und die FAO haben kürzlich dazu aufgerufen, »die Landwirtschaft zu entgiften«, also weltweit von hochgefährlichen Pestiziden zu befreien, um die Gesundheit zu schützen.[4] Angesichts der schwachen internationalen Regulierung und der mangelnden Bereitschaft der Industrie, auf freiwilliger Basis zu handeln, fordert UN-Sonderberichterstatter Baskut Tuncak von den Herkunftsländern der Agrochemiekonzerne verbindliche Maßnahmen: »Es ist beschämend, wie sich die chemische Industrie den Diskurs der nachhaltigen Entwicklung aneignet, während sie gleichzeitig ein alles andere als nachhaltiges Geschäftsmodell verfolgt.« Er kommt zu dem Schluss: »Ob sie die biologische Vielfalt zerstören, die Umwelt verschmutzen, Arbeiterinnen und Arbeiter vergiften oder sich in der menschlichen Muttermilch anreichern: hochgefährliche Pestizide sind nicht nachhaltig. Eine sichere Anwendung dieser Chemikalien ist schlicht nicht möglich, und sie müssten längst weltweit verboten sein.«

Verlustanzeige

Der Schwalbenschwanz ist im deutschsprachigen Raum, neben dem ähnlich gezeichneten Segelfalter, der auffälligste und größte Tagfalter aus der Familie der Ritterfalter. Er bringt es auf eine Flügelspannweite von bis zu fünfundsiebzig Millimetern.

Der Schwalbenschwanz (Papilio machaon)

Vor dem flächendeckenden Einsatz synthetischer Pestizide profitierte der Schwalbenschwanz vom Gemüseanbau, ähnlich wie der Kohlweißling. Die Raupen entwickeln sich auf Wilden Möhren oder Pimpinellen, nehmen aber auch gerne Zuchtkarotten und andere Doldenblütler wie Pastinaken, seltener auch Zitruspflanzen.
Der Schwalbenschwanz lebt in unterschiedlichen Biotopen, meist im Offenland, seltener auch auf Waldlichtungen. Er kann sich im Grünland aber nur dann entwickeln, wenn das höchstens ein- bis zweimal im Jahr gemäht wird. Das heutige Intensivgrünland fällt damit als Lebensraum völlig aus. Daher legen die Weibchen häufig ihre Eier in Gärten, aber auch auf großen Möhrenfeldern ab. Obwohl die Schwalbenschwanzraupen auf den Kulturpflanzen wie Möhren, Fenchel oder Dill keinen wirtschaftlichen Schaden anrichten, werden sie durch den großflächigen Pestizideinsatz getötet, der gar nicht ihnen gilt. Das hat zu markanten Populationseinbrüchen im landwirtschaftlichen Bereich

geführt. Aber auch in den Nutzgärten wurden in den letzten Jahrzehnten zunehmend Pestizide eingesetzt, und aus den Ziergärten sind die wilden Doldenblütler als »Unkraut« oft verschwunden, so dass auch dort kaum noch Schwalbenschwänze zu finden waren.

Das hat sich ein wenig verändert, seit immer mehr Kommunen beschlossen haben, in ihren Grünanlagen Pestizide zu vermeiden und in Schrebergartenkolonien der Einsatz von Umweltgiften zumindest einen immer schlechteren Ruf hat, wenn er nicht verboten ist. 2006 haben die Naturschutzstiftung des BUND in Nordrhein-Westfalen und die Arbeitsgemeinschaft Rheinisch-Westfälischer Lepidopterologen, also Schmetterlingsforscher, *Papilio machaon* zum Schmetterling des Jahres gekürt. Der Anlass war, dass sich der Bestand seit einem tiefen Einbruch in den 1980er Jahren zumindest im Siedlungsraum leicht erholt hatte.

— *Opfer des Gemüseanbaus*

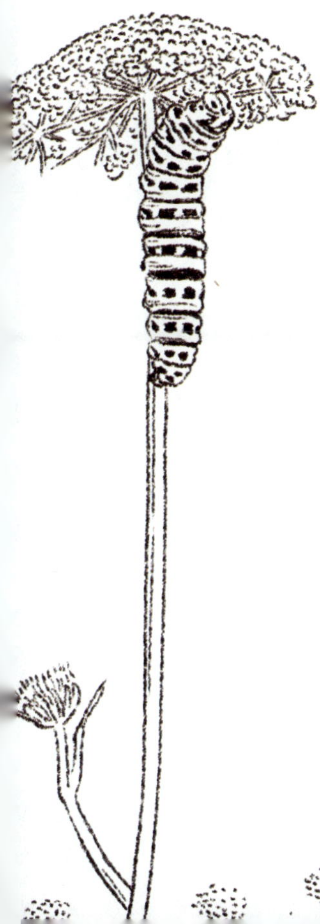

Vielleicht können die Städter ja demnächst die Schwalbenschwänze bei ihrem Paarungsflug um den Kirchturm oder um einen pestizidfreien Kirschbaum beobachten. Damit sich die weit verstreut lebenden Männchen und die Weibchen finden, versammeln sich die Falter zum Balzflug um Hügelkuppen oder Bäume und Türme. Danach machen sich die Weibchen auf die zum Teil weiten Suchflüge nach geeigneten Pflanzen für die Eiablage. Falls sie sich dabei auf landwirtschaftlich intensiv genutzte Flächen verirren, dürfte aus dem Nachwuchs allerdings selbst dann nichts werden, wenn eine geeignete Futterpflanze für die Raupen gefunden ist.

DIE WAHREN KOSTEN!

von Volkert Engelsman

Nur wer die ausgeblendeten Kosten in die Bilanzen holt, rechnet zukunftsfähig und überwindet die zerstörerische Old Economy

Wir leben in einer Zeit großer Umbrüche, denn wir stoßen bei Klima, Biodiversität, Wasser und Boden an Grenzen, die wir nicht mehr ignorieren können. Das gilt auch für die sozialen Spannungen, die aus dieser Lage erwachsen und die sich weiter verschärfen werden. All dies stärkt aber auch weltweit den Willen zu grundlegender Veränderung. Und daraus wird gerade eine Bewegung, die nicht mehr gestoppt werden kann, nicht einmal von Trump oder anderen populistischen und angstgesteuerten Kräften, die ihr Eigeninteresse an erste Stelle setzen. Einige Entwicklung werden dagegen das Gemeinwohl stärken. Der schwedische Resilienzforscher Johan Rockström vom Potsdam-Institut für Klimafolgenforschung geht davon aus, dass zum Beispiel die Landwirtschaft an einem kritischen Punkt angekommen ist, an dem sie nicht mehr nachhaltig arbeiten kann, ohne ihre Wirtschaftsweise grundlegend zu verändern.[1] Wir bemerken, dass auch politische Veränderungen im Gange sind, diese aber immer wieder an einem scheinbar unüberwindlichen Hindernis scheitern: an unserer selbstbesessenen Wirtschaft. Die Selbstbesessenheit einer Kosten- und Gewinndefinition, die die gesamtgesellschaftlichen Kosten nicht berücksichtigt. In ihrem Buch »Donut Ökonomie« beschreibt Kate Raworth unser Wirtschaftssystem als einen jungen Kuckuck, der das Nest der Gesellschaft erobert hat und nun die Menschheit und den Planeten hinausschubst.[2] Sie plädiert für eine Wirtschaft, die unterhalb der Grenzen der planetarischen Ressourcen und des sozialen Defizits bleibt.

Unsere Wirtschaftsweise ist kein Schicksal, in das wir uns ergeben, eher eines, das wir in die Hand nehmen müssen. In diesem Sinne sind wir »Mitstreiter des Schicksals«! Tatsächlich stehen wir alle unter immensem ökologischem und sozialem Druck und fragen uns immer wieder, was eine Person allein dagegen tun könnte. Aber so ist der Begriff »Schicksal« eben nicht zu verstehen. Wir werden nicht passiv vom Schicksal geführt; das Schicksal fordert uns auf, zu führen. Und Führung beginnt mit Selbstführung. Es beginnt mit der Initiative, das Schicksal selbst in die Hand zu nehmen, anstatt es einfach geschehen zu lassen.

Betrachten wir doch all die aktuellen ökologischen Fragen einfach als einen Spiegel, der unser Handeln reflektiert. Was wir darin erkennen, soll uns Weckruf sein, die Motive unserer Wirtschaft grundlegend zu überdenken. Lasst uns Mitstreiter finden, um gemeinsam den Unterschied zu machen. Jeder von uns auf seine ganz eigene Weise, damit wir zu dem werden können, was wir wirklich sind. In Südafrika wird dies als Ubuntu bezeichnet: Ich bin, weil wir sind. Tatsächlich entwickelt sich Wandel nie aus einer Mehrheit heraus, sondern immer aus der zielorientierten und zukunftsweisenden Bewegung einer Minderheit. Dazu gehört auch eine gewisse Rebellion, die ich hier anregen möchte. Schließlich schwimmen nur tote Fische mit der Strömung.

KARMA ALS GESCHÄFTSMODELL

Ich war kürzlich in Bhutan, einem kleinen, recht isolierten Königreich am Fuße des Himalayas, das seine Wirtschaft in einzigartiger Weise betrachtet. Der Begriff Karma steht im Mittelpunkt der Denkweise der Menschen, und sie betrachten Steine, Pflanzen, Tiere und Menschen als ein Ganzes, als unteilbar verbundene Einheiten. Nach dieser Vision hat alles, was du tust, Konsequenzen für das Ganze. Menschen bauen während ihres Lebens Karma auf, das festlegt, wie ihr nächstes Leben aussehen wird, so dass alles, was wir mit einem Mitmenschen oder unserem Planeten machen, auf uns zurückfällt. Wenn wir uns diese Haltung auch nur als Arbeitshypothese zu eigen machen, sieht vieles anders aus. Denn seien wir ehrlich: Wie schon Einstein festgestellt hat, werden wir die Probleme nicht lösen, indem wir darüber nachdenken, wer oder was sie verursacht hat. Also kann uns ein neues Denken nicht schaden. Wenn die Hypothese ist: Was du mit jemand anderem machst, das machst du mit dir selbst, dann eröffnet uns das eine völlig neue Perspektive auf unsere Wirtschaft: Profit auf Kosten von etwas oder jemand anderem ist nicht effizient, weil das Elend auf uns zurückfällt. Andere Leute zu verarschen, bedeutet, sich selbst zu verarschen. Karma als Geschäftsmodell wäre ein ganz anderer Gedanke.

Bhutan misst seinen Wohlstand bekanntlich anhand eines eigenen Bruttosozialprodukts, in das neben dem wirtschaftlichen Wohlstand auch ökologische, soziale und kulturelle Reichtümer integriert werden. Wir bezeichnen das üblicherweise als Glücksindex, es ist aber auch ein Nachhaltigkeitsindex und ein ganzheitlicher Wohlstandsbegriff.

Als Monsanto in den bhutanischen Markt wollte, ließen die Bhutaner die angebotenen Produkte durch ihre Checkliste laufen. Gentechnik, Pestizide, Monokulturen, Kreuzungsrisiken, teures Saatgut, Landwirte aus der Dritten Welt werden noch abhängiger von Patentinhabern der Ersten Welt. Die Antwort Bhutans an Monsanto war: Nein, tut uns leid, es passt nicht zusammen. Aber zögern Sie nicht, zurückzukommen, wenn Sie etwas haben, das in unserem Index besser abschneidet. Namasté: Ich verbeuge mich vor dir. Einen schönen Tag noch!

Als ich die atemberaubende bhutanische Landschaft und Kultur erlebte, fragte ich mich, was wohl der Zusammenhang zwischen diesem Glücksindex und unseren westlichen Diskussionen über breitere Vermögensdefinitionen und True Cost Accounting[I] sein würde. Ich hatte ein Gespräch mit einem jungen Kellner in einem Restaurant in Thimphu und fragte ihn, was er genau über den Glücksindex denkt. Nun, er wusste nicht viel darüber, aber seine jüngere Schwester wusste es. Sie hatte gerade ein Studium der Wirtschaftsmathematik und Aktuarwissenschaften an einer indischen Universität absolviert. So lernten wir Tutu kennen, eine fröhliche und sehr kluge junge Frau mit einem unglaublichen Sinn für Mathematik. Sie sucht nach Wegen, den Glücksindikator, der als eher utopisch oder andersweltlich gilt, in Geld umzuwandeln, denn leider ist dies die einzige Form, in der die Old Economy damit umgehen kann. Ich hatte eine Frage und traf Tutu: so laufen diese Dinge. Sie verbringt nun jedes Wochenende mit meiner Familie und mir, studiert an der Universität Tilburg, absolviert ein Praktikum bei EY[II] und untersucht den Zusammenhang zwischen dem bhutanischen Glücksindex, den Zielen der nachhaltigen Entwicklung und den verschiedenen westlichen True-Cost-Accounting-Modellen.

Bhutan ist nicht das einzige Land, das sich auf einen breiteren Begriff von Reichtum konzentriert. Im Mai 2018 veröffentlichte die Niederländische Statistikbehörde CBS den ersten Erweiterten Wohlstands-Monitor[III], in dem erstmals mehr als nur das Bruttosozialprodukt berücksichtigt wurde.

EIN BANKROTTES WIRTSCHAFTSMODELL

In der Zwischenzeit schleifen wir immer weiter die planetarischen Ressourcen, verschärfen die sozialen Defizite weltweit und untergraben damit unsere Zukunftsfähigkeit. In unserer Sucht nach kurzfristigem Gewinn

I True Cost Accounting (TCA) – Echtkostenrechnung – ist eine Form der Buchhaltung, die auch die im alten System externalisierten Kosten berücksichtigt. Dadurch werden die Auswirkungen des Wirtschaftens auf das natürliche und soziale Umfeld beziffert und in die Kostenrechnung integriert.

II EY ist das Netzwerk rechtlich unabhängiger Unternehmen aus dem Bereich Wirtschaftsprüfung, Risikomanagement und Unternehmensberatung von Ernst & Young.

III Monitor Verbrede Welvaart.

zerstören wir uns selbst, wie ein Junkie auf der Suche nach dem schnellen Kick. Dabei wacht niemand morgens auf und denkt: »Lasst uns das Klima zerstören oder in Asien ein paar Kinder mit Arbeit quälen.« Doch genau das geschieht jeden Tag. Ein Systemfehler! Offenbar sind wir inzwischen bereit, das zu erkennen und einige grundlegende Werte in unser Marktsystem zu integrieren, die wir als Menschheit brauchen. Menschen? Planet? Ubuntu? Karma?

Das Gewinnmodell, wie wir es kennen, ist bankrott. Dabei waren wir uns theoretisch eigentlich einig, dass es zuerst um Menschen, dann um den Planeten, und dann erst um Gewinn gehen sollte. Aber am Ende gewinnt der Profit jedes Mal über alles. Wir pumpen weiter, sagt Ben van Beurden von Shell[IV], aber für den Jahresbericht tun wir auch was für den Planeten und die Menschen, notfalls stellen wir um auf beidseitiges Drucken. Einige Unternehmer, wie Paul Polman von Unilever[V], unternehmen indes einen echten Versuch, die Nachhaltigkeit zu erhöhen, aber ihre Bemühungen werden von den Aktionären tatkräftig behindert, zu denen Zukunftsunternehmen wie Pensionsfonds und Versicherungsgesellschaften gehören. Das hat mit uns zu tun, denn das sind unsere Renten.

NACHHALTIGKEIT IM FINANZSEKTOR

In einer sehr wichtigen Branche hat sich allerdings in den letzten Jahren schon Grundlegendes verändert: die Finanzwelt ist in die Nachhaltigkeit, in die Überprüfung der Gewinndefinition und in die Neubewertung finanzieller Risikoanalysen eingestiegen. Nehmen wir Blackrock, die größte Investmentgesellschaft der Welt. Sie bezieht jetzt soziale und planetarische Nachhaltigkeitskriterien in ihre Investitionsbewertungen ein. Wenn sie nämlich nicht auf Menschen und Ressourcen achtet, riskiert sie die Profite der Zukunft. Die Capital Coalition hat neue Bilanzen und Gewinn- und Verlustrechnungen entwickelt, die die Nutzung von Natur- und Sozialkapital berücksichtigen. Die Ratingagentur Standard & Poor‘s, die sich mit

IV Ben van Beurden ist Vorstandsvorsitzender des Ölkonzerns Royal Dutch Shell.

V Der niederländische Vorstandsvorsitzende des Konzerns Unilever wurde 2015 mit dem Umweltpreis »Champions of Earth Award« ausgezeichnet.

der Beurteilung der Kreditwürdigkeit von Ländern und großen multinationalen Unternehmen befasst, hat kürzlich Trucost übernommen, ein Unternehmen, das auf die Monetarisierung gesellschaftlicher Kosten spezialisiert ist. Das Financial Stability Board, das Aufsichtsorgan der Finanzmärkte,[VI] hat eine Task Force für klimarelevante Finanzberichte gegründet, die Klimastresstests zur Abbildung klimabezogener Anlagerisiken durchführt. Die Nachhaltigkeit beginnt, sich in die RAROC-Steuerung[VII] des Finanzsektors zu integrieren.

Die fossilen Reserven in den Bilanzen der Öl- und Gasindustrie stellen ein Potenzial von 2.500 Gigatonnen an Treibhausgasemissionen dar. Es darf aber maximal nur ein Fünftel davon, fünfhundert Gigatonnen, emittiert werden, wenn die Erde vor einer Erwärmung von mehr als zwei Grad bewahrt werden soll. Die anderen vier Fünftel können nicht verkauft werden. In wirtschaftlicher Hinsicht wird so etwas als gestrandeter Vermögenswert bezeichnet. Bye-bye AAA-Rating!

Laut dem Magazin »Follow the Money« lässt der niederländische Staat seine Bürger bis zu fünfundzwanzigmal so viel Energiesteuer für fossile Brennstoffe zahlen wie Großverbraucher. Mit anderen Worten: die Bürger kommen für die Klimaschäden von Shell[VIII] auf, zusätzlich natürlich zu den zwei Milliarden Euro an Dividenden für ausländische Aktionäre. Die niederländische Regierung hat kürzlich vorgeschlagen, die Dividendensteuern zu senken. Der Staat muss den Ölkonzern stützen, da der wohl bald keine Gelder mehr an den Kapitalmärkten aufnehmen kann, weil die Investoren aus dem Öl aussteigen.

Bisher scheint es dem Finanzsektor vor allem um das Klima zu gehen, aber logischerweise werden die Analysen auch die Risiken der Bodendegradation, der Wasserverschmutzung, des Verlusts der biologischen Vielfalt und der gesundheitlichen und sozialen Folgen abwägen. Diese Risiken sind alle miteinander verbunden und werden zunehmend auch so gesehen. Die Nachhaltigkeit hat die grüne Blase durchbrochen und beginnt endlich, sich in der DNA der Wirtschaft breitzumachen.

VI Das Financial Stability Board FSB ist eine Gründung der G20 mit Sitz in Basel.

VII Risk Adjusted Return on Capital.

VIII Royal Dutch Shell ist ein niederländisch-britischer Konzern mit Sitz in London und Hauptverwaltung in Den Haag.

ECHTKOSTENRECHNUNG IN DER LANDWIRTSCHAFT

Ich würde als nächsten Sektor die Beschäftigung mit Landwirtschaft und Ernährung vorschlagen, mit der Branche also, aus der ich selbst komme. Ein Drittel aller menschgemachten Treibhausgasemissionen werden durch die Land-, Ernährungs- und Forstwirtschaft verursacht. Durch die intensive Bewirtschaftung verlieren wir jede Minute dreißig Fußballfelder mit fruchtbaren landwirtschaftlichen Flächen. Nach Angaben der französischen Regierung ist ein Betrag von vierundfünfzig Milliarden Euro pro Jahr erforderlich, um die Verschmutzung des dortigen Grundwassers durch Pestizide und Düngemittel auszugleichen. Die FAO, die Ernährungs- und Landwirtschaftsorganisation der Vereinten Nationen, schätzt die gesamten versteckten Kosten der Lebensmittelproduktion auf 2,1 Billionen US-Dollar für Umweltkosten und 2,7 Billionen US-Dollar für gesellschaftliche Kosten jährlich. Das ist ein Gesamtbetrag von 4,8 Billionen US-Dollar pro Jahr, was fast dem Gesamtumsatz der weltweiten Nahrungsmittelproduktion entspricht. Lebensmittel sollten daher doppelt so teuer sein, um die tatsächlichen Kosten auszugleichen.

Anfang des Jahres war ich in Südafrika, um einen unserer Bio-Weinbauern Eddie Redelinghuys zu besuchen, der seinen Sitz in der Nähe von Kapstadt hat. Damals gab es am Kap eine Art Notfallsituation: Der Tag Null rückte näher, der Tag, an dem die Wasserhähne kein Wasser mehr liefern würden.

Deshalb war ich etwas überrascht, Eddie auf seinem Hof zu sehen, umgeben von smaragdgrünen Reben und vollen Trauben. Mir ist durchaus klar, dass biologisch bewirtschaftete Flächen dürrebeständiger sind, als »konventionell« bewirtschaftete, aber das hat meine Erwartungen übertroffen. Eddie erzählte mir, dass er seinen konventionell wirtschaftenden Nachbarn täglich mit Wasser versorgt, weil dieser seine gesamte Bewässerungsquote ausgeschöpft hatte. Der Unterschied in der Dürreresilienz der Böden liegt im Gehalt an organischer Substanz und in der Bodenstruktur. Eddie verwendet keinen Kunstdünger, sondern Bodendecker und Kompost. Sein verfeinerter Anbau sorgt dafür, dass das Bodenleben gedeiht und den Humus aufbaut – und damit die Schwammfunktion des Bodens verbessert wird. Auf dem sandigen südafrikanischen Boden braucht er so bis zu sechzig Prozent weniger Wasser.

Solche Beobachtungen sollten unseren politischen Entscheidungsträgern als starker Weckruf dienen, denn mit einer nachhaltigeren und nachweislich wassersparenden Landwirtschaft könnten wir Milliarden beim Wasserverbrauch und bei der Wasseraufbereitung einsparen.

Der biologische Landbau ist nicht nur wasserspeichernd, sondern auch bodenschonend, klimaschonend, biodiversitätsschützend und gesundheitsverträglich. Es wäre gut, wenn wir diese Nachhaltigkeitswirkungen messen, steuern und vermarkten, und sie monetarisieren könnten. Aus diesem Grund haben wir gemeinsam mit unserer Tochtergesellschaft Soil & More Impacts[IX], der FAO, EY, der Natural Capital Coalition, IFOAM, TEEB[X] und der Triodos Bank ein Pilotprojekt mit dem Namen »True Cost Accounting in Finance, Food and Farming« gestartet. Wir wollten die gesellschaftlichen Kosten mit einem einzigen Nachhaltigkeitsdashboard und pro Hektar für den Landwirt, pro Kilo Produkt für den Verbraucher und pro Gewinn- und Verlustrechnung für unser Unternehmen und seine Interessengruppen abbilden. Um die Dinge pragmatisch und leicht skalierbar zu halten, haben wir die 20/80-Regel angewandt: Wir haben zwanzig Prozent aller relevanten Nachhaltigkeitsindikatoren ausgewählt, die achtzig Prozent der Auswirkungen abdecken. Im Jahr 2017 haben wir die Ergebnisse dieses Berichts in Wales Prinz Charles vorgestellt, und in Stockholm Peter Bakker, dem Direktor des World Business Council for Sustainable Development. Die Reaktionen waren so überwältigend, dass es schien, als hätten wir einen Nerv des Zeitgeistes getroffen.

KONVENTIONELL IST ZU BILLIG!

Die Berechnungen, die auf den Modellen der Weltgesundheitsorganisation WHO basieren, zeigten, dass Bio-Äpfel neunzehn Cent pro Kilo gesünder sind als konventionelle Äpfel, allein wegen des Unterschieds bei den Pestizidrückständen. Aber wir haben auch Unterschiede zwischen organisch und »konventionell« in Bezug auf Boden, Wasser, Klima und andere Indikatoren

IX Soil & More Impacts ist ein Tochterunternehmen des niederländischen Naturkosthandelsunternehmens eosta, dessen Geschäftsführer der Autor ist.

X IFOAM ist der internationale Dachverband der ökologischen Landbaubewegungen; TEEB ist eine Forschungsinitiative zur ökonomischen Bewertung von biologischer Vielfalt und Ökosystemdienstleistungen.

beobachtet, einige kleiner und andere bedeutender. Eines war jedoch sicher: Die externalisierten Kosten der von uns untersuchten Bioprodukte waren wesentlich und strukturell niedriger.

Mit dem Slogan »Bio ist nicht zu teuer, konventionell ist zu billig« haben wir eine europaweite Kommunikationskampagne mit verschiedenen Supermarktketten aufgebaut. Ein zuverlässiger True-Cost-Accounting-Bericht ist natürlich für Unternehmer und Entscheidungsträger von Bedeutung, aber es wäre noch besser, wenn diese Informationen bis ins Verkaufsregal gebracht würden. Der Verbraucher, der »schlafende Riese«, hat ein Recht auf diese Art von Informationen und auf Wahlfreiheit. Wenn sie nicht mit der Option ausgestattet sind, ist es nur logisch, dass die Verbraucher im berühmten Wettlauf nach unten mitmachen und nach dem niedrigsten Preis auf Kosten von Menschen und Planeten suchen.

Es kann keine Nachhaltigkeit ohne Transparenz und keinen zusätzlichen gesellschaftlichen Wert ohne wirtschaftliche Berücksichtigung geben. Oder, wie ein Landwirt es bei einem Treffen in der Denkwerkstatt »Rode Hoed« in Amsterdam formulierte: »Wie kann ich grün werden, wenn ich rot bin?«

ERNÄHRUNG UND LANDWIRTSCHAFT IM JAHR 2040

Als Dankeschön an die Food Transition Coalition möchte ich mit folgendem Wunsch schließen: Im Jahr 2040 wird jeder Mensch in den Niederlanden gesunde, schmackhafte und nachhaltig produzierte Lebensmittel essen. Bis dahin werden alle Beziehungen und Transaktionen in der Landwirtschaft und im Gartenbau auf der Grundlage vollständiger Transparenz, des wahren Wertes und fairer Marktpraktiken erfolgen. Auf der Grundlage dieser Grundsätze werden die Niederlande den Übergang auf dem internationalen Markt anführen. Die kleinen Niederlande werden dann nicht mehr als einer der größten Exporteure von Lebensmitteln reüssieren, sondern als das globale Beispiel für Nachhaltigkeit, Transparenz und Gesundheit.

Konkret heißt das:

- Der Humusgehalt unserer Böden wird wieder auf das richtige Niveau gebracht.
- Das Grundwasser wird nicht mehr durch Düngemittel, Agrochemikalien oder Arzneimittelrückstände belastet.

- Die biologische Vielfalt wird wiederhergestellt und als Hauptindikator für die Widerstandsfähigkeit der Landwirtschaft geschätzt.
- Die Bilanz der Treibhausgasemissionen in der Landwirtschaft und bei Lebensmitteln wird auf null reduziert sein und unsere Böden werden wieder als Kohlenstoffsenke fungieren.
- Alle externen gesellschaftlichen Kosten und Gewinne der Nahrungsmittelproduktion werden vollständig sichtbar sein, monetarisiert und im Selbstkostenpreis kompensiert, natürlich unterstützt durch steuerliche Anreize und Gesetze.
- Ärzte geben den Patienten vor der Verschreibung von Medikamenten eine gründliche Ernährungsberatung.
- Lifestyle-Coaching wird ein wichtiger Bestandteil des Standardpakets im Gesundheitswesen sein.
- Supermärkte werden sich zu lokalen Gesundheitszentren entwickelt haben, die keinen Müll mehr verkaufen.
- Die Kenntnis des natürlichen, sozialen und spirituellen Kapitals wird ebenso wie die begleitenden Monetarisierungsmodelle ein grundlegender Bestandteil des Lehrplans jeder Business School sein.

Konzentrieren wir uns auf den Punkt in der Ferne, arbeiten wir zusammen und geben wir Vollgas. Wo ein Wille ist, ist auch ein Umweg.

Der Text beruht auf einer Rede, die Volkert Engelsman, der Geschäftsführer des niederländischen Naturkosthändlers eosta und dessen Informationsplattform Nature & More, 2018 im niederländischen Parlament gehalten hat. Eine »State of the Union« Rede zur Nachhaltigkeit eröffnet in den Niederlanden die Sitzungsperiode des Parlaments.

WAS KOSTET WELCHE LANDWIRTSCHAFT?

Ein Gespräch mit
Rainer Weisshaidinger
und Adrian Müller

Ist Biolandwirtschaft volkswirtschaftlich günstiger als die »konventionelle«? Eine Rechnung mit Unbekannten – am Beispiel Österreich

Dr. Adrian Müller (AM)

ist Physiker und wissenschaftlicher Mitarbeiter im Bereich Umweltpolitik der ETH Zürich. Beim FiBL in der Schweiz arbeitet er an den Themen Klimawandel und Landwirtschaft und nachhaltige Ernährungssysteme.

Dr. Rainer Weisshaidinger (RW)

ist Geograph und Landschaftsökologe. Beim FiBL, dem Forschungsinstitut für biologischen Landbau, in Österreich, arbeitet er im Bereich Nachhaltigkeitsanalyse und Agrarpolitik.

Das FiBL[I] hat den volkswirtschaftlichen Nutzen der Biolandwirtschaft für Österreich untersucht. Welche Arten von Leistungen und Kosten haben Sie in Ihre Bewertung einbezogen?

RW Neben dem reinen Produktionswert in Form von Lebensmitteln erbringt die Landwirtschaft gesellschaftliche Leistungen. Dazu zählen unter anderem die Bereitstellung öffentlicher Güter, zum Beispiel die Offenhaltung der Landschaft, verschiedene Ökosystemdienstleistungen, wie etwa Reinigungsleistungen des Bodens, sowie soziale Aspekte wie die Schaffung von Arbeitsplätzen im ländlichen Raum. Abgesehen davon ist die Landwirtschaft auch für verschiedene negative Umweltwirkungen beziehungsweise Folgeschäden verantwortlich. Der große Teil der dadurch entstehenden Kosten muss aufgrund der Missachtung des Verursacherprinzips von der Gesellschaft getragen werden. Beispiele dafür sind Schäden an Infrastruktur durch Bodenverfrachtung, Überdüngung von Oberflächengewässern und Meeren, sowie Grundwasserkontaminierung mit Schadstoffen.

AM In unserer einfach gehaltenen Studie wurden Beispiele für externe Kosten auf Basis einer detaillierten britischen Studie von Ju-

I FiBL, das Forschungsinstitut für biologischen Landbau mit Sitz in Frick im Aargau wurde 1973 gegründet und arbeitet im Verbund mit FiBL in Deutschland, Österreich und Frankreich und FiBL Europe in Brüssel.

les Pretty[II] für den österreichischen Kontext mit der so genannten Benefit-Transfer-Methode übertragen. Dabei wurden Schutzgüter wie Wasser, Luft und Klima, Boden, Biodiversität sowie die menschliche Gesundheit in unterschiedlichen Detailgraden berücksichtigt. Die anfallenden externen Kosten wären dann beispielsweise die Trinkwasseraufbereitung, Monitoring- und Überwachungssysteme von Gewässern und Grundwasser, Treibhausgas- und Ammoniakemissionen, Erosionsschäden und Humusverluste, Biodiversitätsverluste bei Arten und Habitaten. Bei der menschlichen Gesundheit sind das beispielsweise akute Gesundheitsschäden durch Pestizide, bakterielle und virale Belastung von Nahrungsmitteln, oder die Rinderkrankheit BSE in ihrer auf den Menschen übertragbaren Variante als Creutzfeldt-Jakob-Krankheit. Wegen mangelnder Daten konnten allerdings bei Weitem nicht alle entstehenden Kosten berücksichtigt werden. So fehlen zum Beispiel die chronischen Krankheitskosten durch Pestizide, der Verlust von Bestäubungsleistung aufgrund des Insektensterbens, oder die Kosten der Antibiotikaresistenzen beim Menschen aufgrund tiermedizinischer Antibiotikaanwendungen.

Können Sie sagen, wie die volkswirtschaftliche Gesamtrechnung der Biolandwirtschaft im Vergleich zur so genannten konventionellen Landwirtschaft für Österreich aussieht?

RW Insgesamt ergeben sich aufgrund unserer Schätzung jährliche externe Kosten der österreichischen Landwirtschaft von etwa 1,3 Milliarden Euro, bei einer Schwankungsbreite von etwa sechshundert Millionen bis 2,1 Milliarden. Wie schon gesagt, repräsentiert diese Summe aber nur einen Teil der tatsächlichen externen Kosten der Landwirtschaft. Die wichtigsten Kostenpunkte sind die Klimagasemissionen und die Schäden für die menschliche Gesundheit.

Für eine großflächige biologische Bewirtschaftung trafen wir Annahmen, welche externen Kosten reduziert oder gar vermieden werden könnten. Schätzungsweise rund ein Drittel der jährlichen externen Kosten der Landwirtschaft würden wir mit einem hundertprozentigen Bioszenario

II Jules Pretty ist Professor für Umwelt und Gesellschaft an der University of Essex.

einsparen. Wie gesagt, viele Folgekosten können wir nicht quantifizieren und bei allen Kosten sind die Unsicherheiten sehr groß. Andererseits muss auch angeführt werden, dass die durchschnittlichen Erträge in der Biolandwirtschaft geringer sind. Für Österreich hat das Bundesamt für Agrarwirtschaft diese Ertragslücke ausgewertet, und beispielsweise für Weizen rund sechsunddreißig, bei Kartoffeln neunundvierzig und bei Soja sieben Prozent errechnet. Dieser geringere Produktionswert müsste in eine Gesamtbetrachtung natürlich einfließen. Aber selbst unter Berücksichtigung dieser Faktoren gehen wir auf Basis der wissenschaftlichen Literatur davon aus, dass die biologische Landwirtschaft eindeutig geringere negative Umweltwirkungen und geringere externe Kosten verursacht.

UNZUREICHENDE DATENLAGE

In welchen Bereichen ist die Datenlage zu schwach, um Leistungen und Kosten präzise ermitteln zu können, und was wäre nötig, um an die erforderlichen Daten zu kommen?

AM Die Größe der Unsicherheit ist abhängig von der Kostenart. So lässt sich etwa der Verlust an Biodiversität oder generell von Ökosystemdienstleistungen monetär schwer bewerten. Andere auftretende Kosten sind leichter zu kalkulieren. Ein Beispiel: Wenn wegen zu hoher Nitratwerte im Grundwasser bei der Wasseraufbereitung für zehntausend Bürgerinnen eine Umkehrosmoseanlage errichtet werden muss, fallen für den Bau Kosten von mehreren Millionen Euro an. Diese Kosten tragen die Steuerzahlerinnen und am Ende auch die Konsumentinnen. Die sind sehr konkret und einfach zu transferieren. Wie ich Tier- und Pflanzenarten oder den Wert von Habitaten oder genetischer Vielfalt bewerte, das ist dagegen viel komplexer.

Die Methode des Benefit-Transfers an sich kann auch kritisiert werden. Oft ist dieser Ansatz zwar der einzig mögliche, um überhaupt Richtwerte und ein Gefühl für die Größenordnung zu bekommen. Viele Umweltwirkungen sind aber stark von den lokalen Gegebenheiten und dem landschaftlichen und Ökosystemkontext abhängig, die dann an einem anderen Ort ganz anders sein können, was zu großen Unsicherheiten beim Benefit-Transfer führen kann.

Man kann also sagen, dass eine Monetarisierung in jedem Falle sehr komplex und mit vielen Unsicherheiten behaftet ist. Wie verlässlich sind denn die Resultate? Sind sie robust genug, um im Politikprozess eine Rolle spielen zu können?

AM Die einzelnen Resultate sind mit großen Unsicherheiten behaftet, aber es lassen sich robuste Muster feststellen, die als Basis für eine veränderte Politik dienen können. Wir kennen die größten Kostenverursacher, auch wenn sie teils sehr unsicher quantifiziert sind: Pestizide, Stickstoff, Treibhausgasemissionen, Antibiotikaresistenzen. Wenn wir diese gezielt und mit Nachdruck angehen würden, wäre schon sehr viel erreicht. Und das nötige Wissen dafür ist vorhanden.

AKUTER HANDLUNGSBEDARF

Gibt es Daten zu volkswirtschaftlichen Folgekosten aufgrund des Pestizideinsatzes, und welche Unsicherheiten im Hinblick auf Monetarisierung der Kosten gibt es in diesem Bereich?

RW Die Kosten für die Umweltfolgen von Pestiziden wurden bisher nur unzureichend untersucht. Die Pionierarbeit von David Pimentel datiert aus den 1980er Jahren. In einer vor sechs Jahren veröffentlichten Studie zeigen David Pimentel und Michael Burgess Umweltkosten aufgrund von Pestizideinsatz für die Vereinigten Staaten von fast sechs Milliarden US-Dollar für das Jahr 2005 auf.[1] Die Kosten für die menschliche Gesundheit beziffern sie in derselben Studie auf rund 1,5 Milliarden Dollar pro Jahr. Generell werden bei den Kosten für die menschliche Gesundheit meist nur kurzfristige Effekte eingerechnet und kaum oder keine langfristigen aufgrund chronischer Pestizidexposition. Auch hier gilt wieder: Es fehlt schon an Grundlagendaten, um solche Folgeabschätzungen seriös durchführen zu können.

Der Sachverständigenrat für Umweltfragen in Deutschland und viele andere Wissenschaftler bemängeln, dass erhebliche Defizite in der Umweltrisikobewertung von Pflanzenschutzmitteln und insbesondere in Bezug auf die Auswirkungen auf die Biodiversität bestehen. Kritisiert wird gerade in Bezug auf die Biodiversität, dass die Tests von Pflanzenschutzmitteln sich nur auf wenige beziehungsweise auf nicht spezifisch sensible Arten beschränken. Die Langzeiteffekte auf Umwelt und die menschliche Gesundheit oder die hormonellen Wirkungen von Pflanzenschutzmitteln und Pestizidformulierungen werden nur unzureichend und für den Pestizidmix und die vielen Abbauprodukte, die dann faktisch in der Umwelt auftreten, gar nicht getestet.

Hier besteht akuter Handlungsbedarf, nicht nur in Hinblick auf Umwelt- und Gesundheitswirkungen. Einerseits braucht es umfassende Langzeitforschung über diese Wirkungen. Die Regierung in Österreich lässt hier zumindest Anhaltspunkte im aktuellen Regierungsprogramm erkennen. Andererseits braucht es endlich umfassendes und seriöses Monitoring vor allem in terrestrischen Ökosystemen. Auch würde ich mir wünschen, dass detaillierte Daten aus der Landwirtschaft über den Einsatz von Pestiziden für wissenschaftliche Auswertungen zur Verfügung gestellt werden, so wie das zum Beispiel in Dänemark der Fall ist.

AM Flavia Geiger hat in einer groß angelegten und europaweiten Studie ermittelt, dass die Anwendung von Pflanzenschutzmitteln, vor allem von Insektiziden und Fungiziden, den größten negativen Effekt auf die Diversität von Pflanzen, Laufkäfern und bodenbrütenden Vögeln in und um Ackerflächen zeigt.[2] Die biologische Bewirtschaftung und andere Formen von ökologischem Ausgleich erhöhten nach der Studie die Pflanzen- und Laufkäfer-Diversität in und um Ackerflächen, jedoch nicht die Diversität der Brutvögel. Die Autoren kommen ebenso zu dem Schluss, dass sich Pflanzenschutzmittel trotz der Agrarumweltprogramme nach wie vor katastrophal auf Wildpflanzen und Tierarten auswirken. Auch bei den verkauften Wirkstoffmengen sehen wir, dass die in Österreich über einen langen Zeitraum recht konstant bei zirka bei 3.400 Tonnen pro Jahr bleiben, auch hier haben wahrscheinlich weder Säule eins noch Säule zwei der GAP[III] zu einer Reduktion beigetragen.

POLITISCHE LEITLINIEN

Müsste die Politik nicht ein Interesse daran haben, den volkswirtschaftlichen Nutzen von Bio- und »konventioneller« Landwirtschaft miteinan-

III Gemeinsame Agrar-Politik der Europäischen Union.

der vergleichen zu können, schon um Subventionen nicht in Agrarsysteme fließen zu lassen, die am Ende Schaden bringen?

RW Dazu reicht es nicht, nur die beiden Landbausysteme zu vergleichen. Der Kraftfuttereinsatz kann in beiden Systemen reduziert werden, auch Humusaufbau ist prinzipiell in beiden Systemen möglich. Wenn auch in Bezug auf Biodiversität fast alle Studien Vorteile der Biolandwirtschaft zeigen, so wissen wir doch, dass auch im Biolandbau Landschaften ausgeräumt werden. Da ist dann auch kein Lebensraum für bodenbrütende Feldvogelarten mehr. Daher müssen wir die Politik auffordern, nachweisliche Effekte zu fördern und Direktzahlungen und Agrarumweltprogramme viel stärker an diese Effekte zu binden. Für die Schweiz hat im Auftrag des Bundesamtes für Landwirtschaft ein Konsortium aus FiBL, Agroscope und HAFL[IV] Möglichkeiten der Nachhaltigkeitsbewertung dahingehend evaluiert. In der Gesellschaft wird der Druck stärker, die landwirtschaftlichen Förderungen mit klar umrissenen ökologischen und sozialen Leistungen zu koppeln und dem Prinzip »Public Money for Public Goods« zu folgen. Darüber hinaus wird das in der EU und in der Rio-Deklaration der UNO bereits 1992 festgelegte Verursacherprinzip auch für die Landwirtschaft eingefordert. Dass der Biolandbau hier einen Startvorteil hat, ist aus Sicht der Forschung recht klar. Aber auf den Lorbeeren ausruhen sollte sich der Biolandbau nicht, sondern gezielt vorhandene Schwächen anpacken.

Welche Entwicklungen in Bezug auf Landbausysteme und landwirtschaftliche Praxis schwebt Ihnen vor, um die volkswirtschaftlichen Folgekosten deutlich zu minimieren? Welche Strategien zur Internalisierung externer Kosten gelten als erfolgsversprechend?

AM Zum einen sind gesellschaftliche Leistungen und Kosten der Landwirtschaft nur unzureichend in der volkswirtschaftlichen Gesamtrechnung wiedergegeben. Das müssen wir sichtbar machen. Zum anderen ist die Frage der Reduzierung externer Kosten nicht eine, die einzig mit dem

IV Agroscope ist das Kompetenzzentrum für landwirtschaftliche Forschung des Schweizer Bundesamtes für Landwirtschaft; HAFL ist die Hochschule für Agrar-, Forst- und Lebensmittelwissenschaften, Bern.

Landbausystem oder der landwirtschaftlichen Praxis beantwortet werden kann. Am FiBL betrachten wir Ernährungssysteme, da Themen wie zum Beispiel niedrige Erzeuger- und Verbraucherpreise, der Einsatz von Kraftfuttermitteln und Futtermais in der Tierhaltung, der hohe Fleischkonsum und hohe Lebensmittelabfälle systemisch zusammenhängen.

Es bringt auch wenig, die eigenen Standards in der Produktion nach oben zu schrauben und bei den Importen weniger genau hinzusehen. Wir brauchen kohärente Agrar-, Ernährungs-, Handels- und Entwicklungspolitiken und müssen nachhaltige landwirtschaftliche Produktion in engem Zusammenspiel mit nachhaltigem Konsum und nachhaltiger Verarbeitung fördern. In aller Kürze könnte man als Leitprinzip formulieren, dass es primär darum geht, das Ernährungssystem »kleiner« zu machen, was man mit einer Reduktion der Inputs, das heißt primär Stickstoff und Pestizide, und in Folge auch der Outputs erreichen würde. Dies würde die Ernährungssicherheit nicht tangieren, wenn der Konsum sich entsprechend anpassen würde. Das bedeutet vor allem eine starke Reduktion des Konsums tierischer Produkte und von Lebensmittelabfällen und -verlusten.

Das Gespräch führte Christopher Schümann.

DAS ZUKUNFTSBILD

Perspektiven einer Landwirtschaft
ohne synthetische Pestizide
– in Partnerschaft mit der Natur

AGRARÖKOLOGIE STICHT AGRARCHEMIE

von Felix zu Löwenstein

Die Zukunft gehört stabilen Systemen

Ich habe in Weihenstephan an der Technischen Universität München eine solide akademische Ausbildung als Landwirt genossen. Das ist nun schon sehr lange her. Aber eine Erfahrung teile ich mit allen Studenten, die seitdem dort und an fast allen anderen Agrar-Fakultäten studiert haben: dass man die Stätte seiner fachlichen Bildung in der festen Überzeugung verlässt, dass ein Landwirt in der ihm feindlich gesinnten Natur nur überleben kann, wenn er an beiden Händen von Bayer, BASF, Syngenta, oder wie auch immer die Protagonisten der Agrarchemie gerade heißen, geführt wird. Kein Anbauverfahren wird ohne einen Pestizideinsatz beschrieben. Weder in der Ausbildung, noch in den Artikeln der Rubrik »Ackerbau« in all den landwirtschaftlichen Fachblättern.

Und so blieb in meinen Jahren als konventioneller Landwirt nicht ein Quadratmeter meiner damals hundertdreißig Hektar unbesprüht. In Mais und Zuckerrüben lediglich mit Herbiziden gegen das Unkraut, in anderen Kulturen zusätzlich mit Fungiziden gegen Pilzerkrankungen und Insektiziden gegen Schädlingsbefall. Wurden Schnecken zum Problem, kam Schneckenkorn hinzu. Gab es zu viele Mäuse, wurde mit der »Legeflinte« Nagergift in die Mäuselöcher eingeführt. In den Jahren nachdem ich durch Umstellung unseres Betrieb nach Naturland-Richtlinien auf ökologischen Landbau aus dieser Praxis ausgestiegen war, beobachtete ich, wie sich das bei meinen konventionellen Kollegen noch intensivierte: So wurden Fungizide in Zuckerrüben zur Standardmaßnahme und später mussten im eigentlich so gesunden Mais Pilze und Insekten bekämpft werden.

KAMPF GEGEN DIE EIGENEN GRUNDLAGEN

Die flächendeckende Begiftung von Acker und Grünland konnte nicht ohne Folgen bleiben. Unkräuter, Schädlinge und Pilze wurden gegen zu häufig eingesetzte Pestizide resistent, was die Entwicklung immer neuerer Wirkstoffe erforderlich machte. Dagegen half auch innovative Züchtung nicht, der es da und dort gelang, Sorten zu kreieren, die gegen bestimmte Pilze resistent waren – denn meist wurden diese Resistenzen von den nicht minder innovativen Erregern durch Anpassung gebrochen.

Die ersten Scherben zeigen heute an, dass dieses System zerbricht: nicht mehr bekämpfbare Rapsschädlinge und unbesiegbare Ungräser im Getreide.

Der größere Schaden aber wird kollateral angerichtet: bei den Nichtzielorganismen. Also bei den Pflanzen und Tieren, um die es eigentlich gar nicht geht. Wie früh das der Fall war, zeigt eine Studie von Berndt Heydemann im Fachgebiet Landespflege und Landwirtschaft der Universität Kiel, die 1983 veröffentlicht wurde.[1] Zwischen 1951 und 1981 wurden Laufkäferfallen in Weizenfeldern und Hackfruchtäckern aufgestellt und die innerhalb von vier Wochen Standzeit dort gefangenen Tiere ausgewertet. Das Ergebnis war erschreckend: Auf den vier untersuchten Ackerbodentypen hatte die Artenvielfalt der carnivoren, also räuberischen Arten und der detritophagen, also abfallverzehrenden Arten, um bis zu zweiundfünfzig Prozent abgenommen, gleichzeitig sank die Anzahl der Individuen im Zeitraum der untersuchten dreißig Jahre ebenfalls um bis zu fünfzig Prozent. Auf den am schlechtesten abschneidenden Sandboden mit Wintergetreide waren am Ende des Untersuchungszeitraums weniger als die Hälfte der anfangs beobachteten Arten und nur noch die Hälfte der Insektenmenge unterwegs. Bei Hackfrucht auf Lehmböden hatte die Artenvielfalt um fünfundvierzig Prozent und die Individuenzahl um siebenundzwanzig Prozent abgenommen.

Dass die Auswirkung der Intensivierung landwirtschaftlicher Produktion schon so früh einsetzte, war mir nicht bewusst, ehe ich vor ein paar Jahren auf diese Darstellung stieß. Es steht zu befürchten, dass Vergleichsstudien, die erst nach diesem Zeitpunkt beginnen, das wahre Ausmaß der Katastrophe gar nicht darstellen. Obwohl auch die in sich alarmierend genug sind.

Das zeigt die jedem Autofahrer zugängliche Erfahrung, dass die lästige Arbeit entfallen ist, insbesondere zur Sommerzeit regelmäßig dort klebende Tierchen von der Windschutzscheibe entfernen zu müssen. Dass die Wahrnehmung dieses Unterschiedes weder auf einer unpräzisen Gedächtnisleistung von Autofahrern noch an den aerodynamischen Fortschritten der Karosseriegestalter liegt, zeigen immer mehr wissenschaftliche Untersuchungen. So hatte der Naturschutzbund Nabu Ehrenamtliche in Nordrhein-Westfalen zwischen 1989 und 2014 an insgesamt achtundachtzig Standorten Fluginsekten-Fallen auswerten lassen und in diesem Zeitraum einen Rückgang der gefangenen Biomasse von bis zu achtzig Prozent festgestellt.[2] Seitdem häuft sich die Publikation solcher Befunde. Im Mai 2017 weist die Bundesregierung auf eine Anfrage der Grünen auf dramatische Rückgänge bei den Feldvögeln hin.[3] Im Oktober 2019 berichtete die TU München von einer Studie, in der über neun Jahre nicht nur – wie in Krefeld – die Entwicklung der Insekten-Biomasse gemessen wurde, sondern die von mehr als 2.700 Arten in drei Regionen Deutschlands. In diesem kurzen Zeitraum verzeichneten die Forscher einen Rückgang der Artenzahl um ein Drittel.[4] Im Januar 2020 kam aus Bayern die Nachricht, von 2.160 Nachweisen der Artenschutzkartierung, seien nach fünfundzwanzig Jahren nicht einmal mehr zwanzig Prozent übrig.[5] Im Februar 2020 schließlich berichteten niederländische Forscher, dass über das vergangene Jahrhundert fünfunddreißig Prozent der Pflanzen in der Agrarlandschaft, fünfundachtzig Prozent der Schmetterlinge im Grünland und fünfundachtzig Prozent der Vögel in der offenen Agrarlandschaft verloren gegangen seien.[6] Viele ähnliche Ergebnisse älteren Datums über Bienen, Spinnen oder Schmetterlinge machen deutlich: hier brechen ganze Nahrungsketten zusammen.

Es verändern sich zudem die Konkurrenzverhältnisse innerhalb von Ökosystemen. Weil dort jede Art ihren spezifischen Lebensraum und eine spezielle Aufgabe hat, macht ihr Wegfallen einen Lebensraum frei und hinterlässt eine nicht ausgefüllte Funktion. So etwas kann eine Aussterbe-Kaskade bei anderen Arten auslösen und es kann schädlichen Organismen und Krankheitserregern Entfaltungsmöglichkeiten bieten. Solche Effekte, zum Beispiel bei der durch Zecken übertragenen Borreliose, sind weltweit immer wieder nachgewiesen worden.[7] Und natürlich gibt es sie auch bei Pilzen und Schadinsekten in Raps und Getreide, gegen die Chemie nicht mehr wirkt. Es denkt deshalb zu kurz, wer glaubt, zunehmende Resistenzen durch ausreichend schnelle, und im Zweifelsfall dann schlampige, Neuzulassungen von Agrarchemikalien in den Griff bekommen zu können.

Die Zusammenbrüche an Artenvielfalt und Individuenzahl machen an der Bodenoberfläche nicht halt. Sie betreffen das Leben im Boden ebenfalls. Wobei noch erhebliche Wissenslücken darüber klaffen, was in den Böden in welcher Menge lebt, wie die Bodenorganismen zusammenwirken und wie sie sich entwickeln. Die abnehmende Tendenz lässt sich aber an der Entwicklung von Regenwürmern ablesen oder von den für Nährstofferschließung, Nährstofftransport bis hin zur Übermittlung von Information so wichtigen Pilzgeflechten, die unter dem Begriff »Mykorrhiza« zusammengefasst sind. Wichtige Bodenfunktionen, wie die Speicherung und Ableitung von Niederschlagswasser oder auch der Aufbau von organischer Substanz im Humus und dadurch die Speicherung von CO_2, gehen so verloren.

Solche Erkenntnisse sind für jedermann leicht zugänglich. Auch ist die Schlussfolgerung, dass diese Entwicklung die Grundlagen unserer landwirtschaftlichen Erzeugung und damit unserer Ernährung zunehmend beeinträchtigt, nicht spezialisierten Wissenschaftlern vorbehalten. Und trotzdem begegnen mir unentwegt Vertreter der landwirtschaftlichen Praxis und der Industrie, die sie mit Betriebsmitteln versorgt, die sagen Sachen, wie: »Mag sein. Aber wir können uns nicht leisten, auf so etwas Rücksicht zu nehmen. Schließlich haben wir eine wachsende Weltbevölkerung zu ernähren.« Oder, um es mit den kargen Worten eines Berufskollegen auszudrücken, der im Online-Portal einer wichtigen Agrarzeitung einen Beitrag zum Biodiversitätsthema kommentierte: »Biodiversität? Wir haben doch genug Unkraut!« Ich unterstelle diesen Mitmenschen nicht, aus böswilligen Motiven unser aller Lebensgrundlagen schädigen zu wollen. Sondern ich vermute, dass sie in der »ohne Chemie kann man keine Landwirtschaft betreiben«-Ideologie stecken, die ich aus eigener Erfahrung so gut kenne. Aus ihr können wir nur durch einen Perspektivwechsel herausfinden: Was wir brauchen, sind nicht in erster Linie hochproduktive Produktionssysteme, sondern hochstabile.

STABILE SYSTEME

Ich will an zwei Extrembeispielen verdeutlichen, was ich damit meine. Das eine wäre eine große Apfelplantage in einem großen Apfelproduktionsgebiet – ich habe eines aus der Gegend von Meckenheim vor Augen. Massiver und sich ständig wiederholender Eingriff mit chemisch-synthetischen Produkten muss die Produktion am Laufen halten. Unterbleibt er, werden nur wenige, zu kleine und im Übrigen im Laden nicht verkäufliche Äpfel erzeugt. Das andere Beispiel ist ein Buchenmischwald. Er erzeugt dauerhaft große Mengen Holz, der einzige Eingriff ist die Ernte mit der Motorsäge.

Die Apfelplantage stellt ein instabiles, der Mischwald ein sehr stabiles System dar. Darüber hinaus ist er auch noch hochproduktiv, was an der perfekten Mischung verschiedenster Pflanzenarten liegt, die in Stufen von null bis vierzig Meter jeden Kubikmeter Lichtraum ausnutzt und auf einer ungleich höheren Blattflächensumme für Photosynthese sorgt, als das in der Apfelplantage der Fall ist.

Auch unser Obstgarten, der noch bis in die 60er Jahre für den großen Haushalt des Gutsbetriebes ebenso wie für den Verkauf große Mengen erzeugte, dürfte ein recht stabiles System gewesen sein. Denn niemand ist jemals diesen Bäumen mit einer Spritze zu Leibe gerückt. Es standen aber dort nicht, wie in der beschriebenen Plantage, Reihe um Reihe Äpfel derselben Sorte. Sondern alle denkbaren Arten und Sorten durcheinander. Und es würde mich nicht wundern, wenn die Alten auch noch gewusst hätten, was unter den Bäumen wachsen muss, um die Schädlinge im Zaum zu halten. Dass in dieser Zeit Kunden noch mit vielen verschiedenen Sorten etwas anzufangen und überdies auch Äpfel zu essen bereit waren, die nicht glatt und makellos waren, illustriert, dass die Suche nach stabilen Systemen nicht am Hoftor halt machen kann!

Ein wesentliches Element der Stabilität ist offenbar die Vielfalt – das ist ebenso bäuerliche Erfahrung wie wissenschaftliche Erkenntnis. So haben Forscher der Uni Hohenheim festgestellt, dass in einem Reisanbaugebiet auf den Philippinen Reiskrankheiten nicht vorkommen, die anderswo routinemäßig bekämpft werden müssen – weil dort über fünfzig verschiedene Sorten angebaut wurden. Das Höchstmaß an Instabilität fanden sie in Kambodscha, wo auf achtundneunzig Prozent der Reisanbaufläche nur eine einzige Sorte zu finden war.[7]

AUF EINGRIFF FOLGT EINGRIFF

Offensichtlich sind in natürlichen Systemen sehr komplexe Regelmechanismen am Werk. Jeder systemfremde Eingriff beeinträchtigt diese Mechanismen oder setzt sie außer Kraft. Und macht den nächsten Eingriff erforderlich. Das gilt für den Eingriff mittels naturfremder Substanzen in Form von Pestiziden ebenso wie in Form der Düngung mittels synthetisch hergestellten Stickstoffs.

Ich will das anhand des Weizenanbaus auf meinen Feldern und auf denen meiner konventionellen Nachbarn zeigen. Dafür ist es wichtig zu wissen, dass Stickstoff nicht nur das Wachstum beschleunigt, sondern auch dazu führt, dass die Zellwände weicher, und damit weniger widerstandsfähig werden, gegenüber dem Befall von Pilzsporen. Konventionelles Saatgut wird deshalb mit einer Chemikalie behandelt, die Pilzsporen auf dem Saatkorn tötet, aber auch durch das Saatkorn in die junge Pflanze hineinwirkt, um dort Pilzerkrankungen vorzubeugen. Ökopflanzen sind zwar weniger gefährdet, es gibt aber trotzdem bestimmte Pilzinfektionen, die sich im Ökogetreide sehr schädlich auswirken. Deshalb verwenden wir nur Saatgut, von dem durch vorherige Untersuchung klar ist, dass es keine Pilzsporen aufweist.

Die Bekämpfung von Mehltau, einem Pilz, der sich ausbreitet, wenn die Pflanzen eine Handbreit hoch sind, ist im konventionellen Landbau unabdingbar. Bei uns sind zwar keine Fungizide erlaubt, aber dafür haben wir Ökobauern auch gar kein Mehltauproblem. Weil wir nicht mit synthetischem Stickstoff düngen, sind unsere Pflanzen widerstandsfähiger, und der Pilz richtet keinen nennenswerten Schaden an.

Fungizide sind nicht nur hochwirksam, sondern auch sehr selektiv, das heißt sie töten nur bestimmte Pilze ab, bei anderen sind sie wirkungslos. Die Pflanze ist aber von Natur aus mit vielen verschiedenen Pilzen besiedelt, die zueinander in Konkurrenz stehen, sich sozusagen gegenseitig in Schach halten. Entfallen einzelne Konkurrenten, gewinnen andere die Oberhand, und werden jetzt schädlich. Also müssen auch sie mit wieder anderen Fungiziden bekämpft werden, was allenfalls aus der Sicht von Fungizid-Produzenten als glücklicher Umstand betrachtet werden kann. Dazu kommt, dass wegen der Wachstumsförderung durch Stickstoff die Pflanzen so dicht stehen, dass zwischen ihnen nur noch wenig Luft zirkuliert, was – viele kennen das Problem von ihren Fußzehen – einen idealen Lebensraum für Pilze schafft.

Da der Stickstoff die Pflanzenzellen weich macht und die Halme mit Macht wachsen, kippen die Pflanzen bei stärkerem Wind um. Der Transport von Wasser und Nährstoffen in den abgeknickten Halmen funktioniert dann nicht mehr und großer Schaden droht. Damit das nicht geschieht, wird im konventionellen Getreidebau ein Pflanzenhormon gespritzt, das die Wachstumsvorgänge beeinflusst. Das Hormon stoppt die Streckung der Halme, der Weizen bleibt kurz und kippt nicht mehr um. Ohne eine solche Behandlung streckt sich der letzte Halmabschnitt so, dass die Ähre schnell ins Freie hinausgehoben wird. Durch den Wachstumshemmer gelingt das aber nicht, und die Ähre bleibt zu nahe am obersten Blatt, dem Fahnenblatt. Dadurch infiziert sie sich mit den dort siedelnden Pilzen, und muss deshalb mit einem weiteren Fungizid behandelt werden. Undsoweiter undsofort.

AUF DEM WEG

Wir sind bei den meisten Standardkulturen des ökologischen Landbaus dem Ideal der stabilen Systeme recht nahe, auch wenn noch viele Optimierungsmöglichkeiten von der Züchtung bis zur Landtechnik vorstellbar sind. Bei den Sonderkulturen wie Obst, Gemüse oder Wein ist der Weg noch weiter. Ohne Eingriffe zur Bekämpfung von Krankheiten und Schädlingen kommen nur wenige solche Kulturen aus. Zwar können wir längst eine breite Palette naturstofflicher oder mineralischer Mittel einsetzen, die Ökosysteme nicht so schädigen, wie das chemisch-synthetische Stoffe tun. Aber klar ist: stabil sind auch solche Anbausysteme noch nicht. Hier wartet noch großer Forschungsbedarf – und ich meine nicht das Entwickeln weiterer ökologisch verträglicher Pestizide, so sinnvoll das auch sein mag, sondern die Entwicklung in sich ausbalancierter, produktiver und stabiler Systeme.

Auf dem Weg dorthin können wir mit landtechnischen Innovationen rechnen, die nicht nur die Arbeit erleichtern, sondern die Chemie auf dem Acker überflüssig machen werden. Leichte und solar betriebene autonome Maschinchen werden schon in wenigen Jahren gezielt Unkräuter entfernen, Blattlausnester wegräumen oder beginnenden Pilzbefall von Kartoffelpflanzen entdecken und abschneiden. Es gibt wohl keinen namhaften Landmaschinenhersteller mehr, der nicht an solchen Lösungen arbeitet, und kleine, innovative Start-ups sind ihnen dabei vielleicht schon voraus.

Der frühere Chef der Welternährungsorganisation FAO, Graziano da Silva, hatte in einem Interview zu Beginn seiner Amtszeit 2012 zu Protokoll gegeben: »Wir haben hundert Jahre gebraucht, die Chemie in die Landwirtschaft einzubringen. Wir werden sie deutlich schneller wieder loswerden.« Ich wünsche uns, dass Graziano da Silva am Ende recht behält, auch wenn er dieses Ziel in seiner Amtszeit, die 2019 zu Ende ging, noch nicht erreicht hat. Wir müssen es erreichen, denn nur in stabilen Ökosystemen wird eine wachsende Weltbevölkerung ihre Ernährung sicherstellen können.

DIE
ALTERNATIVEN

von Claudia Daniel

Wie es ohne synthetische Pestizide geht

Der Einsatz von Pflanzenschutzmitteln, insbesondere von synthetischen Pestiziden, wird derzeit kontrovers diskutiert. Die Vertreter der klassischen Bauernverbände und »konventionell« wirtschaftende Landwirte führen dabei häufig das Argument an, eine Produktion ohne synthetische Pestizide sei nicht möglich. Das stimmt selbst für die »Konventionellen« nur zum Teil: Eine deutliche Einsparung von Pflanzenschutzmitteln ist in vielen Fällen durchaus möglich. Und der Biolandbau, wo diese Stoffe nicht zulässig sind, zeigt, dass es auch ganz ohne synthetische Pestizide geht. Der Einsatz von natürlichen Stoffen und Organismen ist hingegen im Bioanbau erlaubt, sollte aber auch dort nur in Extremsituationen ein letztes Mittel sein. Die Methoden des Biolandbaus sind im Wesentlichen darauf gerichtet, durch vorbeugende Maßnahmen zu verhindern, dass es überhaupt zu extremem Schädlingsbefall kommen kann.

Dafür braucht es jedoch ein Umdenken, um die vielfältigen Möglichkeiten kennen- und handhaben zu lernen, die heute bereits zur Verfügung stehen.

Wo nur natürliche Stoffe gegen Krankheiten und Schädlinge von Nutzpflanzen eingesetzt werden dürfen, gibt es für viele Schädlinge keine effiziente Bekämpfungsmöglichkeit. Daher ist es für Biobauern zwingend notwendig, die vorbeugenden Maßnahmen auszuschöpfen. Das Vorgehen lässt sich dabei anhand der Pflanzenschutzpyramide illustrieren:[1]

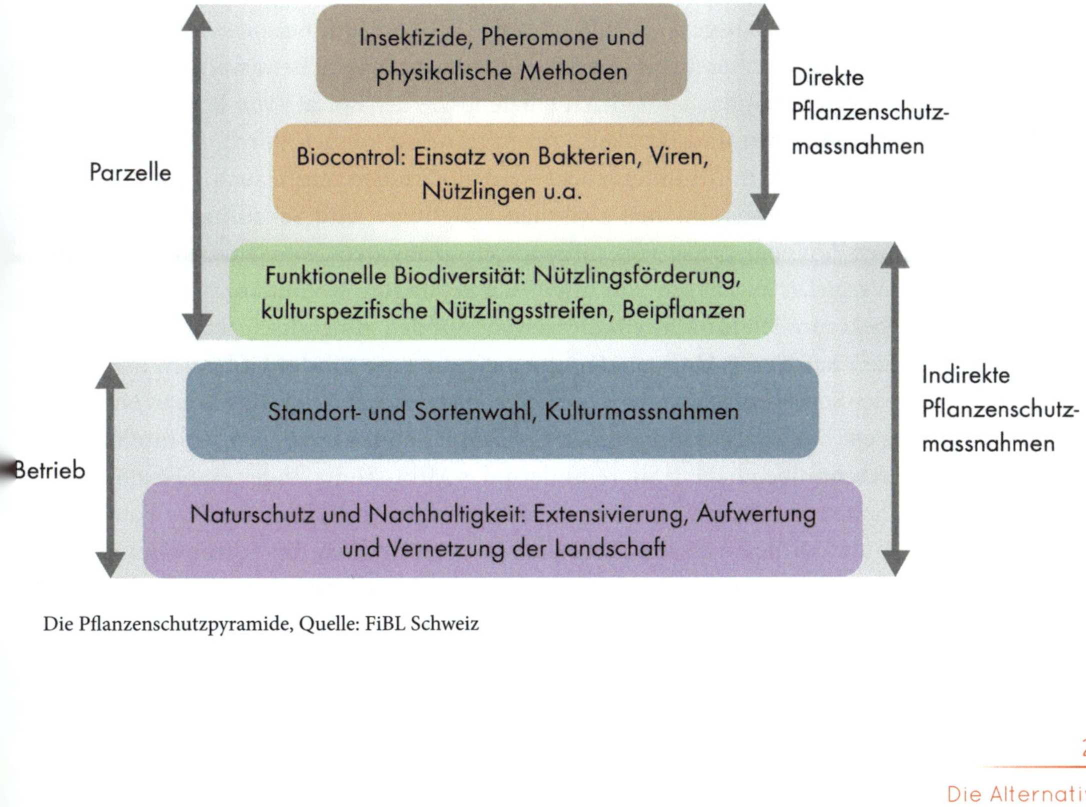

Die Pflanzenschutzpyramide, Quelle: FiBL Schweiz

Basis der Pflanzenschutzpyramide sind die Extensivierung und die Aufwertung der Landschaft, denn die Natur braucht Rückzugsräume. Und die Landwirtschaft, die ja ein Teil der Natur ist, braucht diese Rückzugsräume auch, nur ist uns das häufig zu wenig bewusst. Verschiedene Publikationen zeigen allerdings klar, dass in vielfältigen, artenreichen Landschaften der Schädlingsbefall geringer ist, da sich die natürlichen Gegenspieler besser etablieren können.[2] Entsprechend wurden in komplexen Landschaften höhere Parasitierungsraten und entsprechend geringere Schäden durch den Rapsglanzkäfer beobachtet.[3] Maßnahmen wie Hecken und Blühstreifen sind also kein »Verlust von Produktionsfläche«, sondern sie bringen auch dem Landwirt einen konkreten Nutzen. Da sich dieser Nutzen für den einzelnen Bauern kaum monetär erfassen lässt, wird er jedoch häufig geringgeschätzt, obwohl er in der Praxis sehr hoch sein kann.

UNTERSCHÄTZTE KULTURMASSNAHMEN

Die nächste Stufe in der Pflanzenschutzpyramide sind Standortwahl und Kulturmaßnahmen. Welche Kulturen eignen sich gut für welchen Standort und mit welchen gut aufeinander abgestimmten Kulturmaßnahmen lassen sich insgesamt gute Erträge erzielen?

Mit den richtigen Antworten auf diese Fragen lässt sich viel erreichen. Durch eine ausgewogene Fruchtfolge können zum Beispiel viele Krankheiten von vornherein vermieden werden. Angepasste Bewässerungszeitpunkte im Salatanbau sind gleich effizient wie der Einsatz von Schneckenkorn. Spinnmilben und Blattläuse im Apfelanbau können durch die Anpassung des Baumschnitts unterdrückt werden.[4] Studien zeigen auch, dass die Düngung die Interaktionen zwischen Nützlingen und Schädlingen beeinflussen können: Läuse von mineralisch gedüngten Kohlpflanzen waren, im Vergleich zu Läusen von organisch gedüngten Kohlpflanzen, weniger gut bekömmlich für Marienkäferlarven. Auf den mineralisch gedüngten Pflanzen hatten die Marienkäferlarven eine höhere Mortalität.[5] Auch die Wahl der Sorte beeinflusst das Gleichgewicht zwischen Schädlingen und Nützlingen: Die Blatthaare auf einer Apfelsorte können einen starken Einfluss auf Raubmilben haben: Sie verändern das Mikroklima, indem sie Feuchtigkeit halten, zusätzlich »fangen« sie Pollen, der von Raubmilben als Futter genutzt wird. Zu dichte Blatthaare aber erschweren die Fortbewegung und den Beutefang der Raubmilben.[6] Bei der Kirschessigfliege hat die Schalenfestigkeit von Weintrauben einen Einfluss darauf, ob sie Eier legen kann oder nicht.[7] Im Raps beeinflusst der Blühzeitpunkt den Schaden durch den Rapsglanzkäfer.[8]

Es gibt zahlreiche weitere Faktoren, die das Gleichgewicht zwischen Schädlingen und Nützlingen deutlich beeinflussen können. Leider sind dies auch meist Faktoren, die bisher nicht gezielt für Pflanzenschutzzwecke genutzt werden. Weil man die Fruchtfolge wegen der Marktnachfrage nach bestimmten Kulturen vernachlässigt; weil man für den neuen Baumschnitt eine andere Mechanisierung bräuchte; weil mehr Düngung oder synthetische Düngung ein paar Prozent mehr Ertrag versprechen; weil der Markt eine andere Apfelsorte verlangt. Oder ganz einfach, weil billige Pestizide verfügbar sind, mit denen man das Problem ohne viel Nachdenken schlicht wegspritzen kann. Das Potenzial auf dieser Stufe ist momentan bei Weitem noch nicht ausgeschöpft und kann einen wichtigen Beitrag zur Pestizidreduktion leisten.

FUNKTIONELLE BIODIVERSITÄT

Auch die nächste Stufe hat viel Potenzial: die funktionelle Biodiversität. Darunter versteht man die gezielte Förderung von spezifischen Nützlingen gegen bestimmte Schädlinge. In einem Forschungsprojekt am FiBL[I] wurde im Kohlanbau, ausgehend von den Schädlingen Kohleule und Kohlweißling, untersucht, welche Gegenspieler diese Schädlinge im Feld angreifen. Gefunden wurden verschiedene Arten parasitischer Schlupfwespen. Im nächsten Schritt wurde gefragt, was die Ansprüche dieser Schlupfwespen sind: Sie brauchen Nektar als Nahrung, zum richtigen Zeitpunkt, in der richtigen Zuckerzusammensetzung und in einer Blüte, in der die Schlupfwespen den Nektar mit ihren kurzen Mundwerkzeugen auch erreichen können. In mehreren Doktorarbeiten wurde die optimale Pflanze gesucht, die die Ansprüche der Schlupfwespen abdeckt, gleichzeitig die Schädlinge nicht fördert, die Kohlpflanzen im Feld nicht konkurrenziert und sich in das Anbausystem integrieren lässt. Dank modernster wissenschaftlicher Methoden im Labor konnten verschiedene Pflanzenarten geprüft werden und eine optimale Begleitpflanze wurde gefunden: die Kornblume.[9] Anschließende

I FiBL ist das Forschungsinstitut für biologischen Landbau.

Feldversuche zeigten, dass Kornblumen als Beipflanzen im Weißkohlfeld kombiniert mit Blühstreifen am Feldrand gleich effizient sind, wie der Einsatz von Insektizid.[10]

Diese Forschungsresultate stimmen mich optimistisch und pessimistisch zugleich. Optimistisch, weil uns die Natur vielfältige Lösungen für unsere Probleme anbietet; pessimistisch, weil wir diese Lösungen oftmals nicht sehen. Bis vor ein paar Jahrzehnten waren Kornblumen überall auf Feldern zu finden, bis wir sie zum Unkraut erklärt und mit Herbizid bekämpft haben, weil sie uns unnütz und wertlos erschienen. Bei meinen Vorlesungen vor jungen Agronomie-Studierenden habe ich die Forschungsresultate vorgestellt. Nach der Vorlesung kam ein Student zu mir und fragte, ob man nicht, wenn man doch die optimale Zuckerzusammensetzung und den optimalen Zeitpunkt kennt, eine Maschine entwickeln könnte. Einen Dispenser, der von Drohnen ausgebracht und per App gesteuert Zuckerlösung an die Schlupfwespen abgibt. Das wäre doch eine Marktchance für ein Start-up und könnte Arbeitsplätze schaffen. Diese Denkweise stimmt mich dann auch eher pessimistisch, weil natürlich naheliegend wäre, neben den Kohl eine Handvoll Kornblumen zu säen. Statt der einfachen Logik zu folgen, sind wir oftmals gefangen in unserer Marktlogik, wo Verkaufszahlen und Arbeitsplätze die Hauptargumente sind.

Ein weiteres Projekt am FiBL ist die pestizidfreie Apfelanlage. In einer ein Hektar großen Modellanlage haben wir 2006 alle erdenklichen Maßnahmen zur Systemstabilisierung kombiniert: Resistente Sorten in alternierenden Reihen, weiterer Reihenabstand, angepasster Baumschnitt, Blühstreifen in den Fahrgassen, Untersaaten in den Baumstreifen, vielfältige Hecken und Buntbrachen um die Anlage, Nistkästen und Unterschlupfmöglichkeiten für nützliche Insekten, Vögel, Fledermäuse, Kleinsäuger. In sieben Versuchsjahren konnten wir zeigen, dass sich eine unglaubliche Vielfalt an Insekten etabliert, dass die Schädlinge in einer solchen Anlage meist von den Nützlingen gut reguliert werden und auf Insektizide verzichtet werden kann.[11] Gesehen haben wir aber auch die Hindernisse: durch den Verzicht von Fungiziden kam es zu Regenflecken, schwärzliche, unschön aussehende Beläge auf der Fruchtoberfläche, und zum Durchbruch der Schorfresistenz. Der Einsatz von Fungiziden, wie zum Beispiel Schwefel und Tonerde, war also nach wie vor nötig, zumindest solange Kunden auf Äpfel mit einem perfekten Aussehen bestehen.[12]

BIOCONTROL-ORGANISMEN

In Situationen, bei denen die vorher genannten Maßnahmen keinen Erfolg versprechen, ist es gut, auf die vorletzte Stufe der Pyramide zurückgreifen zu können. Mit Biocontrol ist der Einsatz beziehungsweise die Massenfreilassung von lebenden Organismen gemeint, wie Marienkäfern oder aber auch Krankheitserregern von Insekten. Biocontrol-Organismen haben den Vorteil, dass sie häufig sehr spezifisch wirken: Granuloseviren gegen den Apfelwickler befallen zum Beispiel genau nur den Apfelwickler, keine nah verwandten Arten und schon gar keine Nützlinge. Daher kann man Biocontrol-Organismen häufig gut in ein System integrieren. Sie stören die natürlichen Selbstregulierungsprozesse kaum.

Dennoch zögern viele Produzenten, Insektizide durch Biocontrol-Organismen zu ersetzen. Das hat verschiedene Gründe. Einerseits ist mehr Wissen nötig. Die Organismen brauchen bestimmte Klimabedingungen, sind aus naheliegenden Gründen nicht mit synthetischen Insektiziden kombinierbar und sie sind häufig nicht sehr gut lagerbar: Außerdem sind sie nicht patentierbar, was diesen Ansatz uninteressant für die großen Pflanzenschutzfirmen macht. Vor allem aber sind sie teurer als die meisten Insektizide.

Damit Biocontrol-Organismen tatsächlich eingesetzt werden, braucht es häufig starken Druck von außen. Ein Beispiel dafür ist die Geschichte, die sich vor einigen Jahren in spanischen Gewächshäusern zugetragen hat: Deutsche Lebensmittelkontrollen zeigten immer wieder die starke Belastung von spanischem Gemüse mit Pestiziden an. Obwohl staatliche Institutionen, internationale Forscherteams und innovative Firmen zahlreiche Biocontrol-Lösungen erarbeitet hatten, obwohl diese Lösungen einsatzbereit und verfügbar waren, obwohl zahlreiche Berater versuchten, die Produzenten zu einem Pestizidverzicht zu bewegen, geschah über mehrere Jahre nichts. Im Jahr 2004 waren achtundfünfzig Prozent aller überprüften spanischen Paprika mit Pestiziden belastet, bei Tomaten sogar sechsundsiebzig Prozent. Und dann, auf einmal innerhalb des Jahres 2007 verfünffachte sich der Einsatz von Biocontrol in Südspaniens Gewächshausregion Almería. Bei Paprika wurden plötzlich die Hälfte der Anbauflächen biologisch kontrolliert. Was war geschehen? Zwei große deutsche und englische Supermarktketten hatten neue Rückstandslimits festgelegt. Die waren strenger als staatlich vorgesehen, und die Ketten verweigerten die Annahme von Gemüse mit Mehrfachrückständen von Pestiziden. Das führte dazu, dass die

Produzenten die vorhandenen Lösungen sofort aufgriffen und umsetzten. In vielen anderen Bereichen der Landwirtschaft ist es ähnlich: Lösungen wären oftmals vorhanden, ein starker Anreiz, diese Lösungen auch umzusetzen, fehlt jedoch oft.

BIOPESTIZIDE FÜR DEN NOTFALL

Die letzte Stufe der Pflanzenschutzpyramide, der Einsatz von Insektiziden, sollte wirklich auf existenzbedrohliche Notfälle beschränkt bleiben. Bei neuen invasiven Schädlingen, oder bei extremen Witterungsbedingungen kann es durchaus zu Massenvermehrungen von Schädlingen kommen, für die es keine andere Lösung gibt. Aber auch biologische Pestizide können, entgegen der weit verbreiteten Meinung, Nebenwirkungen haben und sollten daher so sparsam wie möglich eingesetzt werden.

Ein Beispiel dafür ist Spinosad, ein Wirkstoff, der natürlich in Bodenbakterien vorkommt und daraus extrahiert werden kann. Verglichen mit synthetischen Pestiziden hat dieser Wirkstoff den Vorteil, dass er durch seine natürliche Herkunft auch durch natürliche Prozesse schnell wieder abgebaut wird; bei Sonnenlicht ist er nach drei Tagen zerfallen. Abgesehen davon kann Spinosad aber, ebenso wie einige synthetische Pestizide, starke Nebenwirkungen auf Bienen und nützliche Insekten haben. Der Ersatz synthetischer Pestizide durch Bio-Pestizide führt also nicht zwangsläufig zu einem nachhaltigeren Pflanzenschutz.

Durch den blinden Einsatz von Pestiziden haben wir unsere Schädlinge oft selbst geschaffen. Ein Beispiel dafür ist der Rapsglanzkäfer, der europaweit an verschiedenen wilden Kreuzblütengewächsen vorkommt. Wird in einer Region Raps angebaut, schafft man damit ein höheres Nahrungsangebot für den Rapsglanzkäfer. Entsprechend vermehren sich die Käfer stärker und fallen ab dem dritten Anbaujahr verstärkt auf. Beginnt man dann Insektizide zu spritzen, steigt der Befall dennoch weiter an. Woran liegt das? Natürliche Populationen des Rapsglanzkäfers sind meist stark vom Krankheitserreger *Nosema meligethii*[II] befallen. Nosema-Befall schwächt die Käfer, sie lagern weniger Fett ein, legen daher weniger Eier, sterben bei der Überwinterung häufiger. Gleichzeitig sind mit Nosema befallene Kä-

II Ein zu den Microsporidien gehörender pilzlicher Parasit.

fer anfälliger gegenüber Insektiziden. Bei einer Spritzung sterben also die kranken Individuen mitsamt dem Krankheitserreger zuerst. Nach zwei Jahren mit Insektizideinsatz sind die Populationen frei von *Nosema meligehtii*, das heißt, die Käfer legen mehr Eier, haben mehr Nachkommen und die Wintersterblichkeit sinkt. Es müssen also noch mehr Insektizide eingesetzt werden, um die nun robusteren Käfer abzutöten. Das führt dazu, dass man nun auch noch weitere Gegenspieler der Rapsglanzkäfer, die parasitischen Schlupfwespen, abtötet.[13] Ohne jeden Gegenspieler und in einer Landschaft, in der Jahr für Jahr ein Überangebot an Nahrung für die Rapsglanzkäfer bereitgestellt wird, fühlen sie sich entsprechend wohl. Heikki Hokkanen von der Universität Helsinki, der dieses Phänomen im Detail untersucht hat, betitelt seine Publikation dazu mit »The making of a pest«.[14] Mittlerweile sind in Europa die Rapsglanzkäferpopulationen flächendeckend resistent gegen Pyrethroide[III]. Vermehrt wurden daher bienenschädliche Neonikotinoide eingesetzt, mit der Argumentation, dass aufgrund von Problemschädlingen ein Rapsanbau ohne Insektizide nicht möglich sei.

SMARTE ZUKUNFT?

Nachhaltiger Pflanzenschutz ist nur möglich, wenn man verstärkt die unteren Bereiche der hier vorgestellten Pflanzenschutzpyramide berücksichtigt. Dazu braucht es gut ausgebildete Landwirte, die ihre Felder und die lokalen Gegebenheiten gut kennen und die genug Zeit haben, die ökologischen Zusammenhänge zu beobachten und ihr Anbausystem entsprechend auszurichten. Es wäre auch gut und sinnvoll, wenn Landwirte gemeinsam mit ihren Nachbarn regionale Strategien zur Schädlingsprävention entwickeln, denn Schädlingsprobleme enden meist nicht am eigenen Gartenzaun. All das ist deutlich aufwendiger als der Einsatz der Pestizidspritze, aber es schont auch gleichzeitig die Umwelt, das Wasser, die Bodenlebewesen und unterstützt das Entstehen natürlicher Gleichgewichte, was sich letztlich positiv auf die Kostenseite der Volkswirtschaft auswirkt. Die Gesellschaft muss den Bauern deshalb noch stärkere Anreize bieten, ihre Landwirtschaft auf nachhaltige Methoden umzustellen.

III Synthetische Pestizide, die dem natürlichen Wucherblumengift Pyrethrum nachgebaut sind.

Schlussendlich braucht es mehr Forschung, um ökologische Zusammenhänge noch besser zu verstehen und die hier vorgestellten Methoden zur Schädlingsregulierung kontinuierlich weiterzuentwickeln. Und es braucht einen wirklich smarten Technikeinsatz: Mit der heutigen Rechnerleistung, können Klimamodelle modelliert werden und die Früherkennung und Diagnose von Krankheiten und Schädlingen automatisiert werden. Wir sind theoretisch in der Lage, jeder einzelnen Pflanze im Feld einen GPS-Punkt zuzuteilen. Mit smarter Technik könnte man hochkomplexe, ökologisch wertvolle Agroforstsysteme effizient bewirtschaften.

Der Trend beim »Smart Farming« geht allerdings eher in eine andere Richtung: Sensorgesteuerte Düngerstreuer, die für möglichst große unkrautfreie Felder konzipiert wurden, zementieren den Status quo unserer Landwirtschaft. Wirklich smart wäre es, neue Technologien und neue Anbausysteme gemeinsam zu entwickeln.

Verlustanzeige

Die Felchen sind eine große Familie von Fischen, biologisch gesehen eine ganze Gattung von Lachsfischen, die in den Seen und mit einigen Arten auch in den Flüssen des Nordens leben und lebten. Die Vergangenheitsform muss man hier bemühen, weil einige Arten von Felchen bereits ausgestorben sind. Sie sind verschwunden aus den Seen Nordamerikas, Europas und Nordasiens. So wie die Féra, die noch Anfang des vergangenen

Die Felchen (Coregonus species pluralis)

Jahrhunderts der meistgefangene Speisefisch des Genfersees war. Zusammen mit der Gravenche, auch Kleine Féra genannt, die ebenfalls als ausgestorben gilt. So wie der Férit, der im Murtensee im Schweizer Drei-Seen-Land lebte. 2008 wurde er in die Liste der ausgestorbenen Fischarten der Weltnaturschutzunion IUCN aufgenommen. Auch in der Liste der ausgestorbenen Arten führt die IUCN den Bodensee-Kilch. Er gehörte zu den am Seeboden lebenden Arten der Felchen. Die Weltnaturschutzunion gibt als Grund für den endgültigen Tod der Art »Agricultural & forestry effluents« an, also Abwasser aus Land- und Forstwirtschaft, mithin nicht nur Gifte, sondern auch die Eutrophierung, also die Überdüngung des Sees. So steht das auch beim Férit, der im Murtensee ebenfalls ein Tiefwasserbewohner war, also dort lebte, wo sich die Sedimente absetzen. Bei Féra und Gravenche kommt als Begründung für deren Aussterben noch die Überfischung hinzu.

Seit die Überdüngung der Seen durch Abwasseraufbereitung und Einleitungsverbote zurückgegangen ist, gelten andere Arten von Felchen nur noch als gefährdet. Der Sandfelchen zum Beispiel, der im Bodensee lebt, wie der berühmte Blaufelchen, dem das Hauptinteresse der Fischer dort gilt. Anders als die begehrten Speisefische lebt der Sandfelchen in Bodennähe. So entgeht er den Fischern, die ihre »Bodenseefelchen« in Stellnetzen fangen, da diese sich von Plankton ernähren.
Vor dem Aussterben gerettet haben dürfte den Sandfelchen allerdings seine Eigenart, anders als der Bodensee-Kilch nicht im tiefen Wasser zu laichen und so den Nachwuchs sofort den belasteten Sedimenten auszusetzen. Der Sandfelchen kommt zum Laichen in die Küstengewässer des Sees. In Österreich gilt der Sandfelchen dennoch als gefährdet, in Deutschland ebenfalls; wobei das Bundesamt für Naturschutz den Bestand inzwischen als gesichert ansieht, allerdings auf niedrigem Niveau.
Welche Rolle beim Aussterben einiger Felchenarten und bei der Gefährdung der überlebenden Arten die Gifte aus der Landwirtschaft spielten und spielen, und was der übermäßigen Eutrophierung seit den 1950er Jahren zuzurechnen ist, das ist kaum auseinanderzuhalten und nur unzureichend untersucht.

WENIGER IST MEHR

Ein Gespräch mit Andreas Bosshard

Auf dem Weg zum Ausstieg:
Ein Pestizidreduktionsplan
für die Schweiz

Andreas Bosshard

ist Geschäftsführer von »Vision Landwirtschaft«, einer Denkwerkstatt, die Stärken und Schwächen der Landwirtschaft und der Agrarpolitik in der Schweiz untersucht und aus den Ergebnissen praxistaugliche Verbesserungsvorschläge entwickelt, die sie dann bis zur politischen Umsetzung weiterverfolgt. Andreas Bosshard ist außerdem Inhaber eines Planungs- und Forschungsbüros, Saatgutproduzent und Mitbewirtschafter des Biohofes Litzibuch in Oberwil-Lieli im Kanton Aargau.

Im Jahr 2016 hat »Vision Landwirtschaft« einen Pestizid-Reduktionsplan für die Schweiz vorgelegt, der von vielen Organisationen, wie Bio Suisse, Demeter, Greenpeace, Pro Natura, BirdLife und WWF, mitgetragen wurde. Im gleichen Jahr hat der Bundesrat einen Nationalen Aktionsplan Pflanzenschutzmittel verabschiedet. Was war die Motivation hinter dem Projekt?

Die Schweiz war eines der letzten Länder in Europa, das einen Aktionsplan für einen verantwortungsvolleren Umgang mit Pestiziden ausgearbeitet hat. Die Verwaltung wurde dazu durch einen parlamentarischen Vorstoß der grünliberalen Nationalrätin Tiana Moser verpflichtet. Wir haben unseren Reduktionsplan bewusst fast ein halbes Jahr vor dem des Bundes publiziert und standen auch vor der Publikation im Austausch mit den Behörden, in der Hoffnung, dass möglichst viele der von uns ausgearbeiteten Maßnahmen in den offiziellen Aktionsplan übernommen werden. Diese Hoffnung ging nicht in Erfüllung. Selbst ganz bescheidene Forderungen, wie die Eliminierung des Mehrwertsteuerprivilegs auf Pestizide, fielen beim Bund durch. Alles, was die Agroindustrie auch nur marginal eingeschränkt hätte, wurde eliminiert. Entsprechend bescheiden sind auch die Ziele des Aktionsplans. Wir haben ausgerechnet, dass allein ein Vollzug des ökologischen Leistungsnachweises, also die Umsetzung einer bestehenden Verordnung, mehr Wirkung zeigen würde, als all die Maßnahmen des Bundes-Aktionsplans zusammen, für die im Übrigen keinerlei zusätzliche Mittel zur Verfügung gestellt wurden. Auch dies zeigt den Stellenwert dieses Aktionsplans.

Wie schätzen Sie die Gesamtentwicklung im Umgang mit synthetischen Pestiziden in der Schweiz in den letzten Jahrzehnten ein?

Es gibt erstaunlich wenig Fakten dazu. Wir kennen in der Schweiz, im Gegensatz zu manchen anderen Ländern in Europa, eigentlich nur die verbrauchte Totalmenge an Pestiziden genauer. Diese blieb in etwa konstant. Aber diese Zahl sagt so gut wie nichts aus über die Gefährlichkeit der verwendeten Stoffe. Wie viel von welchen Wirkstoffen verbraucht wird, hält das zuständige Bundesamt für Landwirtschaft als »Geschäftsgeheimnis« weitgehend unter Verschluss.

Die Vergiftung der Umwelt mit Pestiziden dürfte unter dem Strich ungefähr konstant geblieben sein. Besonders problematische Stoffe, die vom Markt genommen werden mussten, weil ihre Auswirkungen nicht mehr tragbar waren, werden jeweils rasch durch neue ersetzt, die dann später, nach Bekanntwerden der Folgeprobleme, wieder ersetzt werden und so weiter.

Das letzte große Desaster bescherten uns die Neonikotinoide, deren enorme Schäden an der Biodiversität bis heute noch nicht in ihrer ganzen Tragweite überschaubar sind. Neonikotinoide wurden vor Kurzem endlich weitgehend verboten. Dabei waren sie während vieler Jahre als Wundermittel propagiert worden und gehörten lange zu den am häufigsten verwendeten Pestiziden.

Welche Hauptforderungen haben Sie in Ihrem Pestizidreduktionsplan Schweiz gestellt?

Wir haben anhand einer ausführlichen Literaturrecherche und eigenen Felduntersuchungen aufgezeigt, dass wir weit davon entfernt sind, den Pestizideinsatz auch nur einigermaßen im Griff zu haben – weder was eine kontrollierte Anwendung, noch was die Auswirkungen der Pestizide auf die Ökosysteme, die Biodiversität oder die menschliche Gesundheit anbelangt. Die Hauptforderung des Pestizidreduktionsplans besteht deshalb darin, dass die Schweiz so rasch wie möglich die Weichen für den Ausstieg aus dem alltäglichen Pestizideinsatz stellt. Wir haben anhand von Praxisrecherchen aufgezeigt, dass dies praktikabel und in vielen Fällen sogar wirtschaftlich ist. Wo dies nicht der Fall ist, stehen mehr als genug bisher nicht zielgerichtet eingesetzte Direktzahlungen zur Verfügung, um mögliche Einkommensverluste auszugleichen.

Wie ist die Politik bisher mit diesen Forderungen umgegangen und was hat Ihr Reduktionsplan bewirkt?

Die Politik hat bisher unter dem Druck der Agroindustrie und der mit ihr sehr eng verbandelten landwirtschaftlichen Branchenverbände, allen voran dem Bauernverband mit dem Biobauer Markus Ritter[I] an der Spitze, alles getan, um möglichst wenig ändern zu müssen. Es wird immer gerade so weit reagiert, wie es gegenüber der Öffentlichkeit und dem Druck der Medien oder der NGO als unumgänglich scheint.

Außerhalb der offiziellen Politik hat der Reduktionsplan aber erfreulich viel ausgelöst. Das Ziel eines Ausstiegs aus einer pestizidbasierten Landwirtschaft ist zu einem breiten Konsens progressiverer Organisationen geworden. Das war vorher nicht so. Selbst bei Umweltverbänden herrschte teilweise die Meinung vor, dass es unmöglich oder zumindest unrealistisch sei, so weit zu gehen. Heute ist in vielen Kreisen klar, dass eine Reduktion des Pestizideinsatzes ohne das Ziel eines Ausstiegs keine Lösungen bringt. Ebenso wichtig war auch die breite Anerkennung, dass es viele praktikable Alternativen zum Pestizideinsatz gibt – nicht nur durch Biolandbau. Auch IP Suisse[II] strebt heute explizit eine pestizidfreie Produktion an. Viele Landwirtschaftsbetriebe gehen heute anders mit Pestiziden um als noch vor wenigen Jahren und versuchen, sie zunehmend zu vermeiden. Dieser Wandel in der Praxis schlägt sich bereits in den rückläufigen Pestizid-Verkaufszahlen nieder.

Wer waren die schärfsten Gegner Ihrer Initiative, und wie haben sie reagiert?

Am stärksten betroffen von einem Pestizidausstieg ist die Agroindustrie. Sie investiert Millionen, um dieses Szenario zu verhindern, tut das aber nur sehr diskret im Hintergrund. In der Öffentlichkeit und in der Bundespolitik

I Markus Ritter betreibt einen Biobetrieb in Altstätten im Kanton St. Gallen, ist seit 2011 Nationalrat der Christlich demokratischen Volkspartei und seit 2012 Präsident des Schweizer Bauernverbandes.

II IP Suisse ist der Verband »integriert produzierender« Bauern und Bäuerinnen, die »konventionell« arbeiten, aber Mindestanforderungen an Tierwohl und Biodiversität erfüllen.

lässt sie »Praktiker« für sich kämpfen. Dass mit Markus Ritter ausgerechnet ein Biobauer an vorderster Front für einen möglichst ungeschmälerten Einsatz von Pestiziden kämpft, entbehrt nicht einer besonderen Ironie. Alle Fortschritte im Bereich Pestizide können derzeit leider nur mit öffentlich aufgebautem Druck und unter Umgehung der Lobbymaschinerie des Bauernverbandes erreicht werden. Das ist aus bäuerlicher Sicht tragisch. Denn der Bauernverband vertritt mit seiner Politik die Interessen der Industrie und nicht die der Bauern. In Frankreich beispielsweise ist dies anders, dort kämpfen Bauern oft gegen die Pestizidindustrie, weil sie gesundheitlich am meisten unter dem Pestizideinsatz leiden.

Wie schätzen Sie die aktuelle Situation der Rückstände von synthetischen Pestiziden in der Schweizer Natur ein?

Wir wissen darüber noch viel zu wenig, da die Zusammenhänge sehr komplex sind. Es gibt aber starke Hinweise, dass Pestizide ein zentraler Treiber sind für den Rückgang der Biodiversität und beispielsweise für das Insektensterben, ebenso wie sie beim Rückgang der Vogelbestände im Kulturland einen ausschlaggebenden Anteil haben. Auch auf die Bodenfruchtbarkeit haben viele Pestizide, deren Abbauprodukte teilweise Jahrzehnte im Boden bleiben, nachgewiesenermaßen sehr negative Auswirkungen.

Das Gespräch führte Christopher Schümann.

ERFOLGSMODELLE OHNE PESTIZIDE I

von Bernd Kiechle

Beispiel Obstbau:
Was der Boden
mit dem Apfel
zu tun hat

Beim Biss in einen reifen saftigen Apfel können wir ein kleines Wunder erleben. Schwer, glatt und rund schmiegt er sich zunächst in unsere Hand. Und wenn wir dann hineinbeißen: Der sauer-süßliche Saft, Zucker, Aroma, Farbe und Festigkeit verbunden mit diesem herrlichen Knackgeräusch – all das kann uns immer wieder überraschen. Alles scheint für diesen Moment der Entdeckung eingerichtet, und wir können mit all unseren Sinnen genießen.

Dabei ist es ein langer Weg für den Apfel von der Blüte Anfang April, bis zur Ernte Mitte September, gespickt mit vielen Fährnissen. Ein unerwartet später Frost kann dem Weg von der Blüte zum Apfel ein frühes Ende bereiten. Allerlei Tiere und andere Lebewesen zeigen großes Interesse zunächst an der Blüte und dann an der reifenden Frucht.

Nichts davon war mir geläufig, als ich mich entschloss, diesen Weg des Apfels in seinem Werdegang zu begleiten. Und ich begleite ihn nun schon mein ganzes Berufsleben lang. Jedes dieser einunddreißig Jahre hielt neue Überraschungen zum Thema Baumgesundheit und Erntequalität für mich bereit. Schon während der Ausbildung zum Techniker für Obstbau und Obstverwertung wurde mir klar, dass der konventionelle Weg der Landwirtschaft nicht nachhaltig sein kann und die Anwendung der vielen synthetischen Pflanzenschutzmittel nicht zu meiner Vorstellung vom Begriff Lebensmittel passt. Deswegen stellte ich den knapp zehn Hektar großen Betrieb, den ich von meinen Eltern übernehmen konnte, gleich auf Bioanbau um und erweiterte ihn in all den Jahren auf nun fünfzehn Hektar.

Meiner Lieblingskultur, dem Apfel, gewährte ich anfangs den größten Flächenanteil und auch den größten Teil meiner Aufmerksamkeit. Er war es allerdings auch, der mich lehrte, dass man in Kreisläufen denken und auf Ausgewogenheit achten muss. Binnen kürzester Zeit lernte ich all die Lebewesen kennen, die mit mir um meine Apfelernte konkurrieren, und keine dieser Bekanntschaften war angenehm. Zu diesen lebendigen Konkurrenten um die Apfelernte kamen die Unwägbarkeiten des Wetters und des Klimas.

MARKT DER MONOKULTUR

Mit dem Auftreten der verschiedenen Krankheiten und den für meine Ziele schädlichen Insekten begann ein Aufrüsten mit Bekämpfungsmitteln, die im Bioanbau vertretbar und erlaubt sind. War ein gutes Mittel gefunden, ging es sogleich darum, dessen Einsatz so zu optimieren, dass die Krankheit, oder das schädliche Insekt, möglichst gut in Schach gehalten wurde. Doch die entwickelten Strategien waren nicht von Dauer, sie mussten jährlich, manchmal sogar monatlich, angepasst und verändert werden. Vor allem veränderte sich die Einsatzhäufigkeit. Immer von häufig zu noch häufiger! Nie andersherum. Denn zusätzlich zu den abzuwehrenden Krankheiten und schädlichen Insekten stiegen auch die Anforderungen von Handel und Verbrauchern an die optische Qualität der Früchte. Eine Frage beherrschte meine ganze Arbeit: Wie kann ich meine Kulturen vor Krankheiten und schädlichen Insekten schützen? Dieselbe Denkweise beherrschte auch die Pflanzenernährung: Welche Kulturen habe ich, wie muss ich sie ernähren? Ständig sah ich mich genötigt, etwas »gegen« einen Zustand zu unternehmen. Gegen eine Krankheit, gegen ein Insekt, gegen zu viel Sonne, gegen Mangelerscheinungen. Gegen den Lauf der Natur!

Unkenntnis und Überheblichkeit kennzeichnen diese Denkweise. Was soll ein Mensch denn gegen die Natur ausrichten können? Wenn man erschöpft und vielleicht frustriert von der Arbeit des Tages über diese Frage nachdenkt, macht sich Fatalismus breit, der Erkenntnis verhindert. Aber Innehalten und Nachdenken ist wichtig, denn die Natur kämpft nicht gegen uns. Warum sollte sie auch? Schließlich sind wir ein Teil von ihr. Möglicherweise sind wir ihr egal, aber auch das lässt sich nicht mit Sicherheit sagen.

Warum ist es denn so schwer, mit den Gegebenheiten zurechtzukommen, also mit dem Wetter und den natürlichen Abläufen? Warum können wir Krankheiten nicht mit einem Gegenmittel ein für alle Mal ausmerzen? Vielleicht weil wir etwas wollen, was der Natur gegen den Strich geht oder für sie nicht von Bedeutung ist: Einen Baum so optimal mit allen Nährstoffen auszustatten und vor allen äußeren Einflüssen zu schützen, dass wir makellose, reife Früchte in großer Zahl und gleicher Sorte nach Hause tragen können. Je energischer wir dieses Ziel mit einem immer höher werdenden Einsatz von Pflanzenschutzmitteln und Düngemitteln verfolgen, desto schneller wird deutlich, dass alle Erfolge in diesem Kampf nur Pyrrhussiege sind. Die kurzfristigen Erfolge nutzen dem Bauern langfristig nicht, weil die Schäden, die er in der Natur anrichtet, in der Regel wie ein Bumerang auf ihn und seinen Betrieb zurückkommen.

Ich bin davon überzeugt, dass Monokulturen nur auf den ersten Blick eine gute Idee sind. Die Aussichten auf hohe Erträge der gleichen Sorte sind zunächst verlockend und entsprechen oft dem, was die die Einkäufer in der Handelskette wollen. Die Erfahrung zeigt, dass das nicht lange gut gehen kann, weil mit dem Anbau von Monokulturen nicht nur eine Sorte im industriellen Maßstab und in großer Menge produziert wird, sondern auch die dazu passenden Schädlinge, denen der Bauer mit seiner Monokultur ein reichhaltiges Nahrungsangebot bereitgestellt hat und die dann schon nach kurzer Zeit ihren natürlichen Gegenspielern zahlenmäßig weit überlegen sind. Der Bauer ärgert sich dann über Probleme, an deren Entstehung er maßgeblich beteiligt war, auch wenn ihm dies nicht immer bewusst ist. Was dann in der Regel folgt, ist der Kampf gegen die massenhaft auftretenden Schädlinge mit der großen, leider oft auch mit der sehr großen chemischen Keule. Weil die Schädlinge im Laufe der Zeit Resistenzen aufbauen, müssen immer neue Wirkstoffe eingesetzt werden, deren Wirkung auf die Natur nicht ausreichend geklärt ist. In diesem erbitterten Kampf um die Ernteerträge werden auch viele Lebewesen vernichtet, die für den Bauern eigentlich nützlich sind, was ihm dann zeitlich verzögert verschiedene weitere Probleme bringt. Welcher Sinn kann in einer solchen Strategie liegen? Langfristig profitieren kann von dieser Strategie nur die Agrarindustrie. Für uns Bauern bleiben kurzfristige Erfolge, die zu teuer erkauft sind, denn sie beruhen auf Eingriffen in Systeme und Kreisläufe, die wir nicht, oder nur zum Teil, verstehen und durchschauen.

DER BAUM ALS GANZES

Wir versuchen natürliche Kreisläufe so zu verändern und zu beeinflussen, dass wir einen Vorteil daraus ziehen können. Dieses Ansinnen ist zunächst einmal nicht verwerflich. Jedoch kann das nur gelingen, wenn wir wissen, wie der Kreislauf insgesamt funktioniert, und den Eingriff dann so gestalten, dass er nicht unterbrochen wird. Doch wie finden wir heraus, was alles zu diesen Kreisläufen gehört?

Ein guter Anfang für das Verständnis der Zusammenhänge ist, den Baum nicht nur in seinen sichtbaren oberirdischen Bestandteilen wahrzunehmen, sondern auch die andere Hälfte, die verborgene unterirdische, mit in die Betrachtung aufzunehmen. Was sich an Veränderungen an Blatt, Frucht und Wachstum zeigt, ist nicht unbedingt Folge externer Einflüsse. Nicht die Laus am Blatt ist das eigentliche Problem des Obstbauern; sie macht nur sichtbar, dass der Baum zur falschen Zeit zu große Nährstoffdepots in den Blättern angelegt hat, beziehungsweise anlegen musste. Die Laus, die sich einfindet, um sich an diesen Nährstoffdepots gütlich zu tun, ist nur der Überbringer der schlechten Nachricht. Denn immer, wenn mehr

Nährstoffe vorhanden sind, als im Baum gerade gebraucht, müssen sie irgendwo gespeichert werden. Und diese Speicher sind natürlich ungeheuer attraktiv für alle, die auf Nahrungssuche sind. Die Laus zu bekämpfen, bringt uns also in diesem Falle nicht dauerhaft weiter, weil die eigentliche Ursache des Problems woanders liegt.

Einiges zeigen diese Speicher auf: Sie weisen hin auf zwei grundsätzlich verschiedene Arten der Nährstoffaufnahme durch die Wurzel. Zum einen kennen wir die Aufnahme von Nährstoffen, die in gelöster Form im Bodenwasser vorliegen. Diese gelösten Nährstoffe muss die Wurzel aufnehmen, sobald sie in Reichweite kommen. Durch das Prinzip des osmotischen Ausgleichs wird ein Konzentrationsgleichgewicht zwischen Zellinnerem und Bodenwasser hergestellt, werden also die gelösten Nährsalze in die Pflanze verlagert, ohne dass der Baum darauf Einfluss nehmen kann. Diesen Effekt nutzen wir, wenn wir die Pflanze düngen.

Daneben gibt es aber noch eine aktive Form der Nährstoffaufnahme. Die Pflanze steuert dabei Art und Menge der Nährstoffe, die sie aufnimmt. Sie steht dabei in einer »Geschäftsbeziehung« zu der die Feinwurzeln und Wurzelspitzen umgebenden Mykorrhiza. Die Pflanze gibt eine Art »Bestellung« auf und »entlohnt« die Lieferung mit Zuckerstoffen, die sie selbst gebildet hat, und das in erheblichem Umfang. Ein Baum gibt bis zu dreißig Prozent des in den Blättern gebildeten Zuckers an die Mykorrhiza im Boden ab. Diese zweite Art der Nährstoffaufnahme ist vielleicht für uns Bauern die wertvollere Art, weil sie kaum zu Überschüssen in der Pflanze führt, die umständlich zwischengelagert werden müssen. Keine prall gefüllten Zwischenlager in den Blättern – weniger Probleme mit Läusen.

Hier offenbart sich ein großes Dilemma, mit dem wir Obst- und Weinbauern zurechtkommen müssen: Weil wir schöne und gute Früchte einer genau definierten Größe ernten wollen, versuchen wir durch zusätzliche Nährstoffe Einfluss auf das Wachstum der Früchte zu nehmen und allen Schaden von ihnen fernzuhalten. Das bedeutet, wir greifen ein in die Art der Nährstoffaufnahme, indem wir entweder durch Bodenbearbeitung eine Mineralisierung anregen, oder durch direkte Nährstoffausbringung der Pflanze ein Angebot machen, das sie nicht ablehnen kann. Im Prinzip erzwingen wir damit eine Nährstoffaufnahme, ohne zu wissen, ob der Baum gerade etwas braucht, oder eben nicht.

Daneben versuchen wir, durch geeignete Pflanzenschutzmittel, Schäden von den Früchten fernzuhalten. Diese Mittel wirken gegen Pilze oder gegen Insekten, oder im »konventionellen« Anbau auch gegen Pflanzen.

Wenn wir stattdessen dafür sorgen, dass die natürlichen Gegenspieler in der Umgebung der Bäume zum richtigen Zeitpunkt attraktive Nahrung vorfinden, werden wir feststellen, dass sie uns dabei helfen, das Schädlingsproblem innerhalb erträglicher Grenzen zu halten.

BODENLEBEN UND HUMUSAUFBAU

Weil wir zumeist nur den oberirdischen Teil der Pflanze im Blick haben, übersehen wir, dass die Pflanzenschutzmittel ja nicht nur in der Krone des Baumes bleiben, sondern ein großer Teil davon auch auf den Boden trifft und dort die gleiche Wirkung entfaltet, aber dieses Mal auf das Leben im Boden, das hauptsächlich aus Insekten, Würmern und Pilzen besteht, die uns nützlich sind. Dadurch schaffen wir uns neue Probleme, die wir nicht haben müssten.

Wir beeinflussen also den Baum in seiner Entscheidung der Nährstoffaufnahme und wir dezimieren gleichzeitig das Leben im Boden. Wir brechen damit Regelkreise auf, die wir nicht mehr schließen können. Dies ist ein Grund dafür, dass die Zahl der notwendigen Pflanzenschutzmaßnahmen von Jahr zu Jahr zunimmt. Denn die Beeinträchtigung und Dezimierung des Bodenlebens hat gravierende Folgen für den Baum. Wir zerstören damit seine Fähigkeit, sich selbst zu helfen.

Viel Einfluss nehmen die Wurzeln auf ihre direkte Umgebung im Boden. Sie steuern gezielt die Zusammensetzung der Arten von Mikroorganismen, die sich um sie herum ansiedeln. Sie können einzelne Arten fördern oder bremsen durch gezielte Ausscheidung von Kohlenstoffverbindungen. Jede Pflanzenart besitzt wohl eine typisch zusammengesetzte Gemeinschaft von Bodenorganismen. Wozu? Würde dieser Aufwand getrieben, wenn es nicht der Pflanze dienen würde? Und nun kommt der Mensch und murkst in diesem fein austarierten System herum, indem er Fungizide, Insektizide und Herbizide ausbringt und außerdem noch Nährstoffe in einseitiger und oft gewaltiger Menge bereitstellt. Bin ich zu pessimistisch, wenn ich vermute, dass uns diese ignorante Art des Eingriffs in die natürlichen Regelkreise in eine Sackgasse führt?

Wir sollten alles daransetzen, unsere Eingriffe so mild wie möglich zu gestalten und so selten wie möglich zu halten. Deshalb habe ich schon vor langer Zeit beschlossen, meine Böden mit Kompost zu versorgen. Natürlich ist die Herstellung von gutem Kompost ein aufwendiger und zeitintensiver Prozess. Ich gehe dabei streng nach der Methode der gelenkten Rotte nach Lübke[I] vor, weil mich das Ergebnis dieses Kompostierungsprozesses voll überzeugt. Die Vorteile dieser Art der Energiebereitstellung liegen für mich klar auf der Hand: Natürliches Material wird so aufbereitet, dass es sofort zum Humusaufbau beiträgt. Dabei werden allerlei wichtige Nährstoffe und obendrein noch Unmengen von wertvollen Mikroorganismen in den Kulturen ausgebracht, die die vielleicht geschwächten oder dezimierten Bestände in meinen Böden wieder auffüllen. Kompost bringe ich ganzflächig in meinen Obstkulturen aus. Auch um die Bodenstruktur zu stärken, das Wasserhaltevermögen meiner Böden zu steigern und den Anteil von Luft im Oberboden zu erhöhen. Denn nur wo Luft und Wasser ist, ist auch Leben, das wir auch für unsere Zwecke nutzen können. Vor allem aber bringe ich Kompost aus, um das Bodenleben zu nähren und zu mehren.

Doch gibt es, wie immer, nicht die eine Maßnahme, die zum Erfolg führt beim Anbau von Sonderkulturen. Die Herstellung von gutem Kompost zur Versorgung des Bodenlebens und zum Aufbau von Humus ist für mich ein wichtiger Baustein in einer ganzen Kette von Maßnahmen.

Der Apfel ist zwar nach wie vor meine Lieblingskultur, jedoch führte dessen ausschließlicher Anbau meinen Betrieb schnell in eine Situation der Abhängigkeit – von Zwischenhändlern, von Pflanzenschutzmitteln, auch wenn diese im Bio-Anbau zugelassen waren, und Abhängigkeit von guten Wetterbedingungen. Schnell hatte ich erkannt, dass ich wieder zurück musste zur Direktvermarktung, zum direkten Kundenkontakt, denn oftmals kamen die Anforderungen an die optische Qualität der Lebensmittel gar nicht von den Kunden selbst, sondern von den einzelnen Stationen der Handelskette, also vom Einkäufer, vom Verteiler, oder vom Zuständigen im Supermarkt. Wenn man so direkt der Witterung ausgeliefert ist, dann ist es ein großer Vorteil, wenn man direkt mit dem Kunden sprechen kann, denn dieser akzeptiert vieles, wenn er die Hintergründe kennt und versteht. Und ich finde, es ist ein gewaltiger Fortschritt in Richtung nachhaltigem Anbau von Lebensmitteln, wenn man sich lossagen kann von überzogenen Ansprüchen an die Optik derselben.

Was sind das überhaupt für Ansprüche, welche Schönheitsideale stecken dahinter? Alle Äpfel gleich groß, gleiche Farbe, gleicher Geschmack,

I Uta und Siegfried Lübke haben das heute weltweit als CMC-Kompostierung (Controlled Microbial Composting) bekannte Verfahren entwickelt.

gleiche perfekte Oberfläche. Das sind Schönheitsideale, die aus der Industrie kommen. Soll ein Apfel ein Industrieprodukt sein? Zeigt sich im gleichen Aussehen von Äpfeln deren Qualität?

Ein Apfel, aus einem gesunden, lebendigen Zusammenhang hervorgegangen, will sich diesem Schönheitsideal nicht beugen. Er erzählt durch sein individuelles Aussehen, und vielleicht auch durch den einen oder anderen Makel, seine eigene Geschichte. Er erzählt von dem Weg, den er von der Blüte zur reifen Frucht zurückgelegt hat. Können wir das als schön empfinden? Können wir darin ein Qualitätsmerkmal des Lebens erkennen?

AUF DEM WEG

Die Bausteine in der Maßnahmenkette, die ich selbst anwende und die mich hoffentlich zu einem noch nachhaltigeren Anbau von Obst und Gemüse und zu maßvoll hohen und stabilen Erträgen bringen sollen, kann ich vielleicht zu folgenden Themengebieten zusammenfassen:

Boden:
Dauerbegrünung im Obstanbau; im Gemüsebau flach wenden, tiefer lockern; artenreiche Einsaaten; keine Bodenverdichtung; keine unproduktive Mineralisierung. Produktion und Einsatz von Kompost. Es muss ein Aufbau von Humus erfolgen, zusammen mit einer Belebung des Bodens, denn Humus ist kein Stoff, es ist ein Zustand. Mit steigendem Humusgehalt nimmt meiner Erfahrung nach die Pflanzengesundheit zu.

Anbau:
Vielfalt auch im Anbau: Obst, Gemüse und Einsaaten, vielleicht sogar Getreide und Tierhaltung; Sortenwahl und Wahl der Unterlagen bei Kern- und Steinobst; angepasste Schnittmaßnahmen. Die Vielfalt im Anbauspektrum eines Betriebs puffert einzelne Misserfolge ab und gleicht Wetterextreme aus. Vielfalt auch in räumlicher Hinsicht, stabilisiert die einzelnen Kulturen.

Vermarktung:
Direktvermarktung und möglichst viele Handelspartner; Einbeziehung der Kundschaft in die Welt des Anbaus und der Arbeitsbewältigung durch Hoftage, Infomaterial und direkte Gespräche. Der informierte Kunde wird zum treuen Kunden.

All diese Maßnahmen tragen in meinem Betrieb dazu bei, dass der Einsatz von Pflanzenschutzmitteln beträchtlich reduziert werden kann. In Zeiten normalen Krankheits- und Schädlingsdrucks pendelt sich immer wieder ein Gleichgewicht ein zwischen schädigenden und nützlichen Einflüssen. Wenn dieses Gleichgewicht zum Beispiel infolge von Witterungseinflüssen oder infolge neu auftretender, invasiver Arten, auf die negative Seite kippt, dann haben wir als Biobauern kaum noch Chancen, eine Katastrophe aufzuhalten.

Wir wollen, aufgrund der unkalkulierbaren Risiken für unser gesamtes Ökosystem, eben nicht auf chemische Feuerwehrmaßnahmen zurückgreifen, deswegen geht es dann oft genug um den drohenden Verlust der gesamten Ernte. Aber es ist niemand da, der so einen Ernteausfall finanziell mitträgt. Viele Betriebe wurden aufgerieben zwischen der Überzeugung und dem Mut der Betriebsleiter und den finanziellen Wirklichkeiten unserer einseitig fordernden Gesellschaft. Es gibt in diesem Sinne keinen gesellschaftlichen Rückhalt für diejenigen Landwirte, die Risiken eingehen, eingehen müssen, um den nachhaltigen Anbau von Lebensmitteln voranzubringen. Denn noch gibt es kein »System Bio«, das jedem Bauern als Leitfaden durch die komplexe Welt der biologischen Zusammenhänge im Lebensmittelanbau dienen könnte.

Einzelne Wetterkapriolen, einzelne Insektenarten wie die Kirschessigfliege, einzelne Pilzkrankheiten wie der Apfelschorf, selbst unvorhersehbare Arbeitsspitzen können noch immer über den Erfolg eines ganzen Jahres entscheiden. Noch ist jeder Apfel, jede Möhre, jede Ähre, die aus nachhaltigem Anbau auf den Markt gelangt, dem Einfallsreichtum, der Hartnäckigkeit und der Leidensfähigkeit einzelner Bauern geschuldet. Wir sind noch weit entfernt von einem: Bio? Läuft! Doch das immer häufiger erreichte Gleichgewicht zwischen schädlichen und nützlichen Einflüssen im Anbau, zeigt, dass wir als Gesellschaft und wir als Gemeinschaft der Biobauern auf dem richtigen Weg sind.

Um dieses Ziel verfolgen zu können, um ihm näher zu kommen, braucht es eine viel stärkere Unterstützung vonseiten der Bevölkerung und der Forschung. Wir Bauern müssen viel zu viel anbauen und ernten, um vom Verkaufserlös über die Runden zu kommen. Die Entwicklung neuer Bewirtschaftungsweisen, einer ganz neuen Struktur in der Landwirtschaft und neuer Pflanzenschutzstrategien, ruht ebenso arbeitsmäßig wie finanziell auf den Schultern der Bauern. Alle Risiken beim Anbau – auch höhere Gewalt – müssen wir selbst tragen. Wie attraktiv ist diese Verantwortung, ist dieser Beruf für nachfolgende Generationen? Wie lange kann man all das leisten und in Kauf nehmen, für dieses kleine Wunder beim Biss in einen Bio-Apfel?

ERFOLGSMODELLE OHNE PESTIZIDE II

von Christopher Schümann

Beispiel Ackerbau und Gemüse:
Gut Rheinau

Unter den sechzig Kühen auf Gut Rheinau gibt es Schweizer Fleckvieh, reine Simmentaler, Original Braunvieh, Eringer, schwarzbunte Holsteiner und alle möglichen Kreuzungen, insgesamt also eine bunte Mischung. Ein Teil der Kühe verbringt den Sommer auf der Alp Walop im Simmental, die zum Betrieb gehört. Einige Ziegen und Schweine dürfen dann auch mit hinauf. Auch auf den Talweiden von Gut Rheinau sieht man Kühe und Ziegen häufiger zusammen. Vielfalt gibt es hier bei den Tieren, im Acker- und im Gemüsebau, bei den fünfhundert Hochstamm-Apfelbäumen unterschiedlicher Sorten, beim Wein, bei den Menschen und auch bei den vielfältigen Initiativen, die sich im Laufe der Zeit aus dem Betrieb entwickelt haben. Dazu gehört die biodynamische Ausbildung der Schweiz, die seit 2013 hier zuhause ist, aber auch eine Bäckerei, eine eigene Milchverarbeitung und Käserei und eine Einmacherei für Obst und Gemüse.

Gut Rheinau liegt an einer schwungvollen Rheinschlaufe am nördlichen Zipfel des Kantons Zürich, etwa acht Kilometer südlich von Schaffhausen. In einigen Kilometern Entfernung der berühmte Rheinfall, wo der Strom auf einer Breite von einhundertfünfzig Metern über zwanzig Meter in die Tiefe fällt, was den Wasserfall zu einem der größten Europas macht. Der Rhein ist hier noch nicht weit von seiner Quellregion entfernt, die um den Gotthard in den Schweizer Alpen liegt. Bei klarem Wetter schimmert der Fluss durchsichtig-grün im Sonnenlicht. In Ufernähe blickt man mühelos bis auf den Grund. Schon der Anblick des glasklaren Rheinwassers erfrischt. Wer mehr Erfrischung sucht, kann hier im Sommer problemlos baden.

Das allerdings möglichst nur, wenn das Wetter auch sommerlich ist. Bei stärkeren Regenfällen verschlechtert sich die Wasserqualität nämlich innerhalb weniger Tage, manchmal innerhalb weniger Stunden. Die Abschwemmungen aus landwirtschaftlich genutzten Böden und aus Regenwasserüberläufen der Kanalisation mischen sich dann in den sonst sehr sauberen Fluss, wodurch er reichlich mit Stoffen angereichert wird, in denen man nicht mehr unbedingt baden möchte und sicher auch nicht sollte.

Der Rhein muss einiges schlucken, während er auf seiner über 1200 Kilometer langen Reise an vielen Städten, Industriebetrieben und landwirtschaftlich genutzten Flächen vorbeizieht. Auf seinem Weg von den Quellen bis zur Mündung wird aus dem klaren Fluss ein giftiger Strom. In Rotterdam, wo der Hauptarm des Rheins schließlich in die Nordsee mündet, muss jährlich belasteter Klärschlamm in der Größenordnung von fünf Millionen Kubikmetern in die Sondermülldeponie »de Slufter« geschafft werden.

WASSERHAUSHALT

Durch Gut Rheinau werden keine Rückstände von synthetischen Pestiziden in den Fluss geschwemmt. Seit über zwanzig Jahren wird der Hof biologisch-dynamisch bewirtschaftet, was den Einsatz solcher Stoffe ausschließt. Auf Gut Rheinau würde also niemand Pestizidfabriken und -lagerhäuser vermissen, wenn sie plötzlich von der Bildfläche verschwinden würden.

Die natürlichen Voraussetzungen für Acker- und Gemüsebau sind an diesem Standort eher anspruchsvoll, denn die Böden sind von Natur aus sehr leicht und trocken. Moritz Ehrismann ist für den Ackerbau auf Gut Rheinau zuständig und sagt dazu: »Ohne besondere Maßnahmen würde es hier wahrscheinlich nur Wiesen geben.« Zu den Besonderheiten von Gut Rheinau gehört aber, dass die Flächen künstlich bewässert werden können. In Dürreperioden, wie wir sie zuletzt erleben mussten, erweist sich das als klarer Standortvorteil und hilft dabei, Ernteerträge zu sichern. Das Wasser hierfür wird direkt aus dem Rhein gezogen. Manche Flächen in der Gegend, die auf diese Weise künstlich bewässert werden können, liegen bis zu fünfundzwanzig Kilometer vom Flussufer entfernt. Sofern die Wasserqualität stimmt, das zeigt sich an diesem Beispiel, können potenziell sehr viele Flächen in Flussnähe künstlich bewässert werden. Die Bauern von Gut Rheinau wollen den Wasserverbrauch aus der künstlichen Bewässerung in den kommenden Jahren immer mehr reduzieren. Das soll insbesondere durch kontinuierliche Bodenverbesserung, durch Humusaufbau, und damit einer Zunahme der Wasserhaltekapazität erreicht werden.

Der Bedarf an Süßwasser wird in Zukunft steigen, nicht nur in der Landwirtschaft. Bereits heute werden laut Weltagrarbericht dreihundert Millionen Hektar landwirtschaftlicher Nutzfläche künstlich bewässert, was zwanzig Prozent der Gesamtfläche ausmacht. Das Wasser aus Bächen, Flüssen und Seen, und vor allem das Grundwasser ist kostbar, und es wird in Zukunft angesichts der wachsenden Weltbevölkerung noch viel kostbarer werden.

Für den einzelnen Bauern drängen sich vor diesem Hintergrund ganz konkrete Fragen auf, die nicht nur sein eigenes Interesse betreffen, sondern auch das der Region und der ganzen Gesellschaft: Wie bewegt sich das Wasser derzeit durch meinen Betrieb? Sind meine Böden in einem lebendigen, krümeligen und lockeren Zustand, sodass sie das Wasser zur Pflanzenernährung gut halten können? Wie kann ich durch den richtigen Umgang mit meinem Boden Wasser sparen? Sind meine Böden gelockert genug, damit überschüssiges Regenwasser problemlos versickern kann, um die Grundwasservorräte unter meinen Füßen immer wieder aufzufüllen? In welchem Zustand ist das Wasser, wenn es meinen Betrieb nach unten oder zur Seite wieder verlässt? Gibt es darin Konzentrationen von Pestizidrückständen, Stickstoff, Phosphor, Nitrat und antibiotikaresistenten Keimen? Und wie kann ich durch eine Veränderung meiner bäuerlichen Praxis meinem Anteil an der Verantwortung für das Wasser besser gerecht werden?

SUCHE NACH GLEICHGEWICHT

Auch eine andere Frage rückt bei innovativen Bäuerinnen und Bauern langsam in den Vordergrund, seit Wasserforscher herausgefunden haben, dass eine intelligente Vernetzung von Bäumen, Hecken, Sträuchern und Kulturpflanzen dazu führt, dass das Wasser mehr in der Region zirkuliert, anstatt in überregionalen Kreisläufen aufzugehen. Die Frage hier ist: Wie können innovative betriebsübergreifende Formen der regionalen Zusammenarbeit aussehen, um ganze Landschaften vor dem Hintergrund des Klimawandels zukunftsfähig zu machen?

Intelligente Pflanzenvernetzung ist auf Gut Rheinau schon länger ein Thema, und zwar ganz praktisch: »Wir haben hier ein vernetztes System von Blumen- und Kräuterwiesen, Alleen und Hecken. Das sind Lebensräume für viele Tiere, auch für viele Nützlinge«, sagt David Jacobsen, zuständig für den Feingemüseanbau und die Vermarktung auf Gut Rheinau. Das vernetzte System dieser Kulturlandschaft macht etwa zwanzig Hektar von den einhundertzwanzig Hektar Gesamtfläche aus und ist eine der vorbeugenden Maßnahmen gegen zu starken Schädlingsbefall. »Um die Schädlingspopulation im Griff zu behalten, achten wir außerdem auf Blühstreifen zwischen den Gemüsebeeten und darauf, dass die Beete nicht zu breit sind. Bei uns sind sie anderthalb Meter breit, vielleicht mal drei Meter, aber immer so, dass die Nützlinge noch Zugriff haben. Das ist natürlich etwas anderes, als wenn Beete dreißig Meter breit sind und hundertfünfzig Meter lang.«

Auf Gut Rheinau werden auf vier Hektar im Freiland über vierzig verschiedene Gemüsesorten angebaut und auf gut siebzig Hektar Ackerfläche neben Hackfrüchten, Futter, Körnern und Leguminosen in elfjähriger Fruchtfolge zwölf verschiedene Getreidesorten.

Wenn es bei einzelnen Kulturen mal Probleme gibt, gleicht sich das durch die vielen anderen aus. Vielfalt im Acker- und Gemüsebau wird nicht nur räumlich, sondern auch zeitlich praktiziert, durch Fruchtfolgen. Dadurch wird das Schädlingsrisiko zusätzlich gesenkt. Die Vielfalt hat einen multifunktionalen Nutzen. Sie lässt nicht nur schöne Kulturlandschaften entstehen, sie schützt auch die Kulturen vor Schädlingen und gleichzeitig vor wetterbedingten Ertragsschwankungen. »In sehr heißen, trocknen Sommern haben wir sehr gute Erträge bei Kulturen, welche die C4-Photosynthese[I] machen können, aber auch bei anderen Pflanzen, die besonders gut mit starker und lange andauernder Sonneneinstrahlung umgehen können. Wir haben dann sehr gute Erträge bei Mais, Auberginen, Melonen, Trauben und Hirse. In regenreichen, eher kühlen Sommern wächst dagegen eigentlich alles sehr gut, was in der Mittelmeerregion im Winter angebaut wird, also zum Beispiel Kohl, Zuckererbsen, überhaupt Erbsen, Radieschen, Fenchel, Spinat«, sagt David Jacobsen. »Wenn man bei uns die Buchhaltung der letzten zehn Jahre anschaut, dann kann man sehen, dass da eigentlich immer einen Ausgleich erreicht wird. Da gibt es beim Gesamtumsatz kaum Schwankungen, selbst die Dürre 2018 haben wir finanziell kaum bemerkt. Da wurde viel durch die Rekordernte bei den Trauben ausgeglichen«, sagt Moritz Ehrismann, der Ackerbauer von Gut Rheinau.

Gleichgewichte und sinnvolle Proportionen zwischen Bäumen, Sträuchern, Hecken, Wiesen, und den Abmessungen von Äckern und Gemüsebeeten als Schädlingsprävention. Gleichgewichtssuche aber auch bei der Auswahl der Kulturen als Schutz vor saisonalem Extremwetter und bei der Anzahl von Tieren im Verhältnis zur Nährstoffversorgung des Bodens und der Ernährung der Tiere.

Und wie ist das beim Getreide? »Da machen wir eigentlich keinen Pflanzenschutz, nur mechanische Unkrautbekämpfung. Schädlingsprobleme haben wir keine nennenswerten«, sagt Moritz Ehrismann. »Außerdem machen wir ja Vermehrung für biologisch-dynamisch zertifiziertes Bio-Saatgut. Wir arbeiten in der Züchtung und Vermehrung mit der Sativa AG[II] zusammen, und in der Züchtung geht es ja auch immer um Resisten-

I C4-Pflanzen fixieren das CO2 für die Photosynthese vor – in einer Kohlenstoffverbindung mit vier Atomen – und bauen es erst danach in Kohlehydrate um. Dadurch speichern sie mehr Energie und wachsen schneller, so lange es genug Sonnenlicht gibt.

II Die Sativa AG ist wie Gut Rheinau ein Betrieb der Stiftung Fintan/Rheinau.

zen«, sagt David Jacobsen. Konventionelles Hybridsaatgut der gleichen Sorte hat zu hundert Prozent die gleiche Genetik. Bei samenfestem Biosaatgut ist das nicht so. Eine gewisse genetische Vielfalt innerhalb der einzelnen Sorte ist beim Biosaatgut sogar Zuchtziel, denn die genetische Vielfalt schützt vor Schädlingen. Die genetische Varianz auf einem Acker sorgt dafür, dass immer nur einige der Pflanzen anfällig für einen bestimmten Schädlingsbefall sind, während andere Pflanzen auf dem gleichen Acker oder dem gleichen Beet nicht befallen werden.

Auf solche Merkmale wird auch in der konventionellen Pflanzenzucht geachtet, das aber durch gentechnische Tests. Danach wird dort alles eliminiert, was nicht gewollt ist. In dem daraus entstehenden Hybridsaatgut sind dann alle Pflanzen gleichgemacht. Das macht sie anfällig, weil sich die Schädlinge auch weiterentwickeln und im Laufe der Zeit die Fähigkeit entwickeln, Resistenzen von Pflanzen zu durchbrechen und selbst Resistenzen gegen Pestizide aufzubauen. Wenn das geschieht, ist gleich der ganze Bestand gefährdet. Hier liegt übrigens auch der Grund dafür, dass synthetische Pestizide nur für eine bestimmte Zeit wirksam sind gegen bestimmte Schädlinge. Die Schädlinge müssen dann bald mit anderem, oft stärkerem Gift bekämpft werden. Es ist ein Teufelskreis, bei dem ein immer höherer Schaden entsteht.

VIELFALT ALS SCHUTZ

»Was beim Leinsamen ein Problem sein kann ist bei uns der Erdfloh«, sagt Ackerbauer Ehrismann. »Das ist, seit ich da bin, in zehn Jahren einmal passiert. Da hat es einen Totalausfall gegeben. Das haben wir früh gesehen und dann zweimal ausgesät. Und beim dritten Mal haben wir gefunden: Jetzt reichts. Jetzt säen wir Hirse.« Und beim Gemüse? Bei Erbsen als Ackerkultur mit Schlägen von fünf Hektar kann die Blattlaus ein Problem sein, je nach Jahr. »Mit Schmierseife als Gegenmittel haben wir das aber dann im Griff. Die Läuse bringen wir damit nicht ganz weg, aber wir können damit leben.«

»Wenn doch mal ein größeres Problem auftritt, habe ich immer ein Gefühl von Ohnmacht», gibt David Jacobsen dann aber zu. Das entstehe dann, wenn er den Schädling nicht einschätzen kann. »Ich weiß nicht, von wem das Tier im natürlichen Zusammenhang gefressen wird und auch nicht wann.« Wer die natürlichen Gegenspieler eines Schädlings nicht kennt, weiß auch nicht, wie dem Fressfeind gute Lebensbedingungen zu schaffen wären. Als Beispiele nennt er die Lauchminierfliege und die Lauchmotte. Deren Larven fressen sich der Länge nach durch den Lauch und hinterlassen dabei einen Gang. Von außen sieht man dem Lauch das nicht an, innen ist er aber ausgehöhlt. »Das Gefühl der Ohnmacht verschwindet erst, wenn ich das Tier besser verstehen kann, und wenn ich eine natürliche Lösung gefunden habe, die funktioniert«, sagt David Jacobsen. »Aber viele Probleme treten bei uns gar nicht erst auf, wegen des präventiven Ansatzes. Mit Läusen im Gemüse haben wir zum Beispiel fast nie ein Problem, weil wir kleinflächig arbeiten.«

»Bei Kartoffeln haben wir etwa jedes zweite Jahr Probleme mit der Krautfäule. Einmal hatten wir einen Ertragsausfall von sechzig Prozent«, erzählt Moritz Ehrismann. Im Biolandbau wären gegen die Krautfäule Kupferpräparate erlaubt. Auf Gut Rheinau werden sie nicht verwendet, weil Kupfer giftig und vom Anbauverband Demeter verboten ist. Seit dem großen Verlust haben die Kartoffelbauer auf Gut Rheinau ihren Anbau verändert. Sie versuchen jetzt, den exakt richtigen Zeitpunkt zum Setzen zu erwischen, und arbeiten bei den jungen Pflanzen mit kleinen Dämmen, damit das Wasser besser abfließen kann und der Boden schnell warm wird. Die Dämme werden dann in drei Stufen mit dem Wachsum der Pflanzen immer mehr angehäufelt. »Unsere Strategie ist hier, dass möglichst schnell kräftige, gesunde Pflanzen wachsen können. Wenn die Krautfäule dann später doch noch kommt, richtet sie keinen großen Schaden an.« Eine wichtige Teillösung für das Abpuffern der immer wieder auftretenden Probleme mit der Krautfäule bei den Kartoffeln haben die Bauern woanders gefunden: beim Nachbarn. Der ist auch biologisch-dynamisch zertifiziert, hat aber für Kartoffeln besser geeignete Böden. Dort lässt Gut Rheinau nun die Hälfte der Kartoffeln produzieren, die die Kunden abnehmen. »Ganz auf Kartoffeln verzichten wollen wir aber nicht. Was da jetzt noch an Ernteausfällen auftritt, müssen die anderen Kulturen auffangen«, sagt Moritz Ehrismann.

David Jacobsen ist davon überzeugt, dass man an der Gesamtverfassung des Bodens arbeiten muss, wenn man den Krankheitsdruck senken will. »Seit zwei Jahren fahre ich immer in den gleichen Spuren, um den Boden der Beete weniger zu verdichten. Ich merke einen deutlichen Rückgang von Schadpilzen, seit ich das so mache. Wir pflügen den Boden nicht mehr, machen nur noch minimale Bodenbearbeitung.« Die Bodenlebewesen bauen den Boden von oben nach unten in Schichten auf, die der Pflug jedes Mal wieder zerstört. Die Bodenforscher können auch erklären, warum

Pflanzenmaterial besser nicht vom Pflug in den Boden eingearbeitet wird. Wenn die Pflanzen nämlich an der Oberfläche verrotten, werden sie dort von Bakterien besiedelt, die zum Beispiel Schadpilze fressen. Außerdem leben die Bodentiere, die für die grobe Zersetzung des organischen Materials zuständig sind, auf und in der obersten Bodenschicht. Wer die Bodenfauna für sich arbeiten lässt, bekommt den Boden gelockert, gut durchlüftet und bereit zum Speichern großer Wassermengen. »Ich beobachte das manchmal«, sagt David Jacobsen, »wenn ich wegen unseres billigen GPS-Geräts mal von der Spur abkomme, dann ist der Boden dort natürlich verdichtet. Wenn da später ein Salat steht, kann man sehen, wie schnell die Fäulnis kommt und der Krankheitsdruck wächst.«

Gut Rheinau arbeitet auf einem relativ niedrigen Nährstoffniveau. Auch das hat seinen Sinn. »Die Pflanzen werden bei uns nicht mit künstlichem Stickstoffdünger aufgeblasen. Dadurch entstehen oft kleinere, dafür aber gesunde und sehr aromatische Pflanzen, die so kräftig sind, dass sie sich gegen alles Mögliche wehren können. Das führt natürlich zu geringeren Erträgen, nicht im Hinblick auf die essentiellen Inhaltsstoffe, aber an Masse in Kilogramm. Bei vielen Kulturen haben wir trotzdem den gleichen Umsatz wie die konventionellen Nachbarn, auch wenn wir viel weniger ernten.« Offenbar wird die Qualität von den Kunden geschätzt.

VON BAUER ZU BAUER

Was sagen Moritz Ehrismann und David Jacobsen eigentlich einem Bauern, der überlegt, auf Bio umzustellen? Wie sollte er das angehen, was wären die ersten Schritte? David Jacobsen rät, zuerst an die Vermarktung zu denken: »Man muss Kunden haben, und man muss Partner haben, andere Biobetriebe, die mit einem zusammenarbeiten, von deren Know-how man profitieren kann.« Wer keinen Absatzkanal habe und keine Partner, für den werde es schwer in den Umstellungsjahren, weil da erfahrungsgemäß erst einmal weniger geerntet und verdient werde, als nach ein paar Jahren Erfahrung. Eine Partnerschaft mit anderen Betrieben können ein Gewinn für alle Beteiligten sein. Gut Rheinau ist derzeit ein Partner für zwei Landwirte in der Nähe, die ihre konventionellen Betriebe auf biologisch-dynamischen Anbau umstellen. »Die sind zuerst mit einzelnen Fragen gekommen«, erzählt Moritz Ehrismann. Daraus habe sich eine Zusammenarbeit entwickelt. Es dauere ein wenig, bis man sehe, wie viel Schädlingsbefall in Ordnung sei und wann man eingreifen müsse. Wer zuvor mit der ganzen Chemiepalette gearbeitet habe, sei wahrscheinlich an das Bild von Feldern gewöhnt, die frei von Schädlingen sind. »Die Kollegen müssen nun neu lernen, zu sehen, wann es wirtschaftlich relevant wird.« Am Anfang sei es da sicher gut, wenn man einen Biobauern hat, den man fragen kann, der sich auch mal eine Schädlingssituation anschauen kann oder sogar am Anfang bestimmte Arbeiten macht. Gut Rheinau hat mit den Nachbarn vereinbart, dass für den Anfang die Umstellungsbetriebe die Grundbodenbearbeitung machen und die Rheinauer dann die Pflege zumindest des Gemüses, die Ernte und den Verkauf übernehmen. Der Gewinn wird dann nach einem Schlüssel geteilt. »Wir sind mit den beiden Betrieben an einer langfristigen Zusammenarbeit interessiert, von der alle etwas haben. Der eine Betrieb baut zum Beispiel Sonnenblumen an und hat eine eigene Ölpresse. Das haben wir nicht und wir können durch die Zusammenarbeit somit unser Sortiment erweitern. Außerdem wachsen bei den beiden Betrieben bestimmte Kulturen besser, weil dort andere Böden sind. Da hat Zusammenarbeit einfach Sinn!« Und dann müsse auch bei den Bauern noch etwas wachsen, die bislang alles mit Chemie geplant und gemacht haben und nun ihre Betriebe umstellen: Vertrauen. Das Vertrauen in die Pflanzen, in die Natur, »dass es eigentlich wachsen will – und es wächst ja auch!«

Verlustanzeige

Benannt ist dieser Ritterfalter nach dem Parnass, jenem Bergrücken über dem antiken Delphi in Griechenland, der dem Apoll geweiht ist, dem Gott des Lichtes und der Heilung. Der Falter indes ist giftig, was an der Nahrung der Raupen liegt. Die ernähren sich am liebsten von verschiedenen Arten von Sedum, bekannt als Fetthenne oder Mauerpfeffer. Diese Wasser speichernden Sukkulenten leben an trockenen Hängen, in Geröllhalden und Mauern und enthaltene giftige Alkaloide und Glykoside, sowie Gerbstoffe. Der Falter signalisiert seine Giftigkeit durch schwarz gefasste, rote oder gelbliche Ozellen, Augenflecken auf den Flügeln. Die Abschreckung funktioniert: Vögel und Eidechsen meiden den Roten Apollofalter, schon die Raupe mit ihren roten Warnflecken wird als Nahrung verschmäht. Umso mehr setzte ihm der großflächige Pestizideinsatz in den Weinbergen zu.

Der Rote Apollo (Parnassius apollo)

Der Rote Apollo tritt heute in Europa nur noch in den hohen Gebirgen, wie den Alpen oder den Pyrenäen, und an wenigen Stellen Skandinaviens in größeren Dichten auf. Dort fliegt die Art an felsigen Hängen mit schütterer Vegetation. Es existieren auch kleine Restpopulationen in Mitteleuropa, beispielsweise an Steilhängen entlang von Flüssen, wie in der Wachau in Österreich, oder entlang des Moseltals in Deutschland, aber auch in der Fränkischen Alb. In diesen Reliktpopulationen entwickeln sich die Larven meist an der Weißen Fetthenne, *Sedum alba*, die auf besonnten Felsnasen wächst und häufig

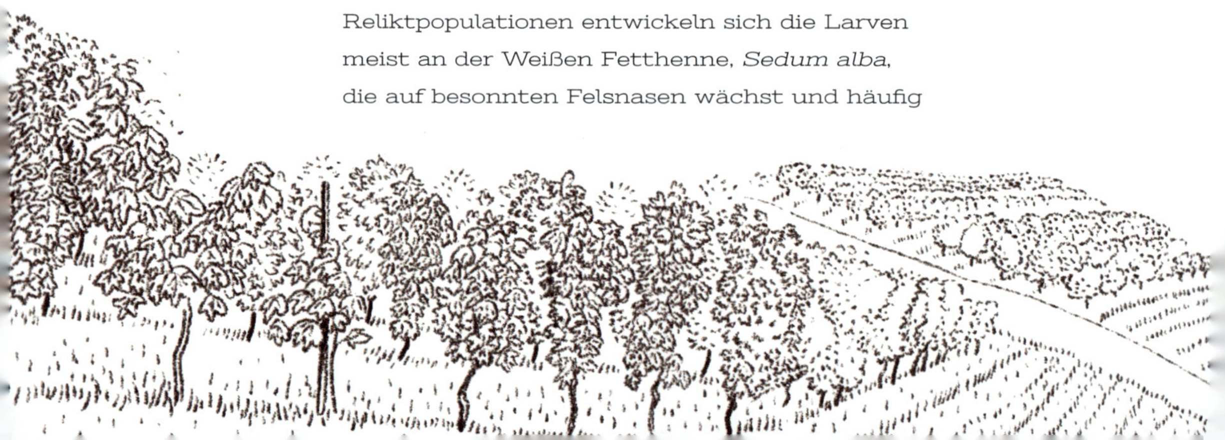

— Überleben in Rückzugsräumen

von Weinanbau umgeben ist. Gerne werden auch die Sedum-Pflanzen auf den Stützmauern der Weinbergterrassen von den Larven besiedelt. Je nach Region und Futterpflanze unterscheiden sich die Apollofalter in der Größe: Wo die Raupen an der kleineren Weißen Fetthenne fressen, bleiben auch die Falter kleiner, wo die Große Fetthenne, *Sedum telephium*, Futterpflanze ist, haben die Falter eine Spannweite von über acht Zentimetern.

Der Lebensraum des Roten Apollo ist oft auch lukratives Anbaugebiet für Qualitätsweine. Und das wurde ihm an vielen Stellen zum Verhängnis. Populationsbeobachtungen aus dem Moseltal im südwestlichen Deutschland dokumentieren eindrucksvoll die negativen Effekte großflächigen Pestizideinsatzes mit Helikoptern, die nicht nur die Weinreben, sondern auch die Lebensräume der Larven von *Parnassius apollo* mit den toxischen Substanzen erreichten. Dadurch waren hier die Bestände in den 1970er Jahren beinahe vollständig erloschen. Auch deshalb wurde das Ausbringen von Pestiziden, mit Ausnahme von Fungiziden, durch Hubschrauber generell verboten und ein Teil der Populationen konnte sich etwas erholen.

Der Rote Apollo ist ein standorttreuer Falter, was der Art beim Überleben in begrenzten Rückzugsräumen helfen kann. Heute werden sogar manche Weine mit dem Roten Apollo auf dem Etikett beworben. Der Falter war 1995 »Tier des Jahres« und ist streng geschützt. Die Rote Liste führt ihn in der Kategorie eins: »vom Aussterben bedroht«. Eine andere Art von Apollofalter, der Wachau Apollo, ist in den Weinbaugebieten Österreichs bereits völlig verschwunden.

GESCHICHTE EINER UMSTELLUNG

Von Hans Braunwalder und Martin Ott

Zwei Biobauern beschreiben ihre Anfänge auf Gut Rheinau

Vor gut zwanzig Jahren verpachtete der Kanton Zürich seinen größten und schönsten Landwirtschaftsbetrieb an eine Gruppe von Menschen aus verschiedenen Berufsfeldern, wie Landwirtschaft, Sozialtherapie und Kunst. Gut Rheinau, ehemals Kloster, jetzt Staatsgut, wurde ein soziales, kulturelles und biodynamisches Projekt. Verantwortlich für die Regierung zeichnete die grüne Regierungsrätin Verena Diener. Die erfolgreichen Demeter-Landwirte Hans Braunwalder (HB) und Martin Ott (MO), waren mit ihren Partnerinnen zwei der Köpfe hinter dem Projekt. Martin Ott, damals selbst grüner Parlamentarier, brach in der Folge seine politische Karriere ab und zog als Teil der Gruppe von »Siedlungswilligen« nach Rheinau. Das Projekt firmiert unter dem Namen des Klostergründers Fintan und ist eine Stiftung. Der irische Mönch Fintan von Rheinau hat das Kloster im 8. Jahrhundert gegründet.

DIE VISION EINES NEUEN ANFANGS

MO Schon achtzehnjährig streifte ich mit Bruder, Freunden und damaliger Partnerin mit starken visionären Impulsen in der Toskana durch verlassene Dörfer. Wir wollten etwas großes Gemeinschaftliches, etwas dörflich, bäuerlich, handwerklich Ganzheitliches beginnen. Es war die Zeit der Entdeckung des Mehrwertes des Miteinanders, naiv aber stark und ultimativ. Musikgruppen von den Beatles über die Rolling Stones bis zu Led Zeppelin und Deep Purple zeigten uns, dass die Kreativität des Einzelnen in der Gruppe und durch sie gesteigert werden kann. Uns wurde real und laut vorgeführt, dass das Ganze mehr ist als die Summe seiner Teile. So lebten wir zusammen in einer WG auf dem Land, erlebten die Welt zusammen neu. Ein wichtiger Pfeiler dabei war die Vision des Friedens mit der Natur als das erlebte Echte, Unverfälschte und Wahre.

Dann kamen die ersten Kinder und die Zweierbeziehungen setzten sich mit großer Vehemenz durch; die Gruppen zerstoben. Mein erster Beruf war Lehrer, später begann ich Bauer zu werden, Kinder aufzuziehen, Kühe zu melken, eine landwirtschaftliche Ausbildung nachzuholen. Schon bald kamen mehr Menschen auf den Hof. Und da war es wieder: das Ideal, in einer Gemeinschaft an der Natur zu arbeiten. Es kamen Tschernobyl und das Waldsterben und der Einstieg in die Politik.

Dort begegnete ich zum ersten Mal dem großen landwirtschaftlichen Staatsgutsbetrieb in Rheinau. Ein »Toskanisches Dorf« in der Schweiz, Tiere, Scheunen und Reben, wunderbares Ackerland und Platz für viele Familien in einer idyllischen Rheinschleife gelegen. Als Betrieb aber wirtschaftlich, sozial und ökologisch eine Katastrophe, am Staatstropf hängend, viel Dünger, Pestizide und Hilfsmittel einsetzend, agronomisch top, kulturell und finanziell aber am Boden und darum auf der Suche nach einer neuen Vision und neuer Bestimmung. Durch eine glückliche Fügung wurde es dann möglich, diesen Betrieb mit seiner ganzen Infrastruktur in einem langjährigen Pachtvertrag zu übernehmen. Es bildete sich für diese Aufgabe eine starke Gruppe von Menschen, die meisten inzwischen Mitte Dreißig bis Vierzig und erfahren genug, um sich nicht mit übertriebenen Experimente selbst aus der Kurve zu tragen, aber visionär genug, um zu spüren: Da ist etwas Großes möglich, und das kann uns nur gemeinsam gelingen.

Wir wussten von Anfang an: Der Schlüssel des Ganzen ist die Umstellung der Landwirtschaft als Zentrum und Umfeld für alle anderen sozialen und wirtschaftlichen Entwicklungen, die wir damals auch bereits im Kopf hatten. So übernahmen wir am 1. April 1998 die wirtschaftliche und inhaltliche Verantwortung für die gesamte Landwirtschaft. Eines der zentralen Elemente dieser Übernahme war das Vertrauen in die Tragkraft einer bereits langjährigen Freundschaft zu einem biodynamischen Bauernehepaar in unserer Nähe. Wir hatten beide eigene Betriebe aufgebaut. Ich wusste eigentlich immer, wenn ich mit jemandem zusammen einen größeren Hof bewirtschaften kann, dann mit diesen Menschen, Lotti und Hans Braunwalder. Meiner Frau ging es auch so. So standen wir am 1. April um 4:30 Uhr im Stall von Gut Rheinau als neue Pächter und begannen unser Lebenswerk: Die Umstellung eines der größten landwirtschaftlichen Betriebe in der Schweiz auf biodynamische Landwirtschaft.

Die Vergabe dieses wunderbaren Hofes an biodynamische Bauern polarisierte enorm. Entsprechend standen wir inmitten eines riesigen Medienrummels im gleißenden Licht der Öffentlichkeit.

HB Meine Vision war wirklich, die Erde als Teil unserer Mitwelt und was darauf kreucht und fleucht, von der Fliege bis zur Biene, vom Feldhasen bis zum Reh, Pflanzen, Böden, Tiere und Menschen von dieser unsäglichen Menge an Kunstdünger, Pestiziden und Fungiziden zu befreien. Das war mein stärkster Antrieb. In dieser Vision integriert steht dann die Frage des Humusaufbaus, wie auch die Frage der Zukunft des Saatgutes. Diese Themen in der Schweiz auf einem großen und in der Öffentlichkeit stehenden Betrieb zu bearbeiten, war eine Herausforderung! Im Ausland gab es damals schon größere biodynamische Ackerbaubetriebe, nicht aber in der Schweiz. Die Unkraut- und Düngungsfragen waren im biologischen Ackerbau noch nicht so modern gelöst wie heute, die mechanisierte Hacktechnik war vor über zwanzig Jahren noch in den Kinderschuhen. Und nicht zuletzt war und ist es mir ein Anliegen, mit der biodynamischen Methode auch wirtschaftlich Erfolg zu haben. Das gehört für mich dazu.

WAS WIR VORFANDEN

MO An einem der ersten Tage stand morgens plötzlich der Tierarzt der Region im Stall. Ich dachte, er wolle sich vorstellen, er zog aber sofort seine Arbeitskleidung über und begab sich wortlos zu den Kühen. Ich fragte ihn verwundert, was er wolle. Er antwortete routiniert: Heute ist Visite, es ist Mittwoch. Er war es gewohnt, allen frischgekalbten Kühen Einlagen zu verpassen, um die Nachgeburtsprobleme, die es hier offensichtlich gab, zu unterbinden.

Die Milchkühe mit Leistungen bis zu 14.000 Kilogramm im Jahr standen in einem Anbindestall. Die Mütter kalbten angebunden am Platz. Die Beine wegen drohenden Milchfiebers vorsorglich zusammengebunden, damit sie bei ständig drohenden Kalziummangel der einschießenden Euter beim Aufstehen nicht spreizten und sich die Becken brachen. Keine der Mütter durfte ihr Kalb lecken oder auch nur sehen. Das Kalb wurde meist aktiv herausgezogen und sofort in eine Box verfrachtet. Der Tierarzt arbeitete ohne Gespräche mit dem Stallverantwortlichen, setzte Spiralen, um die Brunst anzuregen und bekam vom Zuchtverband direkt die passenden Stiere für die Besamungen vorgeschlagen.

Wir sagten dem Tierarzt klar und bestimmt, dass dies mit der selbstständigen Visite nun vorbei sei und wir ihn gerne anrufen würden, wenn wir ihn brauchen.

Eine Woche später fuhr der Lastwagen eines Futtermittelvertreters vor. Als hätten unsere Kraftfuttersilos mit einem Sensor direkt ins Werk gemeldet, dass sie langsam leer wurden. So blies man uns elegant und staubfrei die Futtersilos wieder voll und brachte uns neben einer genauen Liste, wieviel Soja und Getreide jede Milchkuh jeden Tag erhalten sollte, auch noch die Mineralstoffe und Vitaminmischungen die man für unseren Bedarf errechnet hatte. Der Futtermittelverkäufer bekam die monatlichen Milchleistungen direkt zugefaxt.

Für uns war das wie ein Crash-Kurs in »konventioneller« Landwirtschaft auf einem Großbetrieb. Wir schauten uns an und sagten: Aha, so funktioniert dieses System. Wir verstanden, warum viele Berufskollegen, einmal darin gefangen, sich eine Welt ohne Pestizide in den Feldern und rationeller Chemie und Hilfsstoffen in den Ställen gar nicht mehr denken können. So wollten wir auf keinen Fall weitermachen. Wir waren als Biobauern nicht gewohnt, uns Entscheidungen abnehmen zu lassen. Also starteten wir mit der Rückeroberung der bäuerlichen Gestaltungshoheit. Die ersten Schritte der Umstellung waren, dass wir uns all die »professionellen Entscheidungen« Schritt um Schritt wieder zurückholten.

Im Ackerbau ging das so weiter, alle Entscheidungen waren vollständig ausgegliedert. Im Spinatfeld sahen wir schon bald einen Mann in einem weißen Anzug herumgehen. Wir fragten uns noch, wer das wohl sein könnte, als wir auf der Bank vor der Scheune einen Kanister vorfanden, mit dem genauen Befehl, wie, wo und in welcher Verdünnung dieses Mittel in den Spinatacker zu bringen sei. Es war der Anbauberater der Konservenindustrie, der das Feld genauestens beobachtete und den Anbau eigentlich leitete. Im zugehörigen Vertrag sahen wir dann auch, dass wir diesen »Empfehlungen« Folge zu leisten hatten. So spritzten und düngten wir den armen Spinat. Wir hatten einen Mitarbeiter, der uns diese Arbeit sehr professionell abnahm und sie in großer Präzision ausführte. Heute machen viele konventionelle Landwirte auch die Spritzerei nicht mehr selber, sondern lassen das, wie vieles andere, in Lohnarbeit erledigen. Hans und ich wurden also für ein halbes Jahr nach bald zwanzig Jahren Biolandbau unverhofft richtig große konventionelle Bauern, ein für uns beide sehr spannendes und lehrreiches Erlebnis.

Eines Tages kam dann ein Anruf, man komme heute Nacht den Spinat holen und so wurde mit zwei Spezialmaschinen und direkt zur Konservenfabrik fahrenden Lastwagen »unser Spinat« von Menschen geerntet, die wir nur durch die Glasscheibe des Spinatvollernters im Scheinwerferlicht wahrnahmen. Das musste in der Nacht passieren, da der Spinat so genug Feuchtigkeit hatte, um nicht auf dem Wege in die Fabrik bereits zu gären. Irgendwann war dann das Geld für den Spinat auf dem Bankkonto. Er war gut bezahlt, es waren auch etwa zehn Lastenzüge frischer Spinat, Blatt um Blatt in bläulich grüner Farbe, genau die richtige Größe, jedes Blatt eingegliedert wie eine nordkoreanische Soldatenparade über ein zehn Hektar weites Feld. Unkrautfrei, saftig und dunkelgrün, wie auf dem Etikett im Tiefkühlregal. Aber wir standen nie in diesem Feld und der Boden roch irgendwie nach Kläranlage.

HB Dieses Spinatfeld pflügte ich kurz darauf um, und dieses Erlebnis vergesse ich nie: Ich sah den ganzen Tag keinen einzigen Wurm, nicht einen einzigen. Es kamen beim Pflügen Zuckerrüben aus etwa fünfundzwanzig Zentimetern Tiefe zum Vorschein, die völlig intakt waren, nicht verrottet, frisch wie in einem speziellen Keller aufbewahrt. Zuckerrüben wurden zwei Jahre zuvor angebaut. Dieser Boden hatte also die Fähigkeit völlig verloren, organische Substanzen umzuwandeln. Er war zu einer Art totem Substrat degeneriert, nur dazu da, die künstlich eingebrachten Wuchsstoffe und das notwendige Wasser irgendwie zu speichern. Das war grauenhaft, ein Boden wie ein Intensivpatient am Tropf der Chemie, ohne eigene Aktivität und Umsetzungskraft.

Das geheimnisvolle Wunder, nach dem Mutter Erde unter Mithilfe von Milliarden von Lebewesen in einem lebendigen Boden Fruchtbarkeit, Leben schafft, wird mit Füßen getreten. Die Grundlage des Lebens, seit Millionen von Jahren aus Mineralien und organischen Resten von Pflanzen, Tieren und Menschen einen humosen Boden zu bilden, kam hier völlig zum Stillstand, an sein stilles Ende. Eine abgründige Ruhe, welche ich Täuschung nennen will.

ERSTE SCHRITTE DER UMSTELLUNG

HB Wir haben sofort auf Kompostwirtschaft gesetzt. Vom Winter war ein großer Miststock aus dem Kuhstall aufgeschichtet, davon habe ich dann zuerst einmal an einem Feldrand eine fünfhundert Meter lange Kompostmiete angelegt. Mit einem der Nachbarn, der uns vom ersten Tag freudig und interessiert unterstützte, bekamen wir genügend Erde aus einer Baustelle, die ich einmischte. Wir setzten sofort auch auf Gründüngungen und ein wichtiger Impuls war der Einsatz der biodynamischen Präparate. Die Spritzpräparate wurden bewusst von Hand und zu Fuß auf alle Flächen ausgebracht, es war uns wichtig, dass wieder einmal Menschen mit ihrem Willen diese Landwirtschaft abschritten. Dann begannen wir die bewusste Gestaltung einer zwölfjährigen Fruchtfolge mit einem hohen Anteil an

Leguminosen. Später kam dann der vollständige Verzicht auf die humuszehrenden Kulturen wie Mais und Zuckerrüben. Sobald wir uns den Verzicht auf diese als wirtschaftlich top geltenden Kulturen auch wirklich leisten konnten.

MO Es ist nicht möglich, auf einen Hof zu kommen und einfach alles sofort zu ändern. Man muss allerdings von Anfang an wissen, was man will, die Richtung muss klar sein, aber man muss auch ertragen, dass man nicht so schnell ans Ziel kommt. Die Kühe standen im Stall, die Kulturen waren zum Teil schon gesät, für manche Äcker waren Verträge abgeschlossen, die wir mit übernommen hatten. Zum Beispiel die erwähnten zehn Hektar Blattspinat, zwanzig Hektar Zuckerrüben, Buschbohnen und Erbsen. So waren wir nach fast zwanzig Jahren Biobauern plötzlich Pächter auf einem der größten konventionellen Ackerbaubetriebe. Was wir ganz am Anfang an konsequent und mit viel Energie durchsetzten, war ein System von Hecken, Bäumen, Magerwiesen anzubauen, mit dem Ziel, dieses Netz so über die ganze Fläche zu verteilen, dass ein Vogel oder ein Insekt auf dem ganzen Hof innerhalb von dreißig oder vierzig Metern einen Rückzugsort findet, und sich von Hecke zu Baum, von Magerwiese zu Blühstreifen bewegen kann. Wir wussten genau, wenn wir das nicht am Anfang machen, wo wir noch das Gefühl der unendlichen Größe des Betriebes hatten, wird uns später jeder Quadratmeter schmerzen, den wir der Produktion so entziehen.

Der Maschinenpark, den wir für eine Million Schweizer Franken übernommen hatten, musste schrittweise angepasst werden. Ein privater Geldgeber hatte uns im letzten Moment ein Darlehen dafür gegeben, eine Bank hätte das nie gemacht. Die modernen fast neuwertigen Düngerstreuer und ausgefeilten Spritzgeräte, mit denen man wie ein Zauberer mit einem Flugzeug über die Felder schweben konnte, wurden möglichst gewinnbringend verkauft und Hackstriegel, Kompoststreuer und leichtere Ackergeräte angeschafft. Die zwölf Traktoren wurden auf einige wenige reduziert. Es wurden viele zusätzliche Tiere wie Pferde, Bienen, Hühner, Schweine und Gänse angeschafft. In die Kuhherde kam sofort ein Stier, und die Kühe kamen täglich auf die Weide. Die Rindermastgruppen, die jahrein jahraus maissilofressend auf dunklen stickigen Spaltenböden im Stall standen, wurden ausgemästet und verkauft. Dann wurden die Stallböden mit Brettern belegt und Stroh eingestreut, und die Ställe wurden geöffnet, Wände weggerissen, Auslauf für die Tiere gebaut. Man sah schnell gewisse Veränderungen, aber es dauerte Jahre, bis es einigermaßen so war, wie wir es vorher auf unseren Höfen hatten.

SCHWIERIGKEITEN UND KOMPLIKATIONEN

HB Das erste, was uns Sorgen bereitete, war der hohe Unkrautdruck und die Kraut- und Knollenfäule in den Kartoffeln. Problemunkräuter kamen zum Teil flächendeckend, also bürstendick. Das forderte uns anfangs stark heraus, obwohl wir wussten, dass dies so ist bei einer Umstellung. Die Bodenlebewesen brauchten länger als erwartet, bis sie in eine gute Aktivität kamen, wie wir das als Biobauern gewohnt waren. Der ausgebrachte Kompost hatte an diesem eher trockenen Standort Mühe, sich mit der Erde zu verbinden. Wir gingen dann dazu über den Kompost mit Gründüngungen flach in den Boden einzuarbeiten. Dazu kam in den ersten zwei, drei Jahren der Rückgang der Erträge, nicht nur im Getreide und den Kartoffeln, auch im Futterbau. Es fehlten damals ja auch Sorten, welche an den jeweiligen Standort und die Methode angepasst waren. Zum Betrieb gehört eine große Heuwiese jenseits des Rheins in etwa fünf Kilometern Entfernung. Im ersten Jahr fuhren wir da bei der Heuernte Fuder um Fuder nach Hause mit drei Traktoren und drei Ladewagen. In den nächsten Jahren ging die Heuernte schneller. Das hatte zwar den Vorteil, dass wir nicht mehr so viel herumfahren mussten, aber der Rückgang der schieren Menge Futter war stark spürbar. Erst einige Jahre später, als auf dieser großen Naturwiese auch wieder Rotklee wuchs und nicht nur die fetten Gräser, die den Kunstdünger so lieben, nahm die Heumenge wieder zu; was aber vor allem zunahm war der Duft und die Qualität des Futters und die Elastizität der Nutzungsmöglichkeit.

MO In den Ställen war das Bild ähnlich. Ich war rund zwei Jahre lang teilweise täglich mit der Klauenpflege der Kühe beschäftigt. Ich leimte künstliche Sohlenklötze auf, entfernte eingetretene Steine aus den weichen Sohlen und legte Verbände an. Bald setzten wir das Soja ab, woraufhin einzelne Kühe fast notverkauft werden mussten, sie ertrugen das nicht. Andere senkten seelenruhig ihre Milchleistung auf ein für sie erträgliches Maß. Das waren dann die guten Mutterlinien, mit denen ich weiter züchtete. Spannenderweise war das nicht unbedingt abhängig vom ursprünglichen Leistungsniveau der einzelnen Tiere. Sie zeigten da Eigenschaften, welche sie vorher – immer schön aufs Maximum ausgefüttert – nicht zeigen mussten.

Die Fruchtbarkeit wurde sofort besser, das war die Wirkung des Stieres. Die Kühe lernten bald in einer großzügigen Box alleine zu kalben, ihrem Kalb die Nabelschnur auszusaugen, die Nachgeburt zu fressen und das

Kalb zu lieben und mit der ganzen Gewalt ihres Leibes mit der ersten Milch zu versorgen. Aber die Eutergesundheit entwickelte sich katastrophal. Bald waren fast die Hälfte der sechzig Kühe mit dem bösartigen *Staphylokokkus Aureus* infiziert. Aus lauter Angst und Respekt vor den wirtschaftlichen Folgen und auf Anraten des Tierarztes, versuchten wir mit dem stärksten Antibiotikum zu kurieren, das es auf dem Markt gab. In einer Doppelstrategie, einerseits über das Blut, andererseits über die Milch direkt ins Euter, quasi ein Antibiotikaklammergriff. Die Milch war für einen Monat unbrauchbar, und dennoch war es nach der Behandlung nur bei zwei von zehn behandelten Kühen besser. Das war dann aber fast schon das letzte Mal, dass wir Antibiotika einsetzten.

Mit einem neuen Tierarzt versuchten wir eine mutigere und am Ende ungemein erfolgreiche Strategie. Das Erlebnis gab uns den letzten Ruck auf einen neuen Weg, der schlussendlich auch zu meinem Buch »Kühe verstehen« geführt hat. Man konnte eben nicht einfach Antibiotika durch homöopathische Kügelchen ersetzen. Wir mussten genau hinschauen: die Fütterung, die Melktechnik, die Züchtung, die Aufstallung, die Streu, die Sauberkeit, das Stallklima, und nicht zuletzt die Mensch-Tier-Beziehung, alles wurde geprüft und musste verbessert werden. Auch wenn wir auf dem Weg manchmal fast verzweifelten, wenn sich ein trockengestelltes, offensichtlich leeres Euter einer nicht laktierenden Kuh, von einer Stunde auf die andere in eine riesige, schmerzhafte, rot entzündete Eiterbeule verwandelte.

Nach etwa sieben Jahren konnten wir sagen, wir sind über den Berg. Nach zehn Jahren zogen wir in einen neuen Freilauf-Stall um, aber das ist dann wieder eine andere Geschichte. Zehn Jahre lang hatten wir im Anbindestall jeden Tag jede Kuh von Hand geputzt und gestriegelt. Das dauerte zu zweit jeden Tag rund zwei Stunden, aber dieser tägliche Kontakt mit den Tieren, das war der Schlüssel.

VISION UND REALITÄT

HB Unsere Vision war stark und mächtig und eine solche Vision ist wie eine Stammzelle, die sehr vieles werden kann, ohne die Treue zu ihrer Bestimmung verlassen zu müssen. Verändert hat sich unsere Vision eigentlich nicht, vieles wurde allerdings größer, anderes kleiner oder bedeutungsloser, als wir es uns vorgestellt hatten, aber wir blieben innerhalb der Vision.

Wobei es auch viele Enttäuschungen gab. Zum Beispiel konnten wir die Humuswerte nicht so massiv steigern, wie wir das eigentlich erwartet hatten. Doch genauer betrachtet haben wir das Bodenleben enorm gesteigert und die Humuswerte blieben nach anfänglichem Abtauchen in der Umstellung leicht erhöht und stabil. Aber auch da mussten wir lernen, nicht nur auf die Menge von Humus-Prozenten zu schauen. Genauere Untersuchungen lehrten uns, das ganze System und den Standort, den Boden und seine spezifischen Eigenschaften zu betrachten. Die Pestizidfreiheit konnte erreicht werden und all die erlebten Abhängigkeiten waren gelöst, der Betrieb wirtschaftete gut und die Anzahl Menschen, die der Betrieb tragen kann, nahm zu.

MO Was uns nicht gelungen ist von dem was wir uns fest vorgenommen hatten, war das alltägliche Arbeiten mit Pferdekraft. Das war uns beiden, als passionierte Pferdebauern, ein großer Schmerz. Was uns auch überraschte, weil wir es schlicht nicht erwartet hatten, war der wachsende Besucherandrang, der bald in unser Projekt strömte, so dass wir für die Bewältigung eine eigene Eventfirma mit Führungen, Hofrundgängen, Degustationen und Verpflegungen gründen mussten. Dies kostete immens Kraft, brachte uns aber auch wirtschaftlich etwas ein. Der ganze Betrieb und alle Schritte, die wir taten, fanden so eigentlich immer in der Öffentlichkeit statt. Für die Besucher konnte dann auch die Pferdekraft eingesetzt werden: im zwei- und dreispännigen Pferdewagen.

Viele weitere Betriebe konnten aus der Landwirtschaft entstehen: eine Metzgerei, eine Alpwirtschaft mit Käserei, ein weiterer Betrieb im Jura, wo unsere Rinder aufgezogen werden. Die Sativa, zuerst auf unseren Betrieb als Saatgutlieferant beschränkt, entwickelte sich zu einem führenden Saatgutbetrieb für den Biolandbau. Viele konkrete Forschungsprojekte konnten auf unserem Hof umgesetzt werden, daraus ist viel bäuerliches Wissen und gute Praxis für den Biolandbau entstanden. Eine Schule für schwierige Jugendliche konnte eröffnet werden. Die Kinder gingen einen halben Tag in die Schule und den anderen halben Tag halfen sie mit. Eine Reittherapie entstand rund um unsere Pferde und wir waren eigentlich dauernd am Um- und Ausbauen.

Als wir 1998 übernahmen, arbeiteten zwölf kantonale Angestellte auf dem Landwirtschaftsbetrieb; jetzt arbeiten in der engeren Landwirtschaft gut fünfunddreißig Menschen und in all den entstandenen Nebenbetrieben rund hundertfünfzig Mitarbeiter. Wenn man noch die Schülerinnen und Schüler der neuen biodynamischen Landwirtschaftsausbildung dazu zählt, sind es zweihundert Menschen die sich hier nach einer Aufbauphase von zwanzig Jahren täglich entwickeln, die hier lernen, arbeiten, leben und wirtschaften.

MEHRWERT

HB Eigentlich entsteht der Mehrwert zuerst bei mir selbst. Dass ich mich als Bauer, als Landwirt, als Mensch in einer lebenden Mitwelt erkenne und tiefe Freude empfinde. Dass ich erkennen darf, dass ich wirklich ein Teil des ganzen Zusammenklangs bin und nicht unbedingt ein Schädling. So entsteht als Mehrwert das Bewusstsein der eigenen Sinnhaftigkeit, fassbar und real, gefördert durch die leise Hoffnung, vielleicht für die Welt und das Leben auf der Welt im Kleinen doch einen bescheidenen Beitrag leisten zu können.

MO Hans hat recht: Wir taten dies alles, auch weil wir nicht anders konnten, aus unseren inneren Impulsen heraus und damit auch für uns selbst. Das war es, was uns erfolgreich machte. Für die Gesellschaft entstand natürlich auf vielen Ebenen ein Mehrwert, aber das war für uns nicht im Zentrum.

Auf der wirtschaftlichen Ebene bildete die wachsende Ausstrahlung unserer gesundenden Landwirtschaft das entscheidende Umfeld, in dem sich ein Konglomerat von Verarbeitungs-, Saatgut- und Sozial-, Kunst- und Bildungsbetrieben entwickelte, das heute einen Umsatz von rund zwanzig Millionen pro Jahr erzielt. Der Staat bekommt Jahr um Jahr eine Viertelmillion Pachtzins für Liegenschaften und Ländereien, die er davor nur defizitär bewirtschaften und nicht mehr richtig unterhalten konnte. Wirtschaftlich entstanden Wachstum, Investitionen, Arbeitsplätze. Auf der sozialen Ebene entstanden eigenständig verantwortete Betriebe und Räume für weitere Entwicklungen, viele betreute, gestützte und geschützte Arbeitsplätze und ein reales Labor für Fragen und Experimente der optimalen menschlichen Zusammenarbeit.

Auf der ökologischen Ebene, haben wir natürlich auch viele Berechnungen gemacht, eine zum Beispiel zeigte, dass wir allein durch die biologische Landwirtschaft, den moderaten Humusaufbau und den Verzicht auf künstliche Stickstoffdünger in der Landwirtschaft so viel Klimagas reduzierten, dass unsere Region klimaneutral Autofahren kann. Viele Blumen, Insekten und Vögel sind zurückgekommen, der Hof hat über die Vielfalt begonnen, sich selbst schöner zu besingen. Auf der kulturellen Ebene haben wir Saatgut für den Biolandbau entwickelt, natürlichere Sorten, die besser passen, keine Pestizide benötigen, aber auch Schulen und Berufsschulen gegründet, wo man das lernen kann und natürlich viele Feste gefeiert und Kunstwerke in die Welt gestellt, vergängliche und weniger vergängliche.

Aber jetzt kommt das Schwierigste und Wichtigste an der ganzen Sache. Siedlungsimpulse und Pioniertaten sind dem gegenüber einfach, wenn man die notwendige Energie dazu hat, und die hat man als Biolandwirt eigentlich von selbst. Aber so loszulassen, dass unsere Nachfolgerinnen die Sache auf ihre Art weiterführen können, ohne dass wir ihnen im Wege stehen. Das ist die Meisteraufgabe.

ERFOLGSMODELLE OHNE PESTIZIDE III

Ein Gespräch mit Roland Lenz

Beispiel Weinbau:
Mit neuen Rebsorten
und Biodiversitätsflächen

Roland Lenz

bewirtschaftet zusammen mit seiner Frau Karin in Iselisberg bei Frauenfeld das größte biologische Weingut der Deutschschweiz und gleichzeitig ein Weingut in Chile, wo das Klima den biologischen Weinbau zusätzlich begünstigt. In der Schweiz wachsen auf achtzehn Hektar die Reben an günstigen Südlagen mit sandig-lehmigen Böden. Die Parzellen sind mit weit über dreißig verschiedenen Rebsorten bestockt, darunter viele pilzresistente Sorten. Das Weingut Lenz war Schweizer Bio-Winzer des Jahres 2015 und 2018.

Sie wirtschaften im Weinbau ohne synthetische Pestizide und auf vielen Flächen auch ohne Kupfer. Für die meisten Winzer und die Agrarindustrie ist so etwas undenkbar. Wie schützen Sie Ihre Kulturen vor Pilzbefall?

Zum Präzisieren: Wir verwenden natürlich keine synthetischen Pestizide, wie alle Biolandwirte: Wir müssen aber auf rund fünfunddreißig Prozent unseren Weinbergflächen noch Kupfer einsetzen. Nämlich dort, wo wir noch mit den herkömmlichen Europäersorten wie Pinot Noir, Zweigelt oder Müller-Thurgau arbeiten. Dort brauchen wir etwa zwei Kilogramm Reinkupfer pro Hektar. Auf rund fünfundsechzig Prozent der Flächen aber gedeihen bereits neue pilzwiderstandsfähige Traubensorten, die sogenannten PiWi, wo wir auch ohne Kupfer und Schwefel arbeiten können. Das Geheimnis der kupferfreien Traubenproduktion im Bioweinbau liegt sicher im Anbau dieser neuen robusten Traubensorten.

Die neuen pilzresistenten Sorten stehen im Verdacht, nicht so gut zu schmecken wie die berühmten alten, aber pilzanfälligen Trauben. Wie kommen die pilzresistenten Sorten bei Ihren Kunden an und wie schätzen Sie das geschmackliche Potenzial ein?

Blindverkostungen, die wir immer wieder mit Fachleuten und Konsumenten durchführen, zeigen klar, dass das geschmackliche Potenzial der neuen

Sorten riesig ist. Sie werden meist besser bewertet! Konsumenten, die keine bestimmte Stilrichtung eines Weines abgespeichert haben und somit noch unbelastet und offen sind, entscheiden sich eher für diese neuen Geschmacksrichtungen.

2017 haben wir zum ersten Mal über hunderttausend Flaschen Wein aus diesen neuen Traubensorten verkauft. Seither ist die Nachfrage sprunghaft angestiegen. Preis und Qualität scheinen zu stimmen und die nachhaltige Produktion beeindruckt die Verbraucher.

Wie aufwendig ist die Umstellung auf pilzresistente Sorten? Wie hoch ist der zusätzliche finanzielle Aufwand und wie viel Zeit würde eine hundertprozentige Umstellung auf die neuen Sorten in Anspruch nehmen?

Ob man eine Parzelle mit den neuen robusten Traubensorten oder mit den herkömmlichen Sorten erneuert, spielt finanziell keine Rolle: pro Hektar kostet das in der Schweiz rund 120.000 Franken.

Betriebswirtschaftlich ist es sinnvoll, dass ein Weinbaubetrieb jährlich zwischen drei und sechs Prozent seiner Rebflächen remontiert, also durch Jungpflanzen ersetzt. Wenn wir dabei neue Sorten pflanzen, können wir die Investitionskosten langfristig erwirtschaften und die Konsumenten langsam an die neuen Weine heranführen.

Welche anderen Maßnahmen zum Pflanzenschutz wenden Sie an?

Der wichtigste Ansatz im biologischen Weinbau ist, wieder richtige Weingärten zu gestalten. Also Lebensgemeinschaften zwischen Pflanzen und Insekten. Dabei steht natürlich die Weinrebe als Nutzpflanze im Vordergrund. Die darf durch die Produktionsmaßnahmen nicht zu schwach sein, aber eben auch nicht zu stark. Zu starke Reben sind immer viel anfälliger gegenüber den Pilzkrankheiten. Denn sie haben zu viel Wuchs, sprich sie sind überversorgt mit Stickstoff. Das ist das Hauptproblem bei der Umstellung auf Bio. Zu viel Wuchs heißt zu große Zellen in der Pflanze mit zu dünnen Zellwänden, in die der Pilz besser eindringen und Schäden verursachen kann.

Flankierend haben wir eine vernetzte, gut funktionierende Biodiversität aufgebaut von rund dreizehn Prozent unserer Betriebsfläche. Insgesamt bewirtschaften wir einundzwanzig Hektar, wovon drei Hektar Biodiversitätsflächen sind, also renaturierte Weinbergflächen. Dafür haben wir über 15.000 Reben gerodet! Diese Flächen garantieren uns den Erhalt der natürlichen Flora und Fauna und sind der Tummelplatz aller Insekten, der Schädlinge, aber eben auch der Nützlinge. Wichtig ist dabei, für die Insekten ein attraktives Nahrungsangebot aufrechtzuerhalten.

Sehr gute Erfahrungen haben wir auch mit unserer Traubensortenbiodiversität gemacht. Wir arbeiten momentan mit fünfunddreißig verschiedenen Traubensorten im Ertrag. Maximal zweitausend Rebstöcke der gleichen Sorte am Stück. Diese Etappierung bewirkt eine starke Reduzierung des Krankheitsdrucks.

Hatten Sie durch den vollständigen Verzicht auf Pestizide schon schmerzhafte Ernteausfälle, und wenn ja, was haben Sie daraus gelernt?

2015 haben wir in einem Großversuch eine kupferfreie Traubenproduktion mit Europäersorten angestrebt. Leider ging das in die Hose. Bei Müller-Thurgau und Pinot Noir hatten wir auf rund vier Hektar Totalverluste. Diese Erfahrung hat für uns gezeigt, dass der Weg zur Umstellung auf die neuen robusten Traubensorten der einzig richtige ist!

Ein Weinbau ohne Pestizide dürfte sehr viel arbeitsaufwendiger sein. Ist das so?

Nein, ganz im Gegenteil! Wenn Sie mit den neuen Sorten arbeiten, ersparen Sie sich viele Arbeitsstunden, sparen viele Hilfsstoffe ein und belasten die Umwelt deutlich weniger mit Kohlendioxid! Die Produktion wird also wirtschaftlicher mit den neuen Sorten, darum kann man damit richtig Geld verdienen.

Aber die Pflege der Biodiversitätsflächen, das Entfernen von Unkräutern zwischen den Kulturen. Ist das nicht viel arbeitsintensiver als Gift zu spritzen?

Ich denke, der positive wirtschaftliche Nutzen der Biodiversitätsflächen, die oft als Pufferzonen zwischen dem Biobetrieb und den »konventionellen«

Betrieben liegen, die unsere Artenvielfalt bewahren und wo sich die meisten Insekten tummeln – wie gesagt, Schädlinge, aber auch Nützlinge –, ist riesig und kann gar nicht abgegolten werden. Wir mähen diese Flächen im Juli einmal und lassen im November die Schafe rein. Dazwischen kontrollieren wir sie einmal auf Neophyten. Das ist bereits alles. Und somit absolut machbar und langfristig viel umweltverträglicher, als Gift einzusetzen.

Wie schätzen Sie die Wirtschaftlichkeit Ihres Betriebes insgesamt ein, im Vergleich zu einem konventionellen Betrieb gleicher Größe?

Ich schätze, dass wir doppelt so wirtschaftlich sind wie ein konventionell wirtschaftender Betrieb. Das liegt an der extensiveren Bewirtschaftung der Weingärten mit den neuen Sorten, die eben trotzdem richtig tolle Erträge liefern.

Können Sie irgendwelche Gründe erkennen, die dagegensprechen, den Weinbau in Zukunft vollständig auf pestizidfrei umzustellen?

Nein! Warum die Winzer das nicht entschiedener angehen, verstehe ich nicht.

Wissen Sie, welche Tierarten besonders unter dem Einsatz von Pestiziden im Weinbau leiden und was das im Weiteren für Folgen hat?

Direkt betroffen sind sicher alle Milbenarten. Vor allem die Raubmilben, unsere wichtigsten Nützlinge. Dann natürlich verschiedene andere Insekten. Sobald Insektizide ausgebracht werden, hat das immer große Auswirkungen auf die Bienen oder auf die Schlupfwespen, die wichtige Feinde der Kirschessigfliege sind. Auch Florfliegen, Schwebfliegen, Marienkäfer werden dann dezimiert. Deshalb ist es so wichtig, dass auch konventionelle Betriebe zu zwölf Prozent Biodiversitätsflächen verpflichtet werden, damit diese Nützlinge wenigstens dort Unterschlupf finden. Was Herbizide wie Glyphosat im Boden anrichten – zum Beispiel weniger und degenerierte Regenwürmer –, ist ja inzwischen wissenschaftlich gut dokumentiert.[1]

Das Gespräch führte Christopher Schümann.

ERFOLGSMODELLE OHNE PESTIZIDE IV

von Peter Kunz

Beispiel Pflanzenzucht:
Kulturpflanzen als Gemeingut

Eine gesunde Landwirtschaft bildet mit der Umwelt zusammen ein Ganzes, sie ist eingebettet in ein Ökosystem und bereichert es zugleich. So kann sie sich langfristig selbst tragen und bei guter Bewirtschaftung ausreichende Erträge, Nahrungsmittel für die Bevölkerung produzieren. Die Schädlinge und Krankheiten, die konventionell häufig mit Pestiziden bekämpft werden, sind ein Teil dieses Ökosystems. Sie sind jedoch nicht die Ursachen, sondern lediglich die Symptome, die Anzeichen für eine zugrundeliegende Krankheit. Ihr Auftreten zeigt Ungleichgewichte im System oder in der Physiologie auf, deren Einseitigkeit von der Natur nicht anders als mit einer Krankheit oder einem Schädlingsbefall der Kulturpflanzen ausgeglichen werden kann. Ein solches Ungleichgewicht wird beispielsweise auch durch die Forderung nach absolut makellosen Produkten ausgelöst: der am Markt flächendeckend durchgesetzte Wunsch nach Äpfeln und Kartoffeln ohne jegliche Schorfflecken, ist ein Symptom der Verständnis- und Gedankenlosigkeit für die realen Lebenszusammenhänge, aus denen die Nahrungsmittel stammen.

Konstitutionell geschwächte und demzufolge anfällige Kulturpflanzen sind häufig auch ein Resultat intensiver Düngung und Bewirtschaftung sowie einseitiger Züchtung. Das ist ein Zirkel, aus dem man nicht herauskommt, wenn man das Ganze nicht als System oder als lebendigen Organismus erfasst. Darin besteht die wirklich große Herausforderung, sowohl an die Wissenschaft als auch an die Praxis: Landwirtschaft ist nicht abstrakt im Sinne einer industriellen Input-Output-Produktion zu begreifen. Das an maschinell-technischen Lösungen interessierte, monokausale Denken führt stets zur symptomatischen Veränderung einzelner erwünschter oder unerwünschter Elemente. In einem lebendigen System hat dies jedoch stets unerwünschte und nicht im Voraus bedachte Folge- und Nebenwirkungen. Die erste monokausal-mechanisch gedachte Maßnahme zieht im lebendigen Ökosystem unweigerlich Auswirkungen und damit die nächsten Maßnahmen nach sich. Das geht am Ende fast immer auf Kosten der Stabilität des Gesamtorganismus[1].

HANDELN IN DER LEBENDIGEN GANZHEIT

Beginnt man demgegenüber beim organischen Grundkonzept eines gesunden landwirtschaftlichen Hofes, bei der Kulturpflanze selbst, oder beim Gesamtorganismus einer regionalen Landschaft, lässt sich die Bedeutung und der Anteil der Einzelelemente für das Ganze leichter verstehen und handhaben. So wird Landwirtschaft zur umfassenden Gestaltungsaufgabe der Ressourcen eines sich zunächst einmal selbst versorgenden Organismus'. Das bedeutet zum Beispiel konkret: Es können nicht mehr Tiere auf einem Hof gehalten werden, als in jedem Jahr an Futtermenge heranwächst. Wo dieser kausale Zusammenhang berücksichtigt wird, entstehen auch keine Nährstoffüberschüsse und es entsteht auch kein Entsorgungsproblem bei Mist und Gülle, keine Grundwasserbelastung und auch keine millionenschwere Strafzahlung einzelner Länder der EU, weil die Höchstgrenzen für Nitratbelastungen überschritten werden. Dies ist kein Rückschritt zur alten Selbstversorger-Landwirtschaft, denn je besser sich der einzelne Landwirtschaftsorganismus, oder der Organismus einer ganzen Region, selbst mit seinen eigenen Ressourcen versorgen kann, desto leistungsfähiger wird er als Ganzes und kann langfristig große Überschüsse erwirtschaften.

Biolandwirte und Biozüchter stellen sich bewusst als Mitgestalter in den lebendigen Gesamtzusammenhang der Natur. Das setzt einen hohen Kenntnisstand über die verschiedenen Lebewesen, ihre Wesensmerkmale und ihre Interaktionen voraus. Denn es geht darum, die Kulturpflanzen und die Nutztiere so in den übergeordneten Gesamtorganismus einzubetten, dass sich Gleichgewichts- und Harmoniezustände bilden können, die zum Beispiel den Gebrauch synthetischer Pestizide überflüssig machen.

Der biodynamische und der biologische Landbau haben noch längst nicht in allen Bereichen die besten Lösungen anzubieten, aber die Bäuerinnen und Bauern sind unterwegs in der richtigen Richtung. Es gibt sehr viele positive Beispiele auf der ganzen Welt, leider aber noch zu wenig gut dokumentierte Best-Practice-Beispiele. Der Erfolg der biologischen Wirtschaftsweise kann aber aufgrund der bereits verfügbaren Datenlage nicht mehr bestritten werden.

Das Beispiel der Bio-Züchtung möge das Vorgehen verdeutlichen: Von Anfang an findet der gesamte Züchtungsverlauf unter den realen Bio-Anbaubedingungen auf konsequent biologisch arbeitenden Betrieben statt. Es gibt keine Abkürzungen, beispielsweise durch ein Labor, denn die Wechselbeziehungen, die subtilen Interaktionen der Pflanzen mit ihrer Umwelt, sind die Quelle ihres Wachstums, ihrer Gesundheit und ihrer Qualitätsbildung und sollen deshalb möglichst nicht gestört werden. Angestrebt werden nicht Hochleistungssorten mit maximalen Einzelresultaten, sondern eine stetige Verbesserung der Gesamtleistung des lebendigen Ökosystems, beispielsweise der Fruchtfolge eines Hofes an einem ganz spezifischen Standort. Mit all dem muss sich auch der Züchter auseinandersetzen, denn er sucht gezielt nach derjenigen Sorte, die dazu beitragen kann, das Gesamtpotenzial des spezifischen Standortes am besten zu realisieren.

DREI ERTRÄGE

Die künftigen Sorten sollen sich mit den gegebenen Bedingungen in gesunder Weise auseinandersetzen und über lange Zeit zuverlässige Resultate bringen. Zunehmende Jahresextreme im Zuge der Klimaveränderungen zeigen, dass der Stabilität von Wachstum, der Ertrags- und Qualitätsbildung der Sorten unter Stressbedingungen, in Zukunft noch wesentlich höhere Priorität zugemessen werden muss als bisher.

Konkret muss die Kulturpflanze drei Erträge in unterschiedlichen Bereichen ihres Wachstums liefern, die gegeneinander ausgewogen sein müssen. Der erste Ertrag dient der Ernährung des Bodenlebens als Bodenorganismus über die Wurzelbildung, der zweite der Ernährung des Hof-Organismus' mit Futter, Stroh und anderem organischem Material für die Tiere, die Fruchtfolge und für die organische Düngerwirtschaft, und erst der dritte ist die Produktion von gesunden Früchten und Nahrungsmitteln in ausreichender Menge und Qualität für die Ernährung der Menschen. Ertrag eins und zwei bilden die Gesundheits- und Nachhaltigkeitsgrundlage für Ertrag drei. Werden eins und zwei vernachlässigt, leiden nicht nur die Ertrags- und Qualitätsstabilität, sondern der Gesamtbetrieb nimmt früher oder später Schaden: Fruchtbarkeit und Resilienz gehen zurück.

Weil jede Kultur ihre Einseitigkeit hat, muss dies im gesunden Betrieb mit Kultur- und Düngungsmaßnahmen sowie durch spezifische Fruchtfolgen ausgeglichen werden. Stroh als Ernterückstand wird beispielsweise in intensiven Getreide-Monokulturen als Belastung gesehen, weil es unter anderem pathogene Pilze vermehren und die Verfügbarkeit von Stickstoff reduzieren kann. Deshalb sind Kurzstrohsorten aus der modernen Züchtung beliebt. Wenn es keine andere Verwendung gibt, wird das wenige Stroh, das noch auf dem Feld bleibt, vielerorts verbrannt, im besten Fall zur Energiegewinnung, oft jedoch auf dem freien Feld. Im Biolandbau hingegen bringt das Stroh als Einstreu oder als Futter in der richtigen Mischung mit dem Mist der Tiere einen idealen organischen Dünger, der nicht nur eine Steuerung der Nährstoffzirkulation im Hoforganismus ermöglicht, sondern langfristig wesentlich zur Verbesserung der Bodenfruchtbarkeit und zur Einbindung von CO_2 beziehungsweise Kohlenstoff in die Böden beiträgt. Pro Hektar und Jahr können mehrere Tonnen CO_2 sequestriert werden.

Pflanzen, die in organisch gedüngten Böden wachsen, benötigen zwanzig bis vierzig Prozent weniger durch Regen oder Bewässerung zugeführtes Wasser, weil der humose Boden selbst mehr Wasser speichert. Entsprechend kann er bei Starkregenereignissen auch in kurzer Zeit mehr Wasser aufnehmen, was vor Überschwemmungen schützt und verhindert, dass Milliardenschäden entstehen, die oftmals den Staatshaushalt belasten oder Versicherungsprämien in die Höhe treiben. Pflanzen, die in gesunden humusreichen Böden leben, reagieren so wesentlich toleranter auf die immer häufiger werdenden Witterungsextreme wie Trocken- und Hitzestress. Die robusten Getreidesorten aus der Biozüchtung sind im Halm deutlich länger als jene aus konventioneller Züchtung; sie bilden dadurch mehr Biomasse und Stroh. Dies ist die Basis für ihre erwiesenermaßen hohe Ertrags- und Qualitätsstabilität, denn die Verbindung der organischen Düngung zur Verbesserung der Bodenfruchtbarkeit mit den passenden Sortentypen steigert gleichzeitig den Ertrag und die Leistungsfähigkeit des Gesamtsystems.

SCHUTZ, PFLEGE UND WEITERENTWICKLUNG VON GEMEINGÜTERN

Die erste große Herausforderung stellt das Umdenken dar. Gemeint ist die Umkehrung der Blickrichtung und der Fragestellungen. Die Kenntnis und die Förderung der Wechselbeziehungen zwischen den Elementen der Ganzheit rücken dabei ins Zentrum.

Ein Beispiel möge das verdeutlichen: Welche Art des Wachstums und der Bestandsführung fördert die Vielfalt der Blütenpflanzen und damit die Nützlingsinsekten über die ganze Vegetationsperiode? Wir haben uns längst daran gewöhnt, dass die Heuernte schon im Mai beginnt, statt wie früher im Juni. So kommt man zu eiweißreicherem Heu und höheren Milchleistungen bei den Kühen. Aber zu welchem Preis? Der frühere und häufigere Schnitt sowie die intensivere Düngung verstärken das vegetative Wachstum, aber diese Verschiebung der Vegetation geht auf Kosten des tiefgehenden Wurzelsystems im Boden und der blühenden Elemente. Damit fehlen Lebensraum sowie Nahrung für viele Nützlinge, und Nährstoffe versickern in tiefere Bodenschichten, wo sie von den Pflanzen nicht mehr genutzt werden können. Wie lässt sich das mit ausgewählten Sorten und Mischkulturen, mit zeitlich gestaffelter Nutzung oder mit Blühstreifen und Hecken in der Landschaft kompensieren? Es ist nicht nötig, die Zeit um fünfzig oder hundert Jahre zurückzudrehen! Eine Vielfalt an Lösungen ist denkbar und wird auch in der Praxis schon erfolgreich umgesetzt.

Wir schauen nicht mehr auf einzelne, die Ertragsleistung vermindernde Schadorganismen, sondern aufs Ganze. Dabei treten jene Gemeingüter ins Blickfeld, die von der Landwirtschaft auch im eigenen Interesse gepflegt und gefördert werden sollten: eine langfristige Verbesserung der Bodenfruchtbarkeit, sauberes Grund- und Oberflächenwasser, reichhaltige Fauna und Flora, reine Luft, sowie eine interessante und vielfältig anregende Landschaft als Lebens- und Erholungsraum. Landwirtschaft ist auch eine herausfordernde Landschaftsgestaltungsaufgabe. Hier gibt es noch viel Entwicklungspotenzial.

Und die berühmte Preisfrage »Wer soll sich Bio für alle leisten können?“ stellt sich eigentlich nicht. Angesichts der heute sehr geringen monetären Wertschöpfung der landwirtschaftlichen Produktion im Verhältnis zur volkswirtschaftlichen Gesamtleistung von einem Prozent des Bruttosozialprodukts ist klar: Die Volkswirtschaften können es sich problemlos leisten, einen angemessenen Preis für nachhaltig produzierte Nahrungsmittel zu bezahlen! Welchen Anteil die Verbraucher an der Ladenkasse bezahlen und welcher Anteil auf andere Weise vergütet wird, ist Verhandlungssache. Da gibt es viele Gestaltungsmöglichkeiten und die können auch von Land zu Land unterschiedlich sein. Volkswirtschaftlich betrachtet ist in diesem Zusammenhang zu ermitteln, welche Bewirtschaftungsform die günstigere ist, wenn alle externalisierten Kosten berücksichtigt werden, also auch die Kosten für Umweltbelastung, Gesundheitsgefährdung und die Vernichtung der Biodiversität. Auf der anderen Seite wäre zu ermitteln, welche Leistungen im Sinne des Gemeinwohls erbracht werden. Was zum Beispiel ist stabile Bodenfruchtbarkeit wert, die für Ernährungssicherheit sorgt, was der Schutz der Artenvielfalt, der Gewässerschutz …

Einer der Kollateralgewinne wäre auch eine neue Freiheit und die Rückgewinnung alter Gemeingüter. Aus Kostengründen ist die Pflanzenzüchtung in den letzten siebzig Jahren weltweit aus dem überwiegend öffentlichen Bereich in die Privatwirtschaft verlagert worden. Das unmittelbarste Ergebnis dieses Prozesses sind die großen global agierenden Saatgutmultis, die heute weitgehend bestimmen, was große Teile der Menschheit zu essen bekommen. Viele Länder und unzählige Bauern und Verbraucher haben sich in die Abhängigkeit dieser wenigen oligarchisch operierenden Unternehmen begeben, was vor dem Hintergrund steigender geopolitischer Spannungen ein ernstzunehmendes Risiko darstellt. In engster Verbindung mit der Pestizid- und Stickstoffindustrie bearbeiten die Multis nur noch jene Arten, die hohe Renditen versprechen.

Das Paket »Saatgut & Pestizid & Stickstoff« ist sehr lukrativ. Aber nicht für das Gemeinwohl, denn es geht weltweit auf Kosten der Vielfalt, der Gesundheit und der Umwelt und liegt damit auch nicht im Interesse der einzelnen Länder. Das Kulturgut wird nur exploriert, nicht gepflegt. Es gibt immer mehr »Orphan Crops«, vernachlässigte Arten, die niemand züchterisch weiterbearbeitet, weil man damit kein Geld verdienen kann. Diese vernachlässigten Pflanzenarten sind aber der Genpool der Zukunft und eigentlich unser aller Erbe, ein über Jahrhunderte entwickeltes Gemeingut.

Die Staaten damit zu beauftragen, die Erhaltung und die Züchtung dieser wirtschaftlich uninteressanten Arten zu übernehmen und mit Steuergeldern zu finanzieren, ist aber auch nicht wirklich nachhaltig. Neue Förderinstrumente sind deshalb ganz dringend gefragt. Ein einfach zu realisierendes Instrument könnte ein Kulturpflanzenpromille sein, dass bei jedem Lebensmitteleinkauf direkt abgeführt und zur Finanzierung regional ansässiger Züchtungsbetriebe verwendet werden kann, die sich im Interesse der kommenden Generationen um die Erhaltung, Pflege und Weiterentwicklung des Kulturpflanzen-Gemeinguts und der Vielfalt kümmern. Allein in der Schweiz kämen auf diesem Weg jährlich vierzig Millionen Franken zusammen, das ist zehnmal so viel wie der Staat aktuell insgesamt für die landwirtschaftliche Pflanzenzüchtung ausgibt. Angesicht der existenziellen Bedeutung der Kulturpflanzenvielfalt vor dem Horizont der aktuellen und der noch zu erwartenden Klimaveränderungen, stellen die Intensivierung und die Vervielfältigung der Pflanzenzüchtung in regionalen Zusammenhängen eine höchst prioritäre Aufgabe dar.

Verlustanzeige

Vor rund siebentausend Jahren hörten die Menschen im Alten Ägypten wohl als erste damit auf, den Wildbienen nachzustellen, um ihnen den Honig zu stehlen. Sie holten sich die Bienen ans Haus und bauten ihnen eigene Behausungen: mit Lehm abgedichtete geflochtene Körbe. Sie erfanden auch die Wanderimkerei. Sie setzten die Bienenkörbe auf Flöße und ließen sie den Nil hinabtreiben, auf dass die Immen die Blüten an den Ufern besuchen konnten. Und sie sorgten durch Zuchtwahl für eine neue Unterart der Honigbiene: *Apis mellifera lamarckii*, die Ägyptische Biene.

Die Westliche Honigbiene (Apis mellifera)

Siebentausend Jahre später ist die Westliche Honigbiene in vielen Unterarten von Imkern über die ganze Welt verbreitet, auch in Gegenden, in denen sie natürlich nicht vorkam. Die Indianer Nordamerikas nannten die von den Siedlern aus Europa mitgebrachten Honigbienen »die Fliegen des Weißen Mannes«. Die den Imkern entschwärmten Völker kündeten von der Ankunft der Siedler. Nicht dass es nötig gewesen wäre, Bienen nach Nordamerika einzuführen, auf dem Subkontinent leben rund viertausend Wildbienenarten. Aber eben nicht die vom Menschen als Nutztier gehaltenen Honigbienen, die durch Jahrhunderte der Zucht zu relativ friedfertigen Wesen wurden, die ihren Honig und ihr Wachs nicht mehr so aggressiv verteidigen, wie die Staaten bildenden afrikanischen und amerikanischen Bienen.

— *Vergiftung eines Nutztieres*

Inzwischen ist aus der Erfolgsgeschichte der Westlichen Honigbiene in ihrem Zusammenleben mit den Menschen ein Drama geworden. Erst haben wir sie in der ganzen Welt verbreitet und sie dabei unseren Bedürfnissen immer mehr angepasst. Wobei es auch dabei einige Dramen gab. Der spektakulärste Unfall der Bienenforschung ist sicherlich die ungewollte »Entwicklung« der südamerikanischen Killerbiene. Durch ungewollte Auswilderung der Ostafrikanischen Honigbiene in Südamerika hat sich Apis mellifera scutellata mit den dort von Imkern gehaltenen europäischen Honigbienen gekreuzt. Es entstand eine »afrikanisierte amerikanische Honigbiene«, die in der Wildnis überlebensfähig und aufgrund ihrer Aggressivität als »Killerbiene« berüchtigt ist. Ein weiterer Unfall der weltweiten Bienenforschung und Bienenzucht ist die ungewollte Verbreitung der »zerstörerischen Milbe« *Varroa destructor*. Der Parasit stammt aus Ostasien und befiel dort lediglich die Larven der Östlichen Honigbiene. Heute ist die Milbe bis auf Australien und die Antarktis weltweit verbreitet und Völker der Westlichen Honigbienen sind ohne menschliche Hilfe gegen die Varroamilbe kaum mehr überlebensfähig.
Das eigentliche Bienendrama begann aber erst nach der letzten Jahrtausendwende und trägt den wissenschaftlichen Namen Colony Collapse Disorder, oder einfach Bienensterben. 2007 meldeten die USA ein massenhaftes Bienensterben. Große Imkereien mit tausenden Völkern, die im Frühjahr zu den Plantagen gefahren werden, um zum Beispiel die Mandelbäume zu bestäuben, verloren zum Teil alle Bienenvölker. Ein Jahr danach folgte ein Bienensterben in Europa: Im Rheintal verendeten binnen kurzer Zeit fast zwölftausend Bienenvölker. Und hier wurde zum ersten Mal der Verursacher dingfest gemacht: Ein Insektengift aus der relativ neuen Gruppe der Neonikotinoide. Die Bienenforscher vermuten nun, dass das massenhafte Bienensterben durch eine Kombination von Belastungen verursacht ist, durch Parasiten wie Varroa destructor und einen oder mehrere der über zwanzig bekannten Bienenviren im Zusammenhang mit den neuen Insektiziden. Inzwischen sind einige Neonikotinoide in einigen EU-Staaten verboten, einzelne Wirkstoffe wie Thiacloprid neuerdings auch in der gesamten Europäischen Union. Es werden aber ständig neue Wirkstoffe entwickelt und zur Zulassung angemeldet.

ZUKUNFTSBILD I

Alles Bio oder was?
Nur das wäre Zukunft!

von Bernward Geier

»Wer Visionen hat, sollte zum Arzt gehen«, sagte der deutsche Kanzler Helmut Schmidt einmal, als es um die Zukunft ging. Das Wort Vision stammt indes vom lateinischen videre und von visus, dem Sehen. Wir wollen in der Zukunft hundert Prozent Bio sehen, und schauen, was das bedeutet und wie wir dahin kommen!

Auf dem Weg zur Verwirklichung einer »Hundert-Prozent-Bio-Vision« bedarf es gut gesteckter Etappenziele und einer Diversität an regional angepassten Strategien. Das wichtigste Ziel ist ein weltweites Verbot von toxischen beziehungsweise chemisch-synthetischen Pestiziden. Dieses Ziel hat die indische Ökoaktivistin Vandana Shiva für 2050 postuliert. In einem aktuellen Interview zu dieser Frage, beschreibt sie ein paar beeindruckende Fortschritte bevor sie ausführt: »Aufgrund dieser Entwicklungen haben wir die Zielsetzung jetzt sogar auf das Jahr 2030 verkürzt. Wir müssen auch schneller sein, denn die Dynamik der Klimakatastrophe und des Artensterbens lässt uns keine dreißig Jahre mehr.«[I] Der merklich reduzierte Zeithorizont für eine pestizidfreie Welt ist nicht nur eine große Herausforderung, es ist auch schwer vorstellbar, das in so kurzer Zeit zu schaffen. Es gibt aber zunehmend Indikatoren, die anzeigen, dass eine »pestizidfreie Welt« machbar ist. So zeigt eine aktuelle Studie des FiBL[II] in der Schweiz, dass ein komplettes Verbot synthetischer Pestizide machbar wäre, wobei aber einige Rahmenbedingungen neu gesetzt werden müssten; zum Beispiel sollten die Futtermittelimporte und der Fleischkonsum deutlich reduziert werden.

Der Widerstand gegen Pestizide wächst rasant angesichts der mittlerweile schier unendlichen wissenschaftlichen Belege zu deren Gefährlichkeit. Die Tausende von Prozessen wegen Glyphosatvergiftungen gegen die Bayertochter Monsanto sind ein Indiz dafür, dass Pestizide auch in den USA grundsätzlich in Frage gestellt werden. Viel internationales Aufsehen erregte die Gemeinde Mals in der stark belasteten Obstbauregion Südtirol, als sie mit beeindruckender Mehrheit ein Pestizidverbot beschloss. Auch in Deutschland gibt es fundamentalen Widerstand, wie ihn zum Beispiel das »Aktionsbündnis Giftfrei im 3Ländereck« leistet, da wo im Odenwald Hessen, Bayern und Baden-Württemberg aneinandergrenzen.

I Siehe das nach diesem Beitrag folgende Gespräch, das der Autor mit Vandana Shiva führte.

II FiBL ist das Forschungsinstitut für biologischen Landbau.

Es gibt nicht nur absehbar katastrophale Kipppunkte der zukünftigen Entwicklung, wie beim Klimawandel oder beim rasanten Artenverlust, dem menschgemachten Ende der Biodiversität, sondern auch Kipppunkte, die für die Menschheit positive Ergebnisse haben können. Warum soll es nicht möglich sein, dass scheinbar unumstößliche Größen eben doch umgestoßen werden – so wie 1989 die Mauer. So wie Nokia und Kodak irgendwann nicht mehr gebraucht wurden und es versäumten, sich rechtzeitig neu auszurichten, so mögen auch die großen Agrarchemiekonzerne wie Syngenta, BASF und Bayer straucheln, zumal letzterer sich mit Monsanto gerade verhoben haben könnte.

SEID REALISTISCH:

Um Gewagtes zu fordern und unmöglich Scheinendes erreichen zu wollen, bedarf es einiger Bausteine der Hoffnung. Ein Blick auf die Statistik des biologischen Landbaus, wie sie jedes Jahr in der »Welt des biologischen Landbaus« vom FiBL zusammengetragen und veröffentlicht wird, kann ein Blick in eine hoffnungsvolle Zukunft sein.

Mit dem Hinweis, dass Lichtenstein schon einen Anteil biologischer Landwirtschaft von 37,9 Prozent hat, und die Südseeinselrepublik Samoa mit 37,6 Prozent Schritt hält, begibt man sich potenziell in Gefahr, belächelt zu werden. In etlichen Ländern ist der Biolandbau wesentlich weiter als die vergleichbar noch sehr bescheidenen 9,1 Prozent der Fläche in Deutschland.[III] Estland etwa beeindruckt mit einem neunzehnprozentigen Anteil. Wohin in der Europäischen Union die Reise gehen kann, zeigt noch deutlicher Österreich, wo im vergangenen Jahr schon über ein Viertel der Landwirtschaftsfläche zertifiziert biologisch bewirtschaftet wurde. Im Bundesland Salzburg ist schon die Hälfte der landwirtschaftlichen Fläche biologisch bewirtschaftet. Getoppt wird das übrigens von der Schweiz, wo im Kanton Graubünden bereits sechzig Prozent der landwirtschaftlichen Fläche Bio ist. Nun könnte man entgegnen, dass die Umstellungen von ohnehin extensiver alpiner Landwirtschaft auf Bio noch nicht der große Wurf sind. Aber in Österreich hat der biologische Weinanbau, der »konventionell« ja noch mit massivem Chemieeinsatz einhergeht, immerhin auch schon einen

III Zahlen des Statistischen Bundesamtes für 2018.

Anteil von vierzehn Prozent erreicht. Noch zukunftsweisender ist die Tatsache, dass auch bereits vierunddreißig Prozent des Obstes in biologischer Qualität angebaut wird. Namentlich das Burgenland zeigt, was werden soll und kann. Der Ministerpräsident des Bundeslandes hat die Zielmarke »hundert Prozent Bio« gesetzt und arbeitet nun mit entsprechenden Strategie- und Aktionsplänen sowie der wissenschaftlichen Begleitung des FiBL daran, dieses Ziel zu erreichen. Als Etappe auf dem Weg werden viele Aktivitäten darauf ausgerichtet, in den nächsten sieben Jahren den biologischen Landbau von derzeit einunddreißig auf fünfzig Prozent Anbaufläche zu bringen. Interessant wird die in Auftrag gegebene Machbarkeitsstudie werden, wie und bis wann das Hundert-Prozent-Ziel erreicht werden kann.

FORDERT DAS UNMÖGLICHE!

In diesem Zusammenhang muss auf jeden Fall noch der Blick auf Indien gelenkt werden. Während wir in Europa seit Jahrzehnten eine Agrarwende fordern, findet in Indien eine weitestgehend unbeachtete Agrarrevolution statt. Dass es das kleine nördliche Bundesland Sikkim geschafft hat, komplett auf Biolandbau umzustellen, ist schon eine kleine Sensation. Kaum bekannt ist zudem die Tatsache, dass ganz Indien sich dynamisch auf den Weg zu flächendeckendem Bioanbau gemacht hat. Die 65.000 Biobauern von Sikkim waren »nur« ein erster Schritt; das Beispiel macht nämlich Schule. Inzwischen haben sich weitere indische Bundesstaaten dem Maximalziel verschrieben. In Uttarakhand, wo die Ökoaktivistin Vandana Shiva zuhause ist, wird ebenfalls an dem Ziel »Hundred-Percent-Organic« gearbeitet. Allein dort sind 1,6 Millionen Farmen in der Umstellung. Das gleiche Ziel verfolgt Nagaland. Die wohl größte ökologische Agrarrevolution findet aber im Bundesland Andhra Pradesh statt, das sich im Rahmen der sogenannten »Grünen Revolution« weitgehend der chemisierten Landwirtschaft verschrieben hatte und diesen Fehler nun korrigiert. Mit der als »Zero Budget Natural Farming« bekannt gewordenen Methode arbeitet man dort an der konsequenten Umstellung von sechs Millionen vor allem kleinbäuerlichen Betrieben auf Praktiken der biologischen Landwirtschaft.

Indiens Nachbar Bhutan war wohl das erste Land, das sich ein Hundert-Prozent-Ziel gesetzt hat. Lehrreich ist eine genaue Betrachtung, warum es dort mehr Schwierigkeiten als in Sikkim gibt, das Ziel zu erreichen, denn in den Schoß fällt das keineswegs. Beruhigend und sinnvoll ist daher, dass die Politik Budgets in Höhe von vielen Hunderten von Millionen Euro für die Umstellung und vor allem die Ausbildung der Bäuerinnen und Bauern zur Verfügung stellt. Diese Entwicklungen haben zur Initiative »Hundred Percent Organic Himalaya« geführt, die maßgeblich von Vandana Shivas Navdanya-Bewegung, IFOAM[IV] und dem World Future Council vorangetrieben wird.

Wenn es gelingt, länderübergreifend eine riesige Region wie das Himalaya-Gebiet hundertprozentig auf Bio umzustellen, dann ist dies auch in der Alpenregion und in den Anden möglich. Schon jetzt ist biologischer Landbau mit über drei Millionen zertifizierten Biobetrieben in 181 Ländern eine weltumfassende Realität. Wenn absehbar zehn bis zwanzig Millionen Farmen auf der ganzen Welt zeigen, dass der biologische Landbau der richtige und beste Weg in eine Landwirtschaft mit Zukunft ist, wird mit diesem Momentum der Punkt erreicht, an dem eine Bewegung, um es mit dem Visionär und Naturschützer Doug Tompkins auszudrücken, nicht mehr aufzuhalten sein wird: »unstoppable«. Wir sehen zunehmend zweistellige Wachstumsraten bei der Umstellung auf biologischen Landbau. Mit dieser Dynamik und Logik der Mathematik können wir ausrechnen, dass hundertprozentiger Biolandbau in einem Zeithorizont liegt, den vielleicht noch wir, aber spätestens die Generation unserer Kinder erleben wird.

AGRARREVOLUTION

Die mit Zahlen und Fakten belegten Betrachtungen zeigen, dass der ganz große und ganz notwendige Wurf einer radikalen Agrarwende zumindest nicht leichtfertig als Hirngespinst abgetan werden kann. Aber nur mit visionären Träumen wird das Ziel nicht erreicht. Je erfolgreicher die Menschen sich überall gegen Pestizideinsatz wehren und je schneller sich der Biolandbau entwickelt, desto größer werden die Widerstände derer werden, die von der chemieintensiven, industriellen Landwirtschaft und industrieller Tierhaltung mit ihren Milliardenrenditen profitieren.

Belächelt werden wir schon lange nicht mehr, aber wir müssen uns jetzt darauf einstellen, viel mehr und deutlich aggressiver als in der Vergan-

IV IFOAM Organics International ist die internationale Vereinigung der ökologischen Landbaubewegungen: International Federation of Organic Agriculture Movements.

genheit bekämpft zu werden. Schon jetzt ist ja eine Heerschar von Lobbyisten mit gigantischen Millionenbudgets dabei, die Pfründe der Agrarindustrie zu verteidigen, wissenschaftliche Erkenntnisse zu unterdrücken oder notfalls durch gekaufte Studien zu verfälschen, und weltweit die Politik massiv zu beeinflussen. Letzteres hat auch Sinn, denn die Politikerinnen und Politiker haben ja eine ganz wichtige Rolle bei der visionären Hundert-Prozent-Bio Zielsetzung. Nur wenn die regulatorischen Rahmenbedingungen massiv geändert werden, können wir das ambitionierte Ziel erreichen. Das geht von der Abschaffung der fehlgeleiteten Subventionen bis hin zum signifikanten Umsetzen einer ehrlichen Ökonomie, bei der gesamtgesellschaftliche Kosten – auch die durch Umweltschäden – nicht ausgelagert und weggerechnet, sondern internalisiert werden, und dadurch am Ende die Preise die Wahrheit sprechen.

Entscheidend wird auch sein, dass wir weltweit den Bäuerinnen und Bauern helfen, die Notwendigkeiten für diese Agrarrevolution zu verstehen. Neben großen Investitionen in Aus- und Weiterbildung für den biologischen Landbau müssen wir massiv die Umstellung auf Bio fördern und die Umweltleistungen der Landwirtschaft entsprechend honorieren. Dafür reicht es nicht, ein wenig an der »Gemeinsamen Agrar-Politik« der EU zu verschieben und zu basteln; wir müssen GAP radikal umstellen. Statt Fläche und Landbesitz ungerecht zu subventionieren, darf es in Zukunft nur Steuergelder geben für nachhaltige und ökologische Leistungen der Landwirtschaft! Genau in diese Richtung zielt übrigens auch die Schweizer Volksabstimmung zu den synthetischen Pestiziden.

MARKTENTWICKLUNG

Eine entscheidende Rolle kommt auch der Nachfrage und dem Markt zu. Hundert Prozent biologischer Landbau weltweit heißt ja dann auch, dass es »nur« noch Bioprodukte gibt. Entsprechend brauchen wir enorm gesteigerte Aktivitäten der Marktentwicklung für biologische Produkte. Auch wenn der beeindruckende jährliche Umsatz mit zertifizierten Bioprodukten mit zweiundneunzig Milliarden Euro viel größer ist als etwa die Umsätze der Lebensmittelgiganten Unilever und Nestlé, ist das relativ gesehen noch ein absolut marginaler Anteil am Gesamtmarkt.

Wohin die Reise gehen muss, zeigt uns wohl am beeindruckendsten Dänemark. Hier haben Biolebensmittel bereits einen Marktanteil von dreizehn Prozent! Noch überzeugender die Hauptstadt Kopenhagen: Dort besteht die öffentliche Verpflegung in allen Kantinen, Kitas und Schulen bereits aus über neunzig Prozent Bioprodukten. Die Stadt hat die hundertprozentige Bioversorgung vor Jahren beschlossen und die Landwirte der Region zum Umstellen aufgefordert. Hoffnung macht auch die Tatsache, dass die jährlichen Zuwachsraten der Marktanteile für Bioprodukte weltweit im zweistelligen Bereich liegen. Da wir ähnlich beeindruckende Zuwachsraten bei der Umstellung auf Bio haben, genügen einfache Rechenkenntnisse, um am Horizont das Hundert-Prozent-Ziel zu sehen.

Wir können darüber diskutieren, wie realistisch die ambitionierte Zielsetzung von Hundert-Prozent-Bio weltweit ist. Ich meine aber, dass wir für solche Grundsatzdiskussionen kaum mehr Zeit haben. Die Zeit müssen wir stattdessen nutzen, politisch zu kämpfen, Bio zu fordern und zu fördern, wissenschaftlich zu forschen, Strategien zu entwickeln und Steuern einzusetzen, um in die richtige Richtung voranzukommen. Man muss kein Anhänger von Katastrophenszenarien sein, um zu sehen, dass wir im Galopp dabei sind, unsere Lebensgrundlagen zu zerstören. Deshalb ist die Frage einer strategisch verfolgten Zielsetzung für hundertprozentige Bioproduktion keine Option oder Alternative. Es gibt keine Wahl mehr, sondern »nur« noch die Herausforderung und die Aufgabe, das Richtige und, ja, auch das Mögliche zu tun: hundert Prozent Bio weltweit!

ZUKUNFTSBILD II

Eine andere Welt
ist möglich!

Ein Gespräch mit Vandana Shiva

Vandana Shiva

ist Physikerin und eine weltweit bekannte Ökoaktivistin und Frauenrechtlerin. Sie ist Mitglied im Club of Rome und ausgezeichnet mit dem Right Livelihood Award, dem Alternativen Nobelpreis. Sie hat 1991 in Indien die Navdanya-Bewegung gegründet, die sich um den Schutz des Saatgutes vor den Konzernen und die biologische Vielfalt kümmert. Navdanya bedeutet »Neun Saaten«. Die Bewegung hat in Indien inzwischen vierzig Samenbanken installiert, in denen alte Sorten bewahrt werden. Außerdem bildet sie Landwirte aus, die auf biologischen Anbau umstellen wollen und unterstützt die weltweite Kampagne »Hundert Prozent Bio bis 2030«.

Wie kam es, dass Sie von der Physikerin, die sich von der Atomindustrie abgewandt hatte, zu einer der engagiertesten Aktivistinnen für Kleinbäuerinnen, Ökologie und biologischen Landbau wurden?

Ich begann 1984 meinen Fokus auf Landwirtschaft zu legen. Damals kam es zum Ausbruch großer Gewalt im Punjab, in der Region Indiens, wo die sogenannte »Grüne Revolution«, also die agrochemische Landwirtschaft, zuerst eingeführt wurde. Dazu kam der fatale Brand in der Agro-Chemie-Fabrik des US-Konzerns Union Carbide in Bhopal am Ende des gleichen Jahres, bei der Tausende zu Tode kamen. Drei Jahre später habe ich mich dann auch auf die Saatgutfrage konzentriert.

Was wurde in den letzten drei Jahrzehnten erreicht?

Die züchterischen Leistungen und die traditionellen Zuchtmethoden sind wieder anerkannt. Agro-Ökologie als wissenschaftlich fundierte Form der Landwirtschaft ist breit akzeptiert. Allerdings haben in diesem Zeitraum die multinationalen Agrochemiekonzerne, die ich das »Giftige Kartell« nenne, nicht nur die Medien und wissenschaftliche Institutionen, sondern auch Gesetze manipuliert und ihre Gifte überall auf der Erde weiter verbreitet. Dazu kamen die GVO, die Genetisch Veränderten Organismen, und immer mehr Monokulturen, die die Klimakatastrophe und den Verlust der Artenvielfalt beschleunigen.

Sie haben das Ziel verkündet, bis zum Jahr 2050 die Welt von Pestiziden zu befreien. Ist das nicht ein verrückter Traum?

Die Idee, auf einer klaren Zeitschiene für eine pestizidfreie Welt zu kämpfen, wurde 2017 geboren. Wir hatten ein »Bhoomi« Festival für Mutter Erde organisiert. Es kamen die Gemeinschaften unserer Navdanya-Bewegung der ganzen Himalayaregion zusammen und auch Ministerpräsident Chamling, der den indischen Bundesstaat Sikkim auf hundert Prozent Bio umgestellt hat, sowie der Bürgermeister der Südtiroler Gemeinde Mals, der erfolgreich ein Referendum durchführte, das einen kompletten Bann von Pestiziden in der agrochemisch intensiven Obstbauregion beschloss. Mit diesen inspirierten Beispielen hatten wir absolut nicht das Gefühl eines verrückten Traumes.

Und wie kommen Sie voran?

Sehr gut. In den letzten Jahren hat sich der biologische Landbau weltweit, aber vor allem in Indien, rasant ausgebreitet. Zurzeit stellen bei uns viele Millionen Bäuerinnen und Bauern auf Bio um. Allein in meinem Heimatstaat Uttarakhand alle 1,6 Millionen Farmer! Kirgistan hat sich ebenfalls ein Hundert-Prozent-Ziel gesetzt und in Europa auch schon das Burgenland in Österreich. In der Schweiz gibt es schon Regionen mit sechzig Prozent Bioanbau. Angesichts dieser Entwicklungen haben wir die Zielsetzung von 2050 auf 2030 verkürzt. Wir müssen auch schneller sein, denn die Dynamik der Klimakatastrophe und des Artenverlustes lassen uns keine dreißig Jahre Zeit mehr.

Was muss die Gesellschaft konkret tun, um das ambitionierte Ziel des hundertprozentigen Bioanbaus zu erreichen?

Wir müssen zunächst kommunizieren, dass die gleichen Pestizidgifte, die Bienen und Schmetterlinge umbringen, auch Bäuerinnen und Verbraucherinnen durch Krebs und andere chronische Krankheiten töten. Wir müssen damit beginnen, die Kosten für diese Krankheiten für die Gesellschaft und auch die einzelnen Menschen zu kalkulieren und in die landwirtschaftlichen Produkte zu internalisieren. Dann wird ganz schnell klar, dass wir uns eine chemische Landwirtschaft und falsche Ernährung gar nicht mehr erlauben können. Der schnelle und konsequente Wechsel zur biologischen Landwirtschaft ist eine Überlebensfrage geworden.

Und was können einzelnen Personen machen?

Jeder kann etwas tun. Unsere Weltgemeinschaft ist doch die Summe aller Individuen. Wenn jedes Individuum sich ändert, ist die Gesellschaft verändert. Alle Wechsel beginnen ganz klein und werden für »Bio« nun zu einer großen Welle werden.

Sind die finanziellen Probleme und der enormen Imageverlust von Bayer durch den Kauf von Monsanto der Anfang vom Ende des »Gift-Kartells«?

Die Selbstzerstörung der riesigen, global agierenden Agrochemieunternehmen ist im Prinzip in ihrer Struktur der Gier eingebaut und somit zwangsläufig. Das zeigt die Verlogenheit, wie wir sie gerade bei den Glyphosat-Prozessen in den USA agieren sehen. Es bleibt vorrangige Aufgabe, diese mächtigen Wirtschaftsstrukturen daran zu hindern, unsere Erde und unsere sozialen Gemeinschaften noch weiter zu zerstören. Deshalb ist mehr denn je die Zeit für Satyagraha[I] gekommen, um den finalen Kollaps zu verhindern.

Gandhi als Stichwort: Sie alarmieren die Welt, dass auch die Demokratie in größter Gefahr ist. Warum?

Vor allem, weil sich das eine Prozent der superreichen Menschen mit seinen multinationalen Unternehmen unser Wirtschaftssystem unter den Nagel gerissen hat. Die demokratischen Elemente des Wirtschaftens werden zerstört, und es gibt jetzt schon eine gefährliche Polarisierung der Gesellschaft

I Satyagraha ist die politische Strategie Gandhis, mit der er durch Gewaltlosigkeit und Erdulden des Leids die Vernunft und das Gewissen des Gegners ansprechen wollte.

zwischen diesem einen Prozent und uns, dem »Rest« der neunundneunzig Prozent. Die Superreichen haben zum Beispiel in den USA, in Brasilien und Indien massiv Wahlen manipuliert. Dabei spielen das Internet und die sogenannten Sozialen Medien eine große Rolle. Mit viel Geld und Wellen von »Fake News« wird, auch unter Einbindung von Religion, Rassismus geschürt. Die Energie der Menschen wird auf diese provozierten Konflikte gelenkt, um zu verhindern, dass wir uns organisieren, um gemeinsam die Freiheit und fundamentale Rechte zu verteidigen.

Deshalb das neue Buch »Eine andere Welt ist möglich«?

Das Buch reflektiert die Geschichte von meiner Kindheit in den Wäldern des Himalayas über meine Studienzeit der Physik und Quantentheorie bis zur ökologischen Aktivistin in der Chipko-Bewegung der Baumretter des Himalayas. Konsequenterweise ging die Entwicklung weiter zur Saatgutaktivistin und zur Aktivistin für die Philosophie und die Praxis des biologischen Landbaus. Der Titel beschreibt perfekt die Essenz des Buches.

Sie fordern auch zu zivilem Ungehorsam auf. Hier kommt wohl die Inspiration durch Mahatma Gandhi zum Ausdruck?

Das ist so. Gandhi hat dafür eben den Begriff Satyagraha geprägt und belebt. In meinem Aktivistenleben ist Satyagraha ein roter Faden. Es gilt auch mit zivilem Ungehorsam gegen Unwahrheiten zu kämpfen. Sei es die Lüge der Agrarchemie, die Welt ernähren zu können, oder die Anmaßung, dass gentechnisch veränderte Lebewesen Erfindungen sind und deswegen patentiert werden können, oder die große Lüge, dass Agrargifte notwendig und sicher seien.

Was sind die aktuellen Satyagrahas?

In dieser Zeit der extremen Zerstörung der Artenvielfalt und der Klimakatastrophe brauchen wir nun eine »Satyagraha für das Leben«. Ohne Zweifel ist zurzeit die Bewegung »Fridays for Future« auf diesem Weg. Die junge Generation praktiziert mit dem Schulstreik weltweit zivilen Ungehorsam und dies mit einer Wirkungskraft, die wir uns vorher kaum vorstellen konnten.

Wenn Ihnen eine Elfe einen Wunsch freigeben würde, was würden Sie sofort ändern?

Ich würde Ökozid kriminalisieren wie Genozid und damit das weiterführen, was die Nürnberger Kriegsverbrecherprozesse begonnen haben, denn die waren im Ansatz auch schon ein Tribunal gegen das Agrargift-Kartell, das damals noch als IG Farben agierte.

Sie werden auf der ganzen Welt als mutige Heldin verehrt. Verehren Sie selbst außer Mahatma Gandhi selbst auch Helden?

Meine Eltern waren immer und werden immer heldenhafte Inspiration für mich sein. Eigentlich habe ich ganz viele Helden und das auf der ganzen Welt, nämlich die Farmer und vor allem die Bäuerinnen. Sie geben mir die Kraft, mich mit ganzer Energie und Passion meinen Aufgaben und den Herausforderungen zu stellen.

Das Gespräch führte Bernward Geier.

Verlustanzeige

Der Rote Scheckenfalter liebt die Wärme. Die findet er in Nordafrika, im südlichen und mittleren Europa und in den warmen Gebieten Asiens. Seine bevorzugten Lebensräume, warme Wald- und Feldsäume oder Magerrasen, werden allerdings seltener oder sie sind – an kultivierten Hängen – stark mit Pestiziden belastet. Die Raupen dieses Edelfalters ernähren sich von Kräutern und Stauden wie Königskerze, Leinkraut, Wegerich, Ziest oder Ehrenpreis. In den Augen vieler Landwirte und auch von manchen Hobbygärtnern dürften das allesamt Unkräuter sein, zumindest in ihren wilden Formen. Jedenfalls sind das keine Pflanzen, die in intensiv gedüngtem und mehrfach gemähtem Grünland überleben können. Zudem brauchen die Raupen des Roten Scheckenfalters leere Fruchtkapseln, wie die der Schlüsselblume, um darin zu überwintern. Ist die Wiese gemäht oder das Staudenbeet abgeräumt gibt es solche Winterverstecke nicht mehr.

Der Rote Scheckenfalter (Melitaea didyma)

Teilweise besiedelt der Rote Scheckenfalter auch Lebensräume, die intensiv vom Menschen genutzt werden, wie Weinberge mit Felsmauern. Schon deshalb leidet er sehr stark unter dem großflächigen Einsatz von Pestiziden im Weinbau. Populationsökologische Studien haben gezeigt, dass *Melitaea didyma* in sogenannter Metapopulation existiert. So bezeichnen die Biologen Gruppen von Teilpopulationen, die untereinander in

Verbindung stehen und dadurch auch eingeschränkt Gene austauschen. Wenn das Netzwerk an Populationen des Falters löchrig wird, weil die Lebensräume schwinden oder auch nur keine Verbindung mehr zueinander haben, brechen auch die genetischen Verbindungen der Teilpopulationen ab und schon dadurch kann der Falter regional aussterben. Entsprechend empfindlich reagieren die Tiere auch auf verringerte »Abundanz«, also Populationsdichten. Ein dauerhaftes Überleben von kleinen isolierten Restpopulationen ist deshalb eher unwahrscheinlich.

Der Rote Scheckenfalter ist nicht immer leicht von anderen Scheckenfaltern zu unterscheiden. Wie der Name schon sagt, ist seine Färbung meist deutlich roter als die Hauptfarbe ähnlicher Arten. Zudem sind Männchen und Weibchen unterschiedlich gefärbt. Die Männchen sind orange und zeigen ein Muster aus schwarzen Würfelflecken und Querbinden. Bei den Weibchen variiert dagegen die Grundfarbe, auch der Vorder- und Hinterflügel.

— das Verschwinden der Lebensräume

ZUKUNFTSBILD III

Das erste Bio-Land der Welt

Vier Fragen an Pawan Chamling

Pawan Kumar Chamling

war Ministerpräsident des kleinen indischen Bundesstaates Sikkim. Als er Ende Mai 2019 ausschied, war er mit über vierundzwanzig Jahren im Amt der am längsten regierende Chief Minister Indiens. Als Schriftsteller hat er mehrere Gedichtbände in nepalesischer Sprache veröffentlicht, die teilweise ins Englische und in Hindi übersetzt wurden. Das ehemalige Königreich Sikkim liegt im Nordosten Indiens und ist zugleich das friedlichste wie das kleinste Flächenland Indiens. Auf siebentausend Quadratkilometern leben rund 650.000 Menschen, die meisten in ländlichen Regionen. Seit 2015 ist die Landwirtschaft in Sikkim komplett auf Bio umgestellt. Auf 76.000 Hektar arbeiten über 60.000 Kleinbauern nach dem indischen Ökostandard NPOP.

Was war Ihre zentrale Motivation, den Traum von hundert Prozent Bio in Sikkim in die Tat umzusetzen?

Am wichtigsten war mir, Sikkim von den gefährlichen Chemikalien zu befreien, die wir uns über die Böden und unsere Lebensmittel ins Land geholt haben. Die Gefahren der Kunstdünger und Pestizide waren eine große Bedrohung für die Gesundheit der Menschen und auch für die Biodiversität. Es gab nur einen Weg der Befreiung und der führte zur biologischen Landwirtschaft. Ich war überzeugt, dass ein konsequenter Weg zum biologischen Landbau nicht nur die Existenzen der Farmer retten kann, sondern damit ein Beitrag zur Rettung der Erde geleistet wird.

Was waren die größten Herausforderungen bei der Umstellung auf Bio?

Die erste Herausforderung war die für unsere Bäuerinnen und Bauern. Mit dem biologischen Landbau war für sie ein komplett neues Denken verbunden. Es war natürlich für uns auch schwierig, die Methoden des biologischen Landbaus auf jeden der vielen kleinen Bauernhöfe zu tragen.

Schwieriger als die Farmer mit auf die Reise zu nehmen, war es allerdings, die Institutionen und die Bürokratie zu überzeugen. Als das Parlament meinen Antrag annahm, die gesamte Landwirtschaft von Sikkim umzustellen, hat der damalige Landwirtschaftsminister Hariaram Pradhan dagegen opponiert und behauptet, dass dies unmöglich sei. Konsequenterweise ist er zurückgetreten. Eine weitere Schwierigkeit war, dass bis dato nirgendwo auf der Welt solch ein ambitioniertes Ziel umgesetzt wurde. Das heißt, wir konnten für unser großes Ziel keine Strategien von anderen übernehmen.

Jetzt sind Sie derjenige, der Strategien der Umstellung weitergeben kann. Haben Sie nach Ihrem Besuch in Deutschland eine spezielle Empfehlung für unsere Politiker, wie wir hierzulande wenigstens das bescheidene Ziel von zwanzig Prozent Bio erreichen können?

Entscheidend ist der politische Wille. Die Regierung muss den biologischen Landbau als oberste Priorität in ihren politischen Zielsetzungen festlegen. Nach unserer Erfahrung kann ich nur empfehlen, die Umstellung auf biologischen Landbau zum Staatsziel zu erklären und entsprechend die Politik und die Gesetze darauf auszurichten.

Halten Sie den Traum der Umweltaktivistin Vandana Shiva, den »Rest der Welt« bis 2030 auf biologischen Landbau umzustellen, für unrealistisch, oder sogar – wie viele sagen – für verrückt?

Nein, ganz und gar nicht. Ich stimme ihr uneingeschränkt zu. Wenn wir auf der ganzen Welt dieses Ziel annehmen und als globale Mission verstehen, dann schaffen wir es bis 2030, dass die sogenannte »konventionelle«, agrochemische und industrielle Landwirtschaft der Vergangenheit angehört. Ich bin mir dessen sogar ganz sicher.

Die Fragen stellte Bernward Geier.

ZUKUNFTSBILD IV

Eine neue Landwirtschaft für die Schweiz

von Urs Brändli

Der Zwischenbericht des Weltklimarates von Ende 2019 hat unser Konsumverhalten stark in Frage gestellt.[1] Dabei stand auch zur Debatte, ob es eine neue Landwirtschaft brauche? Ja, wir benötigen dringend andere Wege und bessere Lösungen in der landwirtschaftlichen Produktion. Aber diese Wege sind nicht neu! Schon Mitte des letzten Jahrhunderts haben die Pioniere des Biolandbaus erkannt: Eine Landwirtschaft, die allein auf Höchsterträge ausgerichtet ist, wird der Bevölkerung langfristig keine Ernährungssicherheit bieten können. Weil ein »gegen die Natur« nur mit immer intensiverem Einsatz von Pestiziden zu schaffen ist. Weil übernutzte Böden erodieren und sich in Wüsten verwandeln. Wie sich heute immer deutlicher zeigt, haben diese Pioniere recht gehabt.

Steht die heutige Landwirtschaft also zu Recht am Pranger? Meine Antwort lautet: Jein! Unsere Landwirtschaft ist ein Abbild der Gesellschaft. Die Bauern produzieren so, wie wir als Konsumierende einkaufen. Dort, wo ich ein Lebensmittel aus dem Regal ziehe, wird es von hinten nachgefüllt. Dass die Bauern bereit sind, auf ein verändertes Einkaufsverhalten zu reagieren, haben sie in den letzten Jahren in vielen Ländern weltweit bewiesen, in der Schweiz sogar sehr ausgeprägt.

UMDENKEN AUS BETROFFENHEIT

Die Schäden, die Pestizide verursachen, werden von der Bevölkerung immer deutlicher wahrgenommen. Wachgerüttelt werden die meisten Leute aber nicht durch Berichte von belasteten Böden und Gewässern, sondern durch eigene Betroffenheit! Rückstände auf Lebensmitteln wirken in der heutigen Ich-Gesellschaft viel bedrohlicher, als wenn Vögel oder Kleinlebewesen in Böden und Gewässern betroffen sind.

In einer europaweiten Untersuchung von 2013 hat Friends of the Earth[I] in achtzehn Ländern Rückstände von Glyphosat in Urinproben gefunden. Zwei Jahre später hat das Swedish Environmental Research Institute eine fünfköpfige Familie, die normalerweise sehr preisbewusst einkauft, während zwei Wochen zu hundert Prozent mit Biolebensmitteln versorgt. Die Unterschiede in den Urinproben, erhoben zu Beginn und am Ende der Testphase, waren immens!

I Friends of the Earth ist ein Zusammenschluss von Umweltorganisationen, zu dem in Deutschland der BUND, in Österreich Global 2000 und in der Schweiz Pro Natura gehören.

Unsere Politik entzieht sich bis heute weitgehend ihrer Verantwortung, Langzeitschäden in Natur und Umwelt und damit negative gesundheitliche Auswirkungen bei Menschen zu verhindern. Solange sich dies nicht ändert, dürfte die persönliche Betroffenheit bei den Konsumentinnen und Konsumenten der erfolgversprechendste Weg sein, ein Umdenken zu bewirken. Böden und Gewässer sind für die meisten Leute zu wenig fassbar. Dass die Trinkwasser-Initiative in der Schweiz so viel Zuspruch erhält, bestätigt meine Vermutung. Trinkwasser geht, im Gegensatz zu Fließgewässern, durch den Menschen hindurch.

WERTSCHÄTZUNG FÜR BIOBAUERN

Die Bauern haben reagiert. Etwas zögerlich erst, dafür in den letzten Jahren umso deutlicher. Während sich der gesamte Lebensmittelmarkt in den vergangenen Jahren stagnierend bis rückläufig verhielt, legte Bio stetig zu. Nach zwanzig Jahren steigendem Marktanteil von biologisch produzierten Lebensmitteln wird nun auch den »konventionell« wirtschaftenden Landwirten klar, dass Bio mehr als eine Modeerscheinung ist.

In der Schweiz ist die Zahl der landwirtschaftlichen Betriebe seit 2010 um über achttausend zurückgegangen. Bio hat im gleichen Zeitraum um über 1.300 Betriebe zugelegt. 2019 lag der Bioanteil bei rund fünfzehn Prozent. Viele Bauernfamilien stellen heute ihre Betriebe aus ökonomischen Überlegungen um. Einige brauchen etwas länger, andere sind schneller, bis Bio dann auch vom Kopf ins Herz gewandert ist.

2013 führte das Forschungsinstitut für biologischen Landbau FiBL im Auftrag von Bio Suisse[II] eine Umfrage durch. Befragt wurden Betriebsleiterinnen und -leiter, die ihre Höfe erst seit wenigen Jahren auf Bio umgestellt hatten. Viele von ihnen beurteilten rückwirkend die Entscheidung zur Umstellung als die beste, die sie in ihrem Betrieb je gefällt haben. Und das, obwohl die Herausforderungen gerade im Ackerbau und bei Spezialkulturen wie Obst- und Weinbau sehr oft wirklich groß sind. Aber die Suche nach neuen Wegen und Lösungen weckt bei den neuen Biobauern dann auch wieder den Berufsstolz. Und der war bei vielen Landwirten in

II Bio Suisse ist der Dachverband von 32 Organisationen der biologischen Landwirtschaft in der Schweiz; der Autor ist Präsident von Bio Suisse.

den Jahrzehnten der »chemischen Keulen« nach und nach verkümmert ist, manchen war er gänzlich abhandengekommen. So profitieren die Bauern durch die Umstellung auf Bio gleich zweimal: Sie erzielen auf dem Betrieb mehr Wertschöpfung, und sie erhalten als Familie von der Bevölkerung mehr Wertschätzung!

PREISKAMPF IM REGAL

Leider stimmen die Voten der Verbraucherinnen und Verbraucher bei Abstimmungen und Umfragen selten überein mit dem tatsächlichen Einkaufsverhalten. Der Anteil unserer Bevölkerung, der nach mehr Ökologie und Fair Trade verlangt, liegt regelmäßig bei über dreißig Prozent, bei der Volksabstimmung zu Fair Food 2018 waren es achtunddreißig Prozent. Der Marktanteil von Biolebensmitteln und Fair-Trade-Ware liegt jedoch im besten Fall halb so hoch, selbst wenn wir IP-Suisse-Produkte[III] miteinberechnen. Viele Konsumierende nehmen diese als Bio wahr, auch wenn sie nicht Bio sind. Bei Textilien liegt der Anteil von biologischer Baumwolle laut Schätzungen bei rund fünf Prozent. Und das, obwohl gerade der »konventionelle« Anbau von Baumwolle sehr umweltbelastend ist.

Die Ursache für diese Diskrepanz zwischen Wünschen und tatsächlichem Einkaufsverhalten ist rasch gefunden: die Preise! Zugegeben, die Preise für Bioprodukte liegen meist etwas höher. Das aber kommt zum größten Teil daher, dass Natur und Umwelt uns Konsumenten nichts kosten. Wir sprechen hier von externen Kosten. Das sind Ausgaben, die heute von den Steuerzahlern, oder in Zukunft von den nächsten Generationen bezahlt werden müssen. Ein aktuelles Beispiel: Wegen zu hoher Rückstände von Pestiziden mussten 2019 mehrere Gemeinden in der Schweiz Grundwasserfassungen stilllegen. Die Ersatzbeschaffung dürfte Millionen kosten. Millionen, bezahlt von uns Bürgerinnen und Bürgern.

Im Verkaufsregal herrscht somit ein unfairer Wettbewerb. Während bei Bio nur wenige »externe Kosten« anfallen, werden bei den Billiglebensmitteln sowohl die Ausbeutung der Natur als auch die Schädigung und Verseuchung der Ressourcen als externalisierte Ausgaben auf die Allgemeinheit

III IP Suisse ist der Verband der »integriert produzierenden« Bauern und Bäuerinnen, die »konventionell« arbeiten, aber Mindestanforderungen an Tierwohl und Biodiversität erfüllen.

abgewälzt. Eine Studie der Uni Augsburg hat gezeigt, wie hoch die externen Kosten ausfallen können.[2] Fleisch aus »konventioneller« Produktion müsste danach das Dreifache kosten, und für »konventionelle« Milch würde immer noch der doppelte Preis anfallen. Selbst pflanzliche Lebensmittel müssten achtundzwanzig Prozent aufschlagen, wenn die Kosten nicht auf alle abgewälzt werden könnten. Berücksichtigt wurden bei dieser Berechnung lediglich der Stickstoffeintrag, die Treibhausgas-Emissionen und der Energieverbrauch. Würden auch Schäden, die durch Pestizide verursacht werden, und unfaire Handelspraktiken berücksichtigt, die Wettbewerbsverzerrung wäre noch viel deutlicher zu sehen. Die Faustformel, die man nach der Augsburger Studie anwenden kann, lautet: Je billiger die Waren im Angebot, desto höher sind in der Regel die externen Kosten.

Doch biologische und faire Einkäufe belasten unseren Geldbeutel auch so weniger als angenommen. Das Schweizer Bundesamt für Landwirtschaft publiziert regelmäßig Preisvergleiche. Im Juni 2019 musste eine vierköpfige Familie für einen Bio-Warenkorb, der Milch, Fleisch, Eier, Kartoffeln, Mehl, Früchte und Gemüse enthält, mit einem Mehrpreis von rund sechzig Franken monatlich rechnen, wobei sechzig Prozent frische Ware angenommen wurde und vierzig Prozent verarbeitete Produkte.

RAHMENBEDINGUNGEN FÜR NACHHALTIGE LANDWIRTSCHAFT

Nur wenn es gelingt, die »wahren Kosten« in die Preise zu integrieren, können die Ziele für eine nachhaltige Entwicklung, die sich die Vereinten Nationen bis 2030 gesetzt haben, auch tatsächlich erreicht werden. Dies gilt für Lebensmittel genauso wie für Textilien, Mobilität, Baustoffe und andere Bereiche.

Realistisch betrachtet, wird uns dies kaum gelingen. Zu viele Kreise unserer Wirtschaft sehen ihr Geschäftsmodelle mit der Integration der »wahren Kosten« gefährdet. Bei Abstimmungen genügt jeweils das Argument von höheren Lebenshaltungskosten, um Mehrheiten für eine Ablehnung zu finden. Würden jedoch Lenkungsabgaben und Gebühren, erhoben auf umweltbelastende Konsumgüter, der Bevölkerung rückvergütet, wäre dies auch sozial verträglich. Wer einen aufwendigen und wenig verantwortungsvollen Lebensstil pflegt, würde stärker zur Kasse gebeten und erhielte dementsprechend weniger zurück.

Politik und Wirtschaft können aber auch so viel zu einer nachhaltigeren Entwicklung beitragen. Wenn wir Landwirtschaft und Ernährung im Fokus behalten, bieten sich folgende Maßnahmen an:

- Öffentliche Gelder für öffentliche Güter

In der Schweiz wird die Landwirtschaft mit rund 2,8 Milliarden Franken Direktzahlungen pro Jahr unterstützt und gefördert. Die neue Agrarpolitik ab 2022 sieht zwar vor, dass ein Verzicht auf umweltbelastende Hilfsmittel stärker honoriert werden soll. Die große Anzahl von Maßnahmen ist jedoch auch für Insider kaum mehr überblickbar, und noch weniger kontrollierbar. Als Alternative sollten vermehrt Produktionssysteme abgestützt werden. Bio Suisse, Mutterkuh Schweiz, IP Suisse und weitere Organisationen haben solche Systeme entwickelt. Sie werden kontrolliert und zertifiziert und bieten somit die Gewähr, dass die Erwartungen auch erfüllt werden.

- Verstärkte Förderung der ökologischen Forschung

Bis heute wird die ökologische Forschung eher stiefmütterlich behandelt. Und das, obwohl wir erfreut feststellen, dass immer mehr im Biolandbau erprobte Lösungen bei konventionellen Betrieben erfolgreich zum Einsatz kommen. Bei Spezialkulturen wie im Obst- und Weinbau sind bis zu achtzig Prozent der eingesetzten Mittel auf der Hilfsstoffliste des FiBL zu finden. Wie können wir die Bodenfruchtbarkeit weiter steigern, wie erhöhen wir den Humusgehalt verlässlich und leisten so, dank CO2-Bindung im Boden, einen noch größeren Beitrag zum Klimaschutz? Wann steht uns eine Alternative zum Kupfer als Fungizid im Weinbau zur Verfügung? Wie stärken wir die Gesundheit unserer Tiere weiter, beziehungsweise mit welchen komplementärmedizinischen Mitteln pflegen wir sie bei Erkrankungen? Es gibt noch so viel offene Fragen. Höchste Zeit, die Grundfinanzierung des FiBL deutlich zu stärken!

- Engagement bei ökologischer Pflanzenzucht

Die Pflanzenzüchtung befindet sich weltweit in den Händen von wenigen Konzernen. Die hochgezüchteten Sorten, die von Syngenta oder Bayer/Monsanto angeboten werden, liefern ihre Erträge nur mit hohem Einsatz von chemisch-synthetischen Pflanzenschutz- und Düngemitteln.
Nicht nur die biologische Landwirtschaft ist auf Sorten angewiesen, die sich unter ökologischen Zucht- und Anbaubedingungen bewährt haben. Auch in der integrierten Produktion befriedigen die Hochleistungssorten immer weniger.

- Kernkompetenz Ökologie

Viele Studien und Untersuchungen rund um die Qualität von Böden und Gewässern, sowie zum Schutz und zur Förderung der Biodiversität, machen die positiven Leistungen der Biobetriebe deutlich. Allein durch den Verzicht auf chemisch-synthetische Pflanzenschutz- und Düngemittel leistet der Biolandbau einen großen Beitrag zur Verminderung der Klimabelastung durch die Landwirtschaft sowie zum Arten- und Gewässerschutz. Ab 2022 müssen auf den von Bio Suisse mit der Knospe gekennzeichneten Betrieben sämtliche Futtermittel für Wiederkäuer aus dem Inland stammen und es darf nur maximal fünf Prozent Kraftfutter eingesetzt werden. Damit setzt Bio Suisse ein starkes Zeichen.
Noch etwas länger wird unsere Wegstrecke sein, bis wir unsere Maschinen auf Feld und Hof mit regenerativen Energien antreiben können.

- Soziale Standards

Schon heute ist die soziale Verantwortung gegenüber Mitarbeitenden in unserem Regelwerk verankert. Fairer Handel und faire Handelsbeziehungen müssen jedoch weiter ausgebaut werden. Unser Ziel muss sein, dass Importe Fair Trade als Selbstverständnis beinhalten. Dazu prüfen wir verstärkt die Zusammenarbeit mit darauf spezialisierten Organisationen.

- Ökonomische Resilienz

2011 wurde in unseren Richtlinien ein Artikel zu »fairen Handelsbeziehungen« verankert. Darin wird die gesamte Wertschöpfungskette berücksichtigt: vom Acker bis auf den Teller beziehungsweise von der Heu- bis zur Essgabel. Dass Biobetriebe mehr Wertschöpfung erzielen ist nur durch verlässliche Partnerschaften mit Betrieben aus Verarbeitung und Handel sowie das verantwortungsvolle Einkaufsverhalten von Konsumentinnen und Konsumenten möglich. Es ist aber zugleich die Grundvoraussetzung, dass der Trend zu mehr Biobetrieben weiter anhält.
Mal angenommen, jede Konsumentin und jeder Konsument in der Schweiz steigert den persönlichen Biokonsum jährlich um nur zehn Prozent. Innerhalb weniger Jahre würde die gesamte landwirtschaftliche Produktion in unserem Land biologisch. Die Bauern würden auf solche sich verändernde Einkaufsgewohnheiten reagieren.
Ziel von Bio Suisse ist das Bio-Land Schweiz! Nicht an der Urne erstritten mit alleinigem Fokus auf die Landwirtschaft, sondern gemeinsam mit der Bevölkerung entwickelt. Denn Landwirtschaft und Ernährung hängen eng

zusammen. Unsere Kundinnen und Kunden stimmen täglich ab. Mit ihrem Griff nach Bioprodukten im Lebensmittelregal.

IN PARTNERSCHAFT MIT DER NATUR

Ein Gespräch mit Sepp Braun

Über artgerechte Ernährung von Regenwürmern und Kühen, Humusaufbau und Agroforst zur Rettung des Klimas

Sepp (Josef) Braun

ist als »Regenwurmbauer« über die Grenzen bekannt geworden.

Er ist Präsidiumsmitglied des Anbauverbandes Bioland und Biobauer in Freising bei München. Der Familienbetrieb bewirtschaftet rund sechzig Hektar, davon knapp vierzig Hektar Ackerland und drei Hektar Sonderkulturen; der Rest ist Grünland. Zum Hof gehört eine Herde von rund zwanzig Milchkühen, die ganzjährig Zugang zur Weide haben. Im Kuhstall laufen immer ein paar Mastschweine mit. Dazu kommen rund dreihundert Legehennen und hundert Hähne der von den Biolandwirten gezüchteten Zweinutzungsrasse »Les Bleues«. Das Futter für alle Tiere wird auf den eigenen Flächen angebaut, dazu kommen eine eigene Getreideaufbereitung und eine Käserei. Seit 1984 wird der Pflug nicht mehr eingesetzt, seit 1988 ist der dann schon pfluglos arbeitende Betrieb auf Bio umgestellt. Vor einigen Jahren wurden Agroforststreifen zwischen den Feldern angelegt, obwohl die EU die Baumhecken aus der Flächensubvention für die Äcker herausrechnet und damit die Bodenverbesserung und den zusätzlichen Erosions- und Klimaschutz bestraft.

Wenn Sie sich die Landwirtschaft der Zukunft vorstellen, woran denken Sie zuerst?

An die innere Haltung von uns Menschen der Natur gegenüber. Das fällt mir zuerst ein. Wenn wir Pflanzen, Tiere und unsere Mitmenschen wieder als Mitgeschöpfe begreifen, dann führt das zu mehr Respekt, das prägt dann unser Tun, auch in der landwirtschaftlichen Praxis. Wir haben heute in der Landwirtschaft einen starken Trend, der sich gegen die Natur richtet, zum Beispiel durch den Gebrauch von synthetischen Pestiziden, die sehr viel mehr Leben zerstören, als uns lieb sein kann. Dieser Trend richtet sich aber auch gegen uns selbst, gegen unsere eigenen Interessen als Menschen und auch als Bauern, weil wir die Grundlage zerstören, die wir zum Leben brauchen. In Zukunft werden wir wieder lernen müssen, mit der Natur in Partnerschaft zu leben. Landnutzung mit Respekt vor der Natur funktioniert sehr gut. Der Biolandbau zeigt ja, dass gute Erträge, insbesondere längerfristig betrachtet, gerade mit den nachhaltigen Methoden erzielt werden können.

Woher soll der größere Respekt vor der Natur in Zukunft kommen?

Der Respekt kommt, wenn wir wieder anfangen, uns mehr für die Natur zu interessieren, wenn wir uns für die Bedürfnisse der Pflanzen und Tiere interessieren und für die großen und kleinen Zusammenhänge, für die Weisheit, die wir in der Natur überall wahrnehmen können, wenn wir uns für sie interessieren. Nehmen wir den Regenwurm: Wir wissen aus Studien, dass Glyphosat seine Aktivität und seine Fortpflanzung hemmt.[1] Der Regenwurm ist aber der fleißigste Helfer beim Aufbau von Bodenfruchtbarkeit, den wir Bauern uns wünschen können. Außerdem sorgt er für eine gute Belüftung des Bodens und steigert durch seine unterirdischen Gänge und seine bodenlockernde Aktivität die Wasseraufnahmekapazität des Bodens, was vor Erosion schützt. Wir Bauern sollten uns gut um unsere Regenwürmer kümmern. Wir sollten dafür sorgen, dass es ihnen gut geht und sie sich reichlich vermehren können, und wir sollten sie sicher nicht mit Glyphosat vergiften.

Auf Ihren Flächen sind dreihundert Regenwürmer und mehr gezählt worden pro Quadratmeter. Das sind sehr viele. Wie bekommt man das hin?

Erstmal, indem man sie nicht vergiftet. Wichtig sind außerdem die Fütterung der Würmer und die pfluglose Bodenbearbeitung. Meine Tochter und ich haben eine spezielle Kleegrasmischung mit Kräutereinsaaten für die Regenwürmer entwickelt. Es ist im Grunde der Versuch, eine Bergwiese nachzuahmen. Dabei haben wir aber auch gleichzeitig die Bedürfnisse unserer Kühe berücksichtigt.

Die Kühe finden auf ihren Weideflächen jetzt eine Vielzahl von Heilkräutern, zum Beispiel Baldrian. Wenn sie Kopfschmerzen haben, nehmen sie sich davon. Kühe wissen immer sehr gut, was sie brauchen. Man muss als Bauer nur dafür sorgen, dass es ihnen auch zur Verfügung steht.

Was bekommen die Kühe außer Gras und Kräutern sonst noch zu fressen?

Tanninhaltiges Gras und Heu, ein wenig Medizinalkohle, sonst nichts. Das ist, was sie von sich aus fressen wollen. Sie danken es mir mit einer hervorragenden Milch- und Fleischqualität. Außerdem sorgt diese artgerechte

Ernährung dafür, dass der Methangasgehalt im Pansen bis zu fünfzig Prozent niedriger ist als bei einer Ernährung mit Kraftfutter. Die Klimarelevanz von artgerechter Ernährung bei Kühen ist erheblich. Es wäre gut, wenn das von möglichst vielen Menschen verstanden und in der aktuellen Klimadebatte berücksichtigt würde.

Dazu kommen die Nährwertgehalte: Wir haben unsere Milch im Labor untersuchen lassen. Sie hat durch die artgerechte Ernährung der Kühe einen Omega-3-Fettsäuregehalt, der um den Faktor sechs höher ist als bei konventionell erzeugter Milch. Würden wir alle Kühe großflächig auf eine Ernährung mit artenreichem Gras und Heu umstellen, könnte das eine signifikante Abnahme von Herz-Kreislauf-Erkrankungen beim Menschen zur Folge haben und bei Asthma helfen, denn diese Erkrankungen hängen oft mit einem Mangel an Omega-3-Fettsäuren zusammen.[2]

Sind das die großen Zusammenhänge, für die wir uns mehr interessieren sollten?

Ja, das ist ein gutes Beispiel. Wie oft wird die Kuh heute in den Medien als Klimakiller bezeichnet? Das wird ständig behauptet, aber es wird selten dazugesagt, dass wir Menschen die Kuh erst dazu gemacht haben, indem wir sie im industriellen Maßstab falsch ernähren. Wenn wir die Kühe wieder artgerecht ernähren würden, dann würden sie nicht nur halb so viel Methan ausstoßen, dann bräuchten wir auch viel mehr Weideflächen. Wir hätten Wiesen mit hoher pflanzlicher Vielfalt, wo jetzt Mais und Soja in Monokultur für Kraftfutter wachsen. Wir würden dadurch wieder Lebensraum für viele bedrohte Pflanzen und Tiere schaffen und wir würden aktiv Humus aufbauen in den Böden. Damit wäre ein Großteil des Kohlendioxids, das jetzt die Atmosphäre belastet, stabil im Boden gebunden.[I]

I Humus ist eine der größten Kohlenstoffsenken der Welt. Bei der Klimakonferenz in Paris haben die französischen Gastgeber 2015 die »Vier-Promille-Initiative« vorgeschlagen: Wenn auf allen landwirtschaftlich genutzten Flächen der Erde jedes Jahr vier Promille mehr Humus aufgebaut würden, wäre der gesamte menschgemachte CO2-Ausstoß des Jahres im Boden versenkt. Das könnte viele Jahre so geschehen, da die »moderne« Landwirtschaft viele Böden degradiert hat und jedes Jahr durch Erosion Humus verloren geht, statt ihn aufzubauen.

Was könnte die Landwirtschaft sonst noch zu einer positiven Entwicklung des Klimas beitragen?

Bäume haben das Potenzial, viel Kohlenstoff dauerhaft zu binden. Wenn wir den Baumbestand auf der Erde wieder auf den Stand von vor hundert Jahren bringen würden, dann währe der zu hohe CO2-Gehalt in der Atmosphäre bald kein Thema mehr.

Einer Studie der ETH Zürich zufolge könnten die Waldflächen auf der Erde um etwa ein Drittel ausgedehnt werden, ohne dass davon Städte und Landwirtschaft tangiert wären.[3] Dadurch könnten zwei Drittel der bisher von Menschen emittierten Mengen an Kohlendioxid aufgenommen werden. Aufforstung ist damit das wirksamste Mittel, um die Klimaerwärmung aufzuhalten.

Meiner Meinung nach brauchen wir aber nicht nur mehr und größere Wälder, sondern auch mehr Bäume innerhalb der Landwirtschaft. Die strikte Trennung von Wald, Acker- und Gemüsebau war ein Fehler. Wir brauchen in Zukunft clevere Agroforstsysteme in der Landwirtschaft. Das hätte viele Vorteile.

Sie haben vor einigen Jahren auf Ihren Flächen 50.000 Bäume gepflanzt. Welche Überlegungen standen hinter dieser Entscheidung?

Wir haben bei uns eine Holzvergasungsanlage gebaut. Die liefert mehr Strom, als wir auf unserem Betrieb brauchen, und zusätzlich Wärme. Das bringt natürlich eine enorme Kostenersparnis mit sich und zusätzliche Einnahmen, weil wir unterm Strich mehr Strom ins Netz einspeisen können, als wir verbrauchen, und das wird vergütet. Wir verbrennen das Holz aber nicht vollständig zu Asche, sondern stoppen den Verbrennungsprozess, wenn das Holz zu Pflanzenkohle geworden ist. Pflanzenkohle, die aus Holz gewonnen wird, hat einen Kohlenstoffgehalt von bis zu achtzig Prozent. Diese Pflanzenkohle verteilen wir in unseren Böden. Dort bleibt der Kohlenstoff für Jahrhunderte stabil gebunden, und die Kohle kann das Fünffache ihres eigenen Gewichts an Wasser und zusätzlich Nährstoffe aufnehmen. Sie dient uns im Boden also als Wasser- und Nährstoffspeicher.

Würden mehr Bäume in der Landwirtschaft, also Agroforstsysteme, auch das lokale Klima verbessern?

Eine Landwirtschaft mit riesigen Ackerflächen ohne Bäume und Sträucher, wie wir sie momentan an vielen Orten überall auf der Erde haben, lässt große Mengen Wasser in die atmosphärischen Wasserkreisläufe entweichen. Das führt dann zu öfter auftretenden Starkregenereignissen. Bäume und Sträucher im richtigen Verhältnis auf und zwischen den Ackerflächen sorgen dafür, dass mehr Wasser in der Region bleibt, das heißt stärker in den regionalen Kreisläufen zirkuliert. Solche Dinge wurden nicht bedacht, als aus vermeintlichen Effizienzgründen Bäume und Sträucher ausgerissen wurden, um die Flure zu bereinigen, wie man das nannte.

Wir sollten uns eingestehen, dass die Flurbereinigung mehr geschadet als genützt hat und dass wir uns damit Probleme geschaffen haben, die wir vorher so nicht hatten. Agroforstmethoden können deshalb in Zukunft eine immer größere Rolle bei der regionalen Wasserzirkulation und damit bei der Sicherung von Ernteerträgen spielen, insbesondere in Gegenden, die von länger anhaltenden Dürreperioden betroffen sind. Man kann daran sehen, dass zusätzliche Bäume eine wichtige Rolle beim Klimaschutz spielen können, aber gleichzeitig bei der Wasserversorgung, beim Bodenaufbau, bei der Ernährungssouveränität, bei der Energieerzeugung und schließlich auch bei der Förderung der Artenvielfalt. Denn Bäume sind auch Lebensraum für viele Tiere, zum Beispiel für Greifvögel, die den Landwirten gleichzeitig dabei helfen können, Probleme mit Mäusen in den Griff zu bekommen. Regierungen täten gut daran, den Aufbau von Agroforstsystemen in Zukunft deutlich zu unterstützen. Und die Bauern sollten das vehement einfordern, denn sie würden von cleveren Agroforstsystemen am meisten profitieren.

Wir haben jetzt von artgerechter Ernährung von Regenwürmern und Kühen gehört, von Pflanzenkohle, Humusaufbau und Agroforstsystemen. Wo lernt man so zu wirtschaften als Bauer, in der Berufsschule?

Sicher nicht! In der Ausbildung fehlt leider oft der Zusammenhang zwischen Agrarökologie und Landnutzung, und zwar sowohl an den Universitäten, als auch an den Landwirtschaftsschulen. Im Ergebnis haben wir einerseits Agrarökologen, die haben an Universitäten studiert, haben sich viel Wissen angeeignet, können aber wegen ihrer Praxisferne den Bauern oft keine sinnvollen Vorschläge machen, wie sie ihre bäuerliche Praxis besser mit agrarökologischen Erkenntnissen in Einklang bringen können. Und andererseits haben wir Landwirte, die in der Berufsschule wenig darüber gelernt haben, wie sie in Ihrer bäuerlichen Praxis die großen Zusammenhänge der Natur berücksichtigen sollten, von der ihr Landwirtschaftsbetrieb ja ein Teil ist. Solches Wissen eignet man sich heute neben oder nach der Ausbildung an. Das ist angesichts der drängenden Probleme ein Skandal. Wir brauchen sowohl an den Universitäten, als auch and den Berufsfachschulen tiefgreifende Veränderungen, damit Agrarökologie und Landnutzung in Zukunft besser aufeinander abgestimmt werden können.[II]

Biolandwirte werden oftmals als Idealisten angesehen, die viel arbeiten müssen, um wenig Geld zu verdienen. Stimmt dieses Bild noch?

Es hängt von verschiedenen Faktoren ab, ob es einem bäuerlichen Betrieb finanziell gut geht oder ob er es schwer hat, zum Beispiel vom Standort. Wir vermarkten viele unserer Produkte direkt, zum Beispiel Fleisch, Eier und Milchprodukte. Dazu betreiben wir einen kleinen Bioladen in München. Dort leben glücklicherweise genügend Menschen, die bereit sind, für hochwertige Lebensmittel einen angemessenen Preis zu zahlen. Nicht alle Bauern haben das Glück, dass ihr Betrieb so günstig gelegen ist. Hier wäre die Politik gefragt, einen sinnvollen finanziellen Ausgleich zu schaffen.

Apropos Politik: Die Europäische Union subventioniert derzeit vor allem landwirtschaftliche Flächen, egal was auf denen geschieht. Ist das ein zukunftsfähiges System?

Nein, das ist die Belohnung von Landbesitz. Die Flächenprämie der »Gemeinsamen Agrar-Politik« der EU bleibt oftmals gar nicht bei den Bauern hängen, sondern wird gleich weitergegeben an die Landbesitzer oder von der Lebensmittelindustrie abgeschöpft, indem sie die Erzeugerpreise unter die Gestehungskosten drückt, weil ja Geld aus Brüssel kommt, das die Defizite der Landwirte ausgleicht. Wir müssen generell weg von der Belohnung von

II Siehe dazu auch den Beitrag »Duale Einseitigkeit« in Kapitel 1

Bodeneigentum, hin zu einer Finanzierung realer Leistungen im Sinne des Gemeinwohls. Wir dürfen nicht vergessen, dass die Steuerzahler die Subventionen bezahlen, und die verlangen zu Recht Gegenleistungen. Ich möchte sogar sagen, die Steuerzahler sollten mit Vehemenz Gegenleistungen von uns Bauern einfordern!

Es kann nicht sein, dass weiter Milliardenbeträge an Landeigentümer fließen, die mit ihrem Eigentum so umgehen, dass die Agrarlandschaft als komplexe Gemeinschaft unterschiedlichster Lebewesen zerstört wird. Das ist staatlich subventionierte Umweltzerstörung! Genau das Gegenteil müsste gefördert werden: Wir Bauern können durch eine entsprechende Bewirtschaftung einen erheblichen Beitrag zum Klimaschutz leisten. Das Gleiche gilt für die Förderung der Artenvielfalt oder die Vermeidung von schädlichen Einträgen in Luft, Wasser und Boden. Es ist auch eine gemeinwohlorientierte Leistung, wenn wir Humus aufbauen, um nachfolgenden Generationen gesunde und ertragreiche Böden übergeben zu können. Und es ist im Grunde eine Schädigung des Gemeinwohls, wenn wir das nicht tun.

Das berührt auch das Thema Ernährungssouveränität, das Bürgern und Politikern auch auf regionaler Ebene viel wert sein sollte. Das sind alles Leistungen im Sinne des Gemeinwohls. Diese Leistungen würde ich entgelten und außerdem noch Ausgleichszahlungen für Betriebe in strukturschwachen Regionen gewähren, aber ansonsten gar nichts.

Die rücksichtslose Ausbeutung von Mensch und Natur muss ein Ende haben. Wir können uns ein »Weiter-so« überhaupt nicht leisten, weil die Behebung der entstehenden Schäden langfristig nicht finanzierbar ist. Die Folgekosten des Klimawandels erreichen in den ersten Schätzungen schon jetzt schwindelerregende Größenordnungen. Und diese Kosten werden ins Astronomische steigen, wenn wir uns noch mehr Zeit damit lassen, flächendeckend auf eine wirklich nachhaltige Agrarkultur umzustellen.

Das Gespräch führte Christopher Schümann.

verlustanzeige

In unserer Sprache hält sich die biologische Vielfalt, die die Menschen einst umgab. Das zärtliche Schnäbeln der Täubchen haben wir Turteln genannt, dem Werberuf der Täuberiche nachempfunden: turr, turr, rufen sie. Diesen Ruf kannte früher jeder Mensch auf dem Land. Heute kennen wir nur noch den aus ihm abgeleiteten Begriff. Das Turteln der realen Tauben ist dagegen sehr selten geworden.

Die Turteltaube (Streptopelia turtur)

Der einst weit verbreitete Vogel ist seit den 1980er Jahren auf dem Rückzug. In Großbritannien sind in den vergangen vierzig Jahren über neunzig Prozent der Turteltauben verschwunden. In Deutschland ist die Population in weniger als fünfzehn Jahren um zwei Drittel geschrumpft. In den von industrialisierter Landwirtschaft geprägten Regionen im Nordosten kommt die Turteltaube heute nicht mehr vor. Insgesamt sollen in Deutschland noch rund 30.000 Brutpaare leben. In der Schweiz, wo der Bestand seit den 90er Jahren um sechzig Prozent zurückgegangen ist, leben schätzungsweise noch vierhundert Brutpaare.

»Das Sterben der Turteltauben muss leise gewesen sein. Diese hübschen kleinen Tauben mit den schwarzweißen Streifen am Hals sind viel zarter und zurückhaltender als die forschen Straßentauben, die sich Fußgängerzonen und Bahnhöfe als Revier erobert haben.[I] Die Turteltauben halten lieber Abstand zu den Menschen, sie nisten in Hecken und wagen sich höchstens in Parks vor.«[1] So beschreibt Tanja Busse[II] in ihrem Buch über das von uns verursachte Artensterben, was sie

I Straßentauben oder Stadttauben sind wahrscheinlich verwilderte Haus- und Brieftauben, die ursprünglich von der Felsentaube, *Columbia livia*, abstammen.

II Siehe auch den Beitrag der Autorin in Kapitel 1: Das Sterben der anderen.

nicht mehr sieht beim Spaziergang an einem inzwischen renaturierten Flüsschen, das sich aber durch eine monotone Agrarsteppe schlängelt. In der ausgeräumten Landschaft fanden die Turteltauben irgendwann keine Nahrung mehr. »Die Turteltauben kennen das Wort Ackerbegleitflora nicht, aber sie merkten, dass etwas fehlt, was sie über Jahrhunderte gut ernährt hat: Erdrauch, Miere, Wegerich und Gänsefuß.«[2]

Die Turteltaube ist die kleinste der europäischen Wildtauben. Sie brütet — wo es sie noch gibt — in Feldgehölzen, an Waldrändern und Waldlichtungen. Ihre Nahrung ist fast ausschließlich pflanzlich und besteht aus den Samen von Wildkräutern und Gräsern, sowie Fichten- und Kiefernsamen. Zur Nahrungssuche laufen die Vögel fast immer am Boden umher.

— Stiller Tod in ausgeräumter Landschaft

Turteltauben sind Fernzieher, was sie zusätzlich gefährdet, denn auf dem Flug nach Afrika werden in Südeuropa noch immer Tausende von Tauben geschossen. Seit 2015 steht *Streptopelia turtur* auf der Roten Liste der gefährdeten Arten. Der dramatische Bestandsrückgang führte dazu, dass die Turteltaube ohne Vorwarnstufe auf die Liste kam. Um darauf hinzuweisen und die Jagd europaweit verbieten zu lassen, haben Naturschutzbund Deutschland und BirdLife Österreich die Turteltaube zum »Vogel des Jahres« 2020 gekürt.

MEHR DENN JE ÜBERZEUGT!

von Peter Grossenbacher

Von den ersten Erkenntnissen über
die Umstellung zum Überzeugungstäter:
der Werdegang eines Schweizer Biobauern

Gezweifelt habe ich nie. Im Gegenteil. Meine Überzeugung vom Biolandbau ist seit der Umstellung unseres Betriebs 1996 eher noch gewachsen. Es liegt in meiner Natur, dass ich Neues zuerst gut prüfe, mich informiere, Vor- und Nachteile abwäge, und erst dann entscheide. Diese Entscheidung ist dann aber meistens endgültig. So war es auch bei der Umstellung auf Biolandbau vor 24 Jahren. Es war ein Prozess.

Ich erinnere mich an zwei Schlüsselerlebnisse. Das erste ereignete sich Jahre vor der Umstellung. Damals brachte noch die Landwirtschaftliche Genossenschaft im Dorf für die meisten Bauern Pflanzenschutzmittel aus. Unsere Maisparzelle war gerade mit Herbizid gespritzt worden, als ein starker Gewitterregen Erde und Wasser aus der Maisparzelle auf die benachbarte Gerstenparzelle schwemmte. Bereits nach wenigen Tagen begann dort die Gerste durch die konzentrierte Wirkung des Herbizids gelb und dürr zu werden und starb ab. Nach der Gerstenernte säte ich eine Kunstwiesenmischung, doch auf dem betreffenden Fleck wuchs das Gras nicht. Fast ein Jahr lang blieb diese Fläche brach.

Das zweite Schlüsselerlebnis hatte ich einige Jahre später, als nicht mehr die Genossenschaft Pflanzenschutzmittel für uns ausbrachte, sondern wir zusammen mit Berufskollegen selber eine Feldspritze gekauft hatten. Ich brachte im Frühling Herbizid im Getreide aus und fuhr gemächlich mit dem Traktor übers Feld. Dabei schaute ich zu Boden und sah Getreidepflanzen, hie und da ein Unkraut, aber vor allem nackten Boden. Mir wurde bewusst, dass ich vor allem Erde mit dem Kontaktherbizid bedeckte. Also sind eigentlich neunzig Prozent des Pflanzenschutzmittels, das ich da ausbringe, unnötig, da es gar nie in Kontakt kommt mit dem Unkraut.

Die Kombination dieser beiden Ereignisse löste bei mir das Umdenken aus: die tödliche Wirkung des Maisherbizids in der Gerste und die Erkenntnis, dass neunzig Prozent des Herbizids sinnlos auf die nackte Erde ausgebracht werden.

Zeitgleich entstand in der Schweiz die Bewegung der integriert produzierenden Bauern[1] als Folge von Volksabstimmungen, die mehr Ökologie in der Landwirtschaft forderten. Unser Dorf gehörte zum Epizentrum dieser Bewegung. Ein großer Ackerbauer im Dorf kaufte sich einen Hackstriegel

1 IP Suisse ist der Verband »integriert produzierender« Bauern und Bäuerinnen, die »konventionell« arbeiten, aber Mindestanforderungen an Tierwohl und Biodiversität erfüllen.

und ein anderer machte sich an vorderster Front für den IP-Anbau stark. Mein Ziel war es damals in erster Linie, die Herbizidmenge zu reduzieren. Wir kauften ein Hackgerät und mieteten den Striegel des Nachbarn. Ein paar Jahre lang haben wir dann den Mais gehackt, und anschließend habe ich zu Fuß mit der Rückenspritze das verbleibende Unkraut einzeln abgespritzt. Das entsprach meiner Philosophie, nur so viel Pflanzenschutzmittel auszubringen wie nötig.

1993 stieg Coop als erster Großverteiler ins Biogeschäft ein. Dadurch stieg die Nachfrage nach Bioprodukten sprunghaft an. An der Landwirtschaftsschule Waldhof fand im Jahr darauf eine Flurbegehung statt. Der Vortrag »Entscheidungshilfen zur Umstellung auf Biolandbau« hat mich und meine damalige Ehefrau Annarös sehr interessiert. Der Referent zeigte die steigende Nachfrage und die guten Preise für Bioprodukte auf. Seine Worte waren: »Es gibt keine Gründe mehr, die gegen den Biolandbau sprechen, sofern man diese Anbauform mit seiner Gesinnung vereinbaren kann.« Mit dieser Botschaft kam ich vom Waldhof nach Hause zu meiner Familie und der Weg in Richtung Bio wurde für uns immer klarer. Wir haben diese Idee auch mit meinen Eltern diskutiert, die noch auf dem Betrieb mithalfen. Uns war wichtig, dass alle Betroffenen die Entscheidung zum Biolandbau mittragen.

Vorher kannte ich keinen Biolandwirt. Dann begannen wir plötzlich, aufmerksam zu werden. Im Nachbardorf stellte ein Landwirt den Betrieb auf Bio um. Die »Bärner Biobure« wurden gegründet, die kantonale Organisation der Biolandwirtinnen und Biolandwirte. Alles war in den Anfängen. Bio Suisse hieß damals noch VSBLO – Vereinigung Schweizerischer Biolandbauorganisationen. Das heute renommierte Forschungsinstitut für biologischen Landbau FibL war noch irgendwo in einem großen Garten und einer Garage angesiedelt. Wir hörten aber auch, dass es Biolandwirte gab, die bereits dreißig Jahre zuvor umgestellt hatten. Eigentlich waren das die echten Pioniere. Ich sage immer spaßeshalber, dass all den Umstellern Mitte der 1990er-Jahre der Ruf nachgeht, dass sie es des Geldes wegen gemacht haben. Dies weil der Verkauf von Bioprodukten auf einmal sehr lukrativ wurde. Ehrlicherweise muss ich zugeben, dass bei uns der Schritt zum Biolandbau wohl auch noch ein paar Jahre länger gedauert hätte, wenn die Marktlage nicht so gut gewesen wäre. Das hat uns die Entscheidung leicht gemacht.

Es gab auch Ängste. Man hörte Gerüchte: »Biobauern haben zu wenig zum Essen. Da muss man den Gürtel enger schnallen. Biobauern sind arm.« Denn die Preise für Bioprodukte waren vorher noch nicht so gut. In diesem Zusammenhang kommt mir eine Anekdote in den Sinn: Um uns etwas zu informieren, besuchten wir vor unserer Umstellung eine langjährige Biobauernfamilie. Dort sahen wir durch den Türspalt im Kinderzimmer, dass das Kind auf einem Bett aus Paletten schläft. Das hat uns zu denken gegeben. Es hat aber nichts an unserer Entscheidung geändert. Ein verbreitetes Vorurteil über Biobauern war auch, dass diese nur Wollpullover und Birkenstock tragen. Natürlich gab und gibt es solche auffälligen »Bioniere«. Den meisten Kollegen sieht man das Bio allerdings nicht an.

Produktionstechnisch machte uns die Umstellung kaum Angst, da wir ja bereits sehr nah am Bio waren mit unserer Bewirtschaftungsweise. Einzig vor der Krautfäule im Kartoffelbau habe ich mich zu Beginn gefürchtet. Bei unserer ersten Biokontrolle habe ich das dem Kontrolleur erzählt. Darauf sagte der: »Du darfst nicht Angst haben, denn die Angst des Bauern überträgt sich auf die Gesundheit seiner Pflanzen.« Damals konnte ich nichts anfangen mit dieser Aussage. Heute kann ich es vielleicht etwas besser einordnen. Angst ist nie ein guter Ratgeber.

Zu unseren Nicht-Bio-Nachbarn haben wir immer ein offenes Verhältnis gepflegt. Das Motto lautet: Leben und leben lassen. An unserem Küchentisch lästern wir vielleicht ab und zu über die Bewirtschaftungsweise der konventionellen Kollegen. Aber nur dort. Die Nachbarn ihrerseits sind unterschiedlich mit unserer Umstellung umgegangen. Einer sagte zu mir, er habe keine Angst vor unseren Biokartoffeln, denn er könne ja seine Kartoffeln mit chemischen Mitteln gegen die Krautfäulesporen schützen, die allenfalls aus der Bioparzelle einfliegen. Ein anderer kam einmal an die Haustüre, nachdem er in unserer Parzelle einen kleinen Krautfäuleherd entdeckt hatte, und hat gepoltert, dass wir nun endlich abfahren sollen mit unseren Biokartoffeln. Leider mussten wir den Biokartoffelbau tatsächlich ein paar Jahre später wegen Drahtwurmproblemen aufgeben.

Man hat schon auf uns geschaut. Bioackerbau im größeren Stil war damals noch eine Rarität. Wir hatten immer den Ehrgeiz, dass jemand, der bei uns durchs Dorf fährt, nicht erkennt, welches die Bioparzellen sind bezüglich Stickstoffversorgung oder Unkräutern. Das haben wir in den allermeisten Fällen geschafft. Dafür haben wir auch hie und da Komplimente erhalten. Geschaut haben alle, aber geredet haben nur Einzelne. Es waren immer dieselben Berufskollegen, die uns bei irgendeiner Gelegenheit angesprochen und gefragt haben, wie wir das oder jenes machen. Andere haben immer nur hinter unserem Rücken über uns geredet und nie offen das Gespräch gesucht. Ich war einmal als Präsident der Käsereigenossenschaft bei einer Versammlung in Bern. Plötzlich begannen die anderen, mir unbekannten Bauern am Tisch über einen Biobauern aus ihrem Dorf zu lästern: »Hast du gesehen…? Was denkt der sich nur…? Das ist doch eine Schnapsidee dieses Bio…« Ich habe geschwiegen und mich köstlich amüsiert.

Es gab auch Leute, mit denen konnte ich nie über Bio diskutieren. Zum Beispiel mit einem Onkel. Er war ein Vollgasbauer und konnte mit Bio nichts anfangen. Er hat immer nur die negativen Punkte auf den Tisch gebracht. Zum Beispiel das Kupfer im Kartoffelbau: »Die konventionellen Bauern dürfen so etwas ja gar nicht einsetzen, und ihr spritzt eure Felder voll mit Kupfer. Das kann es doch nicht sein.« Oder: »Sag mir jetzt einmal, was an eurer Milch besser sein soll als an unserer. Die ist doch genau so weiß. Wieso sollen die Leute denn für diese Biomilch mehr bezahlen?« Ein Austausch mit diesem Onkel war einfach sinnlos. Aber solche Stimmen haben bei mir in keiner Weise Zweifel hervorgerufen oder mich verunsichert. Der engere Familienkreis hat immer hinter uns gestanden.

Ich bin heute mehr denn je überzeugt vom Biolandbau. Das Unkraut hat uns zwar manchen Tag Handarbeit beschert, aber das ist ja kein echtes Problem. Jedenfalls nicht für einen echten Biobauern.

Ich kenne allerdings einen Fall, wo ein Biolandwirt eine neue Landfläche pachten konnte, die aber voller Blacken[II] war. Er hat die Parzelle daraufhin ein Jahr lang einem konventionellen Bauern in Unterpacht gegeben, der die Blacken abgespritzt hat. Danach hat er die Parzelle auf Bio umgestellt. Ein solches Vorgehen ist für mich abstrus und unwürdig. Dass man als Biobauer die Lösung eines Problems in der Chemie sucht, zeugt davon, dass man Biolandbau nur des Geldes wegen betreibt. An diesem Beispiel kann man vielleicht etwas abschätzen, wo man steht mit seiner Gesinnung.

Uns hat es über all die Jahre immer sehr befriedigt, dass man auch ohne Chemie Landwirtschaft betreiben kann, die Hand und Fuß hat.

II Die in den Alpen regional Blacke genannte Pflanze ist der Ampfer. Siehe dazu den hier folgenden Beitrag, der erklärt, wie der Ampfer von der ehemaligen Nutzpflanze zum gefürchteten Ackerunkraut wurde.

Aufgezeichnet von Doris Bigler.

AMPFERKAMPF

von Martin Ott

Kurze Geschichte einer Nutzpflanze, die zum Unkraut wurde, aber eigentlich ein Helfer für die überdüngten Böden sein könnte

Die Blacke, auch Ampfer[I] genannt, war im Alpenraum eine von jeher verbreitete und geschätzte Nutzpflanze. Der Hauptverwendungszweck ihrer Blätter bestand in der Herstellung einer Art Sauerkraut, des sogenannten Mass. Beim Heuen oder Emden wurden die wildwachsenden Pflanzen stehen gelassen, um die natürliche Vermehrung zu fördern. Bündelweise wurden Blacken gesammelt, gekocht, abgetropft und mit Gewürzkräutern, später mit Salz, in luftdichte Behälter gestampft. Nach eintretender Milchsäuregärung wurden sie ein haltbarer und geschätzter Bestandteil der bäuerlichen Ernährung. Auch für die Schweinefütterung wurde aus rohen gestampften Blackenblättern Mass hergestellt. Ein Bündner Bauer aus Arosa berichtete, es sei dadurch ein viel besser schmeckendes Fleisch zu erzielen; dieses sei haltbarer als der Speck aus den üblicherweise mit Abfällen gefütterten Tieren. Der Speck bleibe sieben bis acht Jahre frisch und werde nicht ranzig. So sehr hatten sich die Bauern an die Blacken gewöhnt, dass noch 1910 ein Bauer aus Rüschegg im Berner Mittelland, der im Unterland ein Heimwesen gekauft hatte, nach Hause schrieb, man möge ihm doch bitte Blackensamen schicken, da es auf seinem neuen Hof keine Blacken gebe.

Heute ist der Ampfer eines der meistgejagten Unkräuter. Die biologischen Bauern bekämpfen ihn durch mühsames Ausstechen der Wurzeln, Bauern, die konventionelle Landwirtschaft betreiben, durch großflächiges Vergiften mit spezifisch auf breitblättrige Pflanzen wirkenden Unkrautvertilgungsmitteln oder durch Einzelstockbehandlung mit dem sogenannten Blackengewehr. Heute verursacht die Blacke mithin große Kosten. Viele Bauern wagen deshalb nicht, auf eine naturnahe und biologische Bewirtschaftung umzustellen: Sie haben tatsächlich zu großen Respekt vor der Pflanze und fürchten, ohne die chemische Bekämpfung könne man des Problems nicht mehr Herr werden.

Was ist passiert? Der Ampfer liebt verdichteten und mit Stickstoff überdüngten Boden. Darum finden wir die Pflanze dort in Monokultur, wo Tiere den Boden überbelasten – der Boden wird verdichtet –, oder wo sie ihren Kot und Harn deponieren – der Boden wird überdüngt: auf den Standplätzen um die Ställe herum, gut sichtbar vor allem in den Alpen. Dort fühlt sich der Ampfer wohl und breitet sich flächendeckend aus. Die Pflanze dul-

---

I Genauer: der stumpfblättrige Ampfer, *Rumex obtusifolius*, in höheren Lagen auch *Rumex alpinus*, der Alpen-Ampfer.

det, indem sie mit ihren großen, breiten Blättern viel Schatten verursacht, keine Konkurrenz.

Nun ist der Eintrag von Stickstoff in unsere landwirtschaftlichen Böden im letzten Jahrhundert enorm gestiegen, vor allem nach dem Ersten und Zweiten Weltkrieg: Nach Kriegsende konnte Stickstoff nicht mehr für Sprengstoff in Bomben und Waffen verwendet werden und wurde den Bauern billig abgegeben. So verdichtete und überdüngte die Landwirtschaft langsam die Böden. Stickstoff aus der Erdölverbrennung für Heizungen und Verkehr, der mit dem Regen zusätzlich in die Böden gelangte, verschärfte diese Situation. Der heutige Zustand der Böden fördert die Ausbreitung der Blacke stark. Dies geschieht sowohl in den Ackerböden als auch in den Naturwiesen. Hinzu kommen immer schwerere Maschinen: Ein normaler Traktor hat heute, zusammen mit einem Heuladewagen oder einem mittleren Jauchefass, ein Gewicht von rund zehn Tonnen. Ein Mähdrescher wiegt rund zwanzig Tonnen, ein Zuckerrübenvollernter, der im November in die nassen Böden fährt, voll beladen über fünfzig Tonnen.

Neben der Bekämpfung des Ampfers gibt es aber auch noch eine andere Methode, auf die Pflanze zu reagieren. Der bekannte Schweizer Biobauer der ersten Stunde, Ernst Frischknecht, schrieb schon vor Jahren: »Die Blacke, dein Freund und Helfer.« Damit irritierte er einen großen Teil der bäuerlichen Öffentlichkeit. Er selbst ließ die Pflanzen auf seinem Hof wachsen. Nur die Blacke, so Frischknecht, helfe dem Boden, eben genau die Situation, die sie fördert, auch langfristig wieder zu verbessern. Ihre riesige, unheimlich zähe und starke Pfahlwurzel führe den verdichteten Böden wieder Luft zu; die wuchernden, massebildenden Blätter entzögen den verstickten und überdüngten Böden genau das Zuviel an Dünger. Damit reguliere die Blacke dank ihrer Spezialisierung langfristig den Standort; mit der Zeit schaffe sie sich dann selber wieder ab. Sie hinterlasse einen ausgeglicheneren, lockereren und nicht mehr überdüngten Boden und wirke so als Heilmittel gegen die begangenen Fehler der Landwirtschaft. Daher sei es schlicht falsch, sie zu bekämpfen.

Tatsache ist, dass Ampfer auf magereren und nicht mehr so verdichteten Standorten bald einmal von einem spezifisch leuchtenden, grünblau schillernden Ampfer-Blattkäfer[II] befallen werden. Dieser frisst, zusammen

II *Gastrophysa viridul* ist der Grüne Sauerampferkäfer, auch Ampfer-Blattkäfer oder Blackenkäfer genannt.

mit seiner bald schlüpfenden Kinderstube, die Blätter bis zum Kahlfraß weg und schwächt so die Pflanze, bis sie verschwindet.

Der ursprünglicher Beitrag erschien in der Schweizer BauernZeitung.

BEGEISTERUNG, HANDWERK und LIEBE

von Martin von Mackensen

Eine neue Agrarkultur braucht eine andere Ausbildung. Die Biodynamiker haben im Ökolandbau deshalb eigene Ausbildungsinitiativen gestartet

Ich bin ausbildender Bauer, Lehrer im Bereich Aus- und Fortbildung und auch im Hochschulbereich. Und ich bin es gern, denn ich habe gute Erfahrungen gemacht mit den jungen Leuten, die Landwirte werden wollen und sich bewusst für den ökologischen Weg entschieden haben.

Viele Menschen, auch gerade aus einer städtischen Sozialisation, können sich in ihrer Jugend sehr ernsthaft für eine ganzheitliche Landwirtschaft begeistern. Wenn dann eine gute Ausbildung mit anschließenden Wanderjahren gelingt, werden oftmals aus ihnen fähige und innovative Betriebsleiter von Ökobetrieben. Wichtig für einen gelungenen Ausbildungsgang ist aber gerade der Erstkontakt, ob innerhalb eines Schulprojektes, eines freiwilligen ökologischen Jahres, oder auf ganz freie Weise. Da nehmen die jungen Leute extrem kritisch und emotional wahr, ob die Verantwortlichen eines Betriebes auch innerlich erfüllen, was außen dran steht. Wie gehen die tätigen Landwirtinnen mit dem Vieh um? Gibt es für sie im Alltag der betrieblichen, unternehmerischen Verantwortung auch noch solche Werte wie Freude an diesem Alltag und seinen Überraschungen, oder auch echte Gewissenskonflikte?

Junge Menschen suchen Vorbilder, die sich bemühen, Dinge besser zu machen, die Fragen ernst nehmen, die einen eigenen Idealismus kultivieren. Von solchen Vorbildern nehmen sie viel an. Der Ausbildungsalltag ist allerdings oft rau und anstrengend für beide Seiten. Kann man als junger Mensch endlich etwas gut und souverän, muss schon das nächste angegangen werden. Gerade am Anfang einer beruflichen Ausbildung sind die jungen Leute deshalb besonders vom Lob und Vertrauen des Ausbilders abhängig; später können sie zunehmend selbst aus den Ergebnissen des eigenen Tuns lernen und Bestätigung erfahren.

DEN GANZEN MENSCHEN ANSPRECHEN

Wenn berufliche Ausbildung im Agrarbereich gelingt, kann das eine Antwort auf das große Motiv junger Menschen werden: Sie wollen in neuer, nachhaltiger, liebevoller und achtsamer Weise mit der Natur umgehen. Oftmals bin ich erstaunt, wie schnell gelernt wird, wie schnell Fähigkeiten und Fertigkeiten selbstständig gehandhabt werden. Wie aber sollte dann der theoretische, begleitende Unterricht gestaltet sein? Wie kann Berufsschule nicht demotivierend werden? Alle schulische überbetriebliche Bildung, auch jede Fortbildung sollte sich an Folgendem messen:

- Wird von den Fragen der jungen Menschen ausgegangen?
- Werden Zusammenhänge als gegeben und statisch dargestellt, oder wird den jungen Menschen der dahinterliegende Erkenntnisansatz mitgeliefert?
- Bleibt bei allen Lebenszusammenhängen, die im Unterricht behandelt werden, noch ein Geheimnis, eine Ehrfurcht vor der Herkunft des Lebens, oder wird das Lebende in materialistischem Sinne zu Ende definiert?
- Wecken die Darstellungen im Unterricht tieferes Interesse, im praktischen Berufsalltag besser und genauer hinzuschauen?
- Welche grundsätzlichen Alternativen zu dem jeweils Behandelten und seinem Erkenntnisansatz gibt es?
- Lässt sich eine Darstellung im Unterricht auch mit künstlerischen Mitteln ganz anders erfahrbar machen?
- Gibt es Möglichkeiten durch andere methodische Ansätze des Lernens wie Gruppenarbeit das zu Erlernende selbst zu entdecken?
- Hat der Lehrer selbst noch Fragen an sein Thema?

METHODENKOFFER UND GROSSE BILDER

In meiner Unterrichtspraxis versuche ich immer, ein Gleichgewicht zwischen den großen Bildern eines Zusammenhanges und den ganz konkreten praktischen Maßnahmen in der Landwirtschaft zu erreichen. Wir Lehrer müssen uns immer wieder klar darüber werden, dass wir aus den Erfahrungen und dem Wissen der Vergangenheit sprechen und damit die jungen Menschen doch für ihre berufliche Zukunft befähigen wollen – ein Widerspruch. Das sollte uns selbstkritisch bleiben lassen – kein Herrschaftswissen.

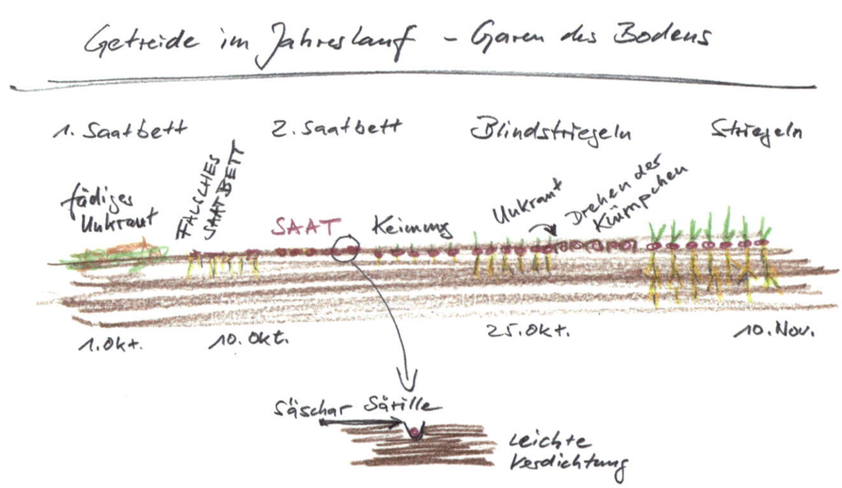

Die abgebildete Tafel entstand im Fach Ackerbau/Getreide. Es wurde da der richtige Umgang mit dem Unkraut, Beikräutern und ihrer Bekämpfung, die Maßnahme »Striegeln« und »falsches Saatbett« besprochen. Das geschah aber im Blick auf die Entwicklung der Kulturpflanzen im Jahreslauf und die vorherigen Maßnahmen der Bodenbearbeitung. Wichtig war mir allerdings, dass die oftmals sehr konkreten und speziellen Maßnahmen in ihrem großen Kontext als gesamtes Bild dargestellt wurden. So war hier der Zusammenhang der Pflanzenentwicklung mit dem Boden und seiner spezifischen Gare maßgeblich. Der angehende Landwirt lernt die konkrete Maßnahme aus der multifunktionellen Gesamtheit von Bodenbearbeitung, Fruchtfolge, Bodenart, Bodenzustand, sowie den pflanzenbaulichen Besonderheiten des hier behandelten Winterweizens. Er wird selber »Erfinder« des richtigen Werkzeugs in der entstehenden Diskussion der verschiedenen Striegel und Bauarten. Ich möchte ihn nicht als reinen »Ausführer« ansprechen. Ganz im Gegensatz zu jedem Anwender eines Pestizids, dem ziemlich unbekannt ist, was er da eigentlich ausbringt und wie das jeweilige Mittel in der jeweiligen aktuellen Situation wirkt.

Berufliche Bildung muss den jungen Menschen befähigen, selber zu urteilen, so kann er immer souveräner und den jeweiligen Bedingungen angepasster zur richtigen Zeit am richtigen Ort das Richtige tun.

FRAGEN ERNST NEHMEN – BEOBACHTEN ÜBEN

Wessen Fragen ernst genommen werden, der ist viel engagierter dabei. Das sollte klar sein. Was zeichnet also einen guten Lehrer aus? Dass er aus den Fragen seiner Schülerinnen selbst Weiteres und Neues lernt. Oft kann man als Lehrer an den Fragen der jungen Menschen die eigenen Sprünge und Lücken in der Darstellung erkennen und diese entsprechend verbessern. Allerdings sollte man sich auch in Bezug auf die eigene Ausgangsauffassung durch die jungen Menschen infrage stellen lassen. Das ist partnerschaftlicher Unterricht auf Augenhöhe.

Von ungeheuer großer Wichtigkeit ist es, die Berufseinsteiger in ihrer Beobachtungsfähigkeit zu schulen. Viele Lebensprozesse, und das Unkraut, die Schädlinge und Pilze, sind typische Begleiter der Lebenszusammenhänge Boden - Pflanze – Tier. Und sie sind, frühzeitig bemerkt, viel leichter neu ins Gleichgewicht zu bringen. Sanfte, ganzheitliche Methoden wirken in Lebensprozessen, wenn die Regelebene rechtzeitig lenkend beeinflusst wird.

Das geht nur, wenn man die Alarmzeichen frühzeitig wahrnimmt; das ist fast immer eine Frage kontinuierlicher und genauer Beobachtung.

Genauso wichtig ist, neben der Schulung der Beobachtungsgabe, ein Gefühl für die zeitliche Dynamik der Lebensprozesse zu bekommen, ein Feeling. Wie werden die Bedingungen sich entwickeln, wie wird das Wetter in der nächsten Zeit, deutet sich hier eine Katastrophe an, eine Kalamität, oder kann man getrost abwarten. Ein prognostisches Gefühl ist gefragt. Wie aber erlernt man das?

Beobachtung ist das eine, die Beobachtung allerdings sauber und genau festzuhalten das andere. Da genügt nicht ein Foto mit dem Smartphone oder zumindest nicht allein. Das will geübt werden, auch wenn es mühsam ist. Genaues Gedächtnistraining bedeutet hier, mit dem nachvollziehenden Bewusstsein in die Prozesse des Lebens hineinzukommen. Das macht Biodynamik aus. Und das versuchen wir mit den jungen Leuten.

EIGENE ZUGÄNGE FINDEN

Unsere freie biodynamische Fachschule mit staatlicher Anerkennung[1] legt größten Wert darauf, den beruflichen Einsteigern Begleitung und individuelle Förderung zu geben, auch um sie in ihrem individuellen Zugang zu stärken. Es ist wichtig, dass sie den zu behandelnden Stoff möglichst so präsentiert bekommen, dass dieser für sich selber spricht. Das kann am Beispiel des Unkrauts dargestellt werden.

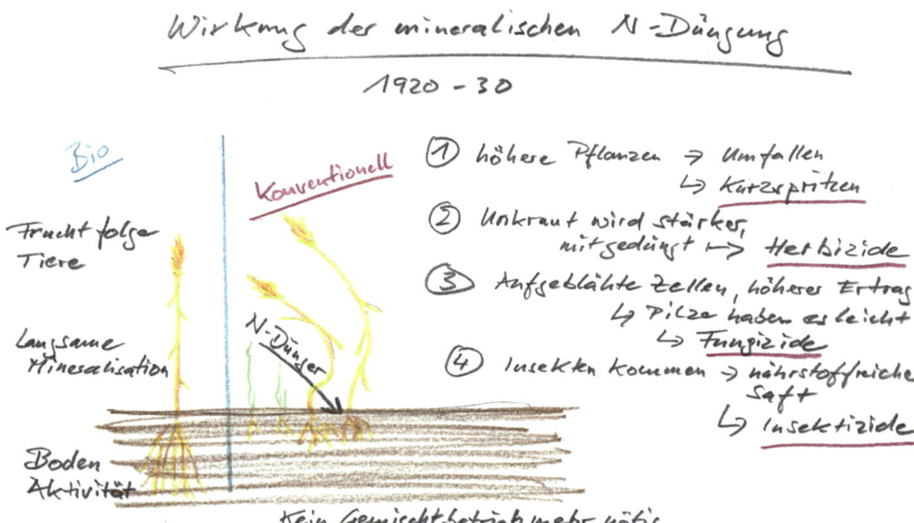

Mit der landwirtschaftlichen Entwicklung in den zwanziger Jahren des 20. Jahrhunderts kam nach dem Ersten Weltkrieg die Stickstoffdüngung im Getreidebau wirklich in die Fläche. Das wurde durch eine Allianz der chemischen Industrie und der landwirtschaftlichen Beratung intensiv beworben und durch Demonstrationsversuche den Landwirten nahegebracht. In meinem Unterricht sollen nun die Studierenden den über mehrere Jahrzehnte gehenden Prozess der extremen Intensivierung des Ackerbaus selbstständig nachvollziehen.
Dazu können Fragen entwickelt werden wie diese:

- War das Unkrautthema vor der Einführung der mineralischen Düngung schon so relevant und ertragsbedrohend?
- Wenn die mineralische Düngung natürlich auch die Unkräuter begünstigt, welche Konsequenz hat das?
- Sind der Einsatz und die Entwicklung von Herbiziden gegen das Unkraut nicht als direkte Folge der Einführung der mineralischen Düngung anzusehen?
- Wie kann durch entsprechende Züchtung von neuen Sorten der Kulturpflanzen eine bessere Unkrauttoleranz und Unkrautunterdrückung erreicht werden?

Die Studierenden müssen zum Verständnis dieses größeren geschichtlichen Zusammenhangs auf eigene innere Praxisbilder vom Getreideanbau und seinen Entwicklungsstadien sowie der jeweiligen Bodenentwicklung zurückgreifen können. Dann kann und muss deutlich werden, wie unsere ganze heutige Pestizidproblematik ursächlich mit der mineralischen Stickstoffdüngung zusammenhängt. Wenn man nämlich einmal die Wirkungsweise der starken Stickstoffdüngung auf die Pflanze und das Bodenleben vollumfänglich verstanden hat, wird die Kette der pflanzenbaulichen Probleme deutlich:

- Höhere Pflanzenmassen und Erträge durch »aufgeblähte« Zellen, nicht durch wesentlich mehr Zellen.
- Nicht vollständig verstoffwechselte Nährstoffe in der Pflanze.
- Dadurch eine »dünnere Haut« der Pflanze, die es Pilzen und Insekten leicht macht, an die hoch konzentrierten Säfte heranzukommen.
- Qualitative Minderwertigkeit der Früchte, weil eine gesunde Reife nicht mehr eintreten kann.

- Durch die Stickstoffdüngung werden eben auch die anderen Pflanzen/ Unkräuter stark gedüngt und es stellen sich ganz neue Unkräuter mit viel höherer Konkurrenzkraft ein.

Jetzt wird dem Studierenden klar, wie durch die mineralische Düngung die Herbizide, Insektizide und auch die Fungizide bedeutsam wurden und gefördert werden. Man erreicht durch eine solche Darstellung in größeren Entwicklungszusammenhängen den gedanklich-systemischen Ansatz, den die Studierenden unbedingt für den Ökologischen Landbau brauchen.

ZUKUNFT ERÖFFNEN

Wenn man die zukünftigen Betriebsleiterinnen und Betriebsleiter dahin gebracht hat, dass sie systemisch im Geschehen der Landwirtschaft denken lernen, beginnt in ihnen ein eigenständiger Prozess. Das einmal Gedachte, Gelernte, wird nun mit Empfindung und Gefühl begleitet und wird mit der erlebten Wirklichkeit der Landwirtschaft ins Verhältnis gesetzt. Jetzt wird der Gedanke mit dem »Herzen« ergriffen und erst im lebenslangen Lernen real. So wird aus Wissen eigenes Urteil und schließlich das, was wir so lapidar die Liebe zum Beruf nennen.

Wenn es uns immer mehr gelingt, in diesem Sinne Ausbildung und berufliche Bildung neu zu gestalten, werden mehr und mehr junge Menschen auch aus der konventionellen Landwirtschaft kommend, diesen viel interessanteren Bauernberuf ergreifen und weiterentwickeln. Dazu sollten wir Vertrauen und Mut in die nächste Generation haben – und geben.

Verlustanzeige

Sie ist sehr selten geworden in ihren angestammten Lebensräumen, den warmen Wiesen von den Ebenen bis in die mittleren Höhen der Mittelgebirge. Wer sie dennoch finden will, muss Ausschau halten nach früh blühenden wilden Glockenblumen. So machen das auch die Männchen der Solitärbiene, die keinen Staat bildet, sondern alleine lebt. Sie finden die paarungswilligen Weibchen sicher nur an und in den Glockenblumen, in deren Blüten die Bienen auch gerne übernachten.
Die Grauschuppige Sandbiene ernährt ihre Brut oligolektisch, hat sich also auf eine bestimmte Art von Blütenpollen spezialisiert, den sie sammelt und in die selbst gegrabenen Nisträume einlagert. Die Spezialisierung hilft der Sandbiene einerseits beim Auffinden des Sexualpartners, könnte andererseits aber auch ihr Verhängnis

Die Grauschuppige Sandbiene (Andrena pandellei)

werden. Denn die Glockenblumen werden immer seltener in den bewirtschafteten Flächen. Die Bauern pflegen keine Wiesen mehr, sondern Grünland. Sie mähen nicht mehr zweimal im Jahr, sondern viermal oder gar fünfmal. Um so oft Futter machen zu können, säen sie wenige schnell wachsende Gräser und düngen die ehemals artenreichen mageren Wiesen. Das ist zu viel, selbst für die Wiesen-Glockenblume, eine von der Grauschuppigen Sandbiene bevorzugte früh blühende Art. Die Blume wächst zwar gerne auf nährstoffreichen Böden, kann sich aber auf dem mit Gülle überdüngten

Futtergrünland nicht halten. Erst recht nicht, wenn die erste Mahd schon im Mai durchgeführt wird. Dann verschwindet mit ihr auch die Futterquelle der Sandbiene. Und wie der Artname schon sagt: Auch offener, nicht zu dicht bewachsener sandiger oder sandig-lehmiger Boden sollte für die Biene zu finden sein, denn am liebsten in ihm gräbt sie die Nester für die Eiablage. Wo aber die Feldraine verschwinden, weil die Flurstücke immer größer werden, um die Maschinen besser ausnutzen zu können, da wird auch der Nistraum für die Grauschuppige Sandbiene knapp. Die Landesanstalt für Umwelt Baden-Württemberg hat der in der Roten Liste in Deutschland unter Kategorie 3[I] als gefährdet eingestuften Art erfolgreich an Hochwasserschutzdämmen Lebens- und Nisträume geschaffen. Dazu werden die Dämme erst gemäht, wenn die Glockenblumen verblüht sind und die Wildbienen ihre Eier abgelegt haben. Und damit sie auch das können, wurden im oberen Bereich der nach Süden exponierten Dammböschungen spezielle Sand-Lehm-Mischungen ausgebracht.
Solch aufwendige Naturschutzmaßnahmen hätte die Grauschuppige Sandbiene und viele andere Wildbienen eigentlich nicht nötig, wenn die Landwirte begreifen würden, dass auch ihre Feldfrüchte und Obst- und Weingärten von der Anwesenheit möglichst vieler verschiedener Wildbienenarten profitieren. Einschlägige Studien zeigen nämlich, dass es nicht auf die schiere Menge der befruchtend umherfliegenden Bienen ankommt, sondern vor allem auf deren Vielfalt. Einem blühenden Feld ist bei der Befruchtung mehr geholfen, wenn neben den Honigbienen des Imkers auch möglichst viele der fast sechshundert heimischen Wildbienenarten bestäuben.

I In der Roten Liste der Schweiz wird die Art in der Kategorie 2 als stark gefährdet geführt.

HANDEL OHNE WERTE...

von Sascha Damaschun

...ist wie Ackerbau ohne Boden. Ein Naturkosthändler über Grundlagen und Werte und den Umbau des gesamten Wirtschaftssystems, ausgehend von der Landwirtschaft

Mit der Komplexität unserer globalisierten Welt steigt auch die Sehnsucht der Menschen, ihr eigenes Umfeld aktiv in Richtung Nachhaltigkeit zu gestalten. Nicht nur gesellschaftlich kann man Tendenzen zum Motto »Everybody4Future« beobachten, sondern auch wirtschaftlich. Um den Zwängen der global-liberalisierten Lebensmittelindustrie zu entkommen, muss dabei eine vielfältige Biolandwirtschaft aktiv gesichert werden, die natürliche und frische Nahrungsmittel regional bereitstellt. Und zwar unmittelbar und direkt an den Konsumenten und in enger und verantwortlicher Beziehung zu den landwirtschaftlichen Erzeugern. Um das zu erreichen, muss Wirtschaft wieder den Menschen dienen. Denn im praktischen Handeln zwischen Menschen entstehen Tag für Tag aufs Neue die Grundlagen und Bedingungen, welche Ursachen vieler unserer Probleme sind, aber auch Quelle unserer besten Lösungen werden können. Durch zwischenmenschliche Beziehungen auf Augenhöhe wird es möglich, kooperativ zu Handeln, und gemeinsam soziale wie ökologische Ziele zu erreichen.

WENN DICH DAS LEBEN IN EINEN MISTHAUFEN STELLT, MACH HUMUS DRAUS

Es scheint, wir müssen erst richtig tief im Schlamassel stecken, um die nötige Energie zu entwickeln, uns auf unsere Grundlagen zu besinnen und unser Wirken von Grund auf neu auszurichten. Wenn man die Weltgemeinschaft in ihrem Wirken anschaut, dann ist dieser Eindruck fast unvermeidlich. Wir reißen einen Meilenstein der Warnungen nach dem anderen, ignorieren alle guten Argumente ernsthafter Wissenschaftler und verursachen kollektive Wirkungen, für die wir als Individuum niemals in vollem Ernst die Verantwortung übernehmen könnten. Selbstverstärkende Klimakrise, radikales Artensterben, selbstvergessene Ressourcenverschwendung und die leichtfertige Freisetzung genetisch modifizierter Organismen mit unbekannten Langzeitwirkungen im Gesamtökosystem. Eigentlich muss einem regelrecht schwindlig werden vor lauter Abgrund.

Um nicht zu verzweifeln und sich den Kräften von Zynismus oder Wirkungslosigkeit zu überlassen, braucht es starke Grundpfeiler im menschlichen Miteinander und die positive Erfahrung, dass ein anderes Leben gelingen kann. Dass es Zukunft gibt in einer Welt, die einen schier um den Verstand zu bringen droht. Doch es gibt Beispiele der Hoffnung.

Beispielsweise haben sich aktuell die Pioniere des deutschen Ökohandels aufgemacht und wollen mit einer Kampagne dazu anregen, sich auf die Energie der geistigen Wurzeln zu besinnen, diese neu zu begründen und frisch auszurichten. Denn diese Initiativen, heute teilweise mittelständische Unternehmen, sind vielerorts unter schwierigsten Bedingungen gestartet, und haben sich, oft gegen jede konventionelle wirtschaftliche Expertise, zu prosperierenden Wirtschaftsräumen entwickelt. Und geben damit Menschen Sinn, Brot und Arbeit, die heute schon ein anderes Miteinander ermöglichen wollen. Das gilt für einen Waschmittelhersteller wie Sonett im beschaulichen Bodenseehinterland genauso wie für die Keksbäcker der Bohlsener Mühle im alternativ bewegten Wendland. Vom gleichen Engagement angetrieben sind die Ladner der Biowelt-Läden in Konstanz und Villingen wie auch der Großhändler Bodan, der sie mit bio-dynamisch erzeugtem Obst und Gemüse vom Bodensee beliefert, und bei dem ich arbeiten darf.[I]

Es gilt, solch Mut machenden Beispielen Plattform und Bühne zu bieten, um noch mehr Menschen Kraft und Vertrauen zu geben, auch ihr Leben und Handeln praktisch zu ändern. Mit dem Motto »Öko statt Ego« machen die auf sich aufmerksam, die bereits seit über vierzig Jahren an dieser Front streiten und um bessere Lösungen ringen. Diese Branche sieht sich aktuell erheblichen Gefährdungen durch eine Assimilation ihrer wirtschaftlichen Grundlagen über die Strukturen der »konventionellen« Lebensmittelwirtschaft ausgesetzt. Diese existenziellen Fragen sind nur mit einem radikalen Gegenentwurf zu beantworten, der die Grundlagen der Wirtschaftsbeziehungen im Handel in den Blick nimmt. Denn diese sind nie Naturgesetz, sondern immer freie Vereinbarungen zwischen Individuen. Und damit veränderbar.

DAS WUNDER DES LEBENS BEGINNT IM BODEN

Wenn wir beginnen wollen, uns gemeinsam zu besinnen, müssen wir beim Boden anfangen und seinem größten Wunder, der Bodenfruchtbarkeit. Nichts, was man eindeutig messen kann, aber das Potenzial, das die Grundlage dafür bildet, dass bei mehr oder weniger günstigen Bedingungen auch

I Der Autor ist einer der Geschäftsführer der Bodan Großhandel für Naturkost GmbH in Überlingen am Bodensee.

in Zukunft Nahrung für Mensch und Tier gedeihen kann. Diese Bodenfruchtbarkeit zu stärken in ihrer Resilienz ist eines der wesentlichen Ziele des ökologischen Anbaus. Es ist wie ein Sparkonto, auf das man mit vielen Maßnahmen einzahlen kann: wie schonende Bearbeitung, weitgestellte Fruchtfolgen, Untersaaten, Zwischenfrüchte und vieles mehr. Dann kann Humus aufgebaut werden, kann Luft in den Boden kommen und Stabilität entstehen gegenüber Starkwetterphänomen wie Nässeperioden oder Dürrezeiten.

Dieses Urversprechen eines Potenzials an Lebendigkeit im Boden ist das Gegenmodell zu einer rein verbrauchsorientierten Denkweise, die Landwirtschaft nur an ihren Erträgen und Stoffflüssen misst, nicht aber den Wert ihrer Möglichkeiten anerkennt. Wenn es nur darum gehen würde, Mineralsalze in Fruchtkörper zu transformieren, dann sind sterile Wachstumsbedingungen unter Kunstlicht, mit Mineralwolle und Nährlösungen optimierte Antworten darauf. Daraus aber entsteht keine Lebendigkeit in stabilen Kreisläufen, es braucht immer Fremdenergie, Hilfsmittel bei Entgleisungen wie Pestizide und fragile Umgebungsbedingungen, um diese einseitig ausgerichteten Systeme im Optimum zu halten. Erst recht nicht entstehen daraus Lebensmittel, die Menschen als wirkliche Nahrung dienen können, über das Stoffliche hinaus. Weil den Stoffen der Kontakt mit dem Geistigen fehlt, wenn es nur bei der Technik bleibt, die letztendlich auch des Menschen entbehrt. So bleibt der Wille als Impulskraft auf der Strecke, der aber heute dringender denn je für echte Veränderungen benötigt wird.

Spannend wird es, wenn wir dieses eigentlich landwirtschaftliche Konzept nun übertragen auf unser allgemeines Wirtschaften. Denn schließlich ist Landwirtschaft immer Welt im Kleinen und fällt nicht aus dieser heraus. Daher gelten auch im »großen« Wirtschaften im Wesentlichen die gleichen Prinzipien wie im kleinen und man kann voneinander lernen. Nicht eins zu eins und mit platten Vergleichen, aber im Hinspüren auf die wirksamen Konstellationen und Prinzipien, die Leben erfolgreich machen.

Das beginnt schon im Grundschulalter mit Initiativen wie dem »Lernort Bauernhof«[II] und hört nicht bei den Managerschulungen großer

II »Lernort Bauernhof« nennen sich unterschiedliche Initiativen sehr unterschiedlicher Träger in verschiedenen deutschen Bundesländern, zum Teil mit Beteiligung der Länder und des Bauernverbands, zum Teil als regionale Initiativen in Partnerschaft mit einzelnen, dann meist ökologisch bewirtschafteten Höfen.

Konzerne auf. Dann begreift man schnell und sehr anschaulich, dass auch hier gelebte Werte zu einem nachhaltigen Erfolg verhelfen, die uns auch im normalen sozialen Alltag stabilisieren. Vertrauen, Respekt, Augenhöhe, Verbindlichkeit sind Qualitäten, die wir alle als wohltuend erfahren, welche aber im modernen wirtschaftlichen Miteinander oft nur eine untergeordnete Rolle spielen. Initiativen wie die Gemeinwohl-Ökonomie[III] werden aber inzwischen auch von DAX-Konzernen nicht mehr nur belächelt, sondern als ernsthafte Wertesysteme ins praktische Handeln mit einbezogen. Und zeigen damit Wirkungen bis hin zur globalen Ökonomie der Investmentkonzerne. Deren Strategen schwenken gerade in ihren Bewertungen um, und beziehen langfristige Wirkungsbeziehungen und Risikoabwägungen in Bezug auf den Umgang mit Naturkapital, Erosion und Resilienz gegenüber Klimaschwankungen in ihre Ratings mit ein. Das verändert Wirklichkeit - schon heute, aber noch lange nicht schnell genug.

ES GEHT NICHT UM EIN STÜCK VOM KUCHEN

Es geht um die ganze Bäckerei! Denn speziell im Lebensmittelhandel herrscht weiterhin der Glaube, die Macht des günstigsten Preises als Erfolgsfaktor sei ungebrochen. Mit allen verheerend negativen Folgen für die Akteure in der Wertschöpfungskette, besonders aber bis in die Strukturen der Landwirtschaft hinein. Gestützt von einem auf industrielle Produktion ausgerichteten Subventionssystem und brutal verteidigt von einem agroindustriellen Komplex, der Markt- und Technologiemacht auf den Ebenen Tiergenetik, Saatgut, Forschung, Patente und Pestizide vereint. Die Landwirtschaft steht heute oft am Pranger gesellschaftlicher Kritik, ist aber nur Teil eines Gesamtsystems der gegenseitigen Ausbeutung. Die Grundlagen der Misere liegen in den Strukturen des Handels, in Konzentration und industrieller Lebensmittelindustrie.

III Seit den 1990er Jahren als alternatives Wirtschaftsmodell diskutiert, hat sich die Gemeinwohl-Ökonomie 2010 als Bewegung mit Regionalgruppen etabliert, um ein ethisches Wirtschaftsmodell zu fördern; siehe: www.ecogood.org. Der Europäische Wirtschafts- und Sozialausschuss befand 2015 »das Modell als geeignet, in den Rechtsrahmen der EU und ihrer Mitgliedschaften integriert zu werden«.

Leider ist es mit der bloßen Nutzung eines Markensiegels, auch wenn es Bio im Namen trägt, nicht getan. Damit lässt sich die Macht dieser Strukturen nicht aufbrechen, die bis in die Köpfe hineinwirkt. Immer öfter gibt es aber konkrete Initiativen, die zwei Ebenen miteinander verbinden. Zum einen ist dies die Abbildung und wertschätzende Anerkennung der »wahren« Preise unserer Lebensmittel inklusive ihrer vor- und nachgelagerten Wirkungen, ökologisch wie gesellschaftlich. Zum anderen drückt sich dies in konkreter Übernahme von Verantwortung für die jeweils individuelle Ernährungslandkarte aus. Bürger gestalten Formen Solidarischer Landwirtschaft bis hin zu lebendigen Regionalökonomien. Immer mehr Menschen sind bereit, durch gezielten Konsum heute und die Akzeptanz von Aufpreisen auf Lebensmittel, Züchtung und Tierwohl von morgen zu finanzieren. Hierin drückt sich echtes Interesse am Anderen aus, und dies übersetzt den traditionellen Wert der Solidarität in die modernen Formen des digitalen Bürgertums.

Diese Beispiele machen Mut und den haben wir alle miteinander nötig. Um den Boden unter unseren Füßen wieder zu einem wachsenden Speicher von Lebendigkeit und Kohlenstoff zu machen, der uns unsere Fehltritte der Vergangenheit ausbügeln hilft und die Folgen erträglich hält, denen wir uns werden stellen müssen.[IV]

Dafür braucht es das Engagement jedes Einzelnen und das Beginnen im Jetzt. Es braucht ein Weglassen des Zuviels, und es darf daraus ein Mehr an Miteinander wachsen. Reichtum werden wir in Zukunft nicht mehr im Materiellen maximieren können, sehr wohl aber in der Wertigkeit unserer Sozialbeziehungen und dem Bewusstsein unserer gegenseitigen Verbindlichkeit. Denn weiter kommen wir nur gemeinsam.

IV Bei der Klimakonferenz in Paris 2015 haben die französischen Gastgeber die sogenannte »Vier-Promille-Initiative« angestoßen. Würden in den Böden aller landwirtschaftlich genutzten Flächen der Erde jedes Jahr vier Promille mehr Humus aufgebaut, könnte der zusätzliche menschgemachte CO_2-Ausstoß über viele Jahre als Kohlenstoff in den Böden gespeichert werden. Siehe dazu auch das Gespräch mit Sepp Braun in diesem Kapitel: »In Partnerschaft mit der Natur«.

ES BRAUCHT DEN DIALOG, UM GRÄBEN ZU ÜBERWINDEN

Das nächste Jahrzehnt wird als große Umbruchphase mit entscheidenden Weichenstellungen in die Geschichte eingehen. Wie wird es gelingen, diese Herausforderung anzunehmen? Unsere Gesellschaft befindet sich auf vielen unterschiedlichen Ebenen mitten in einem hochdynamischen Wandel. Wir können diese Prozesse noch beeinflussen. Die zentrale Frage wird aber sein, wie wir die große Transformation, mit der wir es zu tun haben, möglichst gut, effizient, nachhaltig und weise gestalten. Hierbei wird es darauf ankommen, sich trotz aller Unterschiede und Meinungsverschiedenheiten die Qualität des Dialogs zu erhalten. Denn nur daraus kann eine Betroffenheit für die Not des Anderen und seine Beweggründe erwachsen, die ein Aufeinander-Zugehen ermöglicht.

Wenn wir heute in die Augen der Jugend schauen, die auf den Straßen Europas demonstriert, können wir existenzielle Angst und Sorge erkennen, gut begründet aus der wissenschaftlichen Faktenlage. Was aber ebenso gebraucht wird, um echte Veränderung zu erreichen, ist praktische Lösungskompetenz und positives Erfahrungswissen. Davon ist vieles angelegt, muss aber nun neuen Raum finden und aktive Unterstützung erfahren. Sowohl von rechtlich-regulatorischer Seite wie auch im sozial-wirtschaftlichen Feld. Hier braucht es konkrete Angebote von staatlicher wie zivilgesellschaftlicher Seite. Damit ein Ende der Giftwirtschaft auf dem Acker auch in den weiteren Strukturen unseres gesellschaftlichen Lebens seinen fruchtbaren Ausdruck finden kann. Dann kann uns Zukunft gelingen.

EIN MYTHOS AUF DEM PRÜFSTAND

von Bernward und Marin Geier

Nur die industrielle Landwirtschaft könne die wachsende Menschheit ernähren, sagen deren Befürworter. Stimmt das?

Alternative Methoden der Landwirtschaft sind mit erheblichen Kosten und geringeren Ernteerträgen verbunden. Das ist ein gängiges Argument zugunsten der sogenannten konventionellen Landwirtschaft. Korrekt wäre, diese auf der intensiven Verwendung chemisch-synthetischer Pestizide basierende Landwirtschaft schlicht industrialisiert oder gleich industriell zu nennen. Die dem Abwehrargument gegen ökologische Landwirtschaftspraktiken zugrunde liegende Annahme lautet, dass Methoden, die Mensch und Umwelt schonen, kurzfristig zu Nahrungsmittelknappheit und mittelfristig zu einer Ausweitung der landwirtschaftlichen Flächen führen müssen. Dies ginge wiederum auf Kosten der Natur, sodass offensichtlich umweltschädliche Agrarpraktiken unterm Strich sogar besser für die Umwelt wären. Das in diesem Zusammenhang entscheidende Stichwort ist die sogenannte Ertragskluft zwischen industriellem Landbau auf der einen und alternativen, nachhaltigen Anbaumethoden wie biologischem Landbau und konservierender, also vor allem pflugloser Landwirtschaft, auf der anderen Seite. Es stellt sich die prinzipielle Frage, wie groß eigentlich diese Ertragskluft ist und welche Rolle Ertrag überhaupt für unsere Nahrungsmittelsysteme spielt.

In einer großangelegten Metastudie hat die amerikanische Biologin Lauren C. Ponisio von der University of Riverside in Kalifornien gemeinsam mit einem Team von Wissenschaftlern die empirischen Belege für die These der Ertragskluft ausgewertet.[1] Die Ergebnisse dieser und weiterer Studien hat Lauren Ponisio außerdem gemeinsam mit dem renommierten Biologen Paul R. Ehrlich von der Stanford University in einem Review-Artikel diskutiert.[2] In diesem Beitrag gehen Ponisio und Ehrlich auf Grundlage zahlreicher Studien der Frage nach, welchen Einfluss Erträge eigentlich darauf haben, ob Menschen adäquat ernährt werden, wieviel Land dafür genutzt wird und welche Praktiken Landwirte anwenden. Dabei kommen sie zu dem Ergebnis, dass die industrielle Landwirtschaft im Vergleich zu alternativen Formen des Landbaus keineswegs immer höhere Erträge erzielt. Eine einseitige Fokussierung auf die Steigerung von Ernteerträgen, um die Welternährung sicherzustellen und gleichzeitig die Artenvielfalt zu fördern, ist demnach keinem der beiden Ziele förderlich, weil diese zu stark vereinfachende Sichtweise blind ist für wesentliche Einflussfaktoren hinsichtlich der Welternährung.

Um eine nachhaltige Landwirtschaft zu fördern, müssten vielmehr die komplexen sozialen und ökologischen Faktoren entschlüsselt werden, die für die Nahrungsmittelversorgung relevant sind. Nur dann ließe sich feststellen, wie eine adäquate Ernährung der Weltbevölkerung sichergestellt und gleichzeitig die Artenvielfalt geschützt werden kann. Die beiden Biologen machen dazu einen Vorschlag: Sie betrachten verschiedene ihnen wesentlich erscheinende Einflussfaktoren im Zusammenhang, wodurch ein differenziertes Bild zur nachhaltigen Sicherung der Welternährung entsteht.

Im folgenden Beitrag werden einige der zentralen Ergebnisse der Forschungsarbeit von Lauren Ponisio und ihren Kollegen zusammengefasst und vorgestellt.

DIE DISKUSSION ÜBER DIE »ERTRAGSKLUFT«

Die weitgehend durch Menschen geförderte Vielfalt von Kulturlandschaften und Kulturpflanzen ist heute vielerorts verloren. Das Bild der sogenannten modernen Landwirtschaft ist geprägt von großflächigen Monokulturen, bei dem eine einzige Pflanzensorte auf einer Fläche von hunderten Hektar angebaut wird und die vormals vielgestaltige Kulturfläche verdrängt hat. Mit dieser »modernen« Landwirtschaft ging die Schwächung oder Zerstörung von Ökosystemen einher, welche für die Landwirtschaft essenzielle Aufgaben erfüllen, wie etwa die Aufrechterhaltung der Bodenfruchtbarkeit durch Nährstoffkreisläufe und -speicherung, Krankheits- und Schädlingskontrolle, Wasserspeicherung oder Bestäubung.

Um dies auszugleichen, setzt die industrielle Landwirtschaft auf externe Inputs wie Kunstdünger, Pestizide, und von fossilen Brennstoffen angetriebene Landtechnik. Diese Art des Landwirtschaftens hat, wie schon lange bekannt ist, gravierende negative Auswirkungen auf die Umwelt, etwa in Form des Klimawandels, der Verunreinigung von Luft und Wasser, der Entstehung von Todeszonen in küstennahen Meeresgebieten, des Verlustes von Artenvielfalt, und, allem voran, der Zerstörung fruchtbaren Bodens. Die tiefgreifenden Auswirkungen der industriellen Landwirtschaft auf die menschliche Gesundheit und die Umwelt sind durch zahlreiche Studien ausführlich belegt.[I]

I Industrielle Landwirtschaft definieren Ponisio und Ehrlich über die Verwendung chemischer Inputs und nicht über die Größe der bewirtschafteten Fläche, da auch kleine landwirtschaftliche Betriebe in dieser Weise industrialisiert wirtschaften können.

Ein Motor für die Wende zur industriellen Landwirtschaft war der Wunsch, höhere Erträge in kürzerer Zeit zu erwirtschaften. Dabei wurde und wird akzeptiert, dass dies zuungunsten einer langfristigen Aufrechterhaltung ökologischer Dienste der Natur geht. Dieser hohe Preis wird von geleiteten Interessen oft auch negiert.

Um die Kapazitäten und vor allem die Fruchtbarkeit der Erde, für die Landwirtschaft längerfristig sicherzustellen, ist es Lauren Ponisio und Paul Ehrlich zufolge geboten, so schnell wie möglich eine landwirtschaftliche Revolution in Gang zu setzen, um die Art und Weise, wie wir Nahrung erzeugen grundsätzlich zu transformieren.

Eine alternative landwirtschaftliche Praxis besteht darin, die Vielfalt der Natur zu imitieren. Landwirtschaftliche Flächen wären dann »ein feinkörniges Mosaik aus verschiedenen Kulturen wie Obstgärten, Gemüseanbau in Reihen, blühenden Feldrainen und Weiden«.[3] Ökologische und regenerative Landwirtschaftssysteme, die Diversifizierungspraktiken wie Fruchtfolge oder Mischkulturen anwenden, sind, wie Ponisio und Ehrlich mit Verweis auf zahlreiche Studien feststellen, nachweislich weniger schädlich für Umwelt und Gesellschaft, da sie den Einsatz von Pestiziden vermindern, Bodenerosion vorbeugen und den Verlust der Artenvielfalt eingrenzen, während gleichzeitig die Nährstoff-, Energie- und Wassereffizienz erhöht wird.

Trotz dieser Einsichten geht die Umstellung von konventionellem auf alternativen Landbau nur langsam vonstatten. Die Anfänge der biologischen Landwirtschaft liegen fast ein Jahrhundert zurück. 1924 hat Rudolf Steiner mit einer Vortragsreihe die biologisch-dynamische Landwirtschaft begründet, 1927 gründeten Landwirte dann Demeter. Allerdings werden bis heute nur ein Prozent der weltweit bewirtschafteten Fläche nach biologischen Richtlinien zertifiziert. Jedoch hat vor allem im globalen Süden eine große Anzahl von Betrieben auf biologischen Landbau umgestellt, ohne kontrolliert und zertifiziert zu sein. Die Biolandwirtschaft verzeichnet seit Jahrzehnten rasante, in der Regel zweistellige Zuwachsraten und mit dem indischen Bundesland Sikkim gibt es ein erstes Land, das zu hundert Prozent auf Bio umgestellt hat.[II] Auch das österreichische Burgenland hat sich auf diesen ambitionierten Weg gemacht. Die Biobewegung, unterstützt vom Na-

II Siehe dazu den Beitrag »Alles Bio oder was?« und das Gespräch mit Pawan Chamling: »Das erste Bio-Land der Welt«.

turschutz und zum Beispiel Slow Food, stellt sich inzwischen aktiv der Herausforderung von hundert Prozent biologischer Landwirtschaft weltweit.

Aber auch diese Umstellungserfolge schaffen die Annahme nicht aus der Welt, dass die flächendeckende Anwendung ökologischer Anbaumethoden zu erheblich niedrigeren Erträgen führe, und somit Nahrungsmittelknappheit zur Folge habe. Der ehemalige US-Landwirtschaftsminister Earl Butz drückte es polemisch klar aus: »Bevor wir in diesem Land zur biologischen Landwirtschaft zurückkehren, muss irgendjemand entscheiden, welche fünfzig Millionen Amerikaner wir verhungern oder hungern lassen.«[III]

DAS ERTRAGSPOTENZIAL DER BIOLANDWIRTSCHAFT

Die Produktivität eines landwirtschaftlichen Betriebs hängt von zahlreichen variablen Faktoren ab, von der Bodenqualität zum Beispiel, vom Klima, von der verfügbaren Arbeitskraft, aber auch von Dienstleistungen des Ökosystems wie der »Arbeit« der Bestäuber. Daher gibt es nicht ein Landwirtschaftsmodell, das überall auf der Welt am besten funktioniert. Nichtsdestotrotz wurde in zahlreichen Forschungsprojekten und auch in Metaanalysen versucht, die allgemeine Ertragsbilanz von konventioneller Landwirtschaft mit der alternativer Anbaumethoden, insbesondere des Biolandbaus und der konservierenden Landwirtschaft zu vergleichen.

In einer der aktuellsten und umfassendsten Metaanalysen, die 1071 Ertragsvergleiche zwischen biologischer und industrieller Landwirtschaft aus 115 Studien einbezieht, die in achtunddreißig Ländern in einem Zeitraum von fünfunddreißig Jahren durchgeführt wurden, kommen Lauren Ponisio und ihr Team zu dem Ergebnis, dass die Erträge beim Ökolandbau in den studierten Fällen tatsächlich 15,5 bis 22,9 Prozent niedriger waren als beim industriellen Landbau. Allerdings variiert die Differenz im Ertrag stark zwischen verschiedenen Feldfrüchten.

Wie die Studie zeigt, besteht die größte Ertragskluft zwischen konventioneller und biologischer Landwirtschaft bei Getreide wie Weizen oder

III Der Bauernsohn Earl Butz (1909 – 2008) war Professor der Agrarwissenschaft und republikanischer Politiker. Von 1954 bis 1957 war er stellvertretender Landwirtschaftsminister, von 1971 bis 1976 Landwirtschaftsminister der USA.

Gerste, was wohl vor allem daran liegt, dass in diesem Bereichen die meiste Anstrengung aufgewendet wurde, um die Samen und Anbautechniken im Sinne der industriellen Landwirtschaft auf höhere Erträge zu »frisieren«. Im Gegensatz dazu gab es etwa bei Hafer kaum Ertragsunterschiede. Gleiches gilt für Früchte und Nüsse, wo die Differenz bei sieben Prozent (± 4) liegt. Auch bei Gemüse und Obst gab es im Ertrag keine signifikanten Unterschiede zwischen den verschiedenen Anbaumethoden.

Auffallend war, dass die Anwendung von Diversifizierungspraktiken bei biologischem Landbau die Produktivität im Vergleich zur industriellen Landwirtschaft durchaus auch steigern konnte. Wurden auf biologischen Betrieben verschiedene Feldfrüchte zur gleichen Zeit in Mischkultur angebaut, oder nacheinander in Fruchtfolge, konnte die Differenz im Ertrag auf neun Prozent (± 4) beziehungsweise sieben Prozent (± 5) reduziert werden. Des Weiteren wurde festgestellt, dass auch die industrielle Landwirtschaft von Diversifizierungspraktiken wie Fruchtfolgen profitiert, da diese zu höheren Erträgen führen. Bei abwechselndem Anbau von Mais und Soja konnten bis einhundert Prozent höhere Erträge erreicht werden, als beim verbreiteten monokulturellen Maisanbau.

Nach Lauren Ponisio und Paul Ehrlich ist die Pflege der Bodenfruchtbarkeit besonders bedeutsam, um die Ertragszahlen im biologischen Landbau zu erhöhen. Dies wurde dadurch unterstrichen, dass die Ertragslücke zwischen konventionellem und biologischem Landbau erheblich verkleinert wurde, sofern der Stickstoffinput, organische Düngung versus Kunstdünger, gleich war.

DAS ERTRAGSPOTENZIAL IM KONSERVIERENDEN LANDBAU

In einer globalen Metaanalyse fand ein Forscherteam um den amerikanischen Agronomen Cameron Pittelkow heraus, dass bei Umsetzung aller drei Prinzipien der konservierenden Landwirtschaft, also Direktsaat, Fruchtfolgen und kontinuierliche Bodenbedeckung, die Erträge insgesamt nur um 2,5 Prozent (± 1) niedriger waren als die Erträge im industriellen Landbau.[4]

Wenn konservierende Bewirtschaftungsmethoden in Synergie mit anderen Diversifizierungspraktiken zur Schädlingsbekämpfung eingesetzt werden, können darüber hinaus weitere Ertragssteigerungen erzielt werden. Eine solche Variante der konservierenden Landwirtschaft ist beispielsweise das ökologische Push&Pull-System, das als Schädlingsbekämpfungsstrategie für das östliche und südliche Afrika konzipiert wurde. Dabei werden in die Kultur übelriechende Pflanzen als Untersaat ausgebracht, um die Schädlinge von den betroffenen Feldern zu »schieben« (push), während andere Lockpflanzen die Schädlinge von den Pflanzen »wegziehen« (pull), also aus dem Acker locken. Dazu kommt, dass die Push-Pflanzen stickstoffbildende Leguminosen sind und die Pull-Pflanzen zusätzlich hervorragende Tierfuttererträge liefern. Mit dieser cleveren Synthese aus natürlichem Pflanzenschutz und organischer Düngung wird ein ökologischer, quasi kostenfreier und ertragssteigernder Beitrag zur Ernährungssicherheit geleistet. Durch die Einführung des Push&Pull-Systems konnten die Erträge mehr als verdreifacht werden, bei gleichzeitigem Schutz vor Ernteausfällen.[5]

ERTRAG UND WELTERNÄHRUNG

Obwohl es verlockend ist, sich zur Bekämpfung des weltweiten Hungers auf leicht fassbare Ziele wie die Steigerung von Ernteerträgen zu konzentrieren, muss dem Umstand Rechnung getragen werden, dass Ertragszahlen für die adäquate Ernährung von Menschen manchmal geradezu irrelevant sind. Erträge sind bloß einer von vielen Faktoren in einem komplexen sozioökonomischen Geflecht, das festlegt, wieviel Nahrung verfügbar und für unter Hunger Leidende zugänglich ist. Obwohl global mehr Nahrungskalorien produziert als nötig wären, leiden zwei Milliarden Menschen unter Hunger und Mangelernährung.

Ein Haupthindernis für die Sicherstellung der globalen Nahrungsmittelversorgung sind dabei die exzessive Verschwendung und die hohen Verluste von Nahrungsmitteln. Studien gehen davon aus, dass die Hälfte der global produzierten Nahrungsmittel verderben. In den Industrieländern, in denen dreißig bis fünfzig Prozent der Nahrungsmittel verschwendet werden, geht ein hoher Anteil auf weggeworfene Lebensmittel in Haushalten, Supermärkten und Restaurants zurück, während in den Entwicklungsländern, wo die Quote der verderbenden Lebensmittel bis dreißig Prozent geht, vor allem mangelhafte Lagerungs- und Transportmöglichkeiten für die hohen Verluste von Nahrung verantwortlich sind.

NUTZFLÄCHE UND ERNTEERTRAG

Die Diskussion darüber, ob eine Umstellung von industrieller Landwirtschaft auf ökologische Formen des Landbaus für die Artenvielfalt von Vorteil oder sogar nachteilig wäre, konzentriert sich hauptsächlich auf die Debatte zwischen geringem Landverbrauch und hohem Landbedarf. Verfechter der agrochemischen Landwirtschaft argumentieren, dass durch die hohe Flächeneffizienz in der Summe weniger Land genutzt würde, was Umwelt und Artenvielfalt zugutekäme. Verfechter der ökologischen Landwirtschaft argumentieren, dass Umweltschutzziele am besten dadurch erreicht werden, dass umweltfreundlichere Methoden sowohl die allgemeine biologische Qualität landwirtschaftlich genutzter Flächen verbessern als auch Erträge signifikant steigern können.

Dieser tief gehende Meinungsstreit beruht auch auf der falschen Annahme, dass es einen einfachen Zusammenhang zwischen Erträgen auf der einen und der Größe der landwirtschaftlich genutzten Flächen auf der anderen Seite gäbe. Hohe Erträge führen aber nicht etwa zu einer Reduzierung, sondern eher zu einer Intensivierung landwirtschaftlicher Aktivität und damit verbunden zur Vergrößerung landwirtschaftlicher Nutzflächen. Wie die obige Diskussion gezeigt hat, können Diversifizierungspraktiken sowohl hinsichtlich der Nachhaltigkeitsbilanz als auch hinsichtlich der Höhe der Erträge zu besseren Ergebnissen als rein industrielle Anbaumethoden führen.

Statt einer Fokussierung auf den vereinfachenden Zusammenhang zwischen Erträgen auf der einen und dem Hungerproblem sowie dem Problem der Biodiversität auf der anderen Seite, müssen Lauren Ponisio und Paul Ehrlich zufolge die häufig lokal spezifischen, komplexen sozialen und ökologischen Faktoren entflochten werden, die dafür entscheidend sind, wie Menschen mit adäquater Ernährung versorgt werden können und gleichzeitig die Natur geschützt werden kann. Beide Probleme gemeinsam anzugehen ist von zentraler Bedeutung, da zum einen Artenvielfalt essenzielle Dienste für die Gesundheit und das Wohlergehen von Menschen leistet, während andererseits Hunger und Armut auch schädliche Auswirkungen auf die Artenvielfalt haben können.

WANN DER ERTRAG EINE ROLLE SPIELT

Die Regeneration des Bodens und der Biodiversität und die Gewöhnung der Landwirte an neue Anbaupraktiken können einige Jahre in Anspruch nehmen. In diesen Jahren gibt es oft tatsächlich signifikante Ertragseinbußen. Wie stark diese anfänglichen Ertragseinbußen sein werden, hängt von einer Vielzahl von Faktoren ab, etwa von der Art der angebauten Feldfrüchte, von lokalen Gegebenheiten und dem Ausmaß externer Unterstützung, die die Landwirte in der Umstellung erhalten.

Die globale Metaanalyse von Cameron Pittelkow und seinen Kollegen hat gezeigt, dass die Umstellung auf konservierende Landwirtschaft in den ersten zwei Jahren mit Ertragseinbußen von etwa drei Prozent einhergeht. Auch Landwirte, die auf biologischen Landbau umstellen, können mitunter Ertragsminderungen verbuchen, was insbesondere in der Anfangszeit zu finanziellen Belastungen führen kann, solange höhere Preise durch die Zertifizierung diese Einbußen noch nicht ausgleichen.

Die Auswirkungen der Umstellung auf die Erträge sind jedoch variabel, wie Lauren Ponisio und ihre Kollegen in ihrer Metaanalyse feststellen. Einige der berücksichtigten Studien stellten vergleichbare oder höhere Erträge nach der Umstellung auf biologischen Landbau fest, während andere feststellten, dass die Erträge nach der Umstellung nicht an die Erträge heranreichten, die mit industriellen Methoden erzielt wurden. Die dadurch entstehenden Unsicherheiten sind gerade für Landwirte mit kleineren Betrieben und Pachtverträgen mit kurzer Laufzeit problematisch, und damit ein entscheidender Faktor, der der Umstellung auf biologische Anbaumethoden im Weg steht.

Um eine Umstellung von industrieller Landwirtschaft auf alternative Anbaumethoden zu fördern, ist es wichtig, genau zu verstehen, wie sich Ertragseinbußen während der Umstellungszeit vermindern lassen. In ihrer Studie kommen Lauren Ponisio und ihr Team zu dem Ergebnis, dass Diversifizierungspraktiken im biologischen Landbau zu einer Minimierung des Ertragsverlustes führen können. Zu einem ähnlichen Ergebnis kommt auch die Studie von Cameron Pittelkow und seinem Team bezüglich der konservierenden Landwirtschaftspraxis.

Dass die Profitabilität eines landwirtschaftlichen Betriebes nicht leiden muss, wenn Diversifikationspraktiken wie Fruchtfolgen und Mischkulturen zur Anwendung kommen, die der Biodiversität nützen, haben auch andere Studien gezeigt. David W. Crowder und John P. Reganold von der

Washington State University fanden beispielsweise heraus, dass schon ein Aufpreis von fünf bis sieben Prozent für Bioqualität ausreicht, damit ein biologisch wirtschaftender Betrieb genauso profitabel ist wie sein industrielles Pendant, während gleichzeitig negative externe Kosten, wie die Verringerung der Artenvielfalt, die Bodenerosion, die Wasserverschmutzung, durch die biologische Landwirtschaftspraxis reduziert werden oder gar nicht erst entstehen.[6] Entsprechend günstiger ist die Biolandwirtschaft für die Allgemeinheit, die von der intakten Umwelt profitiert und nicht für Reparaturen und Folgekosten aufkommen muss.

RESILIENZ

Angesichts des fortschreitenden Klimawandels wird es für landwirtschaftliche Betriebe immer wichtiger, ihre Produktivität auch unter extremeren Wetterbedingungen aufrecht erhalten zu können. Dabei helfen die erwähnten Diversifizierungspraktiken. Sie erhöhen die Resilienz der Betriebe gegenüber widrigen Wetterbedingungen und verringern den Anteil der Landwirtschaft an der Klimaerwärmung deutlich. So wurde in einer Studie herausgefunden, dass in biologischen Betrieben, die mit Fruchtfolgen und organischen Düngern arbeiteten, in vier von fünf Dürrejahren statistisch signifikant höhere Erträge erzielt wurden als bei industriellen Betrieben mit weniger diverser Fruchtfolge. Teilweise lagen die Erträge der dort betrachteten biologischen Betriebe bis zu 137 Prozent bei Mais beziehungsweise bis zu 196 Prozent bei Soja über denen der industriell wirtschaftenden.[7]

Wie sich gezeigt hat, sind aber die landwirtschaftlichen Erträge nur von vergleichsweise geringer Bedeutung dafür, ob die Menschen adäquat ernährt werden und wieviel Land genutzt wird. Gleichzeitig gibt es kaum wissenschaftliche Belege für die Behauptung, dass die industrielle Form der Landwirtschaft immer höhere Erträge erzielt als alternative Formen. Wo nennenswerte Ertragsdifferenzen zwischen industrieller und alternativer Landwirtschaft festgestellt wurden, konnten sie durch Diversifizierungspraktiken minimiert werden.

Tatsächlich hat sich gezeigt, dass alle Formen des Landwirtschaftens von der Anwendung von Diversifikationspraktiken profitieren, hinsichtlich des Ertrags, der Wirtschaftlichkeit und der Widerstandsfähigkeit gegen extreme Wetterbedingungen.

Eine negative Rolle spielen Ertragsverluste jedoch, insofern sie Landwirte davon abhalten, ihre Betriebe auf nachhaltigere Landwirtschaftsformen umzustellen. Hier ist die Politik gefragt, um die Risiken für Landwirte zu mindern und so die Transformation der Landwirtschaft voranzubringen, resümieren Lauren Ponisio und Paul Ehrlich.

Auch wenn wir genug Nahrung produzieren, um die gesamte Weltbevölkerung zu ernähren, vorausgesetzt man würde die Nahrung richtig verteilen, hat unser derzeitiges auf Agroindustrie basierendes Nahrungsmittelsystem die Kapazitäten des Planeten schon lange überreizt. Ponisio und Ehrlich fordern deshalb, dass wir die Art und Weise, wie wir Nahrung produzieren, radikal umstellen und damit verbundene Themen und Strategien weltweit an die Spitze der politischen Agenda bringen. Zugleich müssen Schritte unternommen werden, um eine gleiche und faire Verteilung von Nahrungsmitteln zu sichern, Nahrungsmittelverschwendung zu reduzieren und negative externe Kosten zu internalisieren.

BESSER FÜR DIE UMWELT – GESÜNDER FÜR DIE MENSCHEN

von Bernward Geier

Biolebensmittel unterscheiden sich auch durch ihre Inhaltsstoffe

Neben der umweltschonenderen Produktion und den tiergerechteren Haltungsformen bietet die biologische Landwirtschaft ein weiteres Motiv, ihren Produkten den Vorzug zu geben. Die Qualität von Bioprodukten ist nicht nur besser, weil sie weitgehend frei von giftigen Pestizidrückständen sind, sondern auch weil sie mehr Nährstoffe enthalten als konventionell hergestellte Nahrungsmittel.

Die wissenschaftliche Beweislage ist dafür schon heute imposant und erlaubt deshalb die fundierte Aussage, dass biologisch hergestellte Lebensmittel in Sachen Nährstoffgehalt den sogenannten konventionellen Produkten überlegen sind. Die meisten Studien analysierten pflanzliche Lebensmittel und belegen in der Regel signifikant höhere wertgebende Inhaltsstoffe wie etwa Vitamine und Eiweiße, aber auch längere Haltbarkeit beziehungsweise Lagerfähigkeit.

In diesem Beitrag soll die Qualitätsfrage allerdings in Bezug auf Fleisch und Milch beleuchtet werden und dies am Beispiel zweier breit angelegter und statistisch abgesicherter Studien eines internationalen Forscherteams rund um Wissenschaftler der University of Newcastle in England. Die bisher größten Metaanalysen zu diesem Thema wurden 2016 im British Journal of Nutrition publiziert.[1] Die Forscher haben nicht weniger als 196 wissenschaftliche Publikation, die den Nährstoffgehalt von biologisch und konventionell hergestellter Milch sowie siebenundsechzig Studien für Fleisch verglichen und ausgewertet. Dabei sind sie zu dem Ergebnis gekommen, dass es signifikante Unterschiede im Nährstoffgehalt von konventionellen und biologischen Fleisch- und Milchprodukten gibt.

So fanden die Forscher heraus, dass sowohl biologisch hergestellte Fleisch- als auch Milchprodukte einen höheren Gehalt an Omega-3 Fettsäuren enthalten. Omega-3 Fettsäuren, gehören zu den ungesättigten Fettsäuren und werden mit einer verringerten Anfälligkeit für Herz-Kreislauf-Erkrankungen in Verbindung gebracht Sie sind auch für Entwicklung und Funktion des Gehirns wichtig und sollen außerdem zur Stärkung des Immunsystems beitragen. Da sie vom Körper selbst nicht hergestellt werden können, sind wir Menschen auf die direkte Einnahme von Omega-3 Fettsäuren durch die Nahrung angewiesen. Wie Chris Seale, Professor für Ernährungswissenschaften der Universität Newcastle und einer der Autoren der Studie, in einer Pressemitteilung betonte, weist die Ernährung der Menschen in Europa im Durchschnitt einen zu geringen Gehalt an Omega-3 Fettsäuren auf. Die Europäische Behörde für Lebensmittelsicherheit empfiehlt daher eine Verdopplung der täglichen Einnahme von Omega-3 Fettsäuren.[2]

Die Studie belegte, dass der Anteil von Omega-3 Fettsäuren bei Fleisch und Milch aus biologischer Produktion im Schnitt fünfzig Prozent über dem ihrer konventionellen Pendants liegt. Dies heißt konkret, dass ein halber Liter biologisch hergestellter Milch etwa neununddreißig Milligramm Omega-3 enthält und damit sechzehn Prozent des empfohlenen Tagesbedarfs abdeckt, während ein halber Liter Milch aus konventioneller Herstellung fünfundzwanzig Milligramm Omega-3 enthält und damit nur elf Prozent des empfohlenen Tagesbedarfs abdeckt. Mit anderen Worten: Weniger (Menge) ist mehr (Gesundheit).

Biologisch hergestellte Milch weist außerdem ein besseres Verhältnis von Omega-6 und Omega-3 Fettsäuren auf. Dieses Verhältnis ist wichtig, da Omega-6 und Omega-3 Fettsäuren von denselben Enzymen abgebaut werden. Eine zu hohe Menge von Omega-6 Fettsäuren bewirkt, dass die Omega-3 Fettsäuren vom Körper nicht richtig genutzt werden können.

Vorteile im Fettsäureprofil von biologisch hergestelltem Fleisch waren geringere Mengen an Myristin- und Palmitinsäure. Diese zwei gesättigten Fettsäuren, werden mit einem erhöhten Risiko für Herz-Kreislauf-Erkrankungen in Zusammenhang gebracht.[3]

Eine Umstellung der Ernährung von konventionellen Milch- und Fleischprodukten auf biologische Lebensmittel führt demnach aufgrund der höheren Nährstoffdichte zu einer Erhöhung der Einnahme von Omega-3 Fettsäuren, ohne dass dies mit einer entsprechenden Einnahme höherer Mengen an Kalorien und ungesunden, gesättigten Fettsäuren einher gehen müsste. Weitere signifikante Unterschiede im Nährstoffgehalt zeigten sich übrigens auch bei einigen wichtigen Mineralstoffen und Antioxidantien.

Als Hauptgrund für die Unterschiede im Nährstoffprofil zwischen biologisch und konventionell hergestellten Produkten und damit für die höhere Qualität von Bioprodukten vermuten die Wissenschaftler die Fütterungspraktiken. Insbesondere die praktizierte Grasfütterung sowie die deutlich geringere Verwendung von Kraftfutter im Biolandbau werden als ausschlaggebend für die besseren Nährstoffwerte von biologischen Fleisch- und Milchprodukten betrachtet. Professor Carlo Leifert, ebenfalls von der Universität Newcastle und Mitautor, resümiert, dass die beiden Studien wie auch schon eine frühere Studie, die die Nährstoffqualität biologisch und konventionell erzeugter Feldfrüchte verglichen hatte, ohne Zweifel zeigen, dass ein Wechsel zu biologischer Ernährung zu einer signifikant erhöhten Einnahme von gesunden Antioxidantien und Omega-3 Fettsäuren führt.

Diese Forschungsergebnisse machen deutlich, dass ein Systemvergleich von bio versus konventionell beim Ertrag zu kurz greift, wenn nur die Masse in Kilogramm oder Litern verglichen wird. Ein korrekter Ertragsvergleich zwischen bio und konventionell müsste die unterschiedlichen Nährwerte ebenfalls berücksichtigen. Außerdem ist damit deutlich: Konsumenten sind auch aus gesundheitlichen Gründen gut beraten, zu biologischen Alternativen zu greifen.

verlustanzeige

Die Weibchen der alleinlebenden Schwarzen Mörtelbiene sind rechte Baumeisterinnen. Sie haben sich den Namen der Solitärbiene erarbeitet, denn sie bauen aus kleinen Steinchen und Lehm ein Nest, in dem ihr Nachwuchs zwei Jahre lang heranwächst. Im Mittelmeerraum, wo diese Mörtelbiene noch häufiger ist als nördlich der Alpen, schlüpfen die Bienen schon im Jahr nach der Eiablage. Weiter im Norden überwintern sie noch einmal als fertige »Imago«[I] im Kokon, den sie als Raupe gebaut und in dem sie sich verpuppt haben.

Die Schwarze Mörtelbiene (Megachile parietina)

Die Weibchen der Schwarzen Mörtelbiene sind mit bis zu achtzehn Millimetern Länge größer als die Arbeitsbienen unserer Westlichen Honigbiene und auch größer und vor allem schwärzer als die Männchen der eigenen Art. Nur die Flügel sind bräunlich und schimmern im Licht manchmal blau. Unter dem Bauch tragen die Weibchen eine rötliche Bürste, mit der sie den Pollen sammeln.
Früher besiedelten sie unbewachsene Felswände und Hänge in Kiesgruben und Steinbrüchen, aber auch steinerne Brücken und Trockenmauern, zum Beispiel in Weinbergen, und ernährten sich und ihren Nachwuchs mit den Pollen der Magerwiesen zwischen den Weinbergen und an den extensiv bewirtschafteten Hängen. Vor allem der Pollenbedarf für den Nachwuchs ist hoch, da dieser ja so lange als Larve im Nest ohne weitere Versorgung überleben muss. Es braucht

I Die Imago, das »Bild der Art«, ist das aus den Jugend stadien hervorgehende erwachsene und geschlechtsreife Insekt

also ein reichhaltiges Angebot an blühenden Wiesenpflanzen. Die Schwarze Mörtelbiene ist nicht wählerisch; sie bevorzugt zwar Schmetterlingsblütler wie die Esparsetten, verschmäht aber auch den Wiesensalbei nicht, besucht also auch Lippenblütler oder Borretschgewächse. Aber wo gibt es die Wiesen noch, in denen all das blüht? Und wo gibt es die Trockenmauern noch, in deren Nischen die Bienen ihre Nester mauern können?

Nach mehreren Flurbereinigungen und maschinengerechtem Umbau vieler Hänge und Weinberge, nach Aufgabe der extensiven Bewirtschaftung von Magerwiesen und Steilhängen und deren Verbuschung, und nach der »Rekultivierung« vieler alter Kiesgruben und der Verfüllung von aufgelassenen Steinbrüchen mit Schutt, sind die Siedlungsgebiete der Schwarzen Mauerbiene auf wenige Orte geschrumpft. 1990 nahm der deutsche Entomologe Paul Westrich[II] aus einer Schweizer Kiesgrube im Höhenzug des Randen mehrere Nester der Schwarzen Mörtelbiene mit, und brachte sie nach Tübingen in eine historische Weinberglandschaft mit Trockenmauern und Magerwiesen, die Naturschutzgebiet geworden war. Er versuchte damit, die Tiere zu retten, denn in der Schweiz war die Kiesgrube schon fast vollständig mit Müll verfüllt worden. Der Versuch ist gelungen. Heute gilt das Gebiet im Oberen Neckartal bei Tübingen als einer der letzten vier gesicherten Überlebensorte der Schwarzen Mörtelbiene in Deutschland. In der Schweiz gibt es nur noch ein kleines Verbreitungsgebiet von etwa fünfzig Kilometern Durchmesser in den Kantonen Zürich und Schaffhausen und zwei weitere im Wallis und am Genfersee. Die Art wird in Kategorie 1 der Roten Liste geführt: »Vom Aussterben bedroht«

— Opfer der Flurbereinigungen

II Siehe: www.wildbienen.info

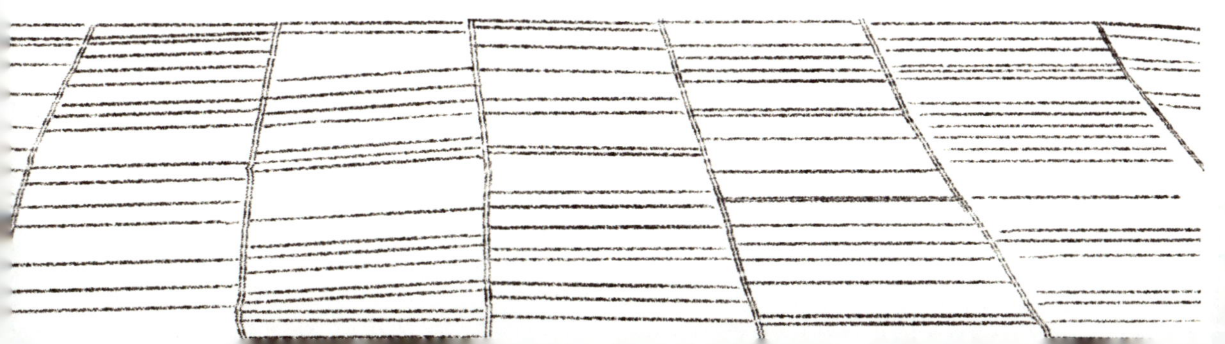

NAHRUNGSSYSTEME NACHHALTIG TRANSFORMIEREN

von Hans Rudolf Herren

Die industrielle Landwirtschaft ist am Ende, ihre Kollateralschäden und Folgekosten sind immens. Der Ausweg heißt Agrarökologie.

Das derzeit vorherrschende Modell der Landwirtschaft ist bankrott. Auf schwindelerregende zwölf Billionen US-Dollar jährlich werden die weltweiten externen Kosten für die Behebung von Gesundheits- und Umweltschäden geschätzt. Bis ins Jahr 2050 sollen sie auf sechzehn Billionen US-Dollar steigen.[1]

Der vermeintliche Erfolg der industriellen Landwirtschaft bedingt einen hohen Energie- und Kapitaleinsatz, die Züchtung von Hochleistungspflanzen und -tieren, die Umstellung auf Monokulturen; die Böden werden durch den großflächigen Einsatz von synthetischen Pestiziden und die Verwendung schwerer Maschinen ausgelaugt und verdichtetet. Die Folgen sind enorme Umweltschäden und der rasante Rückgang der Biodiversität. Und auf das Konto der Landwirtschaft gehen ein Viertel der schädlichen Treibhausgase, die den Klimawandel verursachen.

MIT DER NATUR – NICHT GEGEN SIE!

Es ist an der Zeit, umzukehren und bei der landwirtschaftlichen Produktion unseres Essens wieder stärker auf die Hilfe der Natur zurückzugreifen. Die Natur hat im Laufe der Evolution alles entwickelt, was dafür nötig ist. Die Forderungen nach Veränderungen in der Landwirtschaft und bei den Ernährungssystemen sind nicht neu. Der Weltagrarbericht von 2009 war ein wegweisender Weckruf.[2] Er wurde sowohl in den jüngsten Berichten des Weltklimarats aufgenommen,[3] wie auch – nach jahrelangem Zögern und Zaudern – von der UN-Ernährungs- und Landwirtschaftsorganisation FAO. Dass »weiter so« endgültig keine Option mehr darstellt, hielt 2019 schließlich das Komitee für Welternährungssicherheit CFS in seinem Schwerpunktbericht zur Agrarökologie fest.[4] Das Komitee, dem die FAO angehört, kam zur Erkenntnis, dass das Potenzial und der Beitrag der Agrarökologie zur Entwicklung nachhaltiger Landwirtschafts- und Lebensmittelsysteme und die Notwendigkeit eines Paradigmenwechsels von politischen Entscheidungsträgern, Regierungen oder Akteuren des Agrarsektors nicht länger ignoriert werden könne.

Nach über zehn Jahren wurde der Weckruf des Weltagrarberichts also endlich erhört. Und die stetig wachsende Zahl von Betrieben auf der ganzen Welt, die Ökolandbau, Agrarökologie, Regenerative Landwirtschaft und andere Formen nachhaltiger Landwirtschaft betreiben, machen zudem deutlich, dass dieser Kurswechsel auch möglich ist.

EXKURS: WAS IST AGRARÖKOLOGIE?

Der Ansatz der Agrarökologie ist integrativ und ganzheitlich. Er führt die drei Dimensionen von nachhaltiger Entwicklung zusammen: Umwelt, Soziales und Wirtschaft. Das Ernährungssystem der Zukunft braucht eine ökologische Landwirtschaft, die den Bäuerinnen und Bauern ein faires Einkommen für ihre Leistungen garantiert und konsequent auf Nachhaltigkeit setzt. Das Konzept der Agrarökologie vereint diese Ansätze. Agrarökologie fordert eine Abkehr von der industriellen Landwirtschaft, aber keinesfalls die Rückkehr zu vorindustrieller Landwirtschaft. Diese würde aufgrund zu geringer Produktivität nicht ausreichen, um eine wachsende Weltbevölkerung zu ernähren. Agrarökologie setzt auf eine Mischung aus traditionellem Wissen und moderner Forschung.

Kleinbäuerinnen und Kleinbauern spielen eine zentrale Rolle in der Agrarökologie. Sie setzt auf Wissen und Können und verstärkt auf Arbeitskraft statt auf technische und chemische Hilfsmittel. So wird ermöglicht, dass viel mehr Menschen von der Landwirtschaft leben können, als im Modell der industriellen Landwirtschaft. Agrarökologie kann ebenso auf größeren landwirtschaftlichen Betrieben umgesetzt werden. Entscheidend ist nicht, wie groß die bearbeitete Fläche ist, sondern wie sie bearbeitet wird.

Maschinen sind in der Agrarökologie kein Tabu. Sie übernehmen die Schwerarbeit, damit Bäuerinnen und Bauern mehr Zeit und Energie für die Verarbeitung und Vermarktung ihrer Produkte bleibt, mit denen sie ihr Einkommen sichern. Es braucht jedoch neue Maschinen: Zum Beispiel leichtere Traktoren, die elektrisch betrieben werden, oder Direktsaat-Maschinen für die Gemüseproduktion. Je weniger und schonender der Boden bearbeitet wird, desto mehr Lebewesen können sich in ihm vermehren und desto mehr Kohlenstoff kann er einlagern – eine wichtige Komponente, wenn es um den Beitrag der Landwirtschaft zum Klimaschutz geht.

Indem sie klimaneutral wirtschaftet, trägt Agrarökologie zur Bekämpfung der Klimaerwärmung bei und hilft Bäuerinnen und Bauern, die Folgen davon, etwa Dürren und Unwetter, besser zu bewältigen. Das heutige Ernährungssystem ist eine der Hauptursachen des Klimawandels, aber auch ein notwendiger Bestandteil zur Lösung des Problems. In seinem 2019 vorgestellten Spezialbericht zur Wirkung des Klimawandels auf die Landbewirtschaftung hat der Weltklimarat dazu konkrete Lösungsansätze vorgestellt,[5] und eine neue Schweizer Studie zeigt eindrücklich, wie agrarökologische Methoden die Resilienz von Bauernbetrieben in Ostafrika gegenüber den Folgen der Klimaerwärmung gezielt erhöhen kann.[6]

KURSWECHSEL STATT SYMPTOMBEKÄMPFUNG

Die Erkenntnis ist also da: Unser Ernährungssystem steckt in der Krise. Was aber wird dagegen getan? In einem blinden Wettlauf werden heute leider oft nur die Symptome angegangen, nicht aber die Probleme an den Wurzeln gepackt. Dieses Treten auf der Stelle wird durch das Verhalten der Agrarwirtschaft verstärkt. Die Konzerne wollen auch weiterhin Geld verdienen durch den Verkauf von Pestiziden, Herbiziden, Düngemitteln und Saatgut. Profiteure der industriellen Landwirtschaft versuchen am Status quo festzuhalten, indem sie einerseits Greenwashing[I] betreiben und anderseits gezielt Zweifel schüren, dass nachhaltige Ernährungssysteme funktionieren. Es gibt unterdessen aber ausreichend Studien, die genau das belegen: Dass 2050 eine Weltbevölkerung von neun bis zehn Milliarden Menschen nachhaltig mit genügend qualitativ hochwertigen Lebensmitteln versorgt werden kann.[7]

Das internationale Expertenpanel für Nachhaltige Lebensmittelsysteme IPES-Food fand in einer Studie insgesamt acht systemische Blockaden, die einen Kurswechsel verhindern, zum Beispiel kurzfristiges Denken oder die Erwartung billiger Lebensmittel.[8] Als zentraler Faktor wurde jedoch die Machtkonzentration identifiziert. Für eine nachhaltige Entwicklung ist unerlässlich, dass die Gesellschaft demokratisch über Maßnahmen zur Kurskorrektur diskutiert und entscheidet. Der wirtschaftliche Privatsektor hingegen muss in den Hintergrund treten, zuhören und umsetzen, was politisch beschlossen wird. Heute ist es jedoch genau umgekehrt: Eigennützige Akteure entscheiden, wie sie ihre Partikularinteressen am besten durchsetzen wollen, ungeachtet der gesellschaftlichen Kosten.

Damit eine Transformation zur Nachhaltigkeit gelingt, sind aber auch wir als Konsumentinnen und Konsumenten gefragt. Der Kurswechsel kann nur gelingen, wenn wir unsere Ernährungsweise ändern und die Verschwendung von Lebensmitteln drastisch reduzieren. Es klingt banal, ist aber so: Mit unserem täglichen Einkauf können wir die Transformation zu nachhaltigen Ernährungssystemen effektiv beschleunigen. Die kontinuierlich wachsende Zahl der Menschen, die qualitativ hochwertige, saisonale, chemikalien- und antibiotikafreie, nachhaltig produzierte Lebensmittel

I Als »Greenwashing« werden Strategien von Unternehmen bezeichnet, die sich der Öffentlichkeit und den Verbrauchern als umweltfreundlicher und nachhaltiger präsentieren, als sie bei näherer Betrachtung tatsächlich sind.

fordern und einkaufen, zeigt, dass diese Erkenntnis mittlerweile auf fruchtbaren Boden gefallen ist und gedeiht.

Im Grunde können wir uns die scheinbar billigen Nahrungsmittel aus der industriellen Landwirtschaft gar nicht leisten. Sie verursachen langfristig zu viele und zu hohe Folgekosten. Ein vielversprechender Ansatz zur Unterstützung und Beschleunigung der Transformation ist deshalb die wahrheitsgetreue Kostenrechnung. Das könnte zum Beispiel geschehen, indem der Gesetzgeber Lenkungsabgaben erlässt. Wie bei den Zigaretten, die heute stark besteuert werden, um sie unattraktiv zu machen. Lenkende Maßnahmen müsste man auch in Nachhaltigkeitsproblembereichen vornehmen. Aktuell geschieht aber genau das Gegenteil. Die Luftfahrt wird subventioniert, indem Fluggesellschaften keine Steuern auf Kerosin bezahlen müssen. Auf Pestizide wird in der Schweiz der reduzierte Mehrwertsteuersatz erhoben. Der allererste Schritt wäre also, Praktiken, die schlecht sind für die Umwelt, nicht noch zu subventionieren. Der nächste dann, eine Lenkungsabgabe einzuführen, welche die Umweltfolgen und die Wissens- und Erfahrungsleistungen der Bäuerinnen und Bauern einberechnet.

Damit für die Konsumentinnen und Konsumenten nicht einfach alles teurer wird, müssten konsequenterweise bestehende Agrarsubventionen und die Einnahmen von Lenkungsabgaben für die Förderung nachhaltiger Systeme eingesetzt werden. Nachhaltiger Konsum würde günstiger, weil er zur Norm würde.

WISSEN UND TUN

Das neue Paradigma für nachhaltige Ernährungssysteme muss ein Leitbild der Suffizienz sein, also der Genügsamkeit, und alle drei Dimensionen der nachhaltigen Entwicklung berücksichtigen. Wie diese Transformation ablaufen könnte, wird mittlerweile in zahlreichen Berichten konkret aufgezeigt. Es gibt allerdings nicht das umfassende und allgemeingültige Systemmodell. Es braucht vor allem auch politische Richtlinien, die den Handlungsrahmen definieren und die notwendige Transformation erleichtern. In einem Artikel im »Nature Sustainability Journal« stellten Frank Eyhorn und Kolleginnen die dafür erforderlichen Maßnahmen vor.[9] Diese variieren in ihrem Umfang, basierend auf einer Analyse und Bewertung der Lage zur Ernährungssicherheit einer bestimmten Region. Denn man muss sich stets bewusst sein, dass wir es mit Ökosystemen und Landschaften zu tun haben. Diese haben sich im Lauf der Evolution unterschiedlich entwickelt, haben deshalb spezifische Eigenheiten und reagieren jeweils anders auf Eingriffe.

Das neue Paradigma für unser Ernährungssystem sollte auch die kulturellen, sozialen und wirtschaftlichen Unterschiede anerkennen und respektieren, die weltweit bestehen. Themen wie Ernährungssouveränität, Landrechte oder das Recht auf Saatgut erfordern mehr Aufmerksamkeit und die Einbeziehung aller Beteiligten in die Entscheidungsprozesse. Die lokalen Gemeinschaften haben ihre eigenen Bedürfnisse und Wünsche, aber auch Pflichten, sich um das Land, die Traditionen und ihre Zukunft zu kümmern. Für die Erschaffung dieses neuen Paradigmas sind integrative, dezentralisierte Entscheidungen und ein gleichberechtigter gesellschaftlicher Prozess zwingende Voraussetzungen.

Dieser Wandel braucht zudem auch mehr Wissen, Forschung, Entwicklung und Kommunikation. Trotz aktueller Erkenntnisse über die Schäden an Menschen und Umwelt, welche die industrielle Landwirtschaft verursacht, zementieren staatliche wie private Geldgeber nach wie vor den Status quo in der Agrarforschung. Diese verzerrten Investitionen sind ein institutionelles Problem, das korrigiert werden muss, um den ökologischen Landbau, Agrarökologie und Regenerative Landwirtschaft stärker zu unterstützen und ihr volles Potenzial zur Unterstützung der Bäuerinnen und Bauern zu entfalten, die sich für die Transformation entscheiden.

Am Anfang der Corona-Pandemie 2020 erhielten Expertinnen und Experten viel Gehör. Dank der raschen Umsetzung der vorgeschlagenen Maßnahmen zur Eindämmung des Virus', dem Schutz der Bevölkerung, der Therapie und Pflege der Infizierten konnten hunderttausende Menschenleben gerettet werden. Andererseits wurde durch die Pandemie und die damit verbundenen wirtschaftlichen und sozialen Auswirkungen eine beispiellose Krise ausgelöst, die vielen Familien weltweit ihre Existenzgrundlage raubt. Das Welternährungsprogramm der Vereinten Nationen geht davon aus, dass mehr als 130 Millionen Menschen zusätzlich an Hunger leiden und sich ihre Zahl damit verdoppelt. Ich hoffe sehr, dass es der Menschheit gelingt, diese Katastrophe durch einen gemeinsamen Kraftakt aufzuhalten.

Eines hat sich aber gezeigt, und das ist positiv festzuhalten: Die Menschheit kann schnell und entschlossen handeln, wenn Gefahren heraufziehen, die große Teile der Weltbevölkerung betreffen. Ich meine, wir sollten angesichts dessen, was wir heute wissen, nicht länger zögern, sondern den Worten und gut gemeinten Absichtserklärungen endlich Taten folgen lassen.

ZURÜCK IN DIE GEGENWART

von Martin Ott

Es begann mit einem Volksentscheid in der Schweiz: Ein historischer Rückblick aus nicht allzu ferner Zukunft

Der 1. August 2068 wird als historisches Datum in die Geschichte eingehen: Heute beschloss der Ökologische Weltrat in Taipeh seine Selbstauflösung. Damit war die heutige Sitzung die letzte des Rates, der ursprünglich von den G20-Staaten ins Leben gerufen und bald darauf von den Vereinten Nationen als »United Nations Ecological Council« bestätigt wurde. Der UNEC sieht seine Aufgabe heute als erfüllt an. »Wir haben uns selbst überflüssig gemacht«, hieß es in dem Abschlusskommuniqué.

Der Ökologische Weltrat setzte sich aus Menschengruppen zusammen, die zuvor nie zusammengearbeitet hatten. Da kamen Wissenschaftler verschiedenster Disziplinen aus unterschiedlichen Denkrichtungen und Thinktanks zusammen mit Regierungsorganisationen, Nichtregierungsorganisationen und Delegationen der indigenen Völker. Vor der Gründung dieses Rates noch nie mit Sitz und Stimme in einem Gremium vertreten, waren Repräsentanten der belebten und sogenannter unbelebter Natur dabei. Dazu wurden sowohl für ihre jeweiligen Lebensräume repräsentative Tier- und Pflanzenarten, als auch Flüsse, Seen, Ozeane und Weltregionen zu neu geschaffenen Persönlichkeiten des Öffentlichen Rechts. So hatten die Wale eine Stimme, die Eisbären, die Rhinozerosse, die Tiger, aber auch die Wildbienen, die Ameisen und die Regenwürmer. Die großen Weltströme wie Amazonas, Mississippi, Donau, Nil, Jenissei und Jangtse waren vertreten, die Ozeane, die Arktis und die Antarktis. Seit seiner Gründung im Jahr 2025 brachte der Ökologische Weltrat bei der Beratung und Formulierung von Gesetzen und staatlichen Regelungen einen neuen Standpunkt ein: die Stimme und die konkreten Interessen des blauen Planeten Erde.

Die Gründung des Rates wurde als Reaktion auf die zwei großen Krisen, Klima und Corona, im Jahre 2025 beim World Economic Forum in Davos angeregt. Wobei sich damals fast niemand wirklich in Davos aufhielt, denn das WEF wurde in jenem Jahr erstmals digital durchgeführt, um alle Flüge zu vermeiden. Mit der Gründung des UNEC verpflichteten sich alle staatlichen Führungen, Parlamente und Organisationen zu realen Diskussionen mit den im Rat vereinigten Interessen des Planeten. Der Ökologische Weltrat schuf dann sehr bald auch neue regionale Beteiligungsmöglichkeiten und Organe für die unkomplizierte und effiziente Einspeisung von Reformideen und Initiativen aus der Zivilgesellschaft, der Politik und der Wirtschaft. Dies führte ab 2025 zu einem ungeahnten gesellschaftlichen Aufbruch und zu einem groß angelegten Umbau der Wirtschaftsweise. Was die Menschen aus der Umstellung einzelner landwirtschaftlicher Betrieb auf Biolandbau bereits gelernt und geübt hatten, wurde plötzlich global angewendet und erreichte viele Ebenen des menschlichen Handelns. Dies führte zu mehr Lebensfreude für alle beteiligten Lebewesen, Pflanzen, Tiere und Menschen, zu mehr Diversität in Natur und Gesellschaft, zu mehr gut bezahlter Handarbeit, wo sie noch nötig, wertvoll und unersetzlich ist, und zu mehr Resilienz, also zu mehr Stabilität des ökologischen und sozialen Gleichgewichts.

ETAPPEN DES UMBAUS

Was damals 2025 wie ein politischer Paukenschlag durch die Welt dröhnte, erstaunt uns heute rückblickend nicht mehr: dass nämlich in die erste Versammlung des Ökologischen Weltrates viele erfahrene Biobäuerinnen gewählt wurden. Die Biolandwirte verfügten damals quasi exklusiv über langjährige praktische Erfahrung in der Umstellung lebendiger Systeme. Sie wussten genau, wie man komplexe soziale und gesellschaftliche Gebilde in eine ganzheitliche Wirtschaft, zu Biodiversität und Vielfalt bringen kann. Sie verfügten einerseits über genügend Realitätssinn und Geduld, hatten andererseits aber auch gelernt, ihre Visionen umzusetzen.

Die Biobäuerinnen, es waren in der Mehrheit Frauen im Weltrat, entwickelten zügig eine eigentlich sehr einfache Strategie für die Eindämmung des immer bedrohlicher werdenden Klimawandels. Sie schlugen vor:

- den Energieverbrauch in der menschlichen Gesellschaft und Wirtschaft drastisch zu reduzieren,
- den Abbau und den Verbrauch von atomaren und fossilen Brennstoffen zu stoppen,
- die Böden des Planeten zu befähigen, durch Humusaufbau wieder mehr CO_2 zu binden.

Das Erste führte zu einem Umbau aller gesellschaftlichen Gewohnheiten und der ganzen globalen Wirtschaft, das Zweite zu einer Dezentralisierung der Energiewirtschaft, das Dritte war eine Umstellung der weltweiten Landwirtschaft. Bald wurde dabei offensichtlich, dass damit auch die globalen Finanzsysteme unter den Primat der Bedürfnisse des Planeten gestellt werden mussten.

Im Rückblick erkennen wir in der jüngeren Vergangenheit einige wichtige Etappen des weltweiten Umbaus, der uns inzwischen ganz normal erscheint, anfangs aber höchst umstritten war. Was alsbald als globaler Konsens gefeiert wurde, kam erst unter dem steigenden Druck der damaligen Kinder- und Jugendbewegung wirklich in Gang. Die Historikerinnen und Historiker gewichten im Rückblich die jeweiligen Themenschwerpunkte des gesellschaftlichen Umbaus in Zehnjahresschritten. Um 2050 waren das die in sich geschlossenen ökologischen Wirtschaftsräume. In der Dekade davor um 2040 ging es um die Neuordnung des weltweiten Finanzsystems und rund um 2030 war der Schwerpunkt die Ernährungs- und Gesundheitsreform. In Wirklichkeit wurden aber alle Themen gleichzeitig angegangen, sehr divers und wie auf einer runden Weltkugel ökologisch vorgegeben lokal unterschiedlich angepasst.

ERNÄHRUNGS- UND GESUNDHEITSREFORM

Die Umstellung der Ernährung auf lokale und regionale Produktion führte zu einer raschen Verbesserung der Landwirtschaft durch die weltweite Einführung biologischer Anbaumethoden. In den Ackerkulturen entstand zügig eine hohe Biodiversität. Die langweiligen Monokulturen wichen ausgeklügelten Fruchtfolgen und sich unterstützenden Pflanzengemeinschaften. Nur was nicht für die menschliche Ernährung gebraucht werden konnte, diente als Futter für die Nutztiere. Futtertransporte wurden alsbald eingestellt. Dadurch reduzierte sich auch der weltweite Seuchendruck auf Tiere und Menschen, der durch die industrialisierte Tierhaltung zuvor zu immer größeren Kalamitäten geführt hatte, indirekt auch zu der Coronakrise, der ersten Pandemie der Zwanziger Jahre.

Diese war auch der Startschuss für eine lokale Lebensmittelproduktion. Die mit ihr einhergehenden Umstellung der Ernährung führte zu einer bald spürbaren Stärkung des Immunsystems von Nutztieren und Menschen. Die neue Landwirtschaft, die ja seit 2025 vollständig auf Pestizide verzichtete, brachte neue Pflanzen und Nutztierrassen hervor, lokal angepasst und in ihrer Gesundheit durch Naturstoffe sanft unterstützt. Die Nahrung war mehr und mehr natürlich angereichert mit pflanzeneigenen Abwehrstoffen und unterstützte so auch die Menschen. Pharmafirmen, die sich nicht auf die Überlebenswissenschaften von einigen Superreichen auf den Inseln konzentrierten, hatten schnell umgedacht und ihre Geschäftsmodelle auf die Entwicklung von Naturprodukten umgestellt.

Die Kinder wurden zur Verhinderung künftiger Allergien regelmäßig auf Bauernhöfe geschickt. Die Höfe hatten sich bald darauf eingestellt und zu einer vielfältigen Tierhaltung gefunden, um das ganze Immunisierungspotenzial abdecken zu können. Diese Tiervielfalt führte wiederum zu spannenden pädagogischen Arbeiten und Erlebnissen mit Tieren auf Augenhöhe.

Die Jüngeren werden den Bericht einer Bäuerin aus dem Jahr 2040 kennen, der inzwischen Aufnahme in die Schulbücher gefunden hat: »Heute morgen kamen die neuen Kinder auf unseren Hof. Dafür haben wir unsere neu gebauten Schulzimmer mit Sicht auf die Felder, den Sonnenaufgang und die Tiere geschmückt. Die rund fünfzig Kinder und ihre Lernbegleiterinnen und -begleiter werden jetzt für drei Monate bleiben und neben den Unterrichtseinheiten langsam an die Arbeit mit Pflanzen und Tieren herangeführt. Ich freue mich immer sehr auf die jubelnde und innige Begeisterung, die unsere vielen Tiermütter, mit den im Spätfrühling so quirligen Jungtieren, bei diesen Kindern zwischen sieben und neun Jahren auslösen können. Die ernste Verantwortung, die die kleinen Menschen dadurch bald in der Umsorge ihrer neuen Freundinnen und Freunde entwickeln, spiegelt sich in den Kindermienen. Als wir begonnen hatten unseren Hof für die neue pädagogische Zusammenarbeit zu öffnen, hatten wir nicht geahnt, wie froh wir einmal darum sein werden. Das Leben ist wieder zurück auf unserem Hof. Unsere Arbeit ist sehr gefragt, unser Handwerk hat einen Wert bekommen, den ich immer vermisst hatte. Die neuen selbstfahrenden Maschinen und digital gesteuerten Roboter geben uns viel Zeit für die Kinder. Wir führen sie nicht nur in die Landwirtschaft und in das Verständnis von komplexen biologischen Systemen und Synergien ein, sondern auch in die Grundtätigkeiten der Lebensmittelverarbeitung wie Backen, Käsen, Kochen und Vorratshaltung. In den fünfzehn Jahren, in denen wir nun diese Arbeit auf unserem Hof aufgebaut haben, sind Beziehungen zu Familien und Kindern in der Stadt gewachsen, die uns heute als Hof- und als Lebensgemeinschaft auch wirtschaftlich zusätzlich tragen. Die ersten Kinder, die bei uns waren, sind heute schon erwachsen und haben eigene Kinder. Wir sehen, wie die Allergien abnehmen, viele Krankheiten verschwunden sind, und es macht uns glücklich, so konkreten Anteil an der Gesundheit unserer Kunden und Partner zu haben. Unser Stolz, Bauern zu sein, ist zurück; wir stehen heute gesellschaftlich neben den Ärztinnen und Ärzten; wir sind die, die das Leben verstehen.«

Auf Anregung des Ökologischen Weltrates wurde in den Dreißiger Jahren eine globale Gesundheitsreform durchgeführt. Die Kosten für Versicherungen, Medikamente und Behandlungen der Menschen waren bis Ende der Zwanziger Jahre in schwindelnde Höhen gestiegen, nur noch reiche Menschen konnten sich die genetisch individuell zusammengesetzten Medikamente leisten. Sie lebten dennoch in ständiger Angst vor Ansteckung und der nächsten Epidemie und schotteten sich in eigenen Compounds und auf einigen Inseln zunehmend ab. Andere reiche Menschen stellten stattdessen große Teile ihres Vermögens zur Verfügung, um den gesellschaftlichen Umbau zu finanzieren und ihn mit Forschung zu begleiten.

Die uns heute vertrauten Versicherungsmodelle wurden entwickelt. Krankenversicherungen, die mehr auf Prävention und Gesundheitsbildung setzen, als das zuvor der Fall war. In den damals neuen Versicherungsmodellen konnten die Versicherungsnehmer mehr Eigenverantwortung für ihre Gesundheit übernehmen und halfen so mit, ihre Risiken zu senken. Die Folgen waren finanziell sehr schnell zu spüren. Eine neue Generation von Ärztinnen und Ärzten verließ dann die Universitäten, nun auch in vielen erfahrungsmedizinischen, auch seelisch und geistig wirksamen Heilverfahren ausgebildet und – was damals auch neu war – jetzt wieder mit dem Blick auf die Gesundheit des ganzen Menschen. Die Medizin wurde so nach und nach von einer Reparaturwerkstatt zur Präventionswissenschaft und einer reellen Schicksalsbegleitung.

DIE NEUORDNUNG DES FINANZSYSTEMS

Aus der ökologischen Neuordnung und Regionalisierung der Wirtschaft und Landwirtschaft folgte ab 2040 der notwendige Umbau des weltweiten Finanzsystems. Im Zentrum dieser Bemühungen standen das Zusammendenken des Geldsystems, also der Finanzwirtschaft eines Standortes, mit der regionalen Wirtschaft und Landwirtschaft. Die Geldpolitik wurde ab 2035 von den Nationalbanken völlig neu gedacht, und an die Realwirtschaft gebunden. Mit der Einführung erhöhter Steuern auf reine Finanzgeschäfte und Erleichterungen für die Unterstützung der lokalen Wirtschaft und Landwirtschaft führte man damals das Verfallsdatum des Geldes ein. Sobald es nicht mehr in der regionalen und lokalen Wirtschaft zirkuliert, verliert es seitdem an Wert. In der vorangegangenen Finanzkrise hatten sich die Menschen, aber auch die Banken, daran gewöhnt, dass gehortetes Geld durch Negativzins abgewertet wird. Dieses damals als Notbremse eingeführte System, das dazu dienen sollte, der Wirtschaft weiter Kredite zur Verfügung zu stellen, wurde jetzt auf Dauer gestellt. Die Geldschöpfung durch die Vergabe von ungedeckten Krediten wurde untersagt. Man hatte eingesehen, dass dies zu finanziellen Krisen und kollabierenden Wirtschaftssystemen führte.

Dafür wurde die Geldschöpfung auf den Höfen der Biolandwirtschaft erlaubt und gefördert. Die Höfe begannen, nach einer entsprechenden Reform der Regeln der Buchhaltung, ihre ökologischen und sozialen Investitionen in den Aufbau von Humus, Tierwohl, Pflanzenvielfalt und Menschen zu bilanzieren. So entstanden neue Geldwerte auf den Höfen, durch ökologisches und soziales Kapital direkt abgedeckt und angebunden. Die Finanzwirtschaft gesundete aus der Landwirtschaft heraus, quasi von unten nach oben.

Schon fünfzehn Jahre vor der großen Finanzreform war die Kreditvergabe an lokale Akteure durch staatliche Wirtschaftsförderung bevorzugt worden. Dadurch lohnten sich lokale Investitionen plötzlich, und so konnten sich Landwirte, die noch im alten, damals als »konventionell« bezeichneten, System wirtschafteten, die Umstellung auf Biolandwirtschaft mit am Ende zinslosen Krediten leisten. Auch dort, wo Seltene Erden und Bodenschätze abgebaut wurden, halfen lokale Investments aus dem sozialen Elend. Außerdem war die Ausbeutung sowohl von Böden als auch von Menschen immer weniger attraktiv, da die Investments zunehmend nach ökologischen Kriterien bewertet wurden.

Die Stärkung der Regionen ging einher mit einer Schwächung der alten Nationalstaaten. Den Menschen wurde klar, dass die vor allem aus Kriegen hervorgegangenen nationalen Landesgrenzen dem ökologischen Umbau vielerorts im Weg waren. Die durch Freihandelszonen und -abkommen zwischen Nationalstaaten geprägte Globalisierung wurde nach und nach durch ein Zusammenwachsen multinationaler, ökologisch und wirtschaftlich verbundener Regionen ersetzt. So entstand damals zum Beispiel die Alpenregion Europas als einheitliches wirtschaftliches, ökologisches, selbstverwaltetes Gebiet. Daran angrenzend im Süden der Mittelmeerraum, im Osten das Donauland, rund um die natürliche Wasserader bis ans Schwarze Meer.

DIE ANFÄNGE

Von heute aus gesehen können wir den Umbau ganzer Gesellschafts- und Wirtschaftssysteme in den letzten Jahrzehnten kaum begreifen, wenn wir die Bewegungen übersehen, die am Anfang standen. Sie brachten den Stein ins Rollen. Da war einmal die Klimabewegung der Kinder- und Jugendlichen, die Ende der 2010er Jahre in Zusammenarbeit mit Wissenschaftlerinnen ein globales Umdenken kräftig förderte. Viele Menschen wurden zusätzlich aktiviert. Viele schlossen sich an, die eigentlich schon im Kampf gegen

Atomkraftwerke, ungehemmtes Wachstum und ebensolche Globalisierung resigniert hatten. Dazu kamen dann die Stimmen der Tier- und Pflanzenarten, der Flüsse und Landschaften, denen ab 2025 der Ökologische Weltrat Gehör verschaffte.

Außerdem war da die weltumspannende Coronakrise. Ein damals neues Virus wurde zu einer sich blitzschnell ausbreitenden Pandemie. Die Entstehungsgeschichte ähnelte der des HI-Virus und von Ebola: Das Vordringen der Menschen in die letzten Rückzugsgebiete der Wildtiere bescherte ihnen mit den immer häufigeren Kontakten und durch die Ernährung mit Wildfleisch immer neue Zoonosen, Krankheitserreger, die vom Tier auf den Menschen übergingen. Die so entstehenden neuen Viren bescherten den damaligen Gesellschaften eine sich verstetigende Gefahr immer neuer Pandemien. So wurde damals der Ruf immer lauter, statt in immer neue Impfstoffentwicklungen und Impfkampagnen zu investieren, das Immunsystem der Menschen dauerhaft zu schützen – durch eine Umstellung der Lebens- und Ernährungsweise. Was, wie wir heute wissen, nur durch einen gesellschaftlichen Wandel zu erreichen war.

Und dann war da noch ein entscheidender Akupunkturnadelstich, eine im damaligen Weltgeschehen eigentlich marginal erscheinende kollektive Entscheidung: In einem kleinen Land mit dem Namen »Schweiz« im Herzen des damaligen Europas fand eine Volksabstimmung statt. Die Mehrheit der Wählerinnen und Wähler unterstützte in den 2020er Jahren eine Initiative, die den Verzicht auf die damals weltweit verbreiteten synthetischen Pestizide forderte.

Die Gegner hatten ein enormes Arsenal an Finanzen und Argumenten aufgefahren und malten damit Untergangsstimmung und düstere Bilder einer hungernden Welt an die Wand. Die global, aber durchaus auch von der Schweiz aus, agierenden Pestizidmultis sahen ihr integrales Modell des patentierten und monopolisierten Saatgutes, der Dünger-, Gift- und Hilfsstoffindustrie in Gefahr. Weltweit hatte sich dieser Markt seit Jahrzehnten zunehmend monopolisiert und konnte inzwischen Landwirtinnen und Landwirten aus einer Hand die funktionierende, aber giftige und kurzfristige Lösung für alle landwirtschaftlichen Probleme anbieten. In der Schweiz, einem vielfältigen Kleinstaat, stand nun dieses Modell ultimativ auf dem demokratischen Prüfstand. Die Bauern kämpften auf beiden Seiten. Die einen sagten, man müsste dann viele Nahrungsmittel aus dem Ausland importieren, für die schweizerische Landwirtschaft wäre das der Todesstoß. Die anderen, finanziell weniger potent, aber dafür kreativ und vielfältig, sprachen von den möglichen Chancen in Forschung, regional angepasster Praxis und vom Wert der Biodiversität und angepasstem Saatgut bei pestizidfreier Produktion.

Die Initiative wurde letztlich gegen alle Prognosen knapp angenommen. In den Analysen der Politologen erfuhr man nach der Abstimmung, was den Ausschlag gegeben hatte. Kurz davor war eine Studie publiziert worden, die aufzeigte, dass Pestizide das Bodenleben enorm schädigen. Auch höchst negative klimarelevante Auswirkungen auf die Bindungsfähigkeit von Kohlenstoff in den Böden konnten nachgewiesen werden. Es ging also nicht nur um die regionale Versorgung mit gesunden Lebensmitteln, sondern um den Klimawandel, den nur eine andere Landwirtschaft aufhalten konnte. Und die Mehrheit der damaligen Wählerinnen und Wähler sagte sich offenbar: Wo, wenn nicht in der Schweiz, mit einer stark subventionierten, aber von der ganzen Gesellschaft getragenen Landwirtschaft, könnte man versuchen, auf pestizidfreie, klimafreundliche, bodenschonende Landwirtschaft umzustellen.

LITERATUR

Das Gift und wir

Anonym
Kleine Enzyklopädie. Land, Forst, Garten.
Leipzig 1963

Balmer, Oliver; Géneau, Céline E.; Belz, Elodie; Weishaupt, Bettina; Förderer, Gerda; Moos, Sebastian; Ditner, Nadine; Juric, Ivan; Luka, Henryk
Wildflower companion plants increase pest parasitation and yield in cabbage fields: experimental demonstration and call for caution.
Biological Control 76, S. 19-27. 2014

Banfield-Zanin, Jennifer A.; Rossiter, John Trevor; Wright, Denis J.; Leather, Simon; Staley, Joanna T.
Predator mortality depends on whether its prey feeds on organic or conventionally fertilised plants.
Biological Control 63, S. 56-61. 2012

Bastin, Jean-François et al.
The global tree restoration potential.
Science Vol. 365, Is. 6448, S. 76-79. 2019

Baudry, Julia et al.
Association of frequency of organic food consumption with cancer risk. Findings from the NutriNet-Sante prospective cohort study.
JAMA Internal Medicine.
178(12), S. 1597-1606. doi: 10.1001/jamainternmed.2018.4357. Chicago 2018

Benbrook, Charles M.
Trends in glyphosate herbicide use in the United States and globally.
Environmental Sciences Europe 28:3, Heidelberg 2016

Bergman, Åke; Heindel, Jerrold J.; Jobling, Susan; Kidd, Karen A.; Zoeller, R. Thomas
State of the Science of Endocrine Disrupting Chemicals 2012.
United Nations Environment Programme and the World Health Organization.
Nairobi und Rom 2013

Birke, Manfred; Rauch, Uwe; Hofmann, Frieder
Tree bark as a bioindicator of air pollution in the city of Stassfurt, Saxony-Anhalt, Germany.
Journal of Geochemical Exploration.
Amsterdam 2017

Burger, Johann
Lehrbuch der Landwirthschaft. Zweiter Band.
Wien 1821

Burtscher-Schaden, Helmut
Die Akte Glyphosat.
Wien 2017

Busse, Tanja
Das Sterben der anderen. Wie wir die biologische Vielfalt noch retten können.
München 2019

Cadbury, Deborah
The Feminization of Nature. Our Future at Risk.
Middlesex 1998

Cahenzli, Fabian; Pfiffner, Lukas; Daniel, Claudia
Reduced crop damage by self-regulation of aphids in an ecologically enriched, insecticide-free apple orchard.
Agronomy for Sustainable Development 37, S. 65. 2017

Cahenzli, Fabian; Schärer, Hans-Jakob; Pfiffner, Lukas; Daniel, Claudia
Selbstregulierende Apfelanlage: Erfahrungen aus sieben Versuchsjahren in der Schweiz.
Öko-Obstbau 03, S. 7-11. 2018

Chaplin-Kramer, Rebecca; O'Rourke, Megan E.; Blitzer, Eleanor J.; Kremen, Claire
A meta-analysis of crop pest and natural enemy response to landscape complexity.
Ecology Letters 14, S. 922-932. 2011

Clausing, Peter; Robinson, Claire; Burtscher-Schaden, Helmut
Pesticides and public health: an analysis of the regulatory approach to assessing the carcinogenicity of glyphosate in the European Union.
Journal of Epidemiology and Community Health 72 (8), S. 668-672. London 2017

Clausing, Peter
Chronically underrated? A review of the European carcinogenic hazard assessment of 10 pesticides.
Pesticide Action Network (PAN) Germany und Health and Environment Alliance (HEAL). Hamburg 2019

Clausing, Peter
Glyphosat und Krebs – Systematischer Regelbruch durch die Behörden.
GLOBAL 2000, Friends of the Earth Austria, Wien 2017

Clausing, Peter et al.
Pesticides and public health: an analysis of the regulatory approach to assessing the carcinogenicity of glyphosate in the European Union.
Journal of Epidemiol Community Health Published Online First: 13 March 2018. doi: 10.1136/jech-2017-209776: https://jech.bmj.com/content/72/8/668

Colborn, Theo; Dumanoski, Dianne; Myers, John Peterson
Our Stolen Future: Are We Threatening Our Fertility, Intelligence, and Survival? A Scientific Detective Story.
New York 1996

Cribb, Julian
Surviving the 21st Century: Humanity's Ten Great Challenges and How We Can Overcome Them.
Cham, Schweiz 2016

Crowder, David W.; Reganold, John P.
Financial competitiveness of organic agriculture on a global scale.
Proceedings of the National Academy of Sciences of the United States of America 112, S. 7611–7616, 2015

Curl, Cynthia; Fenske, Richard A.; Elgethun, Kai
Organophosphorus Pesticide Exposure of Urban and Suburban Preschool Children with Organic and Conventional Diets.
Environmental Health Perspectives 111, no. 3, S. 377–82. Research Triangle, North-Carolina 2003

Dan, Qiao; Seidler, Frederic; Slotkin, Theodore
Developmental Neurotoxicity of Chlorpyrifos Modeled In Vitro: Comparative Effects of Metabolites and Other Cholinesterase Inhibitors on DNA Synthesis in PC12 and C6 Cells.
Environmental Health Perspectives 109, no. 9 (September 2001), S. 909–13. Research Triangle, North-Carolina 2001

Dolek, Matthias; Liegl, Carmen; Freese-Hager, Anja
Langfristige Bestandsentwicklung von Schmetterlingen in Bayern.
Anliegen Natur, 42(1). 2020

EFSA
Guidance on harmonised methodologies for human health, animal health and ecological risk assessment of combined exposure to multiple chemicals.
EFSA Journal 2019;17(3),S.5634. Parma 2019

Engel, Stephanie M.; Wetmur, James; Chen, Jia; Zhu, Chenbo; Barr, Dana Boyd; Canfield, Richard L.; Wolff, Mary S.
Prenatal Exposure to Organophosphates, Paraoxonase 1, and Cognitive Development in Children.
Environmental Health Perspectives 119 (2011): 1182–88. Published online April 21, 2011, http://ehp.niehs.nih.gov/1003183/. Research Triangle, North-Carolina 2011

FAO/WHO
International Code of Conduct on Pesticide Management. Guidelines on Highly Hazardous Pesticides.
Genf 2016

Ferlay, Jacques et al.
GLOBOCAN 2012 v1.1, Cancer Incidence and Mortality Worldwide.
IARC CancerBase No. 11. International Agency for Research on Cancer. Lyon 2014

Fischer, Jürgen; Steinlechner, Daniela; Zehm, Andreas; Poniatowski, Dominik; Fartmann, Thomas; Beckmann, Armin; Stettmer, Christian
Die Heuschrecken Deutschlands und Nordtirols. Bestimmen — Beobachten — Schützen.
Wiebelsheim 2016

Frank, Albert Bernd
Beiträge zur Bekämpfung des Unkrautes durch Metallsalze. In: Arbeiten aus der Biologischen Abtheilung für Land- und Forstwirthschaft am Kaiserlichen Gesundheitsamt.
Berlin 1900

Frank, Albert Bernd; Sorauer, Paul
Pflanzenschutz. Anleitung für den praktischen Landwirt zur Erkennung und Bekämpfung der Beschädigungen der Kulturpflanzen.
Erste Auflage, Berlin 1892

Frank, Albert Bernd; Rörig, Georg
Pflanzenschutz. Anleitung für den praktischen Landwirt zur Erkennung und Bekämpfung der Beschädigungen der Kulturpflanzen.
Sechste und vermehrte Auflage, Berlin 1915

Gaupp-Berghausen, Mailin; Hofer, Martin; Rewald, Boris; Zaller Johann G.
Glyphosate-based herbicides reduce the activity and reproduction of earthworms and lead to increased soil nutrient concentrations.
Scientific Reports: 5, S. 12886. Berlin 2015

Géneau, Céline E.; Wäckers, Felix L.; Luka, Henryk; Balmer, Oliver
Effects of extrafloral and floral nectar of Centaurea cyanus on the parasitoid wasp Microplitis mediator: olfactory attractiveness and parasitization rates.
Biological Control 66, S. 16-20. 2013

Ginsburg, Joseph M.; Cavallto, Chester J.
Arsenical Substitutes: II. Some Relationship Between Molecular Structure and Toxicity of Organic Compounds to the Silkworm.
Bombyx Mori. Journal of Economic Entomology, Volume 29, Issue 5, S. 856-859, Annapolis 1936

Gloger, Constantin Wilhelm Lambert
Die nützlichsten Freunde der Land- und Forstwirthschaft unter den Thieren, als die von der Natur bestellten Verhüter und Bekämpfer von Ungezieferschäden und Mäusefraß. Zur Belehrung für Landleute und Land-Schullehrer.
Berlin 1856

Guerrero-Bosagna, Carlos; Covert, Trevor R.; Settles, Matthew; Anway, Matthew D.; Skinner, Michael K.
Epigenetic Transgenerational Inheritance of Vinclozolin Induced Mouse Adult Onset Disease and Associated Sperm Epigenome Biomarkers.
Reproductive Toxicology 34, no. 4, S. 694–707. Amsterdam 2014

Günthart, Ernst
Hexa- und Chlordan-Präparate zur Bekämpfung von Wurzelschädlingen.
Mitteilungen der Schweizerischen Entomologischen Gesellschaft. XXIII/2, Bern 1950[I]

Haberland, Jörg; Wolf, Ute
Trendanalysen zur Inzidenz und Mortalität an Krebs in Deutschland seit 1970.
GMS Medizinische Informatik, Biometrie und Epidemiologie, Vol. 11(1). Berlin 2015

Haffmanns, Susan; Neumeister, Lars
Giftige Exporte. Die Ausfuhr hochgefährlicher Pestizide aus Deutschland in die Welt.
Pestizid-Aktionswerk PAN Germany. Hamburg 2019

Hébert, Marie-Pier; Fugère, Vincent; Gonzalez, Andrew
The overlooked impact of rising glyphosate use on phosphorus loading in agricultural watersheds.
Frontiers in Ecology and the Environment 17, S. 48-56. Washinton DC 2019

Henry, W. C.
Substitute Herbicides for Sodium Arsenite.
In: California Turfgrass Culture, 13 (4). Berkeley 1963

Berndt Heydemann
Auswirkungen der Infrastruktur auf die Fauna in den Agrarbiotopen.
Deutscher Rat für Landespflege, Schriftenreihe 42, S. 174-191. Bonn 1983

I Ernst Günthart war ein Vertreter der chemischen Industrie, ab 1960 erst Mitglied der Geschäftsleitung, dann Vizepräsident des Verwaltungsrates der Chemischen Fabrik Dr. R. Maag AG in Dielsdorf, Kanton Zürich.

Hillman, P.
Notizen zur Unkrautbekämpfung.
Praktische Blätter für Pflanzenbau und Pflanzenschutz. Organ der Kgl. Bayer. Agrikulturbotanischen Anstalt. 7/1903. München 1903

Hiltner, Lorenz
Die Dufourische Lösung und ihre Anwendbarkeit zur Bekämpfung von Pflanzenschädlingen.
Praktische Blätter für Pflanzenbau und Pflanzenschutz. Organ der Kgl. Bayer. Agrikulturbotanischen Anstalt. 7/1903. München 1903

Hiltner, Lorenz
Die Aufgaben und Ziele des agrikulturbotanischen Instituts.
Praktische Blätter für Pflanzenbau und Pflanzenschutz. Organ der Kgl. Bayer. Agrikulturbotanischen Anstalt. 7/1903. München 1903

Hofmann, Frieder et al.
Luftgüte-Rindenmonitoring. Ein neues Probenahmegerät und Verfahren zum Biomonitoring von Luftschadstoffen für akkumulierbare Substanzen mit der Möglichkeit des Fingerprintings von Immissionsquellen.
ecomed. Landsberg 2001

Hofmann, Frieder; Schlechtriemen, Ulrich
Durchführung einer Bioindikation auf Pflanzenschutzmittelrückstände mittels Luftgüte-Rindenmonitoring, Passivsammlern und Vegetationsproben.
Fachbeiträge des LUGV, Heft 147, Ministerium für Ländliche Entwicklung, Umwelt und Landwirtschaft. Potsdam 2015

Hokkanen, Heikki
The making of a pest: recruitment of Meligethes aeneus onto oilseed Brassicas.
Entomologia Experimentalis et Applicata 95, S. 141-149. 2000

Hokkanen, Heikki
Biological control methods of pest insects in oilseed rape.
OEPP/EPPO Bulletin 38, S. 104-109. 2008

Hu, Frank B. et al.
Types of dietary fat and risk of coronary heart disease: a critical review.
Journal of the American College of Nutrition 20, S. 5–19. 2001

IPCC
IPCC special report on the impacts of global warming of 1.5 °C above pre-industrial levels and related global greenhouse gas emission pathways, in the context of strengthening the global response to the threat of climate change, sustainable development, and efforts to eradicate poverty.
https://www.ipcc.ch/sr15, Genf 2018

IPCC
Climate Change and Land, an IPCC special report on climate change, desertification, land degradation, sustainable land management, food security, and greenhouse gas fluxes in terrestrial ecosystems.
https://ipcc.ch/report/srccl, Genf 2019

Khan, Zeyaur et al.
Push-pull technology: A conservation agriculture approach for integrated management of insect pests, weeds and soil health in Africa: UK government's Foresight Food and Farming Futures project.
The International Journal of Agricultural Sustainability 9, S. 162–170. 2011

Khan, Zeyaur et al.
Intercropping increases parasitism of pests.
Nature 388, S. 631–632. 1997

Kehrli, Patrik; Linder, Christian; Cahenzli, Fabian; Daniel, Claudia
IGrosse Unterschiede in der KEF-Anfälligkeit von Rebsorten.
Schweizer Zeitschrift für Obst- und Weinbau 14/17, S. 10-12. 2017

Kortenkamp, Andreas; Backhaus, Thomas; Faust, Michael
State of the Art Review of Mixture Toxicity.
Report to the Commission of the European Union (Directorate General for the Environment). Brüssel 2019

Krafft, Guido
Lehrbuch der Landwirtschaft auf wissenschaftlicher und praktischer Grundlage. Erster Band Ackerbaulehre.
Dritte vermehrte und verbesserte Auflage. Berlin 1880

Krafft, Guido
Illustriertes Landwirtschafts-Lexikon.
Berlin 1884

Krüger, Monika; Schrödl, Wieland; Neuhaus, Jürgen; Shehata, Awad Ali
Field investigations of glyphosate in urine of Danish dairy cows.
Journal of Environmental & Analytical Toxicology 3. 2013

Krüger, Monika; Schrödl, Wieland; Pedersen, I.; Shehata, Awad Ali
Detection of glyphosate in malformed piglets.
Journal of Environmental & Analytical Toxicology 4. 2014

Krüger, Monika; Shehata, Awad Ali; Schrödl, Wieland; Rodloff, Arne C.
Glyphosate suppresses the antagonistic effect of Enterococcus spp. on Clostridium botulinum.
Anaerobe 20, S. 74-78. 2013

Kunz, Werner
Artenschutz durch Habitatmanagement. Der Mythos von der unberührten Natur.
Weinheim 2017

Landis, Douglas A.; Wratten, Stephen D.; Gurr, Geoff M.
Habitat management to conserve natural enemies of arthropod pests in agriculture.
Annual Review of Entomology 45, S. 175–201. 2000

Leifert, Carlo et al.
Composition Differences Between Organic and Conventional Meat: A Systematic Literature Review and Meta-Analysis.
British Journal of Nutrition 115(6), S. 994-1011. 2016

Leifert, Carlo et al.
Higher PUFA and n-3 PUFA, conjugated linoleic acid, α-tocopherol and iron, but lower iodine and selenium concentrations in organic milk: a systematic literature review and meta- and redundancy analyses.
ibid. S. 1043-1060. 2016

Leu, André
Poisoning our Children. The Parents Guide to the Myths of safe Pesticides.
Acres U.S.A. Greely, Colorado 2018

Lu, Chensheng; Toepel, Kathryn; Irish, Rene; Fenske, Richard A.; Barr, Dana B.; Bravo, Roberto
Organic Diets Significantly Lower Children's Dietary Exposure to Organophosphorus Pesticides.
Environmental Health Perspectives 114, no. 2, S. 260–63. Research Triangle, North-Carolina 2006

Manikkam, Mohan; Guerrero-Bosagna, Carlos; Tracey, Rebecca; Haque, Md. M.; Skinner, Michael K.
Transgenerational Actions of Environmental Compounds on Reproductive Disease and Identification of Epigenetic Biomarkers of Ancestral Exposures.
PLoS ONE 7, no. 2. 2012

Manikkam, Mohan; Guerrero-Bosagna, Carlos; Tracey, Rebecca; Haque, Md. M.; Skinner, Michael K.
Pesticide and Insect Repellent Mixture Permethrin and DEET Induces Epigenetic Transgenerational Inheritance of Disease and Sperm Epimutations.
Journal of Reproductive Toxicology 34, no. 4, S. 708–19. Amsterdam 2012

Mayer & Seiler
Praktisches Lehrbuch der gesammten Landwirtschaft dem Landwirth aller Orten gewidmet. Ein Lehr- und Lesebuch für Gutsbesitzer, Pächter, Geistliche, Bürger und Bauern, und für alle , die in der Oekonomie kundig und darinnen Unterricht bedürfen.
Leipzig 1793

Mehrota, R. S. & Aggarwal, Ashok
Plant Pathology.
Second Edition, Neu-Delhi 2003

Mitchell, Edward et al.
A worldwide survey of neonicotinoids in honey.
Science 06 Oct 2017: Vol. 358, Issue 6359, S. 109-111; DOI: 10.1126/science.aan3684. Washington 2017

Möckel, Stefan; Gawel, Erik; Kästner, Matthias; Liess, Matthias; Knillmann, Saskia; Bretschneider, Wolfgang
Einführung einer Abgabe auf Pflanzenschutzmittel in Deutschland.
Gutachten im Auftrag des Ministeriums für Energiewende, Landwirtschaft, Umwelt und ländliche Räume Schleswig-Holstein. UFZ, Leipzig 2015

Lotter, Donald W. et al.
The performance of organic and conventional cropping systems in an extreme climate year.
American Journal of Alternative Agriculture 18, S. 146–154. 2003

Lüstner, Gustav
Die wichtigsten Krankheiten und Feinde der Obstbäume, Beerensträucher und des Strauch- und Schalenobstes. Ein Wegweiser für ihre Erkennung und Bekämpfung.
Stuttgart 1924

Luxemburg, Rosa
Briefe aus dem Gefängnis.
Frankfurt am Main 1973

Neye, Louis
Die Ackerbaulehre. Allgemeiner Acker- und Pflanzenbau. Ein Lehrbuch für landwirtschaftliche Schulen.
Neunte Auflage. Hildesheim 1919

Nördlinger, Hermann (Hrsg.)
Die kleinen Feinde der Landwirthschaft oder Abhandlung der in Feld, Garten und Haus schädlichen oder lästigen Schnecken, Würmer, Gliederthierchen, insbesondere Kerfe, mit Berücksichtigung ihrer natürlichen Feinde und der gegen sie anwendbaren Schutzmittel.
Stuttgart 1869

OECD
Guidelines for the Testing of Chemicals.
Section 4, Health Effects, ISSN: 20745788; https://doi.org/10.1787/20745788

PAN Germany
Für einen gläsernen Pestizid-Export.
Hamburg 2004

PAN Germany
Giftige Exporte. Ausfuhr hochgefährlicher Pestizide von Deutschland in die Welt.
Hamburg 2019

Pastor, Patricia N.; Reuben, Cynthia A.
Diagnosed Attention Deficit Hyperactivity Disorder and Learning Disability: United States, 2004–2006.
National Center for Health Statistics, Vital and Health Statistics 10, no. 237. 2008

Pittelkow, Cameron M. et al.
Productivity limits and potentials of the principles of conservation agriculture.
Nature 517, S. 365–368. 2015

Poschlod, Peter
Geschichte der Kulturlandschaft.
Stuttgart 2016

Ponisio, Lauren C.; Ehrlich, Paul R.
Diversification, Yield and a New Agricultural Revolution: Problems and Prospects.
Sustainability 8 (11) 1118. 2016

Ponisio, Lauren C. et al.
Diversification practices reduce organic to conventional yield gap.
Proceedings of the Royal Society. Biological Sciences 282/1779, London 2015

Portier, Christopher et al.
Differences in the carcinogenic evaluation of glyphosate between the International Agency for Research on Cancer (IARC) and the European Food Safety Authority (EFSA).
Journal of Epidemiology and Community Health 70 (8), S. 741-745; DOI: 10.1136/jech-2015-207005. London 2016

Poux, Xavier; Aubert, Pierre-Marie et al.
An agroecological Europe in 2050: multifunctional agriculture for healthy eating.
Institut du développement durable, iddri. Paris 2018

Qmeis, Th.
Über die an der landwirtschaftlichen Kreisversuchsstation zu Würzburg ausgeführten Versuche und Untersuchung bezüglich der Bekämpfung der Peronospora viticola de By (Blattfallkrankheit der Rebe)
In Praktische Blätter für Pflanzenbau und Pflanzenschutz. Organ der Kgl. Bayer. Agrikulturbotanischen Anstalt. 7/1903, München 1903

Rauh, Virginia; Srikesh, Arunajadai; Horton, Megan; Perera, Frederica; Hoepner, Lori; Barr, Dana B.; Whyatt, Robin
7-Year Neurodevelopmental Scores and Prenatal Exposure to Chlorpyrifos, a Common Agricultural insecticide.
Environmental Health Perspectives, 119 (2011), S. 1196–1201. Research Triangle, North-Carolina 2011

Rauh, Virginia; Perera, Frederica P.; Horton, Megan K.; Whyatt, Robin M.; Bansal, Ravi; Hao, Xuejun; Liu, Jun; Barr, Dana Boyd; Slotkin, Theodore A.; Peterson, Bradley S.
Brain Anomalies in Children Exposed Prenatally to a Common Organophosphate Pesticide.
Proceedings of the National Academy of Sciences of the United States of America 109, no. 20. Washington 2012

Reuben, Suzanne H.
U.S. President's Cancer Panel 2008–2009 Annual Report; Reducing Environmental Cancer Risk: What We Can Do Now.
U.S. Department Of Health And Human Services, National Institutes of Health, National Cancer Institute, April 2010

Riehm, Eduard; Schwartz, M.
Pflanzenschutz. Anleitung für den praktischen Landwirt zur Erkennung und Bekämpfung der Beschädigungen der Kulturpflanzen. Achte Auflage, Berlin 1927

Rockström, Johan; Steffen, Will et al.
Planetary boundaries: Exploring the safe operating space for humanity.
Ecology and Society 14, S. 32, Stockholm 2009

Sánchez-Bayo, Francisco; Wyckhuys Kris A. G.
Worldwide decline of the entomofauna: A review of its drivers.
Biological Conservation 232, S. 8-27, Amsterdam 2019

Schäffer, Andreas et al.
Der stumme Frühling — Zur Notwendigkeit eines umweltverträglichen Pflanzenschutzes.
Diskussion Nr. 16. Nationale Akademie der Wissenschaften, Leopoldina. Halle 2018

Schmidt-Jeffris, Rebecca Ann
Leaf structures affect predatory mites (Acari: Phytoseiidae) and biological control: a review.
Experimental and Applied Acarology 62(1), S. 1-17. 2014

Seibold, Sebastian et al.
Arthropod decline in grasslands and forests is associated with landscape-level drivers.
Nature, Vol. 574. S. 671-688, 2019

Simon, Sylvaine; Lauri, Pierre-Eric; Brun, Laurent
Does manipulation of fruit-tree architecture affect the development of pests and pathogens? A case study in an organic apple orchard.
Journal of Horticultural Science and Biotechnology 81, S. 765-773. 2006

Sorauer, Paul
Handbuch der Pflanzenkrankheiten. Für Landwirthe, Gärtner und Forstleute.
Berlin 1874

Steffen, Will; Richardson, Katherine; Rockström Johan et al.
Planetary boundaries: Guiding human development on a changing planet.
Science 347, Washington DC 2015

Steffen, Will; Crutzen, Paul J.; McNeill, John R.
The Anthropocene: Are Humans Now Overwhelming the Great Forces of Nature.
AMBIO: A Journal of the Human Environment 36, S. 614-621, 618, Cham Schweiz 2007

Sturm, Karl Christian Gottlob
Lehrbuch der Landwirthschaft nach Theorie und Erfahrung bearbeitet. Erster Theil: Specielle Landwirtschaft. Erster Band: Ackerbau
Jena 1818

Taschenberg, Ernst Ludwig
Der Obstschutz. Schutz der Obstbäume und deren Früchte gegen feindliche Thiere. Ravensburg 1874

Trappmann, Walther
Arsenmittel im Pflanzenschutz — Rückblick und Ausblick.
Zeitschrift für Pflanzenkrankheiten (Pflanzenpathologie) und Pflanzenschutz 55: 1/2 (35-53), Stuttgart 1948

Trappmann, Walther
Pflanzenschutz und Vorratsschutz. Band 1. Grundlagen der Pflanzenpathologie.
Stuttgart 1949

Trasande, Leonardo et al. (2015)
Estimating Burden and Disease Costs of Exposure to Endocrine-Disrupting Chemicals in the European Union.
J Clin Endocrinol Metab, April 2015, 100(4), S. 1245–1255. Washington 2015

Trasande, Leonardo et al.
Burden of disease and costs of exposure to endocrine disrupting chemicals in the European Union: an updated analysis Andrology.
2016 Jul; 4(4), S. 565–572. Washington 2016

Tscharntke, Tea; Bommarco, Riccardo; Clough, Yann; Crist, Thomas O.; Kleijn, David; Rand, Tatjana A.; Tylianakis, Jason M.; van Nouhuys, Saskya; Vidal, Stefan
Conservation biological control and enemy diversity on a landscape scale.
Biological Control 43, S. 294-309. 2007

United Nations
Transforming our world: The 2030 agenda for sustainable development.
sustainabledevelopment.un.org.
New York 2016

UNHRC
Report of the Special Rapporteur on the right to food.
In: vol. A/HRC/34/48. United Nations Human Rights Council. 24. Januar 2017

Vacante, Vincenzo; Kreiter, Serge (Hrsg.)
Handbook of Pest Management in Organic Farming.
sustainabledevelopment.un.org.
CAB International, London 2018

Vandenberg, Laura N.; Colborn, Theo; Hayes, Tyrone B.; Heindel, Jerrold J.; Jacobs Jr., David R.; Lee, Duk-Hee; Shioda, Toshi; Soto, Ana M.; vom Saal, Frederick S.; Welshons, Wade V.; Zoeller, R. Thomas; Myers, John Peterson
Hormones and Endocrine-Disrupting Chemicals: Low-Dose Effects and Nonmonotonic Dose Responses.
Endocrine Reviews 33, no. 3. Washington 2012

Wahmhoff, Werner
Integrierter Rapsanbau: Untersuchungen zur Entwicklung integrierter Produktionsverfahren am Beispiel des Winterrapses.
Berlin 2000

Wezel, Alexander; Casagrande, Marion; Celette, Florian; Vian, Jean-François; Ferrer, Aurélie ; Peigné, Joséphine
Agroecological practices for sustainable agriculture. A review.
Agronomy for Sustainable Development 34, S. 1-20, Paris 2014

Zaller, Johann G.
Unser täglich Gift. Pestizide - die unterschätzte Gefahr.
Wien 2018

ANMERKUNGEN

Das Gift und wir

PROLOG

Zur Einführung

1 Norie Huddle: *Butterfly. A tiny Tale of great Transformation.* Washington 1990

KAPITEL 1

Unser täglich Gift

1 so benannt nach: Steffen, Will: *The Anthropocene.*

2 vgl. Zaller, Johann G.: *Unser täglich Gift.*

3 vgl.Rockström, Johan: *Planetary boundaries.* Steffen, Will: *Planetary boundaries.*

4 vgl. Sánchez-Bayo, Francisco: *Worldwide decline of the entomofauna.*

5 vgl. Gaupp-Berghausen, Mailin: *Glyphosate-based herbicides.*

6 vgl. Benbrook, Charles M.: *Trends in glyphosate herbicide use.*

7 vgl. Gaupp-Berghausen, Mailin: Glyph*osate-based herbicides.*
Hébert, Marie-Pier: *The overlooked impact of rising glyphosate use.*

8 vgl. die Glyphosatstudien von Monika Krüger

9 vgl. Kretschmer, Fabian: *Der Preis der Pestizide. Suizid-Krise in Nordindien.* taz vom 13.06.2019

10 Haffmanns, Susan: *Giftige Exporte.* S. 20 ff

11 vgl. UNHCR: *Report of the Special Rapporteur on the right to food.*

12 Die Vereinten Nationen haben die »Sustainable Development Goals« in ihrer Agenda für 2030 festgelegt; siehe: United Nations: *Transforming our world.*

Der Weg in die Abhängigkeit

1 *Die Chemie in ihrer Anwendung auf Agricultur und Physiologie* erschien 1840 im Verlag Vieweg in Braunschweig. Justus Liebig war damals Professor für Chemie und Pharmazie in Gießen. Fünf Jahre später wurde er für seine Verdienste in den Adelsstand erhoben.

2 vgl. die landwirtschaftlichen Lehrbücher von Mayer & Seiler; Johann Burger; Karl Christian Gottlob Sturm; Hermann Nördlinger und Guido Krafft.

3 vgl. Taschenberg, Ernst Ludwig: *Der Obstschutz*

4 vgl. Trappmann, Walther: Pflanzenschutz und Vorratsschutz

5 vgl. Krafft, Guido: *Illustriertes Landwirtschafts-Lexikon*. Gloger, Constantin Wilhelm Lambert: *Die nützlichsten Freunde der Land- und Forstwirthschaft*

6 »Im Allgemeinen sei erwähnt, daß das sicherste Mittel zur Vorbeugung des Insektenschaden der Schutz aller jenen Thiere ist, welche mit ihrer Nahrung auf Insekten angewiesen sind. Den hervorragenden Platz in dieser Beziehung nehmen die Vögel ein, von deren Wirksamkeit im Vertilgen der schädlichen Insekten Tschudi sagt: ›die Vögel verrichten eine Arbeit, welche Millionen Menschenhände nicht halb so gut und vollständig ausführen würden‹. Man sorge daher nicht nur für den ausreichenden Schutz der nützlichen Vögel, sondern auch für die genügenden Anzahl von Nist- oder Brutkästen an geeigneten Bäumen. Eines gleichen Schutz werth sind: die Fledermäuse, der Maulwurf, die Spitzmäuse, der Igel, das Wiesel, alle Amphibien, besonders Nattern, Eidechsen, Frösche und Kröten. Als weitere Vorbeugungsmittel sind anzusehen die Wahl der Saatzeit, der Bestellungsart, und der Fruchtfolge mit Rücksicht auf die Lebensweise des zu fürchtenden Pflanzenfeindes, und das Reinhalten des Bodens von Unkraut, welches jenen zur Brutstätte dienen könnte.“
Krafft, Guido: *Lehrbuch der Landwirtschaft*, S. 239

7 Trappman, Walther: *Arsenmittel im Pflanzenschutz*, S. 35

8 Hiltner, Lorenz: *Die Dufourische Lösung*. S. 369

9 vgl. Trappmann, Walther: *Pflanzenschutz und Vorratsschutz.*

10 vgl. Ginsburg, Joseph M.: *Arsenical Substitutes*

11 Burger, Johann: *Lehrbuch der Landwirthschaft*. S. 134

12 ebd. S. 139

13 siehe: »Monoculture and the Irish Potato Famine: cases of missing genetic variation« https://evolution.berkeley.edu/evolibrary/article/0_0_0/agriculture_02 (abgerufen Dezember 2019)

14 vgl. Riehm, Eduard & Schwartz, M.: *Pflanzenschutz.*

15 vgl. Mehrota, R. S.: *Plant Pathology.*

16 Frank, Albert Bernd: *Beiträge zur Bekämpfung des Unkrautes*. S. 9

17 Henry, W. C.: *Substitute Herbicides for Sodium Arsenite*. S. 26 ff

18 Frank, Albert Bernd: *Beiträge zur Bekämpfung des Unkrautes*. S. 149

19 Hillman, P.: *Notizen zur Unkrautbekämpfung*. S.107

20 Hiltner, Lorenz: *Die Aufgaben und Ziele des agrikulturbotanischen Instituts*. S. 1

21 Riehm, Eduard & Schwartz, M.: *Pflanzenschutz*. S. 9

22 Anonym: *Kleine Enzyklopädie*. S. 387

Baumweissling

1 Brehm, Alfred: Brehms Tierleben, Neunter Band. Leipzig, Wien 1900, S. 375.

Das Sterben der anderen

1 Poschlod, Peter: *Geschichte der Kulturlandschaft.* S. 14, 42

2 Luxemburg, Rosa: *Briefe aus dem Gefängnis.* Kapitel 9, 2.5.1917

3 Kunz, Werner: *Artenschutz durch Habitatmangement.* S. XIII.

4 Poschlod, Peter: *Geschichte der Kulturlandschaft.* S. 134.

5 Fischer, Jürgen: *Die Heuschrecken Deutschlands.* S. 274.

6 www.destatis.de/DE/PresseService/Presse/Pressemitteilungen/2016/08/PD16_269_412.html

Die Belastung von Bächen und Flüssen

1 Nach Berechnung des Umweltbundesamtes wurden 2015 in Deutschland auf den 12,1 Millionen Hektar »konventionell« bewirtschaftetem Ackerland inklusive Dauerkulturen im Durchschnitt 8,8 Kilogramm Pflanzenschutzmittel mit 2,8 Kilogramm Wirkstoff je Hektar ausgebracht

2 Topping, Christopher John et al.: *Overhaul environmental risk assessment for pesticides.* Science 367:360-363. Washington 2020

Wertlose Werte?

1 Verordnung (EG) Nr. 396/2005 des Europäischen Parlaments und des Rates vom 23. Februar 2005 über Höchstgehalte an Pestizidrückständen in oder auf Lebens- und Futtermitteln pflanzlichen und tierischen Ursprungs und zur Änderung der Richtlinie 91/414/EWG des Rates.

2 Stockholmer Übereinkommen über persistente organische Schadstoffe vom 22.05.2001

3 Verordnung (EG) Nr. 1107/2009 des Europäischen Parlaments und des Rates vom 21. Oktober 2009 über das Inverkehrbringen von Pflanzenschutzmitteln und zur Aufhebung der Richtlinien 79/117/EWG und 91/414/EWG des Rates

4 vgl. Clausing, Peter; Robinson, Claire; Burtscher-Schaden, Helmut: *Pesticides and public health.*

5 vgl. Clausing, Peter: *Chronically underrated?*

6 Commission Staff Working Document: *Defining criteria for identifying endocrine disruptors in the context of the implementation of the plant protection products regulation and biocidalproducts regulation.* Main report, Brüssel, 15.06.2016, SWD(2016) 211 final.

7 PAN Europe: *Toxic mixtures of pesticide residues in fruit and vegetables keep on flooding EU markets.* Hamburg 2018

8 vgl. EFSA: *Scientific Opinion on the identification of pesticides to be included in cumulative assessment groups on the basis of their toxicological profile.* EFSA Journal 2013;11(7):3293. EFSA: *Scientific Opinion on the relevance of dissimilar mode of action and its appropriate application for cumulative risk assessment of pesticides residues in food.* EFSA Journal 2013; 11(12):3472.

9 EFSA: *Guidance on harmonised methodologies for human health.*
10 EFSA: *FAQ: Cumulative risk assessment of pesticides.* https://www.efsa.europa.eu/en/press/news/faq-cumulative-risk-assessment-pesticides
11 vgl. Kortenkamp, Andreas; Backhaus, Thomas; Faust, Michael: *State of the Art Review of Mixture Toxicity.*
12 vgl. Krüger, Monika; Lindner, Andrea; Heimrath, Johannes: *Nachweis von Glyphosat im Urin.*
13 EFSA: *Scientific Opinion of the PPR Panel on the follow-up of the findings of the External Scientific Report 'Literature review of epidemiological studies linking exposure to pesticides and health effects'.* EFSA Journal 2017;15(10):5007
14 Stellungnahme des Einzelsachverständigen Prof. Dr. Eberhard Greiser für die 40. Sitzung des Ausschusses für Ernährung und Landwirtschaft zur öffentlichen Anhörung Glyphosat: Auswirkungen auf die Gesundheit von Anwenderinnen und Anwendern und Verbraucherinnen und Verbrauchern sowie die Tiergesundheit sowie mögliche Konsequenzen im Hinblick auf die Zulassung als Pestizid-Wirkstoff, 28. September 2015. vgl. Portier, Christopher et al.: *Differences in the carcinogenic evaluation of glyphosate.*
15 Baudry, Julia et al.: *Association of frequency of organic food consumption with cancer risk.*
16 Haberland, Jörg; Wolf, Ute: *Trendanalysen zur Inzidenz und Mortalität an Krebs.*
17 Trasande, Leonardo et al. (2015): *Estimating Burden and Disease Costs.* Trasande, Leonardo et al.: *Burden of disease and costs.*
18 PAN UK: *The Cocktail effect: How pesticide mixtures may be harming human health and the environment.* London 2019

Atmen wir Pestizide?

1 Hofmann, Frieder; Schlechtriemen, Ulrich: *Durchführung einer Bioindikation auf Pflanzenschutzmittelrückstände.*
2 Krüger, Monika; Lindner, Andrea; Heimrath, Johannes: *Nachweis von Glyphosat im Urin.*
3 vgl. Hofmann, Frieder et al.: Luftgüte-Rindenmonitoring; Birke, Manfred et al.: *Tree bark as a bioindicator*
4 European Food Safety Authority (EFSA): *Final addendum to the Renewal Assessment Report (RAR) - public version. Risk assessment provided by the rapporteur Member State Germany and co-rapporteur Member State Slovakia for the active substance Glyphosate according to the procedure for the renewal of the inclusion of a second group of active substances in Annex I to Council Directive 91/414/EEC laid down in Commission Regulation (EU) No. 1141/2010.* October 2015.
5 Seibold, Sebastian et al.: *Arthropod decline in grasslands and forests*

6 European Food Safety Authority (EFSA): *Guidance on the assessment of exposure of operators, workers, residents and bystanders in risk assessment for plant protection products.* EFSA Journal 2014;12(10):3874

7 Clausing, Peter: *Baumrinden-Monitoring der Pestizid-Belastung über die Luft: Eine toxikologische Bewertung.* https://www.enkeltauglich.bio

8 Schäffer, Andreas et al.: *Der stumme Frühling — Zur Notwendigkeit eines umweltverträglichen Pflanzenschutzes.*

Blinde Testmethoden

1 OECD *Guidelines for the Testing of Chemicals.*

2 U.S. Cancer Statistics Working Group: *U.S. Cancer Statistics Data Visualizations Tool, based on November 2017 submission data (1999-2015).* U.S. Department of Health and Human Services, Centers for Disease Control and Prevention and National Cancer Institute; www.cdc.gov/cancer/dataviz, Juni 2018.

3 vgl. Ferlay, Jacques et al. : GLOBOCAN

4 Chronic Disease Data, Centers for Disease Control and Prevention. www.cdc.gov/chronicdisease/data/statistics.htm, abgerufen Oktober 2019

5 vgl. OECD *Guidelines for the Testing of Chemicals.*

6 vgl. *Data & Statistics on Autism Spectrum Disorder*, Content source: National Center on Birth Defects and Developmental Disabilities, Centers for Disease Control and Prevention. www.cdc.gov/ncbddd/autism/data.html, abgerufen September 2019

7 vgl. Leu, André: *Poisoning our Children.*

8 Reuben, Suzanne H.: U.S. *President's Cancer Panel 2008–2009 Annual Report.*

9 vgl. Dan, Qiao et al.: *Developmental Neurotoxicity of Chlorpyrifos Modeled In Vitro.*

10 ebd.

11 Rauh, Virginia et al.: *7-Year Neurodevelopmental Scores and Prenatal Exposure.* Pastor, Patricia N.; Reuben, Cynthia A.: *Diagnosed Attention Deficit Hyperactivity Disorder and Learning Disability.* Engel, Stephanie M. et al.: *Prenatal Exposure to Organophosphates.*

12 Rauh, Virginia et al.: *Anomalies in Children Exposed Prenatally to a Common Organophosphate Pesticide.*

13 Manikkam, Mohan et al.: *Transgenerational Actions of Environmental Compounds on Reproductive Disease.* Manikkam, Mohan et al.: *Pesticide and Insect Repellent Mixture Permethrin.* Guerrero-Bosagna, Carlos et al.: *Epigenetic Transgenerational Inheritance of Vinclozolin.*

14 a.a.O.

15 Manikkam, Mohan et al.: *Pesticide and Insect Repellent Mixture Permethrin.*

16 Bergman, Åke et al.: *State of the Science of Endocrine Disrupting Chemicals.* Cadbury, Deborah: *The Feminization of Nature. Our Future at Risk.* Colborn, Theo; Dumanoski, Dianne; Myers, John Peterson: *Our Stolen Future.*

17 Bergman, Åke et al.: *State of the Science of Endocrine Disrupting Chemicals.*

18 a.a.O.

19 Colborn, Theo; Dumanoski, Dianne; Myers, John Peterson: *Our Stolen Future.* Vandenberg, Laura et al.: *Hormones and Endocrine-Disrupting Chemicals.*

20 Curl, Cynthia; Fenske, Richard A.; Elgethun, Kai: *Organophosphorus Pesticide Exposure.* Lu, Chensheng et al.: *Organic Diets Significantly Lower Children's Dietary Exposure.*

21 a.a.O.

Die Welt von synthetischen Pestiziden befreien!

1 Mitchell, Edward et al.: *A worldwide survey of neonicotinoids in honey.*

KAPITEL 2

Der Fall Glyphosat I

1 Glyphosate Renewal Group: https://glyphosate.eu

2 Artikel 11 der Verordnung (EG) Nr. 1107/2009 des Europäischen Parlaments und des Rates vom 21. Oktober 2009 über das Inverkehrbringen von Pflanzen-schutzmitteln und zur Aufhebung der Richtlinien 79/117/EWG und 91/414/EWG des Rates.

3 Weber, Stefan; Burtscher-Schaden, Helmut: Detailed Expert Report on Plagiarism and superordinated Copy Paste in the Renewal Assessment Report (RAR) on Glyphosate.

4 vgl. Clausing Peter: *Glyphosat und Krebs*; Clausing, Peter et al.: *Pesticides and public health.*

5 vgl. Burtscher-Schaden, Helmut: Die Akte Glyphosat. S. 87

6 BfR: Stellungnahme des Bundesinstituts für Risikobewertung zur öffentlichen Anhörung Glyphosat, 28. September 2015, S. 3

7 www.efsa.europa.eu/sites/default/files/corporate_publications/files/efsaexplainsglyphosate151112de.pdf

8 IARC: *Some Organophosphate Insecticides and Herbicides.* Volume 112, 6.4 Rationale, S 398 f

9 Rivasi, Michèle: *Offener Brief an Vytenis Andriukaitis*: www.maria-heu-buch.eu/fileadmin/heubuch/pdf2016/MEPs_Jan_2016_letter_to_Andriukaitis_glyphosate_DE.pdf

10 European Food Safety Authority. *Final Addendum to the Renewal Assessment Report.* 2015, Kapitel B.6.4 Genotoxicity, S. 817 – 955

11 Das BfR wendete für die Bewertung der publizierten unabhängigen Studien die sogenannten Klimisch-Kriterien an. Das ist ein Bewertungsschlüssel, der nur Studien als »zuverlässig« einstuft, die unter dem Good-Laboratory-Practice (GLP)-Standard und nach OECD-Test-Guidelines durchgeführt wurden: Damit sind die Klimisch-Kriterien maßgeschneidert für die regulatorischen Studien der Industrie, da sie diesen Standard

durchweg erfüllen. Studien aus der universitären Forschung hingegen werden durch die Klimisch-Kriterien systematisch diskriminiert, da sie gänzlich anderen Kriterien folgen. Der Vorschlag für diesen Bewertungsschlüssel entstammt einer Publikation dreier BASF-Mitarbeiter.

Quelle: Klimisch, Andreae, Tillmann: *A Systematic Approach for Evaluating the Quality of Experimental Toxicological and Ecotoxicological Data.* In: Regulatory Toxicology and Pharmacology. Band 25, Nummer 1, 1997, S. 1–5

12 vgl. Burtscher-Schaden, Helmut: *Die Akte Glyphosat*

13 Deutscher Bundestag: *Öffentliche Anhörung des Agrarausschusses zum Thema Glyphosat.* Wortprotokoll der 40. Sitzung. Protokoll Nr. 18/40, 28. September 2015, S, 18

14 European Food Safety Authority: *Final Addendum to the Renewal Assessment Report.* 2015, Kapitel B.6.5.2 Carcinogenicity in the mouse. S.1013-1040

15 ebd. S. 4192

16 ebd. S. 4199 f.

17 Portier, Christopher J. et al.: *Open letter: Review of the Carcinogenicity of Glyphosate by EFSA and BfR.* 27. November 2015, S. 4 www.efsa.europa.eu/sites/default/files/Prof_Portier_letter.pdf

18 Hensel, Andreas: *Die Wissenschaft wird als Kampfmittel missbraucht.* Der Tagesspiegel, 01.12.2017

Der Fall Glyphosat II

1 PAN Europa: *Ensuring a Higher Level of Protection from Pesticides in Europe.* www.pan-europe.info/resources/reports/2018/12/white-paper-ensuring-higher-level-protection-pesticides-europe

Rechtsfragen

1 Mitteilung der Kommission: *Die Anwendbarkeit des Vorsorgeprinzips.* Brüssel, 2000. op.europa.eu/en/publication-detail/-/publication/21676661-a79f-4153-b984-aeb28f07c80a

2 Definition aus der Verordnung (EG) Nr. 1107/2009 (Artikel 2)

3 ebd. Art. 27(1)

4 ebd. Art. 44

5 Europäischer Gerichtshof (Große Kammer) 1. Oktober 2019: »Vorlage zur Vorabentscheidung – Umwelt – Inverkehrbringen von Pflanzenschutzmitteln – Verordnung (EG) Nr. 1107/2009 – Gültigkeit – Vorsorgeprinzip – Definition des Begriffs ‚Wirkstoff' – Kumulierung von Wirkstoffen – Zuverlässigkeit des Bewertungsverfahrens – Aktenzugang für die Öffentlichkeit – Langzeittoxizitätstests – Pestizide – Glyphosat« In der Rechtssache C616/17 betreffend ein Vorabentscheidungsersuchen nach Art. 267 AEUV, …

6 ANSES news; www.anses.fr/en/content/anses-announces-withdrawal-36-products-containing-glyphosate; https://gouvernement.lu/en/actualites/toutes_actualites/communiques/2020/01-janvier/16-interdiction-glyphosate.html

7 gouvernement.lu/en/actualites/toutes_actualites/communiques/2020/01-janvier/16-interdiction-glyphosate.html

8 www.reuters.com/article/us-austria-glyphosate/technicality-bars-austrian-ban-on-weedkiller-glyphosate-from-taking-effect-idUSKBN1YD11Z

9 Art. 44, Reg 1107/2009

10 Verordnung über Rückstandshöchstmengen (EG) 396/2005 für Lebensmittel-rückstände und später Pestizidverordnung (EG) 1107/2009 für Rückstände nach der Anwendung und Produkte.

11 www.efsa.europa.eu/en/press/news/public-consultation-cumulative-risk-assessment-pesticides

12 www.pan-europe.info/blog/efsa%E2%80%99s-pilot-studies-cumulative-risk-assessment-institutions%E2%80%99-toxic-smoothie-mix.

13 Verbundene Rechtssachen C 404/12 P und C 405/12 P, Stichting Natuur en Milieu, Pestizid-Aktionsnetzwerk

14 Art.11.2 Reg 1107/2009

15 www.euractiv.com/section/agriculture-food/news/pesticides-monsanto-loses-appeal-in-french-court/

16 Ref: Baum, Hedlund, Aristei & Goldman law firm: www.baumhedlundlaw.com/toxic-tort-law/monsanto-roundup-lawsuit/

Andere Länder — andere Standards

1 FAO/WHO: *International Code of Conduct on Pesticide Management*

2 PAN-*Liste hochgefährlicher Pestizide* bei https://pan-germany.org

3 PAN Germany: *Giftige Exporte*. S. 7.

4 WHO: Pressemitteilung vom 9.9.2019

5 PAN Germany: *Giftige Exporte*. S. 5.

6 FAO-Daten für 1990 und 2017

7 vgl. PAN Germany: *Giftige Exporte*; Public Eye: *Highly Harzardous Profits*

8 Report of the Special Rapporteur on the right to food to the Office of the UN High Commissioner for Human rights to its 34th Session, 24.1.2017.

9 Hierfür wurden die Exportdaten aus den Berichten des Bundesamtes für Verbraucher--schutz und Lebensmittelsicherheit BVL zum Absatz von Pflanzenschutzmitteln in Deutschland 2003–2017, mit der PAN International Liste der hochgefährlichen Pestizide, der EU-Pestizid-Datenbank und/oder dem Annex I der Verordnung 649/2012/EC über die Aus- und Einfuhr gefährlicher Chemikalien und Pestizide verglichen.

10 konsultierte Quellen: Hersteller-Websites und Wikipedia

11 PAN Germany: *Für einen gläsernen Pestizid-Export.*

12 Öko-Institut Working Paper 3/2018: *Deutsche Unternehmen gefährden Umwelt und Menschenrechte.*

13 EcoWatch: *U.S. Annually Uses 388 Million Pounds of Potentially Fatal Pesticides Banned in the EU, China and Brazil.* Juni 2019

14 IBAMA-Daten 2017

15 FAO-Daten für 1996 und 2016

16 Daten FAO 2017 und China Crop Protection Industry Association 2016

17 Mail von Bayer an die Autorin vom 15.6.2018

18 Ökoinstitut: *Working Paper 3/2018*

19 Pestizidverordnung EG 1107/2009, Abs. 8

20 CORA-Netzwerk für Unternehmensverantwortung (darin deutsche Menschenrechts-, Entwicklungs-, Umwelt- und Verbraucherschutz-Organisationen): www.cora-netz.de

21 Art 83 (2/IV) des Gesetzes Nr. 2018-938, verabschiedet am 30.10.2018:

Das Geschäft mit dem Gift

1 »Public Eye« ist eine schweizerische Organisation, die sich für globale Gerechtigkeit und die Achtung von Menschenrechten durch Schweizer Konzerne einsetzt. Hervorgegangen ist sie aus dem 1968 gegründeten Verein »Erklärung von Bern«. »Unearthed« ist ein im Jahr 2012 gegründetes und redaktionell unabhängiges Rechercheteam von Greenpeace Großbritannien.

2 abrufbar via: www.publiceye.ch/de/themen/pestizide

3 ebd.

4 WHO/FAO: *Detoxifying agriculture and health from highly hazardous pesticides: a call for action.* Rom 2019

Die wahren Kosten!

1 Rockström, Johan et al.: *Sustainable intensification of agriculture for human prosperity and global sustainability.* Ambio 46, 4-17, Stockholm 2017

2 Raworth, Kate: *Die Donut-Ökonomie: Endlich ein Wirtschaftsmodell, das den Planeten nicht zerstört.* München 2018

Was kostet welche Landwirtschaft?

1 Pimentel, David; Burgess, Michael: *Environmental and Economic Costs of the Application of Pesticides Primarily in the United States.* Dordrecht 2014

2 Geiger, Flavia et al.: *Agricultural intensification and biodiversity partitioning in European landscapes comparing plants, carabids, and birds.* Ecological applications. Washington 2011

KAPITEL 3

Agrarökologie sticht Agrarchemie

1 Berndt Heydemann: *Auswirkungen der Infrastruktur auf die Fauna in den Agrarbiotopen.*

2 nrw.nabu.de/tiere-und-pflanzen/artenschutz/recht/biodiversitaet/18897.html

3 www.umweltinstitut.org/fileadmin/Mediapool/Aktuelles_ab_2016/2017/2017_05_05/Antwort_der_Bundesregierung_auf_Stummer_Fr%C3%BChling_-_Verlust_von_Vogelarten.pdf

4 Seibold, Sebastian et al.: *Arthropod decline in grasslands and forests*

5 Dolek, Matthias et al.: *Langfristige Bestandsentwicklung von Schmetterlingen*

6 Statistics Netherlands (CBS): *Dutch Butterfly Conservation and the Dutch Centre for Field Ornithology: Decline in farmland flora and fauna as of 1900*, 02-2010

7 Magnusson, M.; Fischhoff, I. R.; Ecke, F.; Hornfeldt, B.; Ostfeld, R. S.: *Effect of spatial scale and latitude on diversity-disease relationships.* Ecology 101(3) 2020

8 On Rice, Biodiversity & Nutrients, Frei und Becker, Institute of Animal Production in the Tropics and Subtropics 2005

Die Alternativen

1 Daniel, Claudia et al.: *Management of crops to prevent pest outbreaks.* In: Vacante, Vincenzo; Kreiter, Serge (Hrsg.): Handbook of Pest Management, S. 1-23.

2 vgl. Wezel, Alexander et al.: *Agroecological practices for sustainable agriculture*; Landis, Douglas A. et al.: *Habitat management to conserve natural enemies*; Chaplin-Kramer, Rebecca et al.: *A meta-analysis of crop pest and natural enemy response*

3 Tscharntke, Tea et al.: *Conservation biological control*

4 Simon, Sylvaine et al.: *Does manipulation of fruit-tree architecture affect the development of pests and pathogens?*

5 Banfield-Zanin, Jennifer A. et al.: *Predator mortality depends on whether its prey feeds on organic or conventionally fertilised plants.*

6 Schmidt-Jeffris, Rebecca Ann: *Leaf structures affect predatory mites*

7 Kehrli, Patrik et al.: *Grosse Unterschiede in der KEF-Anfälligkeit von Rebsorten*

8 Wahmhoff, Werner: *Integrierter Rapsanbau*

9 Géneau, Céline E. et al.: *Effects of extrafloral and floral nectar*

10 Balmer, Oliver et al.: *Wildflower companion plants increase pest parasitation*

11 Cahenzli, Fabian et al.: *Reduced crop damage by self-regulation of aphids*

12 Cahenzli, Fabian et al.: *Selbstregulierende Apfelanlage*

13 Hokkanen, Heikki: *Biological control methods*

14 Hokkanen, Heikki: *The making of a pest*

Erfolgsmodelle ohne Pestizide III

1 vgl. Zaller, Johann G.: *Unser täglich Gift*

Zukunftsbild IV

1 siehe IPCC: *Climate Change and Land*

2 Gaugler, Tobias; Michalke, Amelie et al.: *How much is the dish?* Augsburg 2018

In Partnerschaft mit der Natur

1 vgl. Zaller, Johann G.: *Unser täglich Gift*

2 vgl. Bisig, Walter et al.: *Einfluss der Fütterung auf die Zusammensetzung der Milchinhaltsstoffe*. AGGF, Gesellschaft für Pflanzenbauwissenschaften, Uni Kiel, 2014

3 Bastin, Jean-Francois et al.: *The global tree restoration potential*

Die Turteltaube

1 Busse, Tanja: Das Sterben der anderen. S. 21

2 a.a.O. S. 22

Begeisterung, Handwerk und Liebe

1 Die 1974 gegründete »Landbauschule Dottenfelder Hof« ist eine staatlich anerkannte Fachschule für biologisch-dynamischen Landbau und die Eigentümerin des Dottenfelder Hofs in der Wetterau bei Frankfurt am Main. Der Hof ist über tausend Jahre alt und wird seit 1968 von einer Betriebsgemeinschaft aus mehreren Familien biologisch-dynamisch bewirtschaftet.

Ein Mythos auf dem Prüfstand

1 vgl. Ponisio, Lauren C.: Diversification practices

2 vgl. Ponisio, Lauren C.; Ehrlich, Paul R.: *Diversification, Yield and a New Agricultural Revolution*

3 ebd.

4 vgl. Cameron M. Pittelkow et al.: *Productivity limits and potentials of the principles of conservation agriculture*

5 vgl. Khan, Zeyaur: *Push-pull technology; vgl. Khan, Zeyaur: Intercropping increases parasitism of pests*

6 vgl. Crowder, David W.; Reganold, John P: *Financial competitiveness of organic agriculture*

7 vgl. Lotter, Donald W.: *The performance of organic and conventional cropping systems*

Besser für die Umwelt – gesünder für die Menschen

1 vgl. Leifert, Carlo: *Composition Differences Between Organic and Conventional Meat*; Leifert, Carlo: *Higher PUFA and n-3 PUFA*

2 www.ncl.ac.uk/press/articles/archive/2016/02/organicandnonorganicmilkandmeat

3 vgl. Hu, Frank B: *Types of dietary fat and risk of coronary heart disease*

Nahrungssysteme nachhaltig transformieren

1 vgl. Das Editorial von Nature: *Counting the hidden $12-trillion cost of a broken food system*. Nature 574, 296. 2019

2 IAASTD *Synthesis report 2009*: www.weltagrarbericht.de/reports/Global_Report/Global_content.html

3 vgl. IPCC Special Report: Global Warming of 1.5 °C; IPCC: *Climate Change and Land*

4 www.fao.org/3/ca5602en/ca5602en.pdf

5 vgl. IPCC: Climate Change and Land

6 *Climate Change Report*. Biovision, FAO, FiBL, 2020. www.agroecology-pool.org/climatechangereport/

7 vgl. Poux, Xavier; Aubert, Pierre-Marie et al.: *An agroecological Europe in 2050*; Khan, Zeyaur et al.: *Push-pull technology*

8 IPES-Food 2016: *From Uniformity to Diversity*

9 Eyhorn, Frank et al.: *Sustainability in global agriculture driven by organic farming.* Nat Sustain 2, 253–255. 2019

BILDNACHWEIS

Das Gift und wir

Foto Seite 54: Baumweißling – Thomas Schmitt
Foto Seite 88: Rotkopfwürger – Michael Gerber
Foto Seite 116: Heideschrecke – Sebastian Hennigs; www.hennigs-photography.de
Foto Seite 139: Bachforelle - Michel Roggo
Foto Seite 172: Feldlerche – Michael Gerber
Foto Seite 212: Schwalbenschwanz – Thomas Schmitt
Foto Seite 252/253: Felchen - Michel Roggo
Foto Seite 281: Roter Apollo – Thomas Schmitt
Foto Seite 296: Westliche Honigbiene - Andreas Trepte; www.photo-natur.net
Foto Seite 312: Roter Scheckenfalter – Thomas Schmitt
Foto Seite 335: Turteltaube – Michael Gerber
Foto Seite 354: Grauschuppige Sandbiene - Paul Westrich; www.wildbienen.info
Foto Seite 380: Schwarze Mörtelbiene - Paul Westrich; www.wildbienen.info

AUTOREN

Das Gift und wir

Joseph Amberger war landwirtschaftlicher Berufsschullehrer und ist Projektleiter der »Boden Allianz Pfaffenhofen«, die Bauern dabei hilft, die Gesundheit ihrer Böden wiederherzustellen. Er organisierte das erste Weiterbildungsprogramm für Berufsschullehrer zum ökologischen Landbau und war Leiter des Arbeitskreises zur »Bildung für nachhaltige Entwicklung« des Bayerischen Kultusministeriums. Im Rahmen von internationalen Projekten konzipierte und realisierte er Aus- und Weiterbildungsprogramme zum ökologischen Landbau in China, Rumänien und Griechenland.

Ulrike Bickel ist Diplom-Sozialwirtin, Agrar- und Umweltwissenschaftlerin. Sie arbeitet seit über zwanzig Jahren in der Entwicklungszusammenarbeit mit Lateinamerika und Afrika zu Umwelt- und Agrarpolitik, Rohstoffkonflikten und Menschenrechten.

Urs Brändli ist Präsident von Bio Suisse, der Dachorganisation des Biolandbaus in der Schweiz. Er absolvierte seine landwirtschaftlichen Lehrjahre in der Romandie, ehe er die Meisterprüfung im Agrarausbildungszentrum Strickhof in Winterthur ablegte. Er führte in Goldingen in St. Gallen einen Biobetrieb, den er 2015 auf seinen Sohn überschrieben hat. Zurzeit hilft er durchschnittlich noch einen Tag pro Woche im Betrieb und ist außerdem Botschafter des Bodenfruchtbarkeitsfonds und Beiratsmietglied der Bio-Stiftung Schweiz.

Hans Braunwalder ist Landwirt und Metzger, und Mitinitiator des Demeter-Betriebes Gut Rheinau und der Naturmetzgerei Hans+Wurst, sowie der Biodynamischen Ausbildung Schweiz. Er arbeitet zurzeit im Team des Forschungsgartens dieser Ausbildung. Außerdem ist er Bassist der Band GrooveThis.

Helmut Burtscher-Schaden ist Biochemiker und war in der medizinischen und immunologischen Forschung tätig. Seit 2001 ist er Mitarbeiter der Umweltschutzorganisation Global 2000 und beschäftigt sich mit den Auswirkungen von Chemikalien, insbesondere Pestiziden, auf Mensch und Umwelt. Er ist Autor des Buches »Die Akte Glyphosat«.

Dr. Tanja Busse ist auf dem elterlichen Bauernhof in Ostwestfalen aufgewachsen. Sie ist

Umwelt- und Agrarjournalistin, Moderatorin und Autorin. Zuletzt erschienen von ihr »Die Wegwerfkuh« und »Das Sterben der anderen«.

Dr. Peter Clausing ist Toxikologe beim Pestizid Aktions-Netzwerk. Er forscht seit vielen Jahren zu den Folgen von Glyphosat und ist Mitautor eines »White Paper«, das auf Schwachstellen gängiger Zulassungsverfahren aufmerksam macht und gleichzeitig konkrete Verbesserungsvorschläge enthält.

Sascha Damaschun ist Agraringenieur mit Schwerpunkt Ökologischer Landbau und Geschäftsführer des Naturkostgroßhandels Bodan in Überlingen am Bodensee.

Dr. Claudia Daniel ist Agrarwissenschaftlerin und arbeitet seit zwanzig Jahren im Bereich Schädlingsbekämpfung am Forschungsinstitut biologischer Landbau, FiBL, in der Schweiz. Sie leitet dort die Gruppe Pflanzenschutz-Entomologie und ist an der Entwicklung neuer BioControl-Strategien zur Lösung von Pflanzenschutz- und Unkrautproblemen im biologischen Landbau beteiligt.

Dr. Martin Dermine ist gesundheits- und umweltpolitischer Referent beim europäischen Pesticide Action Network PAN in Brüssel.

Volkert Engelsman ist Gründer und Geschäftsführer von Eosta. Das Unternehmen mit Sitz in Waddinxveen in Südholland ist heute eines der größten für Bio-Obst und -Gemüse weltweit. Der Gründer setzt sich dafür ein, dass die wahren Kosten unterschiedlicher Landwirtschaftssysteme ermittelt und eingepreist werden.

Laurent Gaberell ist Experte für Landwirtschaft und Biodiversität bei Public Eye, einer Schweizer Nichtregierungsorganisation, die zu wirtschaftlichen und politischen Aktivitäten arbeitet, die Menschenrechte in Gefahr bringen.

Bernward Geier ist Biobauer, Agronom und Journalist. Er war Direktor der Internationalen Vereinigung der ökologischen Landbaubewegungen IFOAM und ist seit 2006 Direktor von Colabora, einem Dienstleister für nachhaltige Projekte in Much in Nordrhein-Westfalen. Außerdem ist er Botschafter des Bodenfruchtbarkeitsfonds der Bio-Stiftung Schweiz.

Marin Geier studierte Philosophie und Geschichte in Bonn und Paris. Derzeit ist er wissenschaftlicher Mitarbeiter am Lehrstuhl für Erkenntnistheorie, Philosophie der Neuzeit und Gegenwart der Universität Bonn.

Landwirtschaftsmeister **Peter Grossenbacher** leitet zusammen mit Partnerin Margreth Lüthi einen kleinen Biobetrieb in Hindelbank im Kanton Bern, mit Ackerbau und Weideland für zwanzig Milchkühe und Futterbau für hundert Mastschweine.

Dr. Hans Rudolf Herren ist Landwirtschafts- und Entwicklungsexperte und als Entomologe ein Pionier der biologischen

Schädlingsbekämpfung. Er ist Träger des Alternativen Nobelpreises »Right Livelihood Award« und des Welternährungspreises. 1998 gründete er in der Schweiz die »Biovision Stiftung für Entwicklung«. Er ist unter anderem Mitglied im World Future Council und dem Club of Rome und Botschafter des Bodenfruchtbarkeitsfonds der Bio-Stiftung Schweiz.

Frieder Hofmann ist Diplombiologe und beim Ökologiebüro TIEM im Bereich integriertes Umweltmonitoring tätig.

Carla Hoinkes ist Expertin für Landwirtschaft und Ernährung bei Public Eye.

Dr. Eva Inderwildi ist Biologin beim Schweizer Vogelschutzverband BirdLife und dort unter anderem zuständig für vogelfreundliches Bauen mit Glas und Licht.

Bernd Kiechle bewirtschaftet mit seiner Frau Silke den Obsthof Kiechle in Mengen bei Freiburg im Breisgau. Auf dem Hof wird seit 1991 nach Biorichtlinien und seit 2011 nach den Prinzipien der bio-dynamischen Landwirtschaft Obst und Gemüse angebaut, dazu Sonderkulturen wie Spargel, Beerenobst wie Himbeeren und Johannisbeeren, und Tafeltrauben.

Dr. Niels Kohlschütter ist Geschäftsführer der Schweisfurth Stiftung in München.

Peter Kunz ist Pflanzenzüchter. Seit über dreißig Jahren entwickelt die Getreidezüchtung Peter Kunz in Feldbach am Zürichsee Sorten für den Bioanbau, die ohne Pestizide auskommen, weshalb sie auch in der Schweiz und in Süddeutschland seit Jahren zum Maßstab für Bio-Qualitätsweizen geworden sind.

André Leu war lange Jahre Präsident der Internationalen Vereinigung der ökologischen Landbaubewegungen IFOAM. Er ist Gründungsmitglied von »Regeneration International«, einer Organisation für Anbausysteme, die den Boden regenerieren, um dem Klimawandel entgegenzuwirken und Autor des Buches »Die Pestizidlüge«.

Dr. Angeliki Lyssimachou ist Umweltwissenschaftlerin und Toxikologin. Sie hat zu den Auswirkungen von Umweltschadstoffen auf aquatische Ökosysteme geforscht. Nachdem sie in verschiedenen staatlichen und universitären Labors in ganz Europa gearbeitet hat, ist sie seit 2014 für das Pesticides Action Network, PAN Europe, in Brüssel tätig. Sie ist dort Beauftragte für die Wissenschaftspolitik, koordiniert Kampagnen und führt Untersuchungen zu Fragen der Pestizidtoxizität durch.

Jacques Mirenowicz ist Chefredakteur der Zeitschrift »La Revue Durable«, einer französisch-schweizerischen Zeitschrift für Ökologie, Nachhaltigkeit und Wandel, die nachhaltige Praktiken in allen Lebensbereichen beschreibt. Die Redaktion ist der Überzeugung, dass die Hauptschwierigkeit, die aktuelle Zerstörung aufzuhalten, nicht technischer, sondern menschlicher und sozialer Natur ist. Sie möchte dazu anregen, sich der eigenen Handlungsmacht bewusst zu werden, um eine ökologische und solidarische Gesellschaft aufzubauen.

Lars Neumeister ist Ingenieur für Landschaftsnutzung und Naturschutz und »Global Change Manager«. Durch Forschungstätigkeit für das Pestizid Aktions-Netzwerk PAN in Deutschland, den USA, Mittelamerika und Malaysia, in Zusammenarbeit mit Universitäten vor Ort, ist er ein international anerkannter Pestizidexperte.

Martin Ott ist Mitbegründer von Gut Rheinau, Leiter der bio-dynamischen Ausbildung in der Schweiz und Präsident des Stiftungsrates des Forschungsinstituts für biologischen Landbau FiBL. Als Bauer interessiert ihn die Kuh. Sein Buch »Kühe verstehen« wurde zuletzt allerdings ergänzt durch das Buch »Bienen verstehen«. Seit 2015 baut er den Hof des ehemaligen Klosters Schönthal in Langenbruck zu einem Projekt aus, das Landwirtschaft und Kunst verbindet. Er ist außerdem Botschafter des Bodenfruchtbarkeitsfonds der Bio-Stiftung Schweiz.

Ulrich Schlechtriemen ist Forstdirektor in Niedersachsen, Berater für Forstentwicklung und Waldschäden und Umweltsachverständiger.

Dr. Christian Stamm ist stellvertretender Leiter der Abteilung Umweltchemie der Eidgenössische Anstalt für Wasserversorgung, Abwasserreinigung und Gewässerschutz EAWAG. Außerdem ist er Präsident der Stiftung praktischer Umweltschutz Schweiz und Mitglied der strategischen Begleitgruppe Oberflächengewässer des Bundes und der Kantone.

Géraldine Viret ist die Mediensprecherin von Public Eye.

Agraringenieur **Rudolf Vögel** ist Mitarbeiter des Landesamts für Umwelt Brandenburg in Eberswalde.

Martin von Mackensen kam durch den Künstler Joseph Beuys zur Anthroposophie. Er ist mitverantwortlicher Landwirt in der Betriebsgemeinschaft des Dottenfelderhofs bei Frankfurt am Main und leitet dort die Fachschule für biologisch-dynamischen Landbau. Er ist außerdem weltweit tätig als Berater für bio-dynamischen Landbau.

Dr. Johann G. Zaller ist Professor für Ökologie an der Universität für Bodenkultur Wien. Zusammen mit seinem Team erforscht er seit Jahren Pestizide und deren Nebenwirkungen. Seine Forschungen zu Glyphosat hat er 2018 in dem populärwissenschaftlichen Sachbuch »Unser täglich Gift« veröffentlicht. Er ist Mitherausgeber mehrerer wissenschaftlicher Zeitschriften und Experte der Österreichischen Biodiversitätskommission, sowie Mitglied des wissenschaftlichen Beirats des WWF Österreich.

Dr. Felix Prinz zu Löwenstein ist Agrarwissenschaftler und Biolandwirt in Südhessen. Er ist Vorstandsvorsitzender des Bundes Ökologische Lebensmittelwirtschaft und Vorstandsmitglied des Forschungsinstituts für biologischen Landbau, FiBL, in Deutschland. Im Jahr 2011 veröffentlichte er sein Buch »Food Crash«, ein Plädoyer für eine nachhaltige Lebensmittelwirtschaft. 2016 wurde er mit dem Bundesverdienstkreuz der Bundesrepublik Deutschland ausgezeichnet. Er ist außerdem Botschafter des Bodenfruchtbarkeitsfonds der Bio-Stiftung Schweiz.

BUCHTEAM

Herausgeber und Projektmanager **Mathias Forster** war nach seiner Ausbildung zum Kaufmann viele Jahre in internationalen Unternehmen als Verkaufs- und Marketingleiter tätig. 2009 bis 2017 fungierte er als Geschäftsführer und Mitglied des Stiftungsrates der Asta Blumfeldt-Stiftung und der von ihm mitgegründeten Stiftung Trigon. Er engagierte sich über mehrere Jahre im Verwaltungsrat der Freien Gemeinschaftsbank Basel und betreut mehrere von ihm gegründete gemeinnützige Fonds zu Themen der Menschenwürde, der Schere zwischen Arm und Reich und der Umwelt/Ökologie innerhalb der Stiftung Freie Gemeinschaftsbank. Seit 2017 arbeitet er als Geschäftsführer, Stiftungsrat, Projektleiter und Herausgeber des Magazins des Bodenfruchtbarkeitsfonds für die Bio-Stiftung Schweiz.

Herausgeber und Autor **Christopher Schümann** absolvierte eine Eurythmie-Ausbildung. Anschließend war er als Lehrer und Bildungsreferent, Vortragsredner und Seminarleiter tätig. Seit 2013 arbeitet er in den Bereichen Projektentwicklung und Fundraising im Stiftungswesen. Er ist als Mitarbeiter der Bio-Stiftung Schweiz Mitinitiator des Bodenfruchtbarkeitsfonds der Bio-Stifutng Schweiz und Mitglied der Projektleitung. Zusammen mit Mathias Forster ist er Herausgeber des Magazins des Bodenfruchtbarkeitsfonds.

Layouterin **Anna Krygier** hat Psychologie, Philosophie und Religionswissenschaften studiert, dann aber umgesattelt auf Grafik und Foto-Design. Sie arbeitet als Fotografin, Filmemacherin und Grafikerin unter anderem für die Bio-Stiftung Schweiz.

Illustratorin **Annika Huskamp** hat Visuelle Kommunikation studiert und in Halle die European Animation Masterclass absolviert. Sie lebt als freie Illustratorin und Trickzeichnerin in Berlin.

Lektor und Autor **Florian Schwinn** ist Umweltjournalist, Radiomacher und schreibt Feature und Sachbücher zu seinen Themen. Zuletzt erschien das Buch »Rettet den Boden«.

BIO-STIFTUNG SCHWEIZ

Brücke sein.
Verantwortung tragen.
Zukunft gestalten.

Die Bio-Stiftung Schweiz ist eine nicht-profitorientierte Stiftung zur Förderung umweltgerechter Produkte und eines alternativen Konsumverhaltens. Wir sind davon überzeugt, dass eigenverantwortliches Handeln, Zusammenarbeit zwischen vertrauenswürdigen und kompetenten Partnern und Begeisterung für Innovation eine wirklich nachhaltige Entwicklung wesentlich voranbringen können.

Die Biobranche hat sich in den letzten Jahren enorm verändert und entwickelt. Immer mehr Menschen wollen Lebensmittel in Bioqualität, das heißt aus einer Produktion, die ohne synthetische Pestizide, künstlichen Stickstoffdünger und andere externe Inputs auskommt. Denn es zeigt sich immer deutlicher, dass viele der Stoffe, die in der industriellen Landwirtschaft eingesetzt werden, entweder aus gesundheitlichen oder ökologischen Gründen schädlich sind. Die Wachstumsraten des weltweiten Handels mit Bioprodukten sind eine erfreuliche Realität. Dadurch kann auch immer mehr Produzenten in unterentwickelten Regionen eine Marktteilnahme unter fairen Bedingungen ermöglicht werden, was zur Armutsbekämpfung beiträgt. Aber die Biobranche steht heute unter dem Druck von Effizienz und Profitabilität, und das führt zu einer ganzen Reihe von Herausforderungen, für die Lösungen gefunden werden müssen, damit der Ökolandbau seinem Versprechen der nachhaltigen Lebensmittelproduktion gerecht werden kann: Dazu gehören die Sicherung und Entwicklung der Bodenfruchtbarkeit, der Schutz der Artenvielfalt, der schonenden Umgang mit Ressourcen und schließlich gehören dazu auch neue Formen der Sozialgestaltung.

Es scheint so, als müssten wir uns und unser Ernährungssystem dringend sehr kritisch hinterfragen und im nächsten Schritt neu erfinden, damit auch in Zukunft die Menschen noch Zugang zu genügend gesunden Lebensmitteln haben können. An diesem existenziell wichtigen Entwicklungsprozess beteiligt sich die Bio-Stiftung durch die Entwicklung und Umsetzung eigener Projekte, oder durch die Entwicklung und Umsetzung von Projekten mit geeigneten Partnern. Die Bio-Stiftung ermöglicht es auch Projekten und Initiativen, innerhalb der Stiftung einen eigenen Fonds zu errichten, wenn er in Themenbereichen tätig ist, in denen sich auch die Stiftung engagiert. Die Bio-Stiftung Schweiz kann weltweit tätig werden, Projekte realisieren und Gelder vergeben.

---

www.bio-stiftung.ch
www.dasgiftundwir.ch

DER BODENFRUCHTBARKEITSFONDS DER BIO-STIFTUNG SCHWEIZ

Wie können wir die Fruchtbarkeit unserer Böden für die nachkommenden Generationen erhalten?

Das ist die zentrale Frage dieses Projekts. Um dem massiven und weltweiten Verlust von fruchtbarem Boden und Ackerland etwas entgegenzusetzen, sollten sich große Teile der Gesellschaft der überlebenswichtigen Bedeutung der Bodenfruchtbarkeit bewusst werden und gemeinsam mit den Bäuerinnen und Bauern Verantwortung übernehmen. Bewusstseinsbildung breiter Bevölkerungsschichten stellt eine riesige Herausforderung dar. Aber letztlich kann nur durch Bewusstseinsbildung und die wachsende Bereitschaft, Verantwortung mitzutragen, sichergestellt werden, dass sich auch nachkommende Generationen noch gesund ernähren können. Das ist ein langer Weg. Auf diesem Weg geht der Bodenfruchtbarkeitsfonds mit seinen Partnern, insbesondere mit seinen Partnerhöfen als Leuchtturmprojekt voran, entwickelt Ideen, setzt diese um und sammelt Erfahrungen, die der Allgemeinheit wiederum zur Verfügung gestellt werden. Durch einen kreativen, zielgerichteten Bottom-up Prozess soll eine neue Werte- und Kooperationsgrundlage zwischen Bäuerinnen und Bauern, Bürgerinnen und Bürgern, Unternehmerinnen und Unternehmern und allen gesellschaftlich Beteiligten ermöglicht und geschaffen werden.

Der Bodenfruchtbarkeitsfonds bezieht sich zudem auf zehn der siebzehn Sustainable Development Goals, also der Nachhaltigkeitsziele der Vereinten Nationen.

www.bodenfruchtbarkeit.bio

LEITWERTE DER BIO-STIFTUNG SCHWEIZ

In a global world

The outreach of our actions is universal.

The more we anticipate the well-being of the community

And of its individual members in our doings

The better it will be for the future of mankind

And in return for ourselves.

If in a global world

We take responsibility for the well-being of all

And if this becomes the principle of our action,

Our unique development will play an integral part

In a colourful social, economical and ecological harmony.

In Erinnerung an Dr. Rainer Bächi (1948 - 2010)
Gründer der Bio-Stiftung Schweiz

DANKSAGUNG

Ein sehr herzliches Dankeschön

zunächst einmal an alle biologisch wirtschaftenden Bäuerinnen und Bauern, Gärtnerinnen und Gärtner, Winzerinnen und Winzer in der Schweiz, Deutschland, Österreich und weltweit, die teilweise seit Jahrzehnten zeigen, dass eine nachhaltige und enkeltaugliche Landwirtschaft und Lebensmittelerzeugung ohne synthetische Pestizide möglich ist. Sie vermeiden durch ihre Wirtschaftsweise Schäden an der Natur und an der menschlichen Gesundheit und leisten damit einen wesentlichen Beitrag zum Gemeinwohl.

Danken möchten wir auch den Nichtregierungsorganisationen und Persönlichkeiten, die sich durch Aufklärung und Bewusstseinsbildung dafür einsetzen, dass die Öffentlichkeit über kritische Entwicklungen in der Landwirtschaft, insbesondere auch im Hinblick auf das Thema synthetische Pestizide informiert wird.

Das vorliegende Buch wäre ohne die tätige Mithilfe einer ganzen Reihe von Persönlichkeiten und Organisationen nicht entstanden. Dafür möchten wir uns herzlich bedanken.

Zu nennen sind hier zunächst die Autorinnen und Autoren, deren Erfahrung und Wissen den Inhalt dieses Buches ausmacht und die zum großen Teil auf ein Honorar verzichtet haben.

Besonderer Dank an Ulrike Bickel für die Übersetzung einiger Texte in die deutsche Sprache, sowie an Florian Schwinn, der die Texte zur Druckreife gebracht hat und in vielen Fragen ein kritischer und kompetenter Sparringspartner war. Er hat außerdem sachlich kompetent und zugleich einfühlsam die Verlustmeldungen für die in diesem Buch exemplarisch vorgestellten Tierarten verfasst, die durch eine nicht nachhaltige Landwirtschaftspraxis in ihren Beständen schon deutlich dezimiert wurden oder die wir schon gänzlich verloren haben. In diesem Zusammenhang möchten wir uns auch bei dem Schweizerischen Fischerei-Verband, bei BirdLife Schweiz, sowie bei Jan Christian Habel von der Universität Salzburg bedanken, die am Zustandekommen der Tierportraits beteiligt waren.

Außerdem danken wir Anna Krygier für Satz und Gestaltung, sowie Annika Huskamp für die Illustrationen.

Besonderer Dank gilt Peter Clausing, der uns immer mit Rat und Tat zur Seite stand und Christine Gruwez, die während der Coronazeit oft zu

Gast bei uns war und die Entstehung des Buches mit warmer und interessierter Anteilnahme und wertvollen Hinweisen begleitet hat. Danke auch an Bernward, Marin und Vanessa Geier für ihre geleistete Arbeit. Außerdem möchten wir Markus Karsten, Andreas Horn und dem ganzen Team vom Westend Verlag für die konstruktive, unkomplizierte und freundschaftliche Zusammenarbeit danken.

Auch allen Förderern und Unterstützern, insbesondere Carmita Burkard möchten wir danken, die durch ihre großzügige Unterstützung das Buch mit ermöglicht haben. Zu den Förderern gehören: Ernst Göhner Stiftung, Zug; Stiftung Edith Maryon, Basel; Bio Development AG, Seon; Dr. Beat Fuchs Stiftung, Basel; Freie Gemeinschaftsbank, Basel; Hamasil Stiftung, Zürich; Hausser Stiftung e.V., Stuttgart; IONA Stichting, Amsterdam; Eosta BV, Waddinxveen; Zukunftsstiftung Landwirtschaft und GLS Bank, Bochum; followfood GmbH, Friedrichshafen; Bodan GmbH, Überlingen; Fattoria La Vialla, Castiglion Fibocchi …

Im Namen der Bio-Stiftung Schweiz, die dieses Buch erst möglich machte, die Herausgeber: